普通高等教育"十四五"系列教材

MSP430单片机应用基础与实践

主编 ◎ 张立珍

華中科技大學出版社
http://www.hustp.com
中国·武汉

内 容 简 介

本书以美国德州仪器公司(TI)的 MSP430 系列超低功耗单片机为核心，介绍了 MSP430 单片机的特点和基本工作原理。对 MSP430 系列单片机，特别是最新的 MSP430F5xx/6xx 系列单片机所涉及的片内外围模块的功能、原理、应用进行了详尽的描述，并介绍了 MSP430 单片机的开发环境、C 语言程序设计方法，以及单片机低功耗设计、常用接口电路设计等，最后还介绍了电位器调节、直流电机调速和 I^2C 测温系统三个综合实例。全书面向工程实践，注重由浅入深、学以致用、理论与实践紧密结合的学习原则，通过大量实例(可通过扫描二维码观看实例运行效果)，对初学者进行单片机软硬件综合设计能力的培养。

本书可作为高等院校计算机、电子信息工程、电子科学与技术、自动化、电气工程等相关专业单片机课程的教材，也适合广大从事单片机应用系统开发的工程技术人员作为学习、参考用书。

为了方便教学，本书还配有电子课件等教学资源，电子课件可以在"我们爱读书"网(www.ibook4us.com)浏览，任课教师可以发邮件至 hustpeiit@163.com 索取。

图书在版编目(CIP)数据

MSP430 单片机应用基础与实践/张立珍主编. —武汉：华中科技大学出版社，2020.6
ISBN 978-7-5680-6108-7

Ⅰ.①M… Ⅱ.①张… Ⅲ.①单片微型计算机 Ⅳ.①TP368.1

中国版本图书馆 CIP 数据核字(2020)第 109616 号

MSP430 单片机应用基础与实践 张立珍 主编
MSP430 Danpianji Yingyong Jichu yu Shijian

策划编辑：康 序
责任编辑：康 序
封面设计：孢 子
责任监印：朱 玢
出版发行：华中科技大学出版社(中国·武汉) 电话：(027)81321913
武汉市东湖新技术开发区华工科技园 邮编：430223
录 排：武汉三月禾文化传播有限公司
印 刷：武汉市籍缘印刷厂
开 本：787mm×1092mm 1/16
印 张：19
字 数：482 千字
版 次：2020 年 6 月第 1 版第 1 次印刷
定 价：48.00 元

前言

PREFACE

MSP430系列单片机是美国德州仪器公司(TI)于1996年推出的一种16位超低功耗混合信号处理器(mixed signal processor),集多种领先技术于一体,以16位RISC(精简指令集计算机)处理器、超低功耗、高性能模拟技术及丰富的片内外设、JTAG仿真调试等定义了新一代超低功耗单片机。MSP430单片机针对实际应用需求,将多个不同功能的模拟电路、数字电路模块和微处理器集成在一个芯片上,充分突出以"单片"解决问题。

与其他单片机相比,MSP430系列单片机具有以下几个方面的特点。

(1)超低功耗。MSP430系列单片机在降低芯片的电源电压和灵活而可控地运行时钟方面都有其独到之处。其处理器功耗(1.8～3.6 V,0.1～400 μA,RTC(实时传输控制)运行约0.5 μA,约100 μA/MIPS)和口线输入漏电流(最大50 nA)在业界都是最低的,远低于其他系列产品。

(2)处理能力强,运算速度快。MSP430系列单片机采用16位RISC结构,当其工作在16MHz晶振频率时,指令速度可达16 MIPS(注意:同样16 MIPS的指令速度,16位处理器比8位处理器在运算性能上高出远不止2倍)。同时,MSP430系列单片机中采用了一般只有DSP(数字信号处理器)中才有的16位多功能硬件乘法器、硬件乘加(积之和)、DMA(直接存储器仿问)等一系列先进的功能,大大增强了它的数据处理和运算能力,可以有效地实现一些数字信号处理的算法(如FFT、DTMF等)。

(3)片内资源丰富。MSP430系列单片机结合TI公司独到的高性能模拟技术,根据其不同系列产品,均集成了较丰富的片内外设,包括I/O端口、看门狗定时器(WDT)、定时器、模拟比较器、多功能串行接口(SPI/I²C/UART)、USB、LCD驱动器、硬件乘法器、ADC(模数转换)、DAC(数模转换)、DMA控制器、2～10KB的RAM、多达128KB的Flash,以及丰富的中断功能。MSP430系列单片机的这些外设为系统的单片解决方案提供了极大的方便,用户可以根据应用需求,选择最合适的MSP430系列产品来实现。

(4)方便高效的开发环境。MSP430系列单片机支持先进的JTAG调试,其硬件仿真工具(仿真器)非常廉价,而且适用于所有MSP430系列单片机,既便于推广,又大大降低了用户的开发投入。其软件集成开发环境有IAR的EW430和TI的CCS,功能都很强大。

近几年MSP43x系列单片机在性能、功能和应用方面都有了新的发展,为了满足新的教学要求、使学生更好地掌握最新的MSP430x技术和产品,本书主要以TI公司最新、功能最完整的MSP430F5xx、MSP430F6xx系列内容为基础,融合了作者最近几年对MSP430系列单片机学习与开发应用的经验和体会。全书共分15章,第0章和第1章分别对学习单片机所需要用到的计算机的基础知识和 C 语言基础进行了讲解；第 2 章主要介绍了 MSP430 系列单片机的产品系列、特点及应用前景等；第 3 章主要介绍了 MSP430 系列单片机的体系结构；第 4 章～第 10 章主要对 MSP430 系列单片机的通用输入/输出模块的工作原理及应用进行了详细讲解，主要包括时钟系统、I/O 端口及中断机制、WDT、定时器、LCD_B 驱动、ADC12、USCI(UART/SPI/I^2C/USB)、比较器等模块，每一个模块都有编程实例；第 11 章主要介绍了 Flash 控制器、DMA 控制器和硬件乘法控制器等片内控制模块的结构及操作原理；第 12 章介绍了 MSP430 单片机常用的软件开发平台 CCSv8；第 13 章介绍了硬件实验平台 DY-FFTB6638 实验板，详细给出了电源、独立按键、发光二极管、A/D 采样通道、蜂鸣器、RS-232 和 RS-485、段式 LCD、步进电机和直流电机等各个模块的硬件电路图，书中的编程实例大多都是基于该实验平台的；第 14 章主要介绍了三个应用实例，使读者能够更深入地掌握 MSP430 系列单片机的应用。

本书中实例都是以 MSP430F6638 单片机为控制核心，绝大多数实例都是基于 TI 公司的 DY-FFTB6638 实验板开发的。这些实例的源程序代码都经过实际验证和测试，部分实例的运行效果收录于二维码视频库，可扫码观看运行效果。

在本书的编写过程中吴小安老师、朱罕非老师付出了辛勤和努力，李靖宇、孔自立、洪伟、吴浩、张子豪等同学做了很多的代码验证、视频拍摄工作，在此向他们表示衷心的感谢。

为了方便教学，本书还配有电子课件、MSP430F6638 中文资料、DY-FFTB6638 实验板原理图、源程序等教学资源，电子课件可以在“我们爱读书”网(www. ibook4us. com)浏览，任课教师可以发邮件至 hustpeiit@163. com 索取。

由于时间仓促和水平有限，错误之处在所难免，欢迎各位专家和读者批评指正。

编　者

2020 年 5 月

目 录

CONTENTS

第0章 计算机的基础知识

人们通常所说的计算机(computer)是指电子数字计算机。它是一种能够按照程序运行,自动、高速处理海量数据的现代化智能电子设备。计算机是20世纪重要的科学技术发明之一,已成为信息社会中必不可少的工具,它是人类进入信息时代的重要标志之一。计算机对人类的生产活动和社会活动产生了极其重要的影响,并以强大的潜力飞速发展。它的应用领域从最初的军事科研应用扩展到社会生活的各个方面,已经形成了规模巨大的计算机产业,带动了全球范围的技术进步,由此引发了深刻的社会变革。随着物联网的提出与发展,计算机与其相关技术又一次掀起了信息技术的革命。它还与计算技术相互促进,推动了计算思维的研究和应用。计算机已成为现代人类活动中不可缺少的工具,对它的认识与掌握是一个现代高素质人才必须具备的基本素养。

0.1 计算机中的数制

数据是计算机处理的对象。现实世界中的数据分为数值型数据和非数值型数据两大类。其中,数值型数据包括整数、实数等数据信息,非数值型数据包括西文字符、汉字、声音、图形、图像、视频等信息。使用电子计算机进行信息处理,首先必须使计算机能够识别信息。信息的表示有两种形态:一是人类可识别、理解的信息形态;二是电子计算机能够识别和理解的信息形态。电子计算机只能识别机器代码,即用0和1表示的二进制数据。用计算机进行信息处理时,必须将信息进行数字化编码后,才能方便地进行存储、传送和处理等操作。

所谓编码,是采用少量的基本符号,通过某个确定的原则,对这些基本符号加以组合,用来描述大量的、复杂多变的信息。信息编码的两大要素是基本符号的种类及符号组合的规则。日常生活中常常会遇到类似编码的实例,例如,用10个阿拉伯数码表示数字,用26个英文字母表示英文词汇等。

0.1.1 计算机中的数制

1. 数制的概念

数制也称为进位计数制,是指用一组固定的符号和统一的规则来表示数值的方法。人们习惯使用的是十进制,即按照“逢十进一”的原则进行记数。在计算机内,采用的是二进制计数制,为了书写和表示方便,还常使用八进制和十六进制。无论哪一种进制的数,都有一个共同点,即都是进位计数制。为区分不同数制的数,通常用以下两种方法来表达进位计数制。

对于任何一个 R 进制数 N，记为如下的形式。

$$N=(a_n a_{n-1}\cdots a_0 a_{-1} a_{-2}\cdots a_{-m})_R$$

例如，$(11010.01)_2$ 是二进制数，$(382.5)_8$ 是八进制数，$(85B)_{16}$ 是十六进制。不使用括号及下标标注的数，默认为十进制数，如 436。

在数字后面加上一个英文字母来表示该数的进位计数制。十进制数用 D、二进制数用 B、八进制数用 O、十六进制数用 H 表示，如 1101B 表示二进制数 1101，8C6H 表示十六进制数 8C6。

2. 位权

任何一个 R 进制数都是由一串数码表示的，其中，每一位数码所表示的实际值大小除与数字本身的数值有关外，还与它所处的位置有关。该位置上的基准值就称为位权(或称为位值)。位权用 R^i 表示。对于 R 进制数，小数点前第 1 位的位权为 R^0，小数点前第 2 位的位权为 R^1，小数点后第 1 位的位权为 R^{-1}，小数点后第 2 位的位权为 R^{-2}，依此类推。

显然，对于任一 R 进制数，其最右边数码的位权最小，最左边数码的位权最大。

根据进位规则，R 进制数 N 可按位权展开表示如下。

$$\begin{aligned}N&=(a_n a_{n-1}\cdots a_0 a_{-1} a_{-2}\cdots a_{-m})_R\\&=a_n\times R^n+a_{n-1}\times R^{n-1}+\cdots+a_0\times R^0+a_{-1}\times R^{-1}+a_{-2}\times R^{-2}+\cdots a_{-m}\times R^{-m}\end{aligned}$$

式中：a_i 表示第 i 位的数码，进制不同，数码的个数不同；R^i 表示位权；n 表示整数部分位数；m 表示小数部分位数。在基数为 R 的进位计数制中，是根据“逢 R 进一”的原则进行计数的。

例如，十进制数 385.42 按位权展开为：

$$385.42=3\times10^2+8\times10^1+5\times10^0+4\times10^{-1}+2\times10^{-2}$$

一个计数制所包含的数字符号的个数称为该数制的基数，用 R 表示。例如，十进制数可用 0、1、2、3、4、5、6、7、8 和 9 共 10 个数字符号表示，它的基数 $R=10$。

3. 常用的数制

数制有很多种，但计算机中经常使用的是十进制、二进制、八进制和十六进制。

1) 十进制(decimal system)

(1) 包含 10 个数码 0、1、2、3、4、5、6、7、8、9。

(2) 基数为 10。

(3) 运算规则：逢十进一，借一当十。

例如，十进制数 216.35 按位权展开为：

$$216.35=2\times10^2+1\times10^1+6\times10^0+3\times10^{-1}+5\times10^{-2}$$

2) 二进制(binary system)

(1)包含两个数码 0、1。

(2)基数为 2。

(3)运算规则：逢二进一，借一当二。

例如，二进制数 10101.01 按位权展开为：

$$(10101.01)_2=1\times2^4+0\times2^3+1\times2^2+0\times2^1+1\times2^0+0\times2^{-1}+1\times2^{-2}=(21.25)_{10}$$

3）八进制(octal system)

(1)包含8个数码0、1、2、3、4、5、6、7。

(2)基数为8。

(3)运算规则:逢八进一,借一当八。

例如,八进制数230.5按位权展开为:

$$(230.5)_8 = 2\times8^2+3\times8^1+0\times8^0+5\times8^{-1}=(152.625)_{10}$$

4）十六进制(hexadecimal system)

(1)包含16个数码0、1、2、3、4、5、6、7、8、9、A、B、C、D、E、F。

(2)基数为16。

(3)运算规则:逢十六进一,借一当十六。

例如,十六进制数10B.8按位权展开为:

$$(10B.8)_{16} = 1\times16^2+0\times16^1+11\times16^0+8\times16^{-1}=(267.5)_{10}$$

在数的各种进制中,二进制是最简单的一种。由于它的数码只有两个,即0和1,可以用电子元件的两种状态(如开关的接通和断开)来表示,并且二进制的运算规则简单,因此在计算机中采用二进制。

在二进制、八进制、十进制、十六进制数值0～16的对应关系如表0-1所示。

表0-1　各进制之间0～16数值对照表

十进制	二进制	八进制	十六进制	十进制	二进制	八进制	十六进制
0	0000	0	0	9	1001	11	9
1	0001	1	1	10	1010	12	A
2	0010	2	2	11	1011	13	B
3	0011	3	3	12	1100	14	C
4	0100	4	4	13	1101	15	D
5	0101	5	5	14	1110	16	E
6	0110	6	6	15	1111	17	F
7	0111	7	7	16	10000	20	10
8	1000	10	8				

0.1.2　数制之间的转换

在日常生活中常用的是十进制数,计算机采用的是二进制数,人们书写时又多采用八进制数或十六进制数。因此,必然产生各种进位计数制之间的相互转化问题。

1. *R* 进制数转换成十进制数

R 进制数转换成十进制数的规则是数码乘以各自的位权再累加。二进制数转换成十进制数的常用方法就是按权展开,然后按照十进制数运算规则计算。

例0.1　将二进制小数1011.01转换成十进制数。

$$\begin{aligned}(1011.01)_2 &= 1\times2^3+0\times2^2+1\times2^1+1\times2^0+0\times2^{-1}+1\times2^{-2}\\ &= 8+0+2+1+0+0.25\\ &= (11.25)_{10}\end{aligned}$$

> **注意：**
> 小数点前面从左向右依次是 2^3、2^2、2^1、2^0，小数点后面从左向右依次是 2^{-1}、2^{-2}。

同理，在进行八进制或十六进制转换时，只需要将基数分别换成 8 或者 16 即可。

例 0.2 将八进制数 321.6 转换成十进制数。

$$(321.6)_8 = 3\times8^2+2\times8^1+1\times8^0+6\times8^{-1}=192+16+1+0.75=(209.75)_{10}$$

例 0.3 将十六进制数 3C.4 转换成十进制数。

$$(3C.4)_8 = 3\times16^1+12\times16^0+4\times16^{-1}=48+12+0.25=(60.25)_{10}$$

2. 十进制数转换成 *R* 进制数

将十进制数转换成 R 进制数时，可将该数分成整数与小数两部分分别进行转换，然后拼接起来即可实现。

1）十进制数转换成二进制数

（1）十进制数转换成二进制整数。具体规则为：将十进制整数除以 2，得到一个商数和余数；再将商数除以 2，又得到一个商数和余数；继续这个过程，直到商数等于 0 为止。每次相除得到的余数即为二进制的各位数码。第 1 次得到的余数为最低有效位，最后一次得到的余数为最高有效位。此方法称为“除 2 倒取余法”。

例 0.4 将十进制数 57 转换成二进制数。

```
2|57                 余数
  2|28  ………… 1   低位
    2|14  ………… 0    ↑
      2|7   ………… 0    |
        2|3   ………… 1    |
          2|1   ………… 1    |
             0   ………… 1   高位
```

所以，$(57)_{10}=(111001)_2$。

（2）十进制小数转换成二进制小数。具体规则为：用 2 乘以十进制纯小数，在得到的积中取出整数部分；再用 2 乘以余下的纯小数部分，在得到的积中再取出整数部分；继续这个过程，直到余下的纯小数为 0 或满足所要求的精度为止。最后将每次取出的整数部分从左到右排列，即得到所对应的二进制小数。此方法称为“乘 2 顺取整法”。

例 0.5 将十进制数 0.625 转换成二进制数。

```
   0.625          整数
×      2
---------
    1.25  ………… 1   高位
    0.25              |
×      2              |
---------             |
    0.5   ………… 0     |
    0.5               |
×      2              ↓
---------
    1.0   ………… 1   低位
      0
×      2
---------
      0
```

所以，$(0.625)_{10}=(0.101)_2$。

注意：

每次乘法后，得到的整数部分若是0也应该取出。而且，将一个十进制小数转换成二进制小数通常只能得到近似表示，一般根据精度要求截取到某一位小数即可。

例 0.6 将十进制数151.225转换成二进制数(取小数点后4位)。

整数部分：

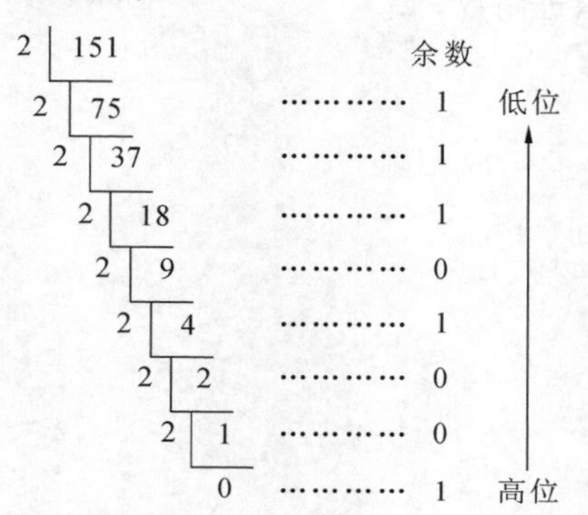

小数部分：

计算		整数	
0.225 × 2 = 0.45	…………	0	高位
0.45 × 2 = 0.90	…………	0	
0.90 × 2 = 1.80	…………	1	
0.80 × 2 = 1.60	…………	1	低位

所以，$(151.225)_{10}=(10010111.0011)_2$。

上述将十进制数转换成二进制数的方法同样适用于十进制数与八进制数、十进制数与十六进制数之间的转换，只是使用的基数不同。

2）十进制数转换成八进制

规则 十进制数转换成八进制数时，整数部分采取除8倒取余法，小数部分采取乘8顺取整法。

例 0.7 将十进制数394.375转换成八进制数。

整数部分：

除法		余数	
8 | 394			
8 | 49	…………	2	低位
8 | 6	…………	1	
0	…………	6	高位

小数部分：

```
      0.375              整数
×        8
─────────────
     3.000  …………  3
```

所以，$(394.375)_{10}=(612.3)_8$。

3）十进制数转换成十六进制数

规则 十进制数转换成十六进制数时，整数部分采取除16倒取余法，小数部分采取乘16顺取整法。

例0.8 将十进制数460.84375转换成十六进制数。

整数部分：

```
16│460                  余数
  16│28    …………  C    低位
     8│1   …………  C     ↑
       0   …………  1    高位
```

小数部分：

```
    0.84375               整数
×        16
─────────────
       13.5  …………  D    高位
        0.5                ↓
×        16
─────────────
        8.0  …………  8    低位
```

所以，$(460.84375)_{10}=(1CC.D8)_{16}$。

3. 二进制数与八进制数之间的转换

1）二进制数转换为八进制数

二进制的基数是2，八进制的基数是8，8是2的整数次幂，即$2^3=8$。因此，3位二进制数相当于1位八进制数。

规则 将二进制数转换成八进制数时，将待转换的二进制数以小数点为界，分别向左、右两个方向，以每3位为一组构成1位八进制数，即可分别转换成八进制数的整数和八进制的小数。值得注意的是，无论从小数点向左或向右每3位为一组分组时，当最后一组不足3位数时，都应补“0”凑足3位。

例0.9 将二进制数10 111 101 110.011 11转换成八进制数。

按上述规则，从小数点开始向左、右方向按每3位二进制数为一组划分得

```
010   111   101   110   .   011   110
 ↓     ↓     ↓     ↓         ↓     ↓
 2     7     5     6    .    3     6
```

在所划分的二进制位组中，第一组和最后一组不足3位，分别补“0”构成3位。再以一位八进制数字代替每组的3位二进制数字，得2、7、5、6、3、6。

所以，$(10111101110.01111)_2=(2756.36)_8$。

2）八进制数转换成二进制数

将八进制数转换成二进制数的方法为上述过程的逆过程。

规则 将每1位八进制数用与其等值的3位二进制数表示即可。

例 0.10 将八进制数 5742.13 转换成二进制数。

5	7	4	2	.	1	3
↓	↓	↓	↓		↓	↓
101	111	100	010	.	001	011

所以，$(5742.13)_8=(101111100010.001011)_2$。

4. 二进制数与十六进制数之间的转换

1）二进制数转换为十六进制数

二进制的基数是 2，十六进制的基数是 16，16 是 2 的整数次幂，即 $2^4=16$。因此，4 位二进制数相当于 1 位十六进制数。

规则 将二进制数转换成十六进制数时，将待转换的二进制数以小数点为界，分别向左、右两个方向，以每 4 位为一组构成 1 位十六进制数，即可分别转换成十六进制数的整数和十六进制数的小数。值得注意的是，无论从小数点向左或向右每 4 位为一组时，当最后一组不足 4 位数时，都应补“0”凑足 4 位。

例 0.11 将二进制数 10 1101 1001.1010 1 转换成十六进制数。

按上述规则，从小数点开始向左、右方向按每 4 位二进制数为一组划分得：

0010	1101	1001	.	1010	1000
↓	↓	↓		↓	↓
2	D	9	.	A	8

在所划分的二进制位组中，第一组和最后一组不足 4 位时，分别补“0”构成 4 位。再以 1 位十六进制数字代替每组的 4 位二进制数字，得 2、D、9、A、8。

所以，$(1011011001.10101)_2=(2D9.A8)_{16}$。

2）十六进制数转换成二进制数

将十六进制数转换成二进制数的方法为上述过程的逆过程。

规则 将每 1 位十六进制数用与其等值的 4 位二进制数表示即可。

例 0.12 将十六进制数 B3D.C5 转换成二进制数。

B	3	D	.	C	5
↓	↓	↓		↓	↓
1011	0011	1101	.	1100	0101

所以，$(B3D.C5)_{16}=(101100111101.11000101)_2$。

◆ 0.1.3 数值数据的表示

数值数据是指我们通常使用的十进制数，有大小和正负之分。对于数值数据的表示，主要考虑位数、正负号和小数点位置等。例如，8 位二进制代表 1 字节，每一位有 0 和 1 两种可能，则 1 字节有 2^8（共 256）种可能，即 1 字节可以表示的最大的十进制数是 255。如果再考虑正负号，拿出一位二进制用于表示正、负，一个字节所能表示的最大数为+127。

1. 存储单位

存储单位是计算机中衡量数据量大小的标准，例如硬盘的容量需要不同的存储单位来标识，不同类型的文件大小也需要使用存储单位来区分。随着大数据时代的到来，又出现了更大的容量单位。计算机中的数据是以二进制的形式存在的，所以它的存储单位也与二进制有关。

1）位

位（bit，b）也称比特，是数据存储的最小单位，表示一位二进制信息。

2）字节

字节（Byte，B）是信息存储中的基本单位，1B由8位二进制数字组成，即1B=8b。计算机存储器容量大小以字节数来衡量，常用KB、MB、GB和TB等表示，它们之间的转换关系如下。

- 1KB=1024B
- 1MB=1024KB=1024^2B
- 1GB=1024MB=1024^2KB=1024^3B
- 1TB=1024GB=1024^2MB=1024^4B
- 1PB=1024TB=1024^2GB=1024^5B

注意：

因为生产厂家的计算机方式和操作系统的计算方式不同，实际在计算机中看到的所有硬盘、U盘和存储卡的容量会与厂商标示的容量有一定的差异。生产厂商按1MB=1000KB标示产品容量，而操作系统按1MB=1024KB计算，这样产品的1GB约等于操作系统的0.93GB。这就导致设备的存储容量要比标示的容量少，如一个16GB的U盘，在计算机上查看这个U盘的容量只有约14.9GB。

2. 有符号二进制数的表示

十进制数有正数和负数之分，二进制数也有正数和负数之分。带有正、负号的二进制数称为真值，如+1101001、-1001011就是真值。为了方便运算，在计算机中约定：在有符号数的前面增加1位符号位，用“0”表示正号，用“1”表示负号。这种在计算机中用0和1表示正负号的数称为机器数。目前常用的机器数编码方法有原码、反码和补码三种。

1）原码

正数的符号位用0表示，负数的符号位用1表示，其余数位表示数值本身。常用$[X]_{原}$表示X的原码。

例0.13 在8位二进制数中，给出十进制数+52和-52的原码表示。

$$[+52]_{原}=0011\ 0100$$

$$[-52]_{原}=1011\ 0100$$

其中，最高位为符号位，后面7位为数值位。原码表示的+52和-52的数值位相同，但符号位不同。

注意：

0的原码有两种表示，分别是$[+0]_{原}$=0000 0000B和$[-0]_{原}$=1000 0000B。

原码表示简单易懂，在计算机中常用于实现乘除运算，但加减运算不方便。例如，遇到两个异号数相加或者两个同号数相减时，就要做减法。为了简化运算器的复杂性，提高运算速度，需要将减法运算转变为加法运算，其优势是在设计电子器件时，只需要设计加法器，不需要再单独设计减法器。因此人们引入了反码表示和补码表示。

2）反码

正数的反码表示与原码表示相同，最高位为符号位，用0表示正数，其余各位为数值位。而负数的反码表示，是在原码的基础上保持符号位不变，其他各位按位取反得到的。常用$[X]_{反}$表示X的反码。

例 0.14 在8位二进制数中，给出十进制数+25和−25的反码表示。

$$[+25]_{反} = [+25]_{原} = 0001\ 1001B$$

$$[-25]_{反} = 1110\ 0110$$

> **注意：**
> 0的反码有两种表示，分别是$[+0]_{反}$=0000 0000B和$[-0]_{反}$=1111 1111B。

3）补码

正数的补码表示与其原码相同，即最高位为符号位，用0表示正数，其余各位为数值位。而负数的补码表示是在原码的基础上保持符号位不变，其他各数值位按位取反，然后在最低位加1运算得到的。常用$[X]_{补}$表示X的补码。

> **注意：**
> 0的补码只有一种表示，[+0]补=$[-0]_{补}$=0000 0000B。

例 0.15 在8位二进制数中，给出十进制数+37和−37的补码表示。

$$[+37]_{补} = [+37]_{原} = [+37]_{反} = 0010\ 0101B$$

$$[-37]_{补} = 1101\ 1011B$$

当负数采用补码表示时，即可将减法转换为加法计算，从而使算术运算大大简化。

例 0.16 计算37−25的值。

$[+37]_{补}$=1=0010 0101，$[-25]_{补}$=1110 0111。

```
  00100101
+11100111
  100001100
  ↑
```

符号位进位自动丢掉，取8位有效位

所以，$[37]_{原}-[25]_{原}=[37]_{补}+[-25]_{补}$=0010 0101+1110 0111=0000 1100=$[12]_{补}$=$[12]_{原}$。

总结以上规律，可以得到公式：$X-Y=X+[-Y]_{补}$。

3. 实数的表示

实数是指带有小数部分的数字，实数的符号位与整数相同。计算机只能识别0和1，若用0或1来表示小数点，则容易和数值位混淆。实际上，对于小数点来说，重要的不是小数点本身，而是小数点的位置。

小数点在计算机中通常有两种表示方法，一种是约定所有数值数据的小数点隐含在某一个固定的位置上，称为定点表示法，简称定点数；另一种是小数点位置可以浮动，称为浮点表示法，简称浮点数。在计算机中，存储整数一般采用定点数表示法，存储实数一般采用定点数和浮点数两种表示方法。

1）定点数

常用的定点数包括定点整数和定点小数两种。

（1）定点整数。定点整数的小数点位置约定在最低数值位的后面。定点整数分为无符号整数和有符号整数两类。对于无符号整数，直接采用其二进制形式表示即可；而对于有符号整数，常用其补码形式表示。

例 0.17 若某计算机使用的定点长度为2字节，用定点数表示有符号整数$(172)_{10}$。由进制转换可知$(172)_{10}=(1010\ 1100)_2$，在计算机内表示如图0.1所示。

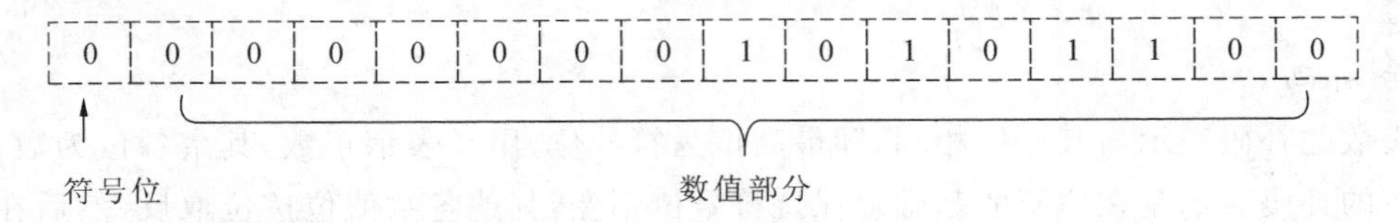

图 0.1 用定点数表示有符号整数$(172)_{10}$

因为该二进制数的有效位数仅有8位，故第1字节的后7位均用0填充。

（2）定点小数。实数与整数存储不同，实数的小数部分的存储不仅需要以二进制形式来表示，还要指明小数点的位置。定点小数的小数点位置约定在最高数值位的前面，用于表示小于1的纯小数。一般将小数点固定在最高数据位的前面，小数点前面再设一位符号位，0表示正号，1表示负号。

例 0.18 若某计算机使用的定点长度为2字节，用定点数表示小数$(0.352)_{10}$。由进制转换可知$(0.352)_{10}=(0.0101\ 1010\ 0001\ 110)_2$，在计算机内表示如图0.2所示。

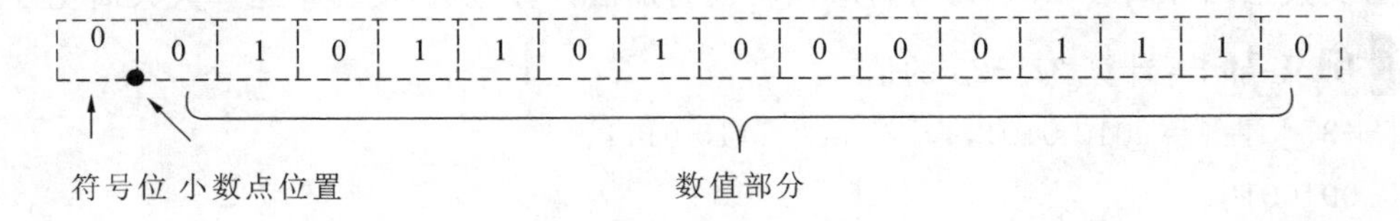

图 0.2 用定点数表示小数$(0.352)_{10}$

2）浮点数

由于定点数表示的数值范围和精度都较小，在数值计算时绝大多数现代计算机遵循IEEE 754，即IEEE二进制浮点数算术标准。该标准利用科学计数法来表达实数，即用一个尾数(mantissa)、一个基数(base number)、一个指数(exponent)及一个表示正负的符号来表达实数。例如，十进制数12345可以写为1.2345×10^4，其中1.2345为尾数，10为基数，4为指数。

IEEE 754规定，一个二进制数N的浮点数表示方法为$N=\pm M\times2^E$。其中，M是二进制小数，称为尾数；E是一个带符号的二进制整数，称为指数；2为基数。

各种编程语言和编译器大多数支持二进制32位浮点数和二进制64位浮点数，分别对应 float 和 double。

在 IEEE 标准中，浮点数在内存中的表示是将特定长度的连续字节的所有二进制位按特定长度划分为符号域、指数域和尾数域 3 个连续域。例如，32 位浮点数和 64 位浮点数的内存表示形式如图 0.3 所示。

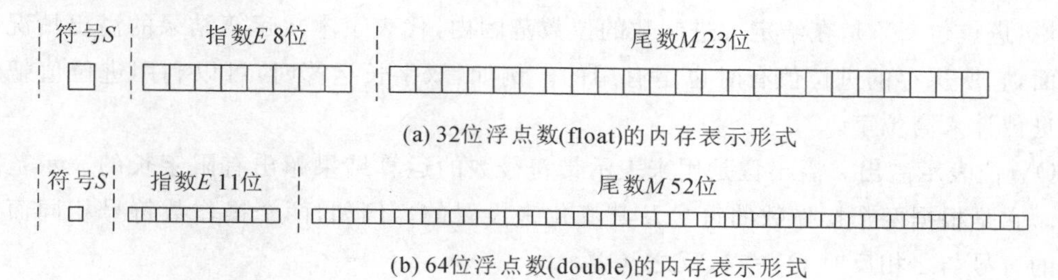

图 0.3　32 位浮点数和 64 位浮点数的内存表示形式

从上面可以看出，float 类型在内存中占用的位数为 1＋8＋23＝32 位，double 类型在内存中占用的位数位 1＋11＋52＝64 位。

(1) 第一个域为符号域，符号 S 为 1 代表负数，符号 S 为 0 代表正数。

(2) 第二个域为指数域，对于单精度 float 类型，指数域有 8 位，可以表示 0～255 个指数值。

指数值规定了小数点的位置，小数点的移动代表了所表示数值的大小。但是，指数可以为正数，也可以为负数。为了处理负指数的情况，实际的指数值按要求需要加上一个偏差值作为保存在指数域中的值，单精度 float 类型的偏差值为“原数据＋127”，而双精度 double 类型的偏差值为“原数据＋1023”。

(3) 第三个域为尾数域，其中，单精度数 float 为 23 位长，双精度数 double 为 52 位长。例如，一个单精度尾数域中的值为 00001001000101010101000，第二个域中的指数值则规定了小数点在尾数串中的位置，默认情况下小数点位于尾数串首位之前。例如，若指数值为－1，则该 float 数即为 1.00000100100010101010101000；若指数值为＋1，则该 float 数即为 0.0001001000101010101000。

例 0.19　浮点数 1010.011 在计算机内的存储形式。

二进制数 1010.011 可表示为 $1.010011\times2^{+011}$，其中，阶码 011 为二进制数，相当于十进制数 3，1.010011 为尾数，2 为基数。

由于尾数的整数部分恒为 1，只需要记录小数点之后的部分。所以此处尾数为 010011，在其后补 0 使其位数达到 23 位，即为 01001100000000000000000。

阶码可正可负，8 位的阶码能表示的范围为－128～＋127，所以阶码的存储采用移位存储方式，即存储的数据为“原数据＋127”，即 3＋127＝130，130 的二进制数为 10000010。尾数是正数，所以符号位为 0。

综上所述，浮点数 1010.011 在计算机内的存储形式如图 0.4 所示。

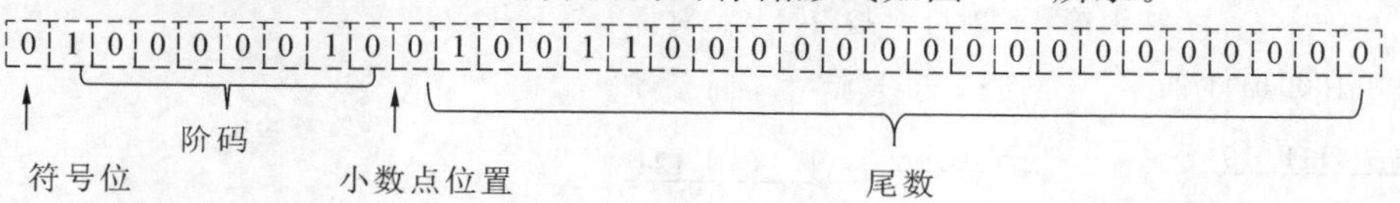

图 0.4　浮点数 1010.011 的存储形式

0.1.4 进位和溢出

CY位是进位位，用来表示本次无符号数运算结果的溢出。由于无符号数的最高有效位只有数位意义而无符号意义，所以该位所产生的进位应该是本次运算结果的实际进位值。所以说：进位位CY是在给定二进制数的位数范围内，代表了本次运算结果的溢出情况。另一方面，它所保存的进位值有时也是有用的。例如，双字长运算时，可以利用进位值把低位字的进位计入高位字。

OV位表示溢出。溢出位是用来表示带符号数的运算结果超出有限字长的表示范围的标志。它是根据两个操作数的符号及其变化来设置的。例如，两个操作数符号相同而运算结果的符号与之相反时OV=1，反之，OV=0。

例0.20 无符号数和带符号数均不溢出。

	按无符号数对待	按带符号数对待
0000 0100	4	(+) 4
+ 0000 1011	+ 11	+ (+) 11
0000 1111	15	(+) 15
	CY=0	OV=0

例0.21 无符号数溢出的情况。

	按无符号数对待	按带符号数对待
0000 0111	7	(+) 7
+ 1111 1011	+ 251	+ (−) 5
1_{CY}0000 0010	258	(+) 2
	CY=1	OV=0

> **注意：**
> 在字长为8位的情况下，258表示的也是2，所以结果均为2。

例0.22 带符号数溢出的情况。

	按无符号数对待	按带符号数对待
0000 1001	9	(+) 9
+ 0111 1100	+ 124	+ (+) 124
1000 0101	133	(+) 133
	CY=0	OV=1

例0.23 带符号数和无符号数均溢出的情况。

	按无符号数对待	按带符号数对待
1000 0111	9	(+) 9
+ 1111 0101	+ 124	+ (+) 124
1_{CY}0111 1100	133	(+) 133
现为124结果错	CY=1	OV=1

结论 (1)进位 CY:看最高位是否有进位就可以了,有进位 CY=1,无进位 CY=0。

(2)溢出 OV:最高位和次高位同时出现进(借)位,或同时不出现进(借)位,则计算不出现溢出;反之,则出现溢出。$OV=CY \oplus CY_{-1}$

溢出和进位并非有必然的联系。

例 0.24 十六位数举例。

```
   0100 0110 0101 0010     →      4652
+  1111 0000 1111 0000     →   +  F0F0
1cy0011 0111 0100 0010            3742
                     CY=1   OV=0
----------------------------------------
   1111 0011 0110 0101     →      F365
+  1110 0000 0010 0100     →   +  E024
1cy1101 0011 1000 1001            3742
                     CY=1   OV=0
```

0.1.5 符号扩展问题

所谓符号扩展问题是指一个数从位数较少扩展到位数较多(如从 8 位扩展到 16 位,或从 16 位扩展到 32 位)时应该注意的问题。

有符号数是用最高位是 0 或 1 来标记正负的,如果最高位是 0(如 8 位数中的第 7 位,从 0 位开始算的)表示正数,则 1 表示负数。符号数扩展称为带符号扩展,其只是位数的扩展,不能改变原值的。

例如,二进制数 0000 1101 如果是带符号数,则对应的十进制数为 13。将其扩展为 16 位时,如果要求其对应的十进制数也是 13,那么扩展为 0000 0000 0000 1101 就可以了。所以正数的带符号扩展是在前面加 0,当然这只是一个规律而不是本质,本质就是数大小不改变。

而二进制数 1000 1101 表示的带符号数不是−13,而是将其取反加 1 得到负数结果,即 0111 0010+1,结果为−115。如果将这个带符号数进行扩展,则只有 16 位 1111 1111 1000 1101 才表示−115,所以负数的带符号扩展是在前面加 1。

在汇编语言中,我们经常要对字/字节的数据进行操作。当把"字节"转换成把"字",或把"字"转换成"双字"时,就需要进行符号扩展。符号扩展的具体操作就是把已知信息的最高位扩展到所有更高位。

例 0.25 将 8 位补码 0101 1010、1010 1100 分别扩展成 16 位补码。

思路解析 根据符号扩展的含义,"字节→字"的具体扩展结果如下:

```
               0101 1010                     1010 1100
                  ↓                             ↓
   0000 0000   0101 1010         1111 1111   1010 1100
```

例 0.26 把 16 位补码 0101101111001010、1010111101011011 分别扩展成 32 位补码。

思路解析 根据符号扩展的含义,"字→双字"的具体扩展结果如下:

```
                      0101 1011 1100 1010                          1010 1111 0101 1011
                         ↓                                            ↓
0000 0000 0000 0000   0101 1011 1100 1010    1111 1111 1111 1111   1010 1111 0101 1011
```

0.2 计算机中的码制

计算机不仅可以处理数值信息，也可以处理非数值信息，如字符、汉字等。字符是计算机中使用较多的信息之一。这些字符在计算机内部是以二进制的形式表示的。字符的二进制数表示称为字符编码。输出时，再将字符编码转换成相应的图形符号。

常见的文本、符号的二进制编码（西文编码）有 ASCII、EBCDIC 和 Unicode，汉字编码有 GB 2312－1980、GBK、BIG5 等，二进制编码有 BCD 码、条形码和二维码等。

0.2.1 西文编码

1. ASCII 码

美国信息交换标准代码（American Standard Code for Information Interchange，ASCII）是由美国国家标准学会（American National Standard Institute，ANSI）制定的标准的单字节字符编码方案，它对 128 个字符进行了统一编码。这 128 个字符包括用于对文本输入、输出和传输过程进行控制的 32 个控制字符、10 个数字、26 个英文小写字母、26 个英文大写字母和一些标点符号与运算符号等。标准 ASCII 码字符集如表 0-2 所示。其中，000～032 及 127 通常是计算机系统专用的，代表不可见的控制字符，其余 94 种均为可打印和显示的字符。ASCII 码表中每个字符都对应一个数值，称为该字符的 ASCII 码值，用于在计算机内部表示该字符。

表 0-2 标准 ASCII 码字符集

ASCII 码值	字符	ASCII 码值	字符	ASCII 码值	字符	ASCII 码值	字符	ASCII 码值	字符
000	NUL	026	SUB	052	4	078	N	104	h
001	SOH	027	ESC	053	5	079	O	105	i
002	STX	028	FS	054	6	080	P	106	j
003	ETX	029	GS	055	7	081	Q	107	k
004	EOT	030	RS	056	8	082	R	108	l
005	ENQ	031	US	057	9	083	S	109	m
006	ACK	032	SP	058	:	084	T	110	n
007	BEL	033	!	059	;	085	U	111	o
008	BS	034	"	060	<	086	V	112	p
009	HT	035	#	061	=	087	W	113	q
010	LF	036	$	062	>	088	X	114	r
011	VT	037	%	063	?	089	Y	115	s
012	FF	038	&	064	@	090	Z	116	t
013	CR	039	′	065	A	091	[	117	u
014	SO	040	(	066	B	092	\	118	v
015	SI	041	)	067	C	093	]	119	w
016	DLE	042	*	068	D	094	^	120	x
017	DC1	043	+	069	E	095	_	121	y
018	DC2	044	,	070	F	096	、	122	z
019	DC3	045	—	071	G	097	a	123	{
020	DC4	046	.	072	H	098	b	124	|
021	NAK	047	/	073	I	099	c	125	}
022	SYN	048	0	074	J	100	d	126	～
023	ETB	049	1	075	K	101	e	127	DEL
024	CAN	050	2	076	L	102	f		
025	EM	051	3	077	M	103	g		

注意：

计算机内部用1B(8位二进制位)存放一个7位ASCII码，最高位置0。

将信息抽象成二进制数、对二进制数的解释以及将二进制还原成原始信息形态的过程是由程序完成的。

由于标准ASCII码字符集中的字符数目有限，在实际应用中往往无法满足要求，国际标准化组织(Internation Organization for Standardization，ISO)又将ASCII码字符集扩充为8位代码。这样，ASCII码的字符集在原来的128个基本字符的基础上又可以扩充128个字符，即使用8位扩展ASCII码能为256个字符提供编码。这些扩充字符的编码均为高位为1的8位代码(即十进制数128～255)，称为扩展ASCII码。扩展ASCII码所增加的字符包括加框文字、圆圈和其他图形符号等。

2. EBCDIC

尽管ASCII码是计算机世界的主要编码标准，但许多IBM大型机系统上却没有采用。在IBM System/360计算机中，IBM公司研制了自己的8位字符编码——EBCDIC(extended binary coded decimal interchange code，扩展的二-十进制交换码)。在该编码中，一个字符的EBCDIC码占用1B，用8位二进制码表示信息，一共可以表示出256种字符。

3. Unicode

大多数非西文国家有各自国家制定的文字编码标准，因此，存在某个国家的某个文字编码与另一个国家的某个文字编码相同的情况。为此在假定有一个特定的字符编码系统能够适用于世界上所有语言的前提下，1988年，几个主要的计算机公司开始一起研究一种能够替换ASCII的编码，称为Unicode编码。

Unicode采用16位编码，每一个字符需要2B，这意味着可以表示65526个不同的字符。

Unicode编码不是从零开始构造的，开始的128个字符编码与ASCII码字符一致，这样可以兼顾已存在的编码方案，并预留了足够的扩展空间。从原理上来说，Unicode编码可以表示现在正在使用的或未使用的任何语言中的字符。对于国际商业和通信来说，这种编码方式是非常有用的，因为在一个文件中可能需要包含汉语、英语和日语等不同的文字。同时，Unicode编码还适合于软件的本地化，即针对特定的国家修改软件。目前，Unicode编码在Internet中有着较为广泛的应用，Microsoft公司和苹果公司的操作系统也支持Unicode编码。

Unicode编码虽然是一种字符编码，但它只定义了每一个字符对应的一个整数，没有定义这个整数如何变成字节。整数变成字节流的格式不止一种，它们都称为Unicode转换格式(unicode transformation format，UTF)，如UTF-8、UTF-16等。

UTF-8编码将一个字符编为1～4B，其中一个字节的字符和ASCII完全一致，所以它向下兼容ASCII。UTF-8用第一字节决定之后多少字节为一组。在UTF-8中多数汉字编为3B，少数生僻汉字会编到4B。

UTF-16编码以2B为一个单元，每个字符都由1或2单元组成，所以每个字符可能是2B或4B，包括最常见的英文字母都会编成2B。多数汉字也是2B，少数生僻字为4B。

0.2.2 汉字编码

在计算机中汉字的表示也是用二进制进行编码的。计算机处理汉字信息时,汉字的输入、存储、处理及输出过程中所使用的汉字代码各不相同。在输入汉字信息时,使用汉字输入码来编码(即汉字的外部码);在计算机内部处理汉字信息时,统一使用机内码来编码;在输出汉字信息时,使用字形码以确定一个汉字的点阵。这些编码构成了汉字处理系统的一个汉字代码体系。下面介绍国内使用的几种主要的汉字编码。

1. 国标码

汉字国家标准代码,简称国标码。汉字因为符号比较多,在计算机中用 2 字节表示。1981 年,国家标准总局公布的《信息交换用汉字编码字符集等基本集》(GB 2312－1980)分两级,一级 3755 个字,二级 3008 个字,共 6763 个字。另外,还定义了其他字母和符号 682 个,如序号、数字、罗马数字、英文字母、日文假名、俄文字母、汉语注音等,总计 7445 个字符和汉字。由于该基本集只收录了 6763 个汉字,未能覆盖繁体中文字、部分人名、方言、古汉语等出现的罕用字,所以发布了辅助集,即国家标准化管理委员会于 2005 年发布的《信息技术 中文编码字符集》(GB 18030－2005)。

国标码中每个汉字及字符用 2 字节来表示。第一字节称为高位字节,第二字节称为低位字节。每个字节的最高位置为 0,其余 7 位用于表示汉字信息。这样,任意一个汉字都可以转换为对应的 16 位二进制编码,如“京”字的国标码为 3E29H,即 00111110 00101001B。

2. 机内码

根据国标码的规定,每一个汉字都有一个确定的二进制代码,但是国标码在计算机内部是不能被直接采用的。这是因为国标码两个字节的最高位均为 0,但容易与 ASCII 码发生冲突。为了加以区分,人们将国标码的两个字节的最高位分别置 1,其余位不变,则得到了机内码。因此有“国标码＋8080H＝机内码”的关系。在计算机中用机内码存储、处理和传输汉字。例如,汉字“大”字的国标码为 3473H,两个字节的最高位均为 0,将两个最高位全改成 1 变成 B4F3H,即为“大”字的机内码。将其转换成二进制数据,则在计算机中用于表示处理“大”字的编码的机内码为“10110100 11110011B”。

3. 字库

为了输出汉字,每个汉字的字形必须事前存储在计算机中。一套汉字的所有字符形状的数字描述信息组合在一起,称为字形信息库,简称字库。不同的字体对应不同的字库,如宋体、黑体等。在输出汉字时,计算机要先在字库中找到汉字的字形描述信息,才能将汉字显示在输出设备上。

4. 字形码

对汉字字形的数据描述,称为汉字的字形码。字形码主要用于计算机的显示和打印,在日常使用中以字体的形式存在。汉字的字形码是一种用点阵记录汉字字形的编码,是汉字的输出形式。汉字是方块字,将方块等分成有 n 行 n 列的格子,称为点阵。凡汉字所涉及的格子点为黑点,用二进制数“1”表示,否则为白点,用二进制数“0”表示。这样,一个汉字的字形即可用一串二进制数表示。常用的点阵有 16×16、24×24、32×32、48×48 等,点数越多,打印的字体越美观,但汉字库占用的存储空间也越大。例如,16×16 汉字点阵有 256 个点,需要256位二进制位来表示一个汉字的字形码。这样就形成了汉字的字形码，也即汉字点阵的二进制数字化。图0.5(a)所示为“中”字的16×16点阵字形示意图。

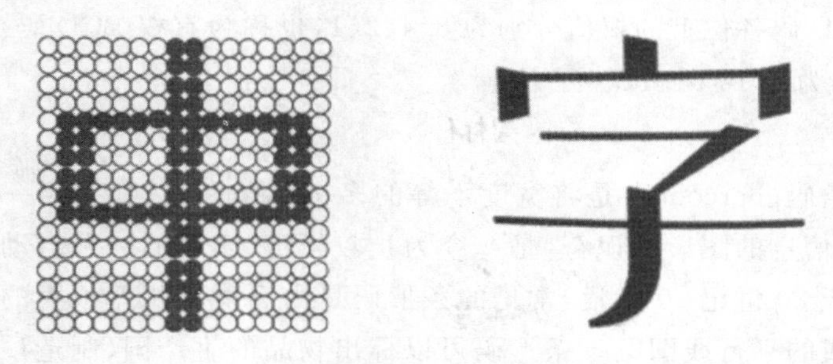

图0.5 “中”字的16×16点阵字形示意图

除了点阵字形编码，还有一种应用更广泛的字体是矢量字体，其每一个字形是通过数学曲线来描述的，它包含了字形边界上的关键点、连线的导数信息等。这类字体的优点是字体尺寸可以任意缩放而不变形，无论放大多少倍都不会出现锯齿，如图0.5(b)所示。

除上述编码外，与汉字有关的编码还有BIG5、GBK等。

- BIG5码又称为大五码，是通行于中国台湾、香港特别行政区的一种繁体字编码方案。它采用双字节编码方式，一共收录了13461个汉字和图形符号，其中包括13053个常用汉字和408个符号。

- GBK(汉字扩展内码规范)是中华人民共和国全国信息技术标准化技术委员会于1995年12月制定的一个汉字编码标准。它向下与国标码兼容，向上支持ISO/IEC 10646国际标准，一共收录了20902个汉字和图形符号，将简、繁体字融于一库。

汉字的输入、处理和输出的过程，实际上是汉字的各种编码之间的转换过程。图0.6表示了各种汉字编码的关系。

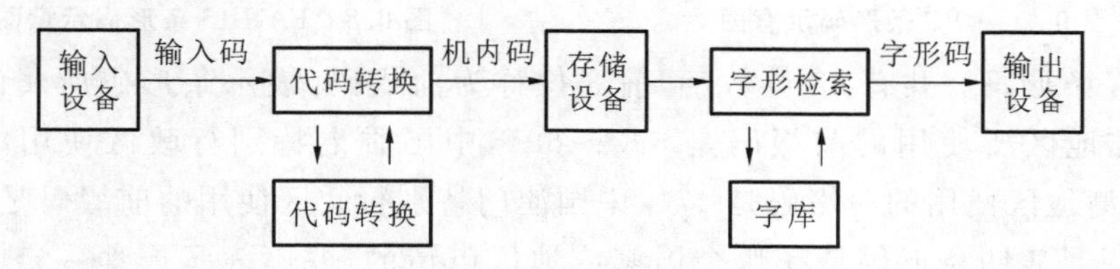

图0.6 汉字信息处理过程

在输出汉字时，首先根据该汉字的机内码找到该汉字在汉字库中的位置，然后根据字形码，作为图形的点阵数据，在屏幕上显示或在打印机上输出。

0.2.3 二进制信息编码

1. BCD码

将每位十进制数直接转换为4位二进制码，即可得到“二进制编码的十进制数”，也称为BCD(binary-coded decimal)码。BCD码使用4个二进制位存储一个十进制数，使二进制和十进制之间的转换得以快速进行。这种编码技术常用于会计系统的设计，因为会计制度经常需要对很长的数字串进行准确的计算。相对于一般的浮点式计数法，采用BCD码既可以保证数值的精确度，又可以免去计算机做浮点运算时所消耗的时间。另外，BCD码也常用于其他需要高精度的计算。

8421BCD码是最基本和最常用的BCD码，它采用0000～1001分别代表对应的十进制数0～9。8421BCD码各位上的权值分别为8、4、2、1，也称为有权BCD码。例如，十进制数25的8421BCD码为0010 0101B。

2. 条形码

条形码又称条码(barcode)，是将宽度不等的多个黑条和空白，按照一定的编码规则排列，用于表达一组信息的图形标识符，是迄今为止较经济、实用的一种自动识别技术。条形码技术最早产生于20世纪20年代，常见的条形码是由反射率相差很大的黑条(简称条)和白条(简称空)排成的平行线图案。条形码可以标出物品的生产国、制造厂家、商品名称、生产日期、邮件起止地点、类别、日期等信息，因而在商品流通、邮政管理、银行系统等领域都得到了广泛的应用。

目前，国际上公认用于产品包装的编码系统称为EAN-UCC系统，该系统的编码主要有以下几种。

1）UPC条形码

UPC条形码主要在美国使用，有12位数字，外形如图0.7所示。它没有前缀码，不需要区分所属国家。它的第1位用于区分商品类别，前6～10位为厂商识别码，厂商识别码后到第11位为商品项目代码，最后1位为校验码。

2）EAN-13条形码

EAN是国际物品编码协会汲取UPC条形码的经验后确定的商品表示符号。我国于1991年加入该协会。EAN-13条形码是最常见的商品条形码，如图0.8所示。

图0.7 UPC条形码示意图

图0.8 EAN-13条形码示意图

EAN-13条形码一共有13位数字，前3位称为前缀码，表示条形码所属的国家或地区，中国大陆地区所使用的前缀码是690～695，中国香港特别行政区使用的前缀码是489，中国台湾地区使用的前缀码是471，中国澳门特别行政区使用的前缀码是958。但这3位前缀码只是表明条形码是在哪个国家或地区申请的，并不表示产地一定是该国或地区。包含前缀码在内的前若干位称为厂商识别码，具体位数由条形码使用国家或地区自己规定，我国规定的是前7或8位，其中，前缀码为690、691的是前7位为厂商识别码，前缀码为692～695的是前8位为厂商识别码。厂商识别码之后直到第12位的部分，称为商品项目代码，表示企业自己不同的产品，由企业制定。最后1位是校验码，用于检查扫描到的数字是否有误。

还有一种条形码也是EAN-13条形码，即图书的ISBN(international standard book number，国际标准书号)。国际物品编码协会制定给国际标准书号系统的专用前缀码是978。新的国际标准书号在国际上简称ISBN-13。而前缀码979将作为ISBN-13备用的新系列号码，在978系列号码用尽后开始启用。在使用ISBN-13时，ISBN-13条码与ISBN-13数字码需同时排列，且ISBN-13数字码应排在ISBN-13物品条码上方，它包括国际标准书号的标识符ISBN、数字号码及数字号码各标识组间的连字符"-"。而与物品条码编码相同的13位数字则应连续排列(无连字符和空格)在物品条码下方,其前也无须添加国际标准书号的标识符ISBN,如图0.9所示。国际标准书号的使用范围是印刷品、缩微制品、教育电视或电影、混合媒体出版物、微型计算机软件、地图集和地图、盲文出版物、电子出版物等。

3. 二维码

二维码(2-dimensional bar code)是近几年来在移动设备上十分流行的一种编码方式。二维码区别于常见的条形码(一维码),是用特定的几何图形按一定规律在水平和垂直方向分布的黑白相间的图形记录数据符号信息,看上去像一个由双色图形相间组成的方形迷宫,如图0.10所示。二维码在代码编制上巧妙地利用构成计算机内部逻辑基础的"0""1"的概念,使用若干与二进制相对应的几何体来表示文字数值信息,通过图像输入设备或光电扫描设备自动识读以实现信息自动处理。它具有条形码技术的一些共性:每种编码有其特定的字符集,每个字符占有一定的宽度,具有一定的校验功能等。同时它还具有对不同行的信息进行自动识别的功能及处理图形旋转变化点的功能。

图0.9　ISBN条形码示意图

图0.10　二维码示意图

二维码信息容量大,比普通条码信息容量高几十倍。同时,二维码还具有保密性高、追踪性高、抗损性强、备援性大、成本低等特性,因此特别适用于表单、安全保密、追踪、证照、存货盘点、资料备援等方面。二维码编码范围广,可将图片、声音、文字、签字、指纹等可数字化的信息进行编码,且易制作,持久耐用。此外,二维码误码率不超过千万分之一,比普通条码低很多。

在日本、韩国等国家,二维码的应用已非常普遍,普及率高于96%。2006年,国内开始二维码的商业应用,但由于当时智能手机并不普及,第一轮的二维码产业并没有真正形成。2010年开始,国内二维码市场开始迅速升温,各种应用软件层出不穷。例如,扫二维码即可解锁骑行共享单车,线上支付平台支付宝、微信提供通过二维码进行银行卡转账和送红包功能等。二维码应用已经渗透到餐饮、超市、电影、购物、旅游、汽车等行业。

本章小结

计算机中用包含0和1的二进制串来表示各种各样的信息。二进制数、十进制数、八进制数和十六进制数之间可以进行相互转换。计算机通过采样、量化、编码的方法来采集、存储和处理数据。计算机中信息编码方式各有不同,西文编码使用ASCII码等,中文汉字使用国标码、机内码和字形码等。

习题0

一、思考题

(1)不同进制数之间转换的方法分别是什么?

(2)原码、反码和补码分别指什么?

(3)计算机中为什么采用二进制形式存储处理数据?

(4)计算机中对非数值信息的常用编码有哪些?

二、完成下列数值转换

(1) 01010011B=(　　)D=(　　)H

(2) 10.101B=(　　)H=(　　)D

(3) 63.75D=(　　)B=(　　)H

三、将下列数值用1字节补码形式表示

36　　−2　　+127

四、下列2字节十六进制数均为补码,试写出其对应的真值

4000H　　FF80H

五、以下两个1字节数相加,分别给出它们的运算结果、CY标志及OV标志。

(1) 69H,9AH　　　　(2) 5AH,6EH

第1章　MSP430单片机C语言基础

MSP430 单片机的 CPU 属于 RISC(精简指令集计算机)处理器,RISC 处理器基本上是为高级语言所设计的,因为精简指令系统很大程度上降低了编译器的设计难度,有利于产生高效紧凑的代码。初学者完全可以在不深入了解汇编指令系统的情况下,直接开始 C 语言的学习。C 语言是一种编译型程序设计语言,它兼顾了多种高级语言的特点,并具备汇编语言的功能。目前,使用 C 语言进行程序设计已经成为单片机开发的主流。用 C 语言开发系统可以大大缩短开发周期,明显增强程序的可读性,便于改进、扩充和移植。本章介绍 MSP430 单片机软件工程的开发基础,主要讲解 MSP430 单片机 C 语言编程基础知识。

高级语言最终需要被翻译成微处理器能够识别的机器码才能够执行,这个翻译的过程称为编译。不同的处理器执行不同的指令集,因此,同样一段用 C 语言编写的程序,必须用不同的 C 编译器来编译,才能够被不同的处理器接受。不同的处理器有不同的特点,为了发挥处理器各自的性能优势,相应的 C 编译器除了执行 C 语言标准(ANSI 标准)的规定外,还进行了一些扩展。符合 C 语言标准的那部分程序可以被另一种处理器的 C 编译器编译,从而在另一种处理器上执行,这个过程称为移植。扩展的那部分程序则不可以被移植。

1.1　标识符与关键字

1. 标识符

标识符用来标识程序中某个对象的名字,这些对象可以是语句、数据类型、函数、变量、常量、数组等。标识符由字母、数字或下画线构成,其第一个字符必须是字母或下画线。例如,count_data、text2 是正确形式,而 2count 是错误形式。

C 语言对大小写字符敏感,所以在编写程序时要注意大小写字符的区别。例如,对于 sec 和 SEC 这两个标识符来说,C 语言会认为它们是两个完全不同的标识符。

注意:

在 C430 中,标识符的命名应该做到简洁明了、含义清晰,这样便于程序的阅读和维护。例如,在比较最大值时,最好使用 max 来定义该标识符;在片内模块初始化函数部分,函数命名后面尽量加上_init,如 ADC12_init()表示 ADC12 模块初始化函数。

2. 关键字

关键字是一种具有特定含义的标识符，由于系统已对这些标识符进行了定义，程序就不能再次定义，需要加以保留。用户不能将关键字用作自己定义的标识符。

C 语言中，关键字主要有以下 3 类。表 1-1 列出了 ANSIC 定义的标准关键字。

（1）数据类型关键字：auto，char，const，double，enum，extern，float，int，long，register，sizeof，short，static，typedef，union，unsigned，void，volatile 等。

（2）程序控制关键字：break，case，continue，default，do，else，for，goto，if，return，switch，while 等。

（3）预处理功能关键字：define，endif，elif，ifdef，ifndef，include，line，undef 等。

表 1-1　ANSIC 标准关键字

关键字	用　途	说　明
auto	变量存储类型	声明变量为局部变量。省略时，变量默认为此类型
char	数据类型	单字节整型或字符型数据类型
const	变量存储类型	声明变量为只读，内容在程序执行过程中不可更改
double	数据类型	双精度浮点数
enum	数据类型	枚举
extern	变量存储类型	外部全局变量
float	数据类型	单精度浮点数
int	数据类型	基本整型数
long	数据类型	长整型数
register	变量存储类型	变量被分配到 CPU 内部寄存器
sizeof	运算符	计算表达式或者数据类型的字节数
short	数据类型	短整型数
static	变量存储类型	静态变量
typedef	数据类型	定义新的数据类型
union	数据类型	联合数据类型
unsigned	数据类型	无符号数
void	数据类型	无类型数据
volatile	数据类型	在程序执行中可改变数据类型
break	程序控制语句	退出当前循环体
case	程序控制语句	switch 结构的选择语句
continue	程序控制语句	转向下一次循环
default	程序控制语句	switch 结构中的默认选择项
do	程序控制语句	构成 do…while 循环结构
else	程序控制语句	构成 if…else 结构
for	程序控制语句	构成 for 循环结构
goto	程序控制语句	goto 跳转语句
if	程序控制语句	条件跳转语句
return	程序控制语句	函数返回语句
switch	程序控制语句	switch 结构语句
while	程序控制语句	条件判断，构成 while 或 do…while 结构

1.2 变量

变量用于存储数据，程序运行中其值可以被改变，每个变量都必须有一个名字，即变量名。程序定义了一个变量，即表示在内存中拥有了一个可供使用的存储单元，用来存放数据，即变量的值。而变量名则是编程者给该存储单元所起的名称。程序运行过程中，变量的值存储在内存中。从变量中取值，实际上是根据变量名找到相应的内存地址，从该存储单元中读取数据。在定义变量时，变量的类型必须与其被存储的数据类型相匹配，以保证程序中变量能够被正确地使用。当指定了变量的数据类型时，系统将为它分配若干相应字节的内存空间。C430中变量类型及描述如表1-2所示。

表1-2 C430中变量类型

变量类型	所占字节数	值域
char	1	$-128 \sim 127$
unsigned char		$0 \sim 255$
int	2	$-32768 \sim 32767$
unsigned int		$0 \sim 65535$
long	4	$-2^{31} \sim 2^{31}-1$
unsigned long		$0 \sim 2^{32}-1$
long long	8	$-2^{63} \sim 2^{63}-1$
unsigned long long		$0 \sim 2^{64}-1$
float	4	$-3.40282e^{38} \sim 3.40282e^{38}$
double	8	$-1.79769e^{308} \sim 1.79769e^{308}$

在定义变量表达式中，增加某些关键字可以给变量赋予某些特殊性质，例如：

(1) const：定义常量。在C430语言中，const关键字定义的常量实际上被放在了ROM中，可以用const关键字定义常量数组。

(2) static：相当于本地全局变量，只能在函数内使用，可以避免全局变量混乱。

(3) volatile：定义"挥发性"变量。编译器将认定该变量的值会随时改变，对该变量的任何操作都不会被优化过程删除。

注意：

编者在实际编程的过程中发现，利用变量i递减或递加产生的软件延时函数，会被编译器优化而不会执行，因此若读者遇到这种情况且希望延时函数工作，只需在变量i前加volatile关键字即可。

1.3 C语言运算符

C语言内部运算符很丰富，运算符用来将常量、变量、函数连接成C语言表达式，因此掌握好运算符的使用对编写程序非常重要。

1. 算术运算符

C 语言中有 5 种基本的算法运算符：＋、－、*、/或％，具体描述如表 1-3 所示。

表 1-3　5 种基本的算术运算符描述列表

运算符	含义	说　明
＋	加法或正值运算符	例如，3＋5、＋3
－	减法或负值运算符	例如，5－3、－3
*	乘法运算符	例如，5 * 3
/	除法运算符	当两个整数相除时，结果为整数，小数部分舍去。例如，－5/3 的运算结果为 1
％	模运算符或求余运算符	参加运算的均应是整数。例如，5％3 结果是 2

C 语言中表示加 1 与减 1 时可以采用自增(＋＋)和自减运算符(－－)。运算符"＋＋"使操作数加 1，而"－－"使操作数减 1，操作数可以在前，也可以在后，它们的作用和差异如表 1-4 所示。

表 1-4　自增与自减运算符列表

类型	含　义	举例(设 i 的初值为 5)
i＋＋	自加 1 在执行语句之后	j＝i＋＋；执行语句后 i 为 6，j 为 5
＋＋i	自加 1 在执行语句之前	j＝＋＋i；执行语句后 i 为 6，j 为 6
i－－	自减 1 在执行语句之后	j＝i－－；执行语句后 i 为 4，j 为 5
－－i	自减 1 在执行语句之前	j＝－－i；执行语句后 i 为 4，j 为 4

2. 关系运算符与表达式

当两个表达式用关系运算符连接起来就成了关系表达式，通常关系运算符用来判断某个条件是否成立。当条件成立，运算的结果为真；当条件不成立，运算的结果为假。用关系运算符的结果只有"0"和"1"两种，关系运算符描述列表如表 1-5 所示。

表 1-5　关系运算符列表

符号	含义	举例(设：a＝4，b＝5)
＞	大于	a＞b 返回值 0
＞＝	大于等于	a＞＝b 返回值 0
＝＝	等于	a＝＝b 返回值 0
＜	小于	a＜b 返回值 1
＜＝	小于等于	a＜＝b 返回值 1
！＝	不等于	a！＝b 返回值 1

3. 逻辑运算符与表达式

C 语言中有 3 种逻辑表达式：与、或、非，具体描述列表如表 1-6 所示。

表 1-6　逻辑运算符描述列表

符号	含　义	举例(设：a＝4，b＝5)
&&	逻辑与，二者均为非零数，结果为真，否则为假	a&&b 返回值 1
||	逻辑或，只要有一个非零数，结果为真，否则为假	a||b 返回值 1
！	逻辑非，非真即假，非假即真	！a 返回值 0

4. 位操作运算符与表达式

位操作运算符主要有6种，具体描述列表如表1-7所示。

表1-7 位操作运算符描述列表

<table>
<tr><th>位操作运算符</th><th>说明</th><th>举例</th></tr>
<tr><td>&</td><td>按位相与，均为1时，结果为1</td><td>若P1端口输出寄存器P1OUT＝00001111，则执行P1OUT＝P1OUT&11111110；语句后，P1OUT＝00001110，即把最后一位输出拉低，其余位不变</td></tr>
<tr><td>|</td><td>按位相或，有1则结果为1，均为0时结果为0</td><td>若P1OUT＝00001111，则执行P1OUT＝P1OUT|10000000；语句后，P1OUT＝10001111，即把第一位输出拉高，其余位不变</td></tr>
<tr><td>^</td><td>按位异或，两个变量相同时，结果为0；两个变量不同时，结果为1</td><td>若P1OUT＝00001111，则执行P1OUT＝P1OUT^00111100；语句后，P1OUT＝00110011</td></tr>
<tr><td>～</td><td>按位取反，1取反后为0；0取反后为1</td><td>P1OUT＝00001111，则执行P1OUT＝～P1OUT；语句后，P1OUT＝11110000</td></tr>
<tr><td><<</td><td>左移，把第一个变量的二进制位左移第二个变量指定的位数，其左移出的数据丢弃，变量右侧补“0”</td><td>若a＝00100010，则执行a<<2；语句后，a＝10001000</td></tr>
<tr><td>>></td><td>右移，把第一个变量的二进制位右移第二个变量指定的位数，其右移出的数据丢弃，变量左侧补“0”</td><td>若a＝00100010，则执行a>>2；语句后，a＝00001000</td></tr>
</table>

注：MSP430单片机片上外设寄存器的配置中运用了大量的位操作运算，所以，掌握位操作运算对C430编程很有帮助。

5. 赋值运算符与表达式

通常把“＝”称为赋值运算符，赋值运算符主要有11种，具体描述列表如表1-8所示。

表1-8 赋值运算符描述列表

<table>
<tr><th>运算符</th><th>描述</th><th>运算符</th><th>描述</th></tr>
<tr><td>＝</td><td>简单赋值</td><td>&＝</td><td>按位与赋值，x&＝a；等价于x＝x&a；</td></tr>
<tr><td>＋＝</td><td>加法赋值，x＋＝a；等价于x＝x＋a；</td><td>|＝</td><td>按位或赋值，x|＝a；等价于x＝x|a；</td></tr>
<tr><td>－＝</td><td>减法赋值，x－＝a；等价于x＝x－a；</td><td>^＝</td><td>异或赋值，x^＝a；等价于x＝x^a；</td></tr>
<tr><td>*＝</td><td>乘法赋值，x*＝a；等价于x＝x*a；</td><td>>>＝</td><td>右移赋值，x>>＝a；等价于x＝x>>a；</td></tr>
<tr><td>/＝</td><td>除法赋值，x/＝a；等价于x＝x/a；</td><td><<＝</td><td>左移赋值，x<<＝a；等价于x＝x<<a；</td></tr>
<tr><td>%＝</td><td>求余赋值，x%＝a；等价于x＝x%a；</td><td></td><td></td></tr>
</table>

6. 特殊运算符与表达式

特殊运算符包括条件运算符、逗号运算符和强制类型转换运算符，下面仅作简要介绍。

条件运算符主要用于条件求值运算，其表达式一般形式为“表达式1？表达式2：表达式3”，运算符“？”的作用是在计算表达式1之后，如果表达式1为真，则执行表达式2，并将结果作为整个表达式的数值；如果表达式1的值为假，则执行表达式3，并以其结果作为整个表达式的值。例如，y＝‘a’＞‘b’？3：5；执行完该语句后，y的值为5。

逗号运算符的作用是把几个表达式串在一起，成为逗号表达式，其格式为“表达式1，表达式2，…，表达式n”，运算顺序为从左到右，整个逗号表达式的值是最右边表达式的值。

强制类型转换运算符的作用是将一个表达式或变量转换成所需类型，符号为“0”。例如，(int)a 是将 a 转换为整型；(float)(a+b)是将 a+b 的结果转换为浮点数。

7. 各运算符优先级列表

标准 C 语言中各运算符优先级列表如表 1-9 所示。

表 1-9　运算符优先级列表

<table>
<tr><th>优先级</th><th>运算符</th><th>名称或含义</th><th>结合方向</th><th>说明</th></tr>
<tr><td rowspan="4">1</td><td>[ ]</td><td>数组下标</td><td rowspan="4">从左到右</td><td></td></tr>
<tr><td>( )</td><td>圆括号</td><td></td></tr>
<tr><td>.</td><td>成员选择(对象)</td><td></td></tr>
<tr><td>-></td><td>成员选择(指针)</td><td></td></tr>
<tr><td rowspan="8">2</td><td>-</td><td>负号运算符</td><td rowspan="8">从右到左</td><td rowspan="8">单目运算符</td></tr>
<tr><td>(类型)</td><td>强制类型转换</td></tr>
<tr><td>++</td><td>自增运算符</td></tr>
<tr><td>--</td><td>自减运算符</td></tr>
<tr><td>*</td><td>取值运算符(指针)</td></tr>
<tr><td>&</td><td>取地址运算符</td></tr>
<tr><td>!</td><td>逻辑非运算符</td></tr>
<tr><td>sizeof</td><td>长度运算符</td></tr>
<tr><td rowspan="3">3</td><td>*</td><td>乘法运算符</td><td rowspan="3">从左到右</td><td rowspan="3">双目运算符</td></tr>
<tr><td>/</td><td>除法运算符</td></tr>
<tr><td>%</td><td>求余运算符</td></tr>
<tr><td rowspan="2">4</td><td>+</td><td>加法运算符</td><td rowspan="2">从左到右</td><td rowspan="2">双目运算符</td></tr>
<tr><td>-</td><td>减法运算符</td></tr>
<tr><td rowspan="2">5</td><td><<</td><td>左移运算符</td><td rowspan="2">从左到右</td><td rowspan="2">双目运算符</td></tr>
<tr><td>>></td><td>右移运算符</td></tr>
<tr><td>6</td><td>>、>=、<、<=</td><td>关系运算符</td><td>从左到右</td><td>双目运算符</td></tr>
<tr><td rowspan="2">7</td><td>==</td><td>等于运算符</td><td rowspan="2">从左到右</td><td rowspan="2">双目运算符</td></tr>
<tr><td>!=</td><td>不等于运算符</td></tr>
<tr><td>8</td><td>&</td><td>按位与运算符</td><td>从左到右</td><td>双目运算符</td></tr>
<tr><td>9</td><td>^</td><td>按位异或运算符</td><td>从左到右</td><td>双目运算符</td></tr>
<tr><td>10</td><td>|</td><td>按位或运算符</td><td>从左到右</td><td>双目运算符</td></tr>
<tr><td>11</td><td>&&</td><td>逻辑与运算符</td><td>从左到右</td><td>双目运算符</td></tr>
<tr><td>12</td><td>||</td><td>逻辑或运算符</td><td>从左到右</td><td>双目运算符</td></tr>
<tr><td>13</td><td>?:</td><td>条件运算符</td><td>从右到左</td><td>三目运算符</td></tr>
<tr><td>14</td><td>=、/=、*=、%=、
+=、-=、<<=、
>>=、&=、^=、|=</td><td>赋值运算符</td><td>从右到左</td><td>双目运算符</td></tr>
<tr><td>15</td><td>,</td><td>逗号运算符</td><td>从左到右</td><td></td></tr>
</table>

1.4 基本流程控制语句

初学者在编程时，往往不知道如何下手，这是因为他们对整个程序缺乏一个清晰的轮廓。在学习和工作的过程中，每个人在做一件事情之前，总要对所做的处理过程进行一个构思，例如，你要做的事情需要具备什么条件？采用什么手段？达到什么目的？编程也是一样，在编写程序之前要对整个程序有宏观上的认识，明确整个程序实现的功能及每一部分的结构。再复杂的程序都是由 3 种基本结构组合而成的：顺序结构、选择结构和循环结构。研究人员提出了结构化程序设计的理论，为程序设计提出了一般的规范。结构化程序设计方法提出了一些大家都要遵循的原则，这些原则归纳为 32 个字：自顶向下，逐步细化；基本结构，组合而成；清晰第一，效率第二；书写规范，缩进格式。

1. 顺序结构

顺序结构是从前往后依次执行语句。整体看所有的程序，顺序结构是基本结构，只不过中间某个过程是选择结构或是循环结构，执行完选择结构或循环结构后程序又按顺序执行。

2. 选择结构

选择结构又称为选取结构或分支结构，其基本特点是程序的流程由多路分支组成。在程序的一次执行过程中，根据不同的条件，只有一条分支被选中执行，而其他分支上的语句被直接跳过。C 语言提供的选择结构语句有两种：条件语句和开关语句。

1）条件语句

条件语句(if 语句)用来判定条件是否满足，根据判定的结果决定后续的操作，主要有以下 3 种基本形式：

```
(1) if(表达式) 语句
(2) if(表达式) 语句 1;
    else    语句 2
(3) if(表达式 1) 语句 1;
   else if(表达式 2) 语句 2;
    else if(表达式 3) 语句 3;
       else         语句 4
```

2）开关语句

开关语句(switch 语句)用来实现多方向条件分支的选择。虽然可用条件语句嵌套实现，但是使用开关语句可使程序条理分明，提高可靠性，其格式如下。

```
switch(表达式)
{
case 常量表达式 1:语句 1;break;
case 常量表达式 1:语句 1;break;
case 常量表达式 1:语句 1;break;
……
case 常量表达式 1:语句 1;break;
default:语句 n+1;
}
```

3）循环结构

循环语句主要用来进行反复多次操作，主要有3种语句，其格式如下：

```
(1) for(表达式1;表达式2;表达式3;) 语句
(2) While(条件表达式)语句
(3) do 循环体语句   while(条件表达式)
```

另外，还需介绍在循环语句控制中用到的两个重要关键字：break和continue。在循环语句中，break的作用是在循环体中测试到应立即结束循环条件时，控制程序立即跳出循环结构，转而执行循环语句后的语句；continue的作用是结束本次循环，一旦执行了continue语句，程序就跳过循环体中位于该语句后的所有语句，提前结束本次循环周期，并开始新一轮循环。

1.5 函数

一个C语言程序可以由一个主函数和若干个子函数构成，主函数是程序执行的起始点，由主函数调用子函数，子函数还可以再调用其他子函数。

1. 函数的定义

1）函数定义的语法形式

```
类型标识符   函数名(形式参数表)
{
  语句序列;
}
```

2）函数的类型和返回值

类型标识符规定了函数的类型，也就是函数的返回值类型。函数的返回值是需要返回给主调函数的处理结果，由return语句给出，例如：return 0。

无返回值的函数其类型标识符为void，不必写return语句。

3）形式参数与实际参数

函数定义时填入的参数称为形式参数，简称形参。它们与函数内部的局部变量作用相同。

形参的定义是在函数名后的括号中。调用时替换的参数，是实际参数，简称实参。定义的形参与调用函数的实参类型应该一致，书写顺序应该相同。

2. 函数的声明

调用函数之前首先要在所有函数外声明函数原型，声明格式如下。

```
类型说明符   被调函数名(含类型说明的形参表);
```

一旦函数原型声明之后，该函数原型在本程序文件中任何地方都有效，也就是说在本程序文件中任何地方都可以依照该原型调用相应的函数。

3. 函数的调用

在一个函数中调用另外一个函数称为函数的调用，调用函数的方式有以下4种。

(1) 作为语句调用：把函数作为一个语句，函数无返回值，只是完成一定的操作。例如：

```
ADC12_init();
```

（2）作为表达式调用：函数出现在一个表达式中。例如：

```
sum=c+add(a,b);
```

（3）作为参数调用：函数调用作为一个函数的实参。例如：

```
sum=add(c,add(a,b));
```

（4）递归调用：函数可以自我调用。如果一个函数内部的一个语句调用了函数本身，则称为递归调用。一个比较经典的递归调用举例为计算 n!，其程序如下。

```
int factorial(int);                    //函数声明
int factorial(n);                      //函数定义
{
  int product;
  if(n==1)
  {
    return(1);
  }
  product= factorial(n- 1) * n;          //函数调用
  return(product);
}
```

4. 函数中变量的类别

根据变量的作用区间及其是在函数的内部还是外部等，将函数中变量的类别分为局部变量和全局变量。

1）局部变量

我们把函数中定义的变量称为局部变量，由于形参相当于函数中定义的变量，所以形参也是一种局部变量。局部变量仅由被定义的模块内部的函数所访问。模块以"{"开始，以"}"结束，也就是说局部定义的变量只在"{}"内有效。局部变量在每次函数调用时分配内存空间，在每次函数返回时释放存储空间。

2）全局变量

全局变量也称为外部变量，它是在所有函数外部定义的变量，不属于哪一个函数，它属于一个源程序文件，其作用域是整个源程序。定义全局变量最好在程序的顶部，全局变量在程序开始运行时分配存储空间，在程序结束时释放存储空间，在任何函数中都可以被访问。

局部变量可以和全局变量重名，但是，局部变量会屏蔽全局变量，在函数内部引用这个变量时，会用到同名的局部变量，而不会用到全局变量。

注意：

正因为全局变量在任何函数中都可以访问。所以，在程序运行过程中全局变量被读/写的顺序从源代码中是看不出来的。源代码的书写顺序并不能反映函数的调用顺序。程序出现了 bug 往往就是因为在某个不起眼的地方对全局变量的读/写顺序不正确，如果代码规模很大，这种错误是很难找到的。而对局部变量的访问不仅局限在一个函数内部，而且局限在一次函数调用之中，从函数的源代码中很容易看出访问的先后顺序是怎样的，所以比较容易找到 bug，因此，虽然全局变量用起来很方便，但是一定要慎用，能用局部变量代替的就不要用全局变量。

5. 内部函数和外部函数

一个C语言程序可以由多个函数组成，这些函数可以在一个程序文件中，也可以分布在多个不同的程序文件中，根据这些函数的使用范围，又可以把它们分为内部函数和外部函数。

1）内部函数

如果一个函数只能被本文件内的其他函数所调用，称为内部函数。在定义内部函数时，在函数名和函数类型的前面加 static。内部函数的定义一般格式为：

```
static 类型标识符   函数名(形参表)
```

2）外部函数

在声明函数时，如果在函数首部的最左端冠以关键字 extern，则表示此函数是外部函数，可供其他文件调用，其定义格式为：

```
extern 类型标识符   函数名(形参表)
```

1.6 数组

数组是一个由同种类型变量组成的集合，引入数组就不需要在程序中定义大量的变量，大大减少程序中变量的数量，使程序简练。另外，数组含义清楚，使用方便，明确地反映了数据之间的联系。许多好的算法都与数组有关。熟练地利用数组，可以大大地提高编程的效率。

1. 一维数组

1）定义一维数组

在 C 语言中使用数组必须先进行定义。一维数组的定义格式如下。

```
类型说明符   数组名[常量表达式];
```

例如：

```
int a[20];
```

说明整型数组 a 有 20 个元素。

2）引用一维数组

引用一维数组元素的一般格式如下。

```
数组名[下标];
```

其中，下标只能是整型常量或整型表达式。例如：

```
int list[7]
```

该语句定义了一个有 7 个元素的数组 list，数组元素分别是 list[0]，list[1]，…，list[6]。

3）初始化一维数组

数组初始化赋值是指在数组定义时给数组元素赋予初值。数组初始化是在编译阶段进行的，这样将减少运行时间，提高效率。初始化赋值的一般格式如下。

```
类型说明符   数组名[常量表达式]= {值,值,…,值};
```

其中，在“{}”中的各数据值即为各元素的初值，各值之间用逗号间隔。例如：

```
int a[10]= {0,1,2,3,4,5,6,7,8,9};
```

相当于 a[0]=0；a[1]=1；…；a[9]=9。

注意：

当“{}”中的个数少于元素个数时，只给前面部分元素赋值，之后的元素自动赋 0；如果给全部元素赋值，则在数组说明中，可以不给出数组元素的个数。

2. 二维数组

如果说一维数组在逻辑上可以想象成一列长表或向量，那么二维数组在逻辑上可以想象成是由若干行、若干列组成的表格或矩阵。

1）定义二维数组

二维数组定义的一般格式如下。

```
类型说明符  数组名[常量表达式1][常量表达式2];
```

其中："类型说明符"是指数组的数据类型，也就是每个数组元素的类型；"常量表达式1"指出数组的行数；"常量表达式2"指出数组的列数，它们必须都是正整数。例如：

```
int score[5][3];
```

定义了一个5行3列的二维数组score。

2）引用二维数组

二维数组的元素也称为双下标变量，其表示的格式如下。

```
数组名[下标1][下标2]
```

其中，下标1和下标2为整型常量或整型表达式。例如，之前定义的score数组，其中score[3][2]表示score数组中第四行第三列的元素。

3）初始化二维数组

二维数组初始化也是在类型说明时给各下标变量赋以初值。二维数组可以按行分段赋值，也可按行连续赋值。

(1)按行分段赋值可分为：

```
int a[3][4]= {{1,2,3,4},{5,6,7,8},{9,10,11,12}};
```

(2)按行连续赋值可分写为：

```
int a[3][4]= {1,2,3,4,5,6,7,8,9,10,11,12};
```

3. 字符数组

字符数组是用来存放字符串的数组。

1）定义字符数组

其形式与前面定义的数值数组相同。例如：

```
char c[5];
```

2）初始化字符数组

字符数组也允许在定义时进行初始化赋值。例如：

```
char c[5]= {'c','h','i','n','a'};
```

把5个字符分别赋给了c[0]～c[4]五个元素。

如果"{}"中提供的初值个数大于数组长度，则在编译时系统会提示语法错误。如果初值个数小于数组长度，则只将这些字符赋给数组中前面那些元素，其余元素由系统自动定义为空字符'\0'。

3）引用字符数组

字符数组逐个字符引用，与引用数组元素类似。

1.7 指针

指针是C语言中的一个重要概念，也是一个比较难掌握的概念。正确灵活地运用指针，可以编写出精炼而高效的程序。

1. 指针和指针变量概念

C程序中每一个实体,如变量、数组都要在内存中占有一个可标识的存储区域,每一个存储区域由若干字节组成,在内存中每个字节都有一个"地址"。一个存储区域的"地址"指的是该存储区域中第一字节的地址(或称首地址)。在C语言中,将地址形象化地称为"指针",一个变量的地址称为该变量的"指针"。如果有一个变量专门用来存放另一个变量的地址(即"指针"),则它称为"指针变量"。使用指针访问能使目标程序占用内存少、运行速度快。

2. 指针变量的定义

指针变量的定义格式为:

```
类型说明符 * 指针变量名
```

其中:"*"表示这里定义的是一个指针类型的变量;"类型说明符"可以是任意类型,指的是指针所指向的对象的类型,这说明了指针所指的内存单元可以用于存放什么类型的数据,称之为指针的类型。例如:

```
int * pointer;
```

说明:pointer是指向整型的指针变量,也就是说,在程序中用它可以间接访问整型变量。

3. 与地址相关的运算符

C语言提供了两个与地址相关的运算符:*和&。"*"称为指针运算符,表示获取指针所指向的变量的值。例如:*i_pointer表示指针i_pointer所指向的数据的值。"&"称为取地址运算符,用来得到一个对象的地址,例如:使用&i就可以得到变量i的存储单元地址。

4. 指针的运算

指针是一种数据类型,与其他数据类型一样,指针变量也可以参与部分运算,包括算术运算、关系运算和赋值运算。以下对这3种运算进行简单介绍。

1)算术运算

指针可以和整数进行加减运算,但是,运算规则是比较特殊的,之前介绍过指针定义时必须指出它所指的对象是什么类型,这里我们将看到指针进行加减运算的结果和指针的类型密切相关。例如,有指针p1和整数n1,p1+n1表示指针p1当前所指位置后第n1个数的地址,p1-n1表示指针p1当前所指位置前第n1个数的地址。"指针++"或"指针--"表示指针当前所指位置下一个或前一个数据的地址。

一般来说,指针的算术运算是和数据的使用相联系的,因为只有在使用数据时,我们才会得到连续分布的可操作内存空间。对于一个独立变量的地址,如果进行算术运算,然后对其结果所指向的地址进行操作,有可能会意外破坏该地址中的数据或代码。因为对指针进行算术运算时,一定要确保运算结果所指向的地址是程序中分配使用的地址。

2)关系运算

指针变量的关系运算指的是指向相同类型数据的指针之间进行的关系运算。如果两个相同类型的指针相等,就表示这两个指针指向同一个地址。不同类型的指针之间或指针与非零整数之间的关系运算是毫无意义的。

3)赋值运算

声明了一个地址,只是得到了一个用于存储地址的指针变量。但是,变量中并没有确定的值，其中的地址值是一个随机的数。因此，定义指针之后必须先赋值，然后才可以引用。与其他类型的变量一样，对指针赋初值也有两种办法。

(1)在声明指针的同时进行初始化赋值，语法格式为：

```
类型说明符*指针变量名=初始地址；
```

数据的起始地址就是数组的名称，例如下面的语句：

```
int a[10];              //声明 int 型数组
int *i_pointer=a;       //声明并初始化 int 型指针
```

(2)在声明之后，单独使用赋值语句，赋值语句的语法格式为：

```
指针变量名=地址；
```

例如：

```
int *i_pointer;            //声明 int 型指针 i_pointer
int i;                     //声明 int 型指针 i
i_pointer= &i;             //取 i 的地址赋给 i_pointer
```

1.8 预处理命令

预处理是 C 语言具有的一种对源程序的处理功能。所谓预处理，指的是在正常编译之前对源程序的预先处理。这就是说，源程序在正常编译之前先进行预处理，即执行源程序中的预处理命令，预处理后，源程序再被正常编译。预处理命令包括宏定义、文件包含和条件编译 3 个主要部分。

预处理指令是以“#”开头的代码行。“#”必须是该行除了任何空白字符外的第一个字符。“#”后是指令关键字，在关键字和“#”之间存在任意个数的空白字符。预处理指令后面不加“;”。整行语句构成一条预处理指令，该指令将在编译器进行编译之前对源代码进行某些转换。部分预处理指令及说明如表 1-10 所示。

表 1-10　部分预处理指令及说明

预处理指令	说　明
#空指令	无任何效果
#include	包含一个源文件代码
#define	定义宏
#undef	取消已定义的宏
#if	如果给定条件为真，则编译下面代码
#ifdef	如果宏已经定义，则编译下面代码
#ifndef	如果宏没有定义，则编译下面代码
#elif	如果前面的#if 给定条件不为真，则编译下面代码
#endif	结束一个#if…#else 条件编译块
#error	停止编译并显示错误信息

1. 宏定义预处理命令

宏定义了一个代表特定内容的标识符。预处理过程会把源代码中出现的宏标识符替换成宏定义时的值。宏最常见的用法是定义代表某个值的全局符号。宏的第二种用法是定义带参数的宏，这样的宏可以像函数一样被调用。但是，它是在调用语句处展开宏，并用调用时的实际参数来代替定义中的形式参数。

1）#define 指令

#define 指令预处理指令是用来定义宏的。该指令最简单的格式是：

```
# define标识符  常量表达式
```

标识符最好采用大写字母，宏定义行不要加分号。例如：#define MAX_NUM 10

宏定义后，如果需要改变程序中 MAX_NUM 的值，只需要改宏定义即可，程序中的引用会自动进行更改。

2）带参数的#define 指令

带参数的宏和函数调用看起来有些相似，其一般格式如下：

```
# define 宏符号名(参数表)宏体
```

例如：#define Cube(x)(x)*(x)*(x)

该宏的作用是求 x 的立方，在程序中如有需要，任何数字表达式甚至函数调用都可用来代替参数 x。

> **提醒：**
> 注意括号的使用，宏展开后完全包含在一对括号中，而且参数也包含在括号中，这样就保证了宏和参数的完整性。

2. 文件包含预处理命令

文件包含的含义是在一个程序文件中可以包含其他文件的内容。这样，这个文件将由多个文件组成。用文件包含命令实现这一功能，其格式如下。

```
# include<文件名>      或    # include"文件名"
```

其中，include 是关键字，文件名是被包含的文件名。应该使用文件全名，包括文件的路径和扩展名。文件包含预处理命令一般写在文件的开头。例如：

```
# include"USB_API/USB_Common/device.h"
```

3. 条件编译预处理指令

条件编译指令将决定哪些代码被编译，而哪些是不被编译的。可以根据表达式的值或者某个特定的宏是否被定义来确定编辑条件。条件编译有以下 3 种形式，下面分别进行说明。

1）常量表达式条件预处理指令

```
# ifdef 常量表达式 1
    程序段 1
# elif 常量表达式 2
    程序段 2
  ……
# elif 常量表达式(n-1)
    程序段(n-1)
# else
    程序段 n
# endif
```

其作用是：检查常量表达式，如为真，编译后续程序段，并结束本次条件编译；若所有常量表达式均为假，则编译程序段 n，然后结束。

2）标识符定义条件预处理指令

```
# ifdef 标识符 1
    程序段 1
# else
    程序段 2
# endif
```

其作用是：标识符已被＃define 定义过，编译程序段 1，否则编译程序段 2。

3）标识符为定义条件预处理指令

```
# ifndef 标识符 1
    程序段 1
# else
    程序段 2
# endif
```

其作用是：标识符未被＃define 定义过，编译程序段 1，否则编译程序段 2。

1.9 C430 编程框架

学习完以上 C430 基础知识后，就具备了各模块初级编程的语法知识。MSP430 单片机的内部模块非常多，每个模块的寄存器众多，控制方法各异。但每个模块的 C 语言编程框架大同小异，基本遵循以下 C430 编程框架：

```
# include<头文件>
  定义变量        //根据编程需要，可有可无
  定义函数        //根据编程需要，可有可无
void main( )  /* 主函数* /
   {
     执行语句(包括函数调用语句);      //注释
   }
```

其中，根据采用的单片机型号的不同，头文件名字也不同，一般遵循这样的命名规律：单片机型号名.h。例如，如果编程中使用的单片机具体型号为 MSP430F6638，则编程时头文件名就应该为 msp430f6638.h。

本章小结

本章详细介绍了 MSP430 单片机软件工程开发基础。软件是一个单片机系统的灵魂，一个高质量的软件工程可以使整个系统运行更稳定、维护更方便。针对初学者，更适宜采用 C 语言进行 MSP430 单片机软件的开发。本章介绍了 MSP430 单片机 C 语言基础以及 C430 编程框架，使读者不仅熟悉标准 C 语言的语法，还可以了解 C430 与标准 C 语言的区别。

第 2 章 MSP430 单片机概述

微型计算机具有体积小、价格低、使用方便、可靠性高等一系列优点，因此一问世就表现出了强大的生命力，被广泛应用于国防、工业生产和商业管理等领域。所谓的单片微型计算机（single chip microcomputer），简称单片机，是一种将中央处理器、存储器、I/O 接口电路以及连接它们的总线都集成在一块芯片上的计算机。

目前，常用的单片机有 Intel 8051 系列单片机、C8051F 系列单片机、ATMEL 公司的 AVR 系列单片机、TI 公司的 MSP430 系列单片机、Motorola 单片机、PIC 系列单片机、飞思卡尔系列单片机、STM32 系列单片机、ARM 系列嵌入式单片机等，不同品种的单片机有着不同的硬件特性和软件特征。MSP430 单片机自 1996 年由 TI（Texas Instruments，德州仪器）公司一经推出，就以其超低功耗的特点，成为单片机领域一颗冉冉升起的新星。

2.1 MSP430 单片机发展及应用

TI 公司从 1996 年推出 MSP430 系列单片机至今，已经推出了 x1xx、x2xx、x3xx、x4xx、x5xx、x6xx 等几个系列，大致经历了开始阶段、寻找突破和蓬勃发展三个阶段，如图 2.1 所示。

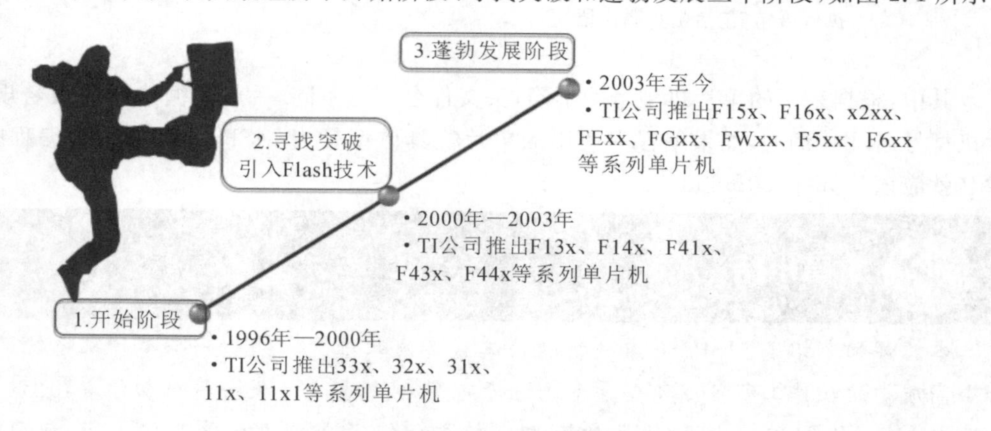

图 2.1 MSP430 单片机发展历程

德州仪器 1996 年到 2000 年初，先后推出了 31x、32x、33x 等几个系列，这些系列具有 LCD 驱动模块，对提高系统的集成度较有利。每一系列有 ROM 型（C）、OTP 型（P）和

EPROM 型(E)等芯片。MSP430 的 3xx 系列由于缺少 Flash 型芯片,早已经停产,在国内几乎没有使用。

1) MSP430x1xx 系列

MSP430x1xx 系列是 TI 公司最早开发的产品系列,因此其中还有一些 ROM 程序存储器的型号,如 MSP430C1xx 类型单片机。随着 Flash 技术的迅速发展,TI 公司将其引入 MSP430 系列单片机。2000 年推出了 F11x/11x1 系列,如带 ADC 或硬件乘法器的 F13x/F14x 系列,带 LCD 控制器的 F41x、F43x、F44x,现在经常使用的 F15x、F16x 等型号。该系列单片机共有 35 种型号,功能十分齐全。

2) MSP430x2xx 系列

TI 在 2004 年下半年推出了 MSP430x2xx 系列,该系列是对 MSP430x1xx 片内外设的进一步精简,价格低廉、小型、快速、灵活,成为当时业界功耗最低的单片机,可以快速开发超低功耗医疗、工业与消费类嵌入式系统。

3) MSP430x5xx/MSP430x6xx 系列

在前几个系列的基础上,TI 后续推出了性能更高、功能更强的 MSP430x5xx 系列、MSP430x6xx 系列单片机。它们的运行速度可达 25 MIPS,并具有更大的 Flash、更低的功耗,以及更丰富的外设接口。

近几年,TI 公司还针对某些特殊领域,利用 MSP430 的超低功耗特性,推出了一些专用单片机,如专门用于电量计量的 MSP430FE42x,用于水表、气表、热表等具有无磁传输模块的 MSP430FW42x,用于人体医学监护(如血糖、血压、脉搏等)的 MSP430FG42x,以及为便携医疗设备与无线射频系统等嵌入式高级应用带来高集成度与超低功耗特性的 MSP430FG461x 单片机。

2015 年初 TI 推出全新的超低功耗 MSP432 MCU 产品。它是对 16 位 MSP430 的拓展,是 TI 超低功耗技术在 32 位 MCU 上的经典应用。MSP432 平台汇集了 TI 公司 20 年来 MSP430 设计中的经验和成果,并兼容 MSP430 和 MSP432 的 API 驱动、代码、寄存器及低功耗外设,使得客户的软件设计可以在 MSP430 和 MSP432 间进行无缝移植。此外,MSP432 还支持 Wi-Fi,Bluetooth 以及 Sub-1G Hz 等无线连接的物联网应用。

2.2 MSP430 单片机的特点

MSP430 系列单片机推出后发展极为迅速,由于其卓越的性能,应用日益广泛,主要有以下特点。

1. 超低功耗

MSP430 系列单片机的电源电压采用 1.8～3.6 V 低电压,RAM 数据保持方式下耗电仅 0.1 μA,活动模式耗电 250 μA/MIPS (MIPS 表示每秒百万条指令数),I/O 端口的漏电流最大仅 50 nA。

MSP430 系列单片机有独特的时钟系统设计,包括两个不同的时钟系统:基本时钟系统和锁频环(FLL 和 FLL+)时钟系统或 DCO 数字振荡器时钟系统。由时钟系统产生 CPU 和各功能模块所需的时钟,并且这些时钟可以通过指令来控制 FLL 打开或关闭,从而实现对总体功耗的控制。由于系统运行时使用的功能模块不同,即采用不同的工作模式,芯片的功耗有明显的差异。在系统中共有 1 种活动模式(CAM)和 7 种低功耗模式(CLPM0～LPM4,LPM3.5 和 LPM3.5)。

另外,MSP430 系列单片机采用矢量中断,通过合理编程,既可以降低系统功耗,又可以对外部事件请求进行快速响应。

2. 强大的处理能力

MSP430 系列单片机是 16 位单片机,采用了目前流行的、颇受学术界好评的精简指令集(RISC)结构,一个时钟周期可以执行一条指令(传统的 MCS-51 单片机要 12 个时钟周期才可以执行一条指令),使 MSP430 在 8 MHz 晶振工作时,指令速度可达 8 MIPS。

3. 高性能模拟技术及丰富的片上外设

MSP430 系列单片机结合 TI 的高性能模拟技术,各成员都集成了较丰富的片内外设。

其视型号不同可能组合有以下功能模块:看门狗(WDT)、模拟比较器、16 位定时器 A、基本定时器、实时时钟、多功能串口 USCI(可实现 UART、I^2C 等功能)、USB 模块、USART、硬件乘法器、液晶驱动器、模数转换 ADC、数模转换 DAC、直接存储器访问 DMA、通用 I/O 端口等。

4. 系统工作稳定

上电复位后,首先由数字控制振荡器(DCO)的 DCO_CLK 启动 CPU,以保证程序从正确的位置开始执行,保证其他晶体振荡器有足够的起振及稳定时间,然后通过软件设置来确定最后的系统时钟频率。如果晶体振荡器在用作 CPU 时钟 MCLK 时发生故障,DCO 会自动启动,以保证系统正常工作。这种结构和运行机制,在目前其他系列单片机中是绝无仅有的。另外,MSP430 系列单片机均为工业级器件,运行环境温度为－40 ℃～＋125 ℃,运行稳定、可靠性高,所设计的产品适用于各种民用和工业环境。

5. 方便高效的开发环境

MSP430 系列有 OTP 型、Flash 型和 ROM 型三种类型的器件,这些器件的开发手段不同。国内大量使用的是 Flash 型器件。Flash 型器件则有十分方便的开发调试环境,因为器件片内有 JTAG 调试接口,还有可电擦写的 Flash 存储器,因此采用先下载程序到 Flash 内,再在器件内通过软件控制程序的运行,由 JTAG 接口读取片内信息供设计者调试使用的方法进行开发。这种方式只需要一台 PC 机和一个 JTAG 调试器,而不需要仿真器和编程器。开发语言有汇编语言和 C 语言。

这种以 Flash 技术、JTAG 调试、集成开发环境结合的开发方式,具有方便、廉价、实用等优点,在单片机开发中还较为罕见。

2.3 MSP430 单片机的应用前景

MSP430 系列单片机最突出的特点是超低功耗,特别适用于电池供电的长时间工作场合,除此之外还具备 16 位精简指令系统、内置 A/D 转换器、串行通信接口、硬件乘法器、LCD 驱动器及高抗干扰能力等。因此,MSP430 单片机特别适合应用在智能仪表、防盗系统、智能家电、电池供电便携式设备等产品之中。

1. 便携式设备

MSP430 单片机功耗低,适合应用于使用电池供电的仪器、仪表类产品中。而且其有丰富的内部资源和各种模拟电路接口，利用 MSP430 可以单芯片完成设计方案，这对提高产品的集成度、降低生产成本有很大的帮助。MSP430 单片机适用于各种便携式设备，如无线鼠标和键盘、触摸按键、手机、数码相机、MP3/MP4、电动牙刷、运动手表等。

2. 工业测量

MSP430 系列单片机内部集成的各种模拟设备性能优异，在各种高精度测量、控制领域都可以发挥作用，是工业仪表、计数装置和手持式仪表等产品设计的理想选择。MSP430 系列器件均为工业级的，运行环境温度为−40 ℃～+85 ℃，所设计的产品适合运行于工业环境下，并且带有 PWM(pulse-width modulation)波发生器等控制输出，适合用于各类工业控制、工业测量、电机驱动、变频器、逆变器等设备。

3. 传感设备

MSP430 系列单片机中 CPU 与模拟设备的结合，使得校准、调试都变得非常方便。例如，MSP430 单片机的 A/D 模块可以捕获传感器的模拟信号转换为数据加以处理后发送到主机。适用于报警系统、烟雾探测器、智能家居、无线资产管理、无线传感器等领域。

4. 微弱能源供电

MSP430 单片机需要的供电电源电压很低，1.8 V 以上电压都可使单片机正常工作，一些新型单片机的供电电压甚至可以更低。这就使利用微弱能源为单片机系统供电成为可能。

例如，利用酸性水果供电，在 MSP430 单片机上运行一个电子表程序，在保证水果没有腐烂变质或者风干的情况下，该系统可以运行一个月以上。除此之外，信号线窃电、电缆附近磁场能、射频辐射、温差能量等微弱能量都可能成为 MSP430 单片机的供电能源，这样即可设计出基于这些微弱电能供电的无源设备产品。

5. 通信领域

MSP430 单片机有多种通信接口，涵盖 UART、I^2C、SPI、USI 等，其 51 系列单片机还带有 USB 控制器等、射频控制器、ZigBee 控制器等。适用于各种协议下的数据中继器、转发器、转换器的应用。

另外，还有在通用单片机上增加专用模块而构成的，针对热门应用而设计的一系列专用单片机，如国内数字电表大量采用的电量计算专用单片机 MSP430FE42x，用于水表、气表、热表等具有无磁传感模块的 MSP430FW42x，以及用于人体医学监护(如监护血糖、血压、脉搏)的 MSP430FG42x 单片机。用这些具有专用用途的单片机来设计专用产品，不仅具有 MSP430 的超低功耗特性，还能大幅度简化系统设计。

2.4 MSP430 命名规则

MSP430 系列单片机型号众多，各型号的命名规则及存储器特性见表 2-1 和图 2.2。

表 2-1　MSP430 系列单片机各型号的命名规则和存储器特性表

类　型	名　称	特　性
C	ROM	只读存储器，适合大批量生产
P	OTP	单次可编程存储器，适合小批量生产
E	EPROM	可擦除只读存储器，适合开发样机
F	Flash	闪存具有 ROM 型的非易失性和 EPROM 的可擦除性

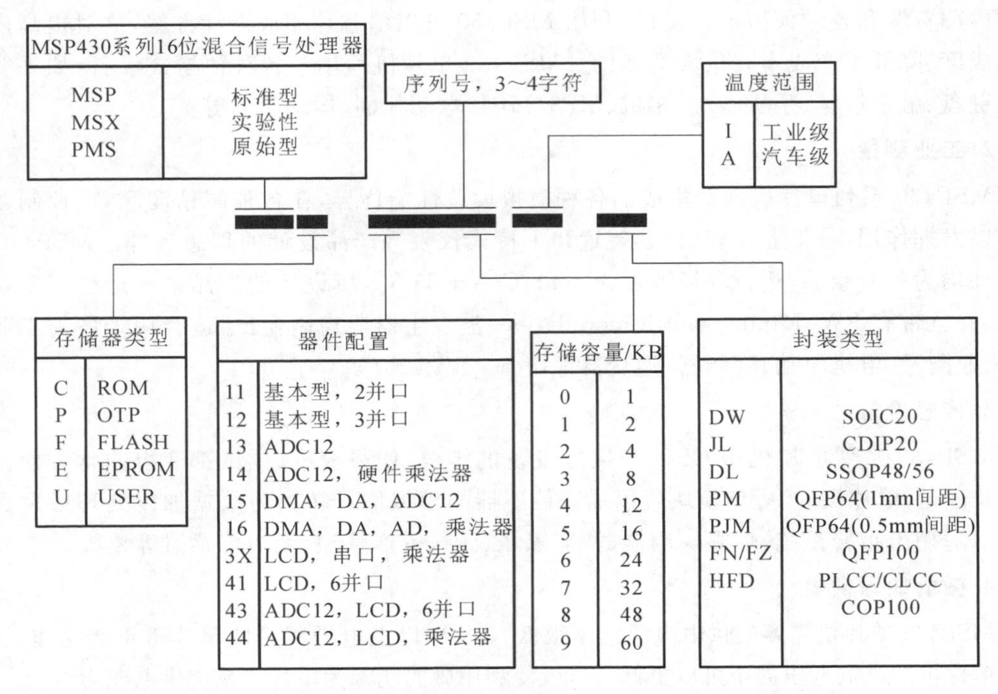

图 2.2 MSP430 系列单片机的命名规则

本章小结

本章简单介绍了 MSP430 系列单片机的发展历程、特点、应用前景和命名规则。通过本章的学习，能够初步了解 MSP430 系列单片机的特点和应用，从而为后续章节的学习打下良好的基础。

习 题 2

1. 单片机的概念是什么？

2. MSP430 系列单片机最显著的特性是什么？

3. 如何理解 MSP430 系列单片机的低功耗特性？请在网上搜索几种低功耗单片机的系列，并比较它们的功耗指标和性能。

4. 目前，MSP430 系列单片机的特点主要有哪些？

5. MSP430 系列单片机的常见应用领域有哪些？

6. 为什么 MSP430 系列单片机特别适用于电池供电和手持设备？

第 3 章 MSP430 单片机的体系结构

3.1 MSP430F5xx/6xx 系列单片机结构概述

MSP430 单片机采用 16 位总线，采用冯·诺依曼架构，外设和内存统一编址，寻址范围可达 64K，还可以扩展存储器，具有统一的中断管理，具有丰富的片上外围模块。MSP430F5xx/6xx 单片机的结构主要包含 16 位精简指令集 CPU、存储器、通用输入/输出模块(GPIO)、系统时钟模块、看门狗模块(WDT)，定时器模块、模数转换模块(ADC)、数模转换模块(DAC)、液晶驱动模块、精密硬件乘法器、通信模块等片上外设，仿真系统以及连接它们的数据总线和地址总线，如图 3.1 所示。

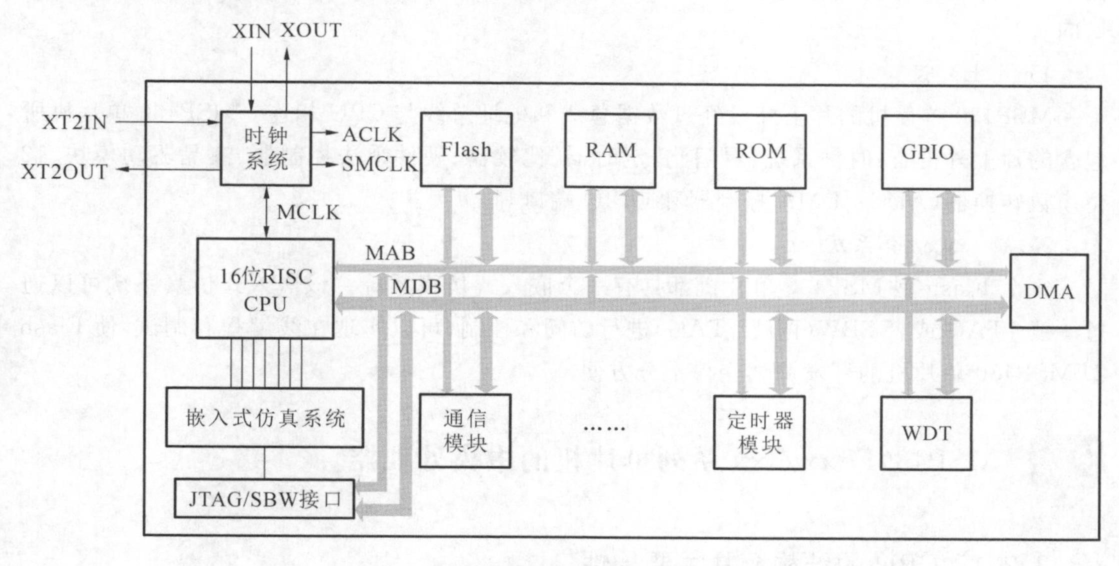

图 3.1 MSP430F5xx/6xx 单片机的片内结构

> **注意：**
> MSP430F6638 单片机结构图见附录 A。

由图 3.1 可以看出，MSP430F5xx/6xx 系列单片机的结构有如下明显特征。

(1) 16 位精简指令集 CPU 通过地址总线和数据总线直接与存储器和片上外设相连。

(2) 单片机内部包含嵌入式仿真系统，具有 JTAG/SBW 接口。

(3) 智能时钟系统可产生多种时钟信号,能够最大限度地降低功耗。

(4) DMA 控制器可显著地提高程序执行效率。

MSP430F5xx/6xx 系列单片机的主要功能有 CPU、总线、存储器、片上外设和嵌入式仿真系统。

1) CPU

MSP430 单片机的 CPU 与通用微处理器基本相同,只是在设计上采用了面向控制的结构和指令系统。MSP430 单片机的内核 CPU 结构是按照精简指令集和高透明度的宗旨来设计的,使用的指令有硬件执行的内核指令和基于现有硬件结构的仿真指令。这样可以提高指令执行速度和效率,增强 MSP430 单片机的实时处理能力。CPU 的具体结构介绍见 3.2 节。

2) 总线

MSP430 单片机内部具有数据总线和地址总线。数据总线用于传送数据信息,是双向总线。它既可以把 CPU 的数据传送给存储器或片上外设等其他部件,也可以将其他部件的数据传送给 CPU。地址总线用于传送地址信息,是单向总线,即只能由 CPU 向外传送地址信息,以便选择需要访问的存储单元或片上外设。

3) 存储器

存储器用于存储程序、数据及片上外设的运行控制信息,分为程序存储器和数据存储器。对程序存储器访问总是以字的形式取得代码,而对数据存储器可以用字或字节方式访问。

4) 片上外设

MSP430 单片机的片上外设经过数据总线和地址总线与 CPU 相连。MSP430 单片机所包含的片上外设有:时钟系统、看门狗、定时器、比较器、硬件乘法控制器、液晶驱动模块、12 位模数转换器(ADC)、DMA 控制器和 GPIO 端口等。

5) 嵌入式仿真系统

每个 Flash 型 MSP430 单片机都具有一个嵌入式仿真系统。该嵌入式仿真系统可以通过 4 线 JTAG 或者 SBW(两线 JTAG)进行访问和控制,可以实现在线编程和调试,使 Flash 型 MSP430 单片机的开发调试变得十分方便。

3.2 MSP430F5xx/6xx 系列单片机的中央处理器

3.2.1 CPU 的结构及其主要特性

CPU 是单片机的核心部件,其性能直接关系到单片机的处理能力。MSP430 微控制器采用 16 位精简指令系统 RISC,提供 16 个高度灵活的 16 位 CPU 寄存器,分别是 R0～R15,其最大寻址空间为 64 KB。随着 MSP430 的发展,其 CPU 扩展了寻址空间,达到了 1MB。CPU 结构也略有变化,CPU 寄存器扩宽到了 20 位(除状态寄存器为 16 位外,其余寄存器均为 20 位),这种新的 CPU 为 MSP430X CPU(简称 CPUX),MSP430X CPU 向后兼容 MSP430 CPU,其最大寻址空间可达 1 MB。

MSP430F5xx/6xx 系列单片机采用的是 MSP430 扩展型的 CPU,即 CPUX。其中,小

于 64 KB 的空间可以用 16 位地址去访问，大于 64 KB 的空间则需要用 20 位地址去访问。这与传统 16 位地址总线的单片机在使用中存在一定的差别。MSP430F5xx/6xx 系列单片机的 CPU 结构图如图 3.2 所示。

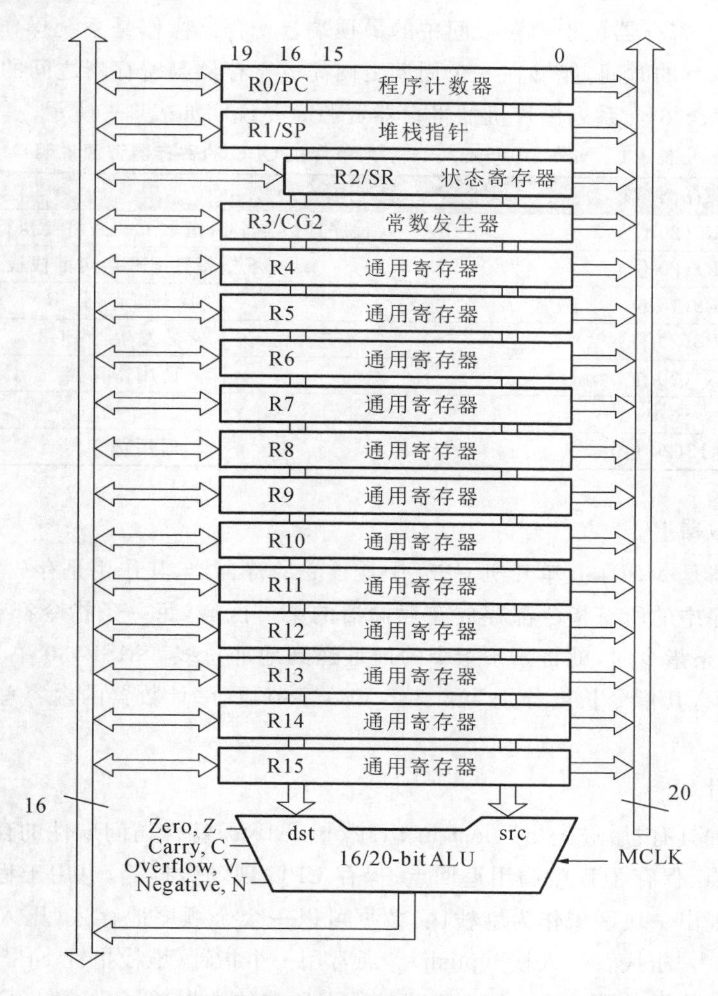

图 3.2　MSP430F5xx/6xx 系列单片机 CPU 结构图

MSP430F5xx/6xx 系列单片机 CPU 的主要特征为：① 精简指令集 RISC 正交架构；② 具有丰富的寄存器资源；③ 单周期寄存器操作；④ 20 位地址总线；⑤ 16 位数据总线；⑥ 直接的存储器到存储器访问；⑦ 字节、字和 20 位操作方式。

精简指令集(RISC)和复杂指令集(CISC)的区别：RISC 和 CISC 是当前 CPU 的两种架构，它们的区别在于不同的 CPU 设计理念和方法。RISC 架构的设计目的是利用最简洁的机器语言完成所需的计算任务，数据处理指令往往很少，复杂指令利用子函数完成；而 CISC 架构的设计目的是利用最少的机器语言完成所需的计算任务，每个任务可能都有一条单独的指令与之对应，指令系统庞大，指令功能复杂。

3.2.2 CPU的寄存器资源

寄存器是CPU的重要组成部分，是有限存储容量的高速存储部件，它们可用来暂存指令、数据和地址。寄存器位于内存空间中的最顶端。寄存器操作是系统操作最快速的途径，可以减短指令执行的时间，能够在一个周期之内完成寄存器与寄存器之间的操作。

MSP430F5xx/6xx系列单片机的寄存器资源简要说明如表3-1所示。

表3-1 MSP430F5xx/6xx系列单片机CPU的寄存器资源说明

寄存器简写	功　能
R0(20位)	程序计数器PC，指示下一条将要执行指令的地址
R1(20位)	堆栈指针SP，指向堆栈栈顶
R2(16位)	状态寄存器SR
R3(20位)	常数发生器CG2
R4(20位)	通用寄存器
……	……
R15(20位)	通用寄存器

1. 程序计数器PC

程序计数器是MSP430单片机CPU中最核心的寄存器，其作用是存放下一条要执行指令的地址。程序中的所有指令都存放在存储器的某一区域，每一条指令都有自己的存放地址，需要执行哪条指令时，就将哪条指令的地址送到地址总线。MSP430单片机的指令根据其操作数的多少，其指令长度分别为2、3、6和8字节，程序计数器的内容总是8位，指向偶字节地址。

2. 堆栈指针SP

堆栈是一种具有"后进先出"(last in first out，LIFO)特殊访问属性的存储结构，常应用于保存中断断点、保存子程序调用返回点、保存CPU现场数据等，也用于程序间传递参数。它在RAM中划出一块区域作为堆栈区，数据可以一个个顺序地存入(压入)到这个区域之中，这个过程称为"压栈"或"入栈"(push)。通常用一个指针(堆栈指针SP-Stack Pointer)实现一次调整，SP总指向最后一个压入堆栈的数据所在的数据单元(栈顶)。从堆栈中读取数据时，按照堆栈指针指向的堆栈单元读取堆栈数据，这个过程称为"弹出"或"出栈"(pop)，每弹出一个数据，SP即向相反方向做一次调整，如此就实现了后进先出的原则。

3. 状态寄存器SR

状态寄存器记录程序执行过程中的状态位和控制位情况，在程序设计中有着相当重要的作用。MSP430单片机的状态寄存器为16位，目前只用到其中的9位，预留位用来支持常量发生器，其结构如图3.3所示。

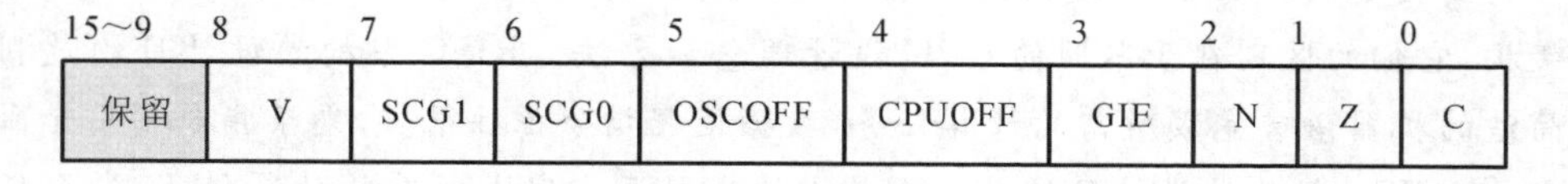

图3.3 状态寄存器结构图

状态寄存器中各位的含义，如表3-2所示。

表 3-2 状态寄存器说明

位置	名 称	描 述
0	C	进位标志位。当运算结果产生进位时,C 置位,否则 C 复位
1	Z	零标志位。当运算结果为零时,Z 置位,否则 Z 复位
2	N	负标志位。当运算结果为负时,N 置位,否则 N 复位
3	GIE	中断使能控制位: GIE 置位,CPU 可响应可屏蔽中断; GIE 复位,CPU 不响应可屏蔽中断
4	CPUOFF	CPU 控制标志位。置位 CPUOFF 可使 CPU 进入关闭模式,可用所有允许的中断将 CPU 唤醒
5	OSCOFF	晶振控制标志位。置位 OSCOFF 位可使晶体振荡器处于停止状态,同时,CPUOFF 也需置位。可用外部中断或不可屏蔽中断唤醒 CPU
6	SCG0	SCG0 时钟控制标志位: SCG0 置位,关闭 FLL 锁频环; SCG0 复位,开启 FLL 锁频环
7	SCG1	SCG1 时钟控制标志位: SCG1 置位,关闭 DCO 数字时钟发生器; SCG1 复位,开启 DCO 数字时钟发生器
8	V	溢出标志位。当运算结果超出有符号数范围时,V 置位
9～15		保留未用

4. 常数发生器 CG2

6 个常用的常数(−1、0、1、2、4、8)可以用常数发生器产生,而不必占用一个 16 位的程序代码空间(如表 3-3 所示)。利用 CPU 的 27 条内核指令配合常数发生器可以生成一些简单高效的模拟指令,这样可提高代码执行效率。

表 3-3 常数发生器 CG2 的值

寄存器	R2	R2	R2	R2	R3	R3	R3	R3
常数	—	(0)	0000h	0008h	0000h	0001h	0002h	FFh,FFFFh,FFFFFh

使用常数发生器的优点有:① 不需要特殊的指令;② 对 6 个常用的常数不需要额外的代码字;③ 不用访问数据存储器,缩短指令周期。

5. 通用寄存器 R4～R15

通用寄存器可以进行算数逻辑运算,保存参加运算的数据以及运算的中间结果,也可用来存放地址。MSP430 具有 12 个通用寄存器 R4～R15,通用寄存器能够处理 8 位、16 位和 20 位的数据。任何一个 8 位字节数据写到通用寄存器中,都会清除第 9 位到第 20 位的数据。任何一个 16 位字数据写到通用寄存器中,都会清除第 17 位到第 20 位的数据。

3.3 MSP430 单片机的存储器

MSP430 单片机的存储空间采用冯 · 诺依曼结构,物理上完全分离的存储区域,如

Flash、RAM、外围模块、特殊功能存储器SFR等，被安排在同一个存储器内，使用同一组地址、数据总线。冯·诺依曼结构和MSP430单片机CPU采用精简指令集的形式相互协调，对外围模块的访问不需要单独的指令，为软件的开发和调试提供便利。

冯·诺依曼(Von Neumann)结构和哈佛结构的区别。

冯·诺依曼结构也称普林斯顿结构，是一种将程序指令存储器和数据存储器合并在一起的存储器结构。程序和数据共用一个存储空间，程序指令存储地址和数据存储地址指向同一个存储器的不同物理位置，采用单一的地址及数据总线，因此程序指令和数据的宽度相同。处理器执行指令时，先从储存器中取出指令进行解码，再取操作数执行运算，即使单条指令也要耗费几个甚至几十个周期，在高速运算时，在传输通道上回出现瓶颈效应。其存储结构示意图如图3.4所示。

哈佛(Harvard)结构是一种将程序指令存储和数据存储分开的存储器结构。哈佛结构是一种并行体系结构，它的主要特点是将程序和数据存储在不同的存储空间中，即程序存储器和数据存储器是两个独立的存储器，每个存储器独立编址、独立访问。处理器执行指令时首先到程序指令储存器中读取程序指令内容，解码后得到数据地址，再到相应的数据储存器中读取数据，并进行下一步的操作(通常是执行)。程序指令储存和数据储存分开，数据和指令的储存可以同时进行，可以使指令和数据有不同的数据宽度，也提高了执行速度，其存储结构示意图如图3.5所示。

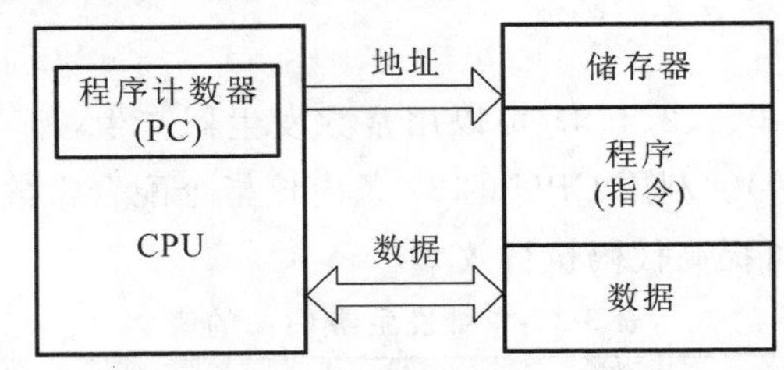

图3.4 冯·诺依曼存储器结构示意图

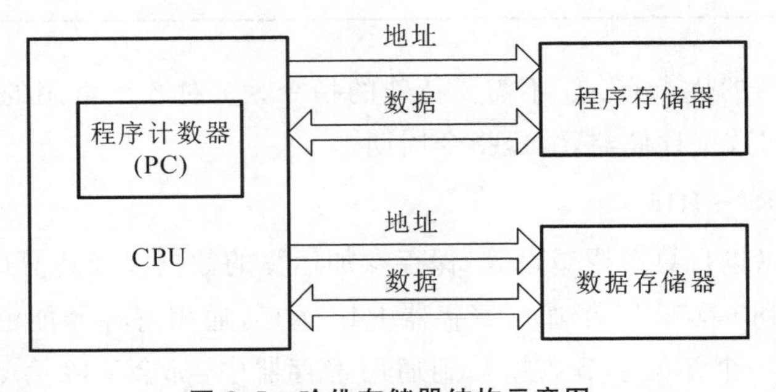

图3.5 哈佛存储器结构示意图

◆ 3.3.1 MSP430F6638单片机存储空间结构

本节以MSP430F6638单片机为例介绍MSP430单片机的存储空间结构。MSP430F6638单片机具有512KB的程序存储器、(16+2) KB RAM存储器(当USB模块禁止时，获得额外的

2KB RAM)及相应的外围模块寄存器,其存储空间分配情况如图 3.6 所示。

MSP430 不同系列单片机的存储空间的分布有很多相同之处,具体如下。

(1) 存储空间结构顺序相同,MSP430 不同系列单片机存储空间结构相同,其内部各个模块顺序也相同。

(2) 中断向量表具有相同的存储空间地址上限,为 0FFFh。

(3) 当两段存储器存储地址不能相连时,中间为空白区域。

(4) 特殊功能寄存器永远在存储空间的底部。

由于器件所属型号不同存储空间的分布也存在如下一些差异。

(1)不同型号器件的程序存储器、RAM、信息存储区器等大小不同。

(2) 中断向量的具体内容因器件不同而不同。

(3) 不同型号器件的外围模块地址范围内的具体内容不同。

(4) 较低型号的 MSP430 单片机特殊功能寄存器地址从 0000h 开始,较高型号的 MSP430 单片机存储器底层开辟出一段保留区,以供存储器拓展。

FFFFFh
空白
47FFFh
程序存储器
0FFFFh
中断向量表
0FF80h
程序存储器
08000h
空白
063FFh
RAM
02400h
空白
019FFh
信息存储器
01800h
引导存储器
01000h
空白
00FEFh
外围模块寄存器
00120h
特殊功能寄存器
00100h
保留以供拓展
00000h

图 3.6 MSP430F6638 单片机存储空间分配情况

3.3.2 程序存储器

MSP430F6638 单片机的程序存储器具有 4 个存储体,每个存储体 64KB,共 256KB,所在存储区间地址段为 08000h～47FFFh。程序存储器可分为两种情况:中断向量表和用户代码段。

中断向量表的存储空间为 0FF80h～0FFFFh,中断向量表内含有相应中断服务程序的 16 位入口地址(见表 5-1)。当 MSP430 单片机片内模块的中断请求被响应时,MSP430 单片机首先保护断点,之后从中断向量表中查表得到相应中断服务程序的入口地址,然后执行相应的中断服务程序。

用户程序代码段一般来存放常数或表格。MSP430 单片机的存储结构允许存放大的数表,并且可以用所有字和字节访问这些表。这一点为提高编程灵活性和节省程序存储空间带来了好处。

3.3.3 RAM 存储器

MSP430F6638 单片机的 RAM 存储器具有 4 个扇区,每个 4KB,共 16KB,所在存储空间地址段为 02400h～063FFh。RAM 存储器一般用于堆栈和变量,如存放经常变化的数据,包括采集到的数据、输入的变量、运算的中间结果等。

堆栈是具有先进后出特殊操作的一段数据存储单元,可以在子程序调用、中断处理或者函数调用过程中保护程序指针、参数、寄存器等,但在程序执行过程中,要防止产生由于堆栈的溢出而导致系统复位的现象,例如中断的不断嵌套而导致堆栈溢出等。

MSP430F6638 单片机的 USB 通信模块具有 2KB 的 RAM 缓冲区。当 USB 通信模块禁用时，这 2KB 的 RAM 缓冲区也可作为系统的 RAM 存储器使用。

3.3.4 信息存储器

MSP430F6638 单片机的信息存储器(information memory)具有 4 段，每段 128 字节，共 512 字节，所在存储空间地址段为 01800h～019FFh。信息存储器类型为 Flash 类型，非 RAM 类型。该段区域内数据可通过 Flash 控制器进行擦除、写入或读取操作。信息存储器可用于存储掉电后需要保存的重要数据，等系统再次上电时，可通过读取信息存储器的内容以获得系统掉电之前保存的重要数据，使系统按照之前的状态继续运行。

3.3.5 引导存储器

MSP430F6638 单片机的引导存储器(bootstrap loader memory)具有 4 段，每段 512 字节，2KB，所在存储空间地址段为 01000h～017FFh。引导存储器类型也为 Flash 类型，BSL 允许用户利用所定义的密码通过各种通信接口(USB 或 UART)访问内存空间，可以实现程序代码的读/写操作，利用引导存储器只需几根线就可以修改、运行内部的程序，为系统软件的升级提供了又一种方便的手段。

3.3.6 外围模块寄存器

MSP430F6638 单片机的外围模块寄存器所在存储空间地址段为 00120h～00FEFh，都可以通过软件进行访问和控制。MSP430 单片机可以像访问普通 RAM 单元一样对这些寄存器进行操作。这些寄存器也分为字节结构和字结构。不同系列 MSP430 单片机的外围模块寄存器数量不同，各寄存器分配地址也不同，具体请参考相关芯片的数据手册。

3.3.7 特殊功能寄存器

MSP430F6638 单片机的特殊功能寄存器所在存储空间地址段为 00100h～0011Fh。不同系列的 MSP430 单片机特殊功能寄存器数量不同，MSP430F6638 单片机特殊功能寄存器如表 3-4 所示。

表 3-4 MSP430F6638 单片机特殊功能寄存器列表(基址为 00100h)

寄存器	缩写	读/写类型	访问方式	偏移地址	初始状态
中断使能寄存器	SFRIE1	读/写	字访问	00h	0000h
	SFRIEL_L(IE1)	读/写	字节访问	00h	00h
	SFRIE1_H(IE2)	读/写	字节访问	01h	00h
中断标志寄存器	SFRIFG1	读/写	字访问	02h	0082h
	SFRIFG1_L	读/写	字节访问	02h	82h
	SFRIFG1_H	读/写	字节访问	03h	00h
复位引脚控制寄存器	SFRRPCR	读/写	字访问	04h	0000h
	SFRRPCR_L	读/写	字节访问	04h	00h
	SFRRPCR_H	读/写	字节访问	05h	00h

(1) 中断使能寄存器(SFRIE1)。

15–8	7	6	5	4	3	2	1	0
保留	JMBOUTIE	JMBINIE	ACCIE	NMIIE	VMAIE	保留	OFIE	WDTIE

各控制位名称见表 3-5。

表 3-5 中断使能寄存器控制位

控制位	名　　称
JMBOUTIE	JTAG 控制输出中断使能控制位
JMBINIE	JTAG 控制输入中断使能控制位
ACCIE	Flash 控制器非法访问中断使能控制位
NMIIE	NMI 引脚中断使能控制位
VMAIE	空白内存访问中断使能控制位
OFIE	晶振失效中断使能控制位
WDTIE	看门狗中断使能控制位

(2) 中断标志寄存器(SFRIFG1)。

15–8	7	6	5	4	3	2	1	0
保留	JMBOUTIFG	JMBINIFG	ACCIFG	NMIIFG	VMAIFG	保留	OFIFG	WDTIFG

各标志位见表 3-6。

表 3-6 中断标志寄存器标志位

标志位	名　　称
JMBOUTIFG	JTAG 控制输出中断标志位
JMBINIFG	JTAG 控制输入中断标志位
ACCIFG	Flash 控制器非法访问中断标志位
NMIIFG	NMI 引脚中断标志位
VMAIFG	空白内存访问中断标志位
OFIFG	晶振失效中断标志位
WDTIFG	看门狗中断标志位

(2) 复位引脚控制寄存器(SFRRPCR)。

15–4	3	2	1	0
保留	SYSRSTRE	SYSRSTUP	SYSNMIIES	SYSNMI

各控制位功能见表 3-7。

表 3-7 复位引脚控制寄存器控制位功能说明

控制位	名　　称	数　　值	功 能 说 明
SYSRSTRE	复位引脚内部电阻使能控制位	0	禁止 RST/NMI 引脚的上拉、下拉电阻
		1	允许 RST/NMI 引脚的上拉、下拉电阻
SYSRSTUP	复位引脚内部电阻上拉/下拉控制位	0	选择下拉
		1	选择上拉
SYSNMIIES	NMI 边沿出发选择控制位	0	当 SYSNMI=1 时,通过该位选择不可屏蔽中断触发边沿,修改该位值会触发不可屏蔽中断
		1	当 SYSNMI=0 时,修改该位值不会触发不可屏蔽中断

续表

控制位	名　称	数　值	功能说明
SYSNMI	RST/NMI 引脚功能选择控制位	0	该引脚选择复位 RST 功能
		1	该引脚选择不可屏蔽中断 NMI 功能

本章小结

本章以 MSP430F5xx/6xx 系列单片机为例，主要介绍了 MSP430 单片机的结构、CPU 和存储结构。MSP430 单片机主要由 CPU、存储器、片上外设、时钟系统、仿真系统以及连接它们的数据总线和地址总线构成。MSP430 单片机的 CPU 采用 16 位精简指令系统，具有很高的指令执行效率。与以往的 MSP430 系列单片机不同，MSP430F5xx/6xx 系列单片机采用了 MSP430 扩展型的 CPU(CPUX)，寻址空间从 16 位扩展到 20 位，最大寻址可达 1MB。MSP430 单片机的存储器采用冯·诺依曼结构，Flash、RAM、外围模块寄存器、特殊功能寄存器等，被安排在同一存储介质的不同区间内，使用同一组地址、数据总线、相同的指令对它们进行字节或字形式访问。

习题 3

一、选择题

1. MSP430 单片机是一个(　　)位的单片机。

A. 8　　B. 12　　C. 16　　D. 20

2. MSP430 RISC CPU 是(　　)。

A. 基于精简指令集　　B. 基于简单的机器形式和指令的默认

C. 基于复杂指令集　　D. 不需要外设连接的 CPU

3. MSP430 采用冯·诺依曼结构，(　　)。

A. 数据存储器全部包含在数据处理单元里

B. 指令和数据的存储器信号路径(总线)物理上是分开的

C. 外设有一条独立总线

D. 程序、数据存储器和外设共享一个通用总线

4. 若一个单片机的地址总线是 20 位的，其最大寻址空间为(　　)。

A. 1KB　　B. 16KB　　C. 64KB　　D. 1MB

5. MSP430 CPU 包含(　　)。

A. 14 个寄存器(2 个专用和 12 个通用)

B. 16 个寄存器(6 个专用和 10 个通用)

C. 18 个寄存器(4 个专用和 14 个通用)

D. 16 个寄存器(4 个专用和 12 个通用)

6. 程序计数器(PC)存放着(　　)。

A. 子函数调用或中断的返回地址　　B. 指向下一条将要从程序存储器中被取出、执行的指令

C. 状态和控制位　　D. 指向下一条要写进存储器的指令

二、思考题

1. MSP430 单片机的结构主要包含哪些部件？

2. 列举冯·诺依曼结构和哈佛结构的区别。

3. 列举精简指令集和复杂指令集的区别。

4. MSP430F5xx/6xx 系列单片机采用的扩展型 CPU(CPUX)与之前系列单片机的 CPU 有哪些区别？

5. MSP430 单片机的中央处理器由哪些单元组成？各单元又具有什么功能？

6. MSP430F5xx/6xx 系列单片机 CPU 具有哪些寄存器资源？各寄存器又具有什么功能？

7. 简述 MSP430F6638 单片机存储空间分布情况，并思考不同系列 MSP430 单片机存储空间分布的相同和不同之处。

第4章 MSP430单片机时钟系统与低功耗结构

在MSP430单片机中，时钟系统不仅可以为CPU提供时序，还可以为不同的片内外设提供不同频率的时钟。MSP430单片机通过软件控制时钟系统可以使其工作在多种模式下。通过这些工作模式，可合理地利用系统资源，实现整个应用系统的低功耗。时钟系统是MSP430单片机中非常关键的部件，通过时钟系统的配置可以在功耗和性能之间寻求最佳的平衡点，为单芯片系统与超低功耗系统设计提供了灵活的实现手段。本章重点介绍MSP430单片机的时钟系统及其低功耗结构。

4.1 MSP430单片机时钟系统

4.1.1 MSP430单片机时钟系统结构与原理

时钟系统可为MSP430单片机提供时钟，是MSP430单片机中最为关键的部件之一。

单片机各部件能有条不紊地自动工作，实际上是在其系统时钟作用下，控制器指挥芯片内各个部件自动协调工作，使内部逻辑硬件产生各种操作所需的脉冲信号而实现的。这里时钟信号是定时操作的基本信号。

1. 系统时钟结构

1) 5个时钟来源

时钟系统模块具有5个时钟来源，分别介绍如下。

(1) XT1CLK：低频/高频振荡器，可以使用32768 Hz的手表晶振、标准晶体、谐振器或4 MHz～32 MHz的外部时钟源。

(2) VLOCLK：内部超低功耗低频振荡器，典型频率12 kHz。

(3) REFOCLK：内部调整低频参考振荡器，典型频率32768 Hz。

(4) DCOCLK：内部数字时钟振荡器，可由FLL稳定后得到。

(5) XT2CLK：高频振荡器，可以是标准晶振、谐振器或4 MHz～32 MHz的外部时钟源。

2) 3个时钟信号

时钟系统模块可以产生3个时钟信号供CPU和外设使用。

(1) ACLK：辅助时钟(auxiliary clock)。可以通过软件选择XT1CLK、REFOCLK、VLOCLK、DCOCLK、DCOCLKDIV或XT2CLK(当XT2CLK可用时)。DCOCLKDIV是FLL模块内DCOCLK经过1/2/4/8/16/32分频后获得的。ACLK主要用于低速外设。ACLK可以再进行1/2/4/8/16/32分频，ACLK/n就是ACLK经过1/2/4/8/16/32分频后获得的，也可以通过外部引脚进行输出。

(2) MCLK：主时钟(master clock)。MCLK的时钟来源与ACLK相同，MCLK专门供CPU使用，MCLK配置得越高，CPU的执行速度越快，功耗越高。一旦关闭MCLK，CPU也将停止工作，因此在超低功耗系统中可以通过间歇启用MCLK的方法降低系统功耗。MCLK也可经1/2/4/8/16/32分频后供CPU使用。

(3) SMCLK：子系统时钟(subsystem master clock)。SMCLK的时钟来源与ACLK相同，SMCLK主要用于高速外设，SMCLK也可以进行1/2/4/8/16/32分频。

以上3个时钟相互独立，关闭任何一种时钟，并不影响其余时钟的工作。时钟系统对3个时钟不同程度的关闭，实际上就是进入了不同的休眠模式，关闭的时钟越多，休眠就越深，功耗就越低，如在LPM4(低功耗模式4)下，所有时钟都将被关闭，单片机功耗仅为1.1 μA。

3) MSP430F5xx/6xx系列单片机的时钟系统结构图

MSP430F5xx/6xx系列单片机的时钟系统结构图如图4.1所示。

从图4.1可以看出：只要通过软件配置各控制位，就可以改变硬件电路的连接关系、开启或关闭某些部件、控制某些信号的路径和通断等。这种情况在其他外部模块中也大量存在，甚至在某些模块中能通过软件直接设置模拟电路的参数。这些灵活的硬件配置功能，使得MSP430单片机具有极强的适应能力。

为便于读者理解和学习结构框图，在此对MSP430F5xx/6xx系列单片机的时钟系统结构图的表示规则进行简单介绍。

(1)图中每个框表示一个部件，每个正方形黑点表示一个控制位。若黑点的引出线直接和某部件相连，说明该控制位“1”有效；若黑点直线末端带圆圈与某部件连接，说明该控制位“0”有效。

(2)对于紧靠在一起的多个同名控制位，以总线的形式表示这些控制位的组合。例如，结构框图中右上角的DIVPA控制位，虽然只有一个黑点，但其下面的连线上标着“\3”，说明这是3位总线，共有8种组合(000,001,010,011,100,101,110,111)。前6种组合分别代表对ACLK进行1,2,4,8,16,32分频后输出，后面两种组合保留，以待将来开发使用(具体请参考本节后面时钟系统寄存器介绍)。

(3)梯形图表示多路选择器，它负责从多个输入通道中选择一个作为输出，具体由与其连接的控制位决定。例如，SELREF控制位所连接的梯形图，其主要功能为选择一个时钟源作为FLL模块的参考时钟。具体控制位配置和参考时钟对应关系如图4.1所示。

2. 时钟系统的原理

1) 内部超低功耗低频振荡器(VLO)

内部超低功耗低频振荡器在无须外部晶振的情况下，可提供约10 kHz的典型频率。VLO为不需要精确时钟的系统提供了一个低成本、超低功耗的时钟源。当VLO被用作ACLK、MCLK或SMCLK时(SELA={1}、SELM={1}或SELS={1})，VLO被启用。

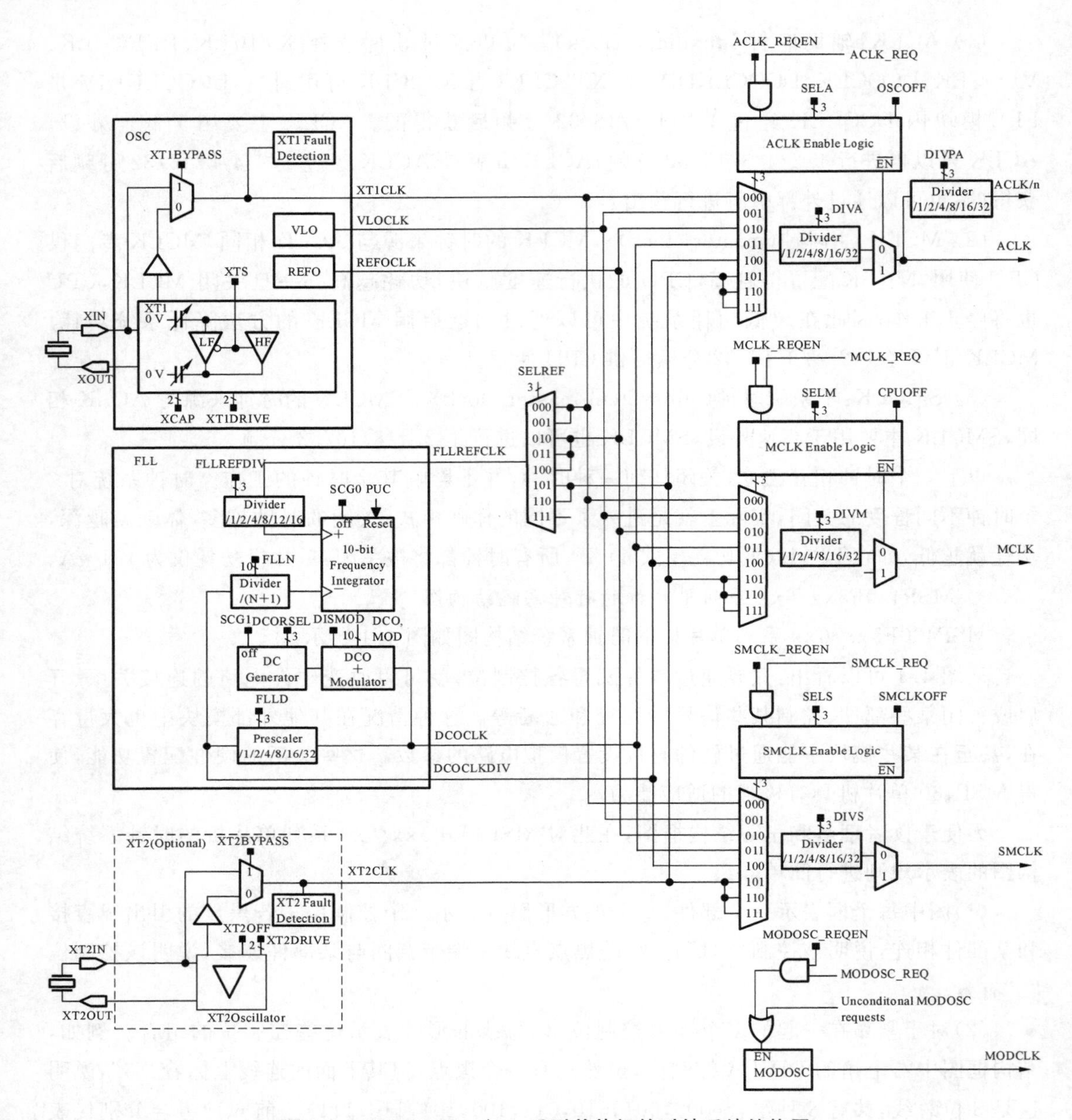

图 4.1　MSP430F5xx/6xx 系列单片机的时钟系统结构图

2）内部调整低频参考时钟振荡器(REFO)

在不要求或不允许使用外部晶振的应用中，REFO 可以用作内部高精度时钟。经过内部调整，REFO 的典型频率为 32768 Hz，并且可以为 FLL 模块提供一个稳定的参考时钟源。REFOCLK 与 FLL 的组合，可以在无须外部晶振的情况下，提供了灵活的大范围系统时钟。当不使用 REFO 时，REFO 不消耗电能。

REFO 在以下任何一种情况下都可被启用。

(1) REFO 为 ACLK 的参考时钟源(SELA＝{2})，且系统工作在活动模式(AM)、低功耗模式 0(LPM0)、低功耗模式 1(LPM1)、低功耗模式 2(LPM2)或低功耗模式 3(LPM3)下。

(2) REFO 为 MCLK 的参考时钟源(SELM＝{2})，且系统工作在 AM 下。

(3) REFO 为 SMCLK 的参考时钟源(SELS＝{2}),且系统工作在 AM、LPM0 或 LMP1 下。

(4) REFO 为 FLLREFCLK 的参考时钟源(SELREF＝{2}),DCO 为 ACLK 的时钟源(SELA＝{3,4}),且系统工作在 AM、LPM0、LMP1、LPM2 或 LPM3 下。

(5) REFO 为 FLLREFCLK 的参考时钟源(SELREF＝{2}),DCO 为 MCLK 的时钟源(SELM＝{3,4}),且系统工作在 AM 下。

(6) REFO 为 FLLREFCLK 的参考时钟源(SELREF＝{2}),DCO 为 SMCLK 的时钟源(SELA＝{3,4}),且系统工作在 AM、LPM0 或 LPM1 下。

3) XT1 振荡器(XT1)

XT1 振荡器如图 4.2 所示。MSP430 单片机的每种器件都支持 XT1 振荡器,MSP430F5xx/6xx 系列单片机的 XT1 振荡器支持两种模式:LF(低频模式)和 HF(高频模式)。

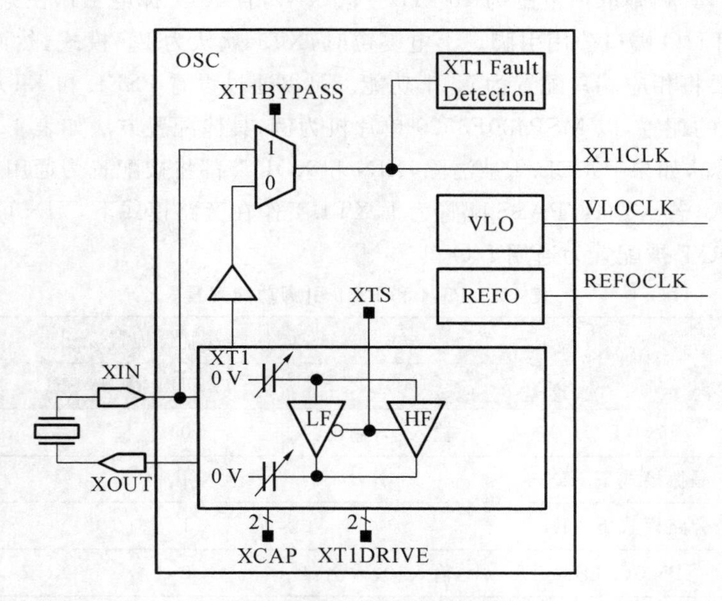

图 4.2　OSC 振荡器结构框图

在 LF 模式下(XTS＝0),XT1 振荡器支持超低功耗的 32768 Hz 的手表晶振,且手表晶振无须任何外部元件可直接连接在 XIN 和 XOUT 的引脚上。晶振的正常工作需要有相应的负载电容与之匹配。在 MSP430 单片机内部,通过软件配置 XCAP 寄存器,可为在 LF 工作下的振荡器提供负载电容,内部可提供的负载电容有以下 4 种:2pF(XCAP＝00)、5.5pF(XCAP＝01) 、8.5pF(XCAP＝10) 和 12pF(XCAP＝11)。例如,在 LF 下工作的 XT1 振荡器为 32768 Hz 的低频晶振,与之相匹配的负载电容为 12pF(典型)。当片内负载电容不能够满足需要时,也可外加负载电容。

在 HF 模式下(XTS＝1),XT1 振荡器也支持调整晶振或高频谐振器。高速晶振或高频谐振器可以连到 XIN 和 XOUT 引脚上,此时两个引脚上都要外接负载电容,负载电容的大小需要根据晶体或谐振器的特性来选择。

通过配置 XT1DRIVE 控制位,可以控制 XT1 在 LF 模式下的驱动能力。上电复位时,为了使 XT1 快速可靠地启动,驱动能力应设置为最高,之后,如果需要,可以降低驱动能力,以降低系统功耗。在HF模式下，不同的XT1DRIVE控制位配置对应不同的晶振或谐振器的频率范围，具体对应关系如表4-1所示。

表4-1　在HF模式下，XT1DRIVE控制位配置值与晶振或谐振器频率范围的对应关系

XT1DRIVE控制位	高速晶振或高频谐振器频率范围
00	4 MHz～8 MHz
01	8 MHz～16 MHz
10	16 MHz～24 MHz
11	24 MHz～32 MHz

通过配置XT1BYPASS控制位，可以选择XT1CLK的时钟来源。当XT1BYPASS配置为0时，XT1CLK的时钟来源来自XT1内部；当XT1BYPASS配置为1时，XT1CLK选择外部时钟输入，其频率取值范围为10 kHz～50 kHz，且XT1掉电工作在旁路模式。

XT1与通用I/O端口公用引脚。上电复位时，XT1默认为LF模式，然而此时，XT1仍被保持禁止，需要将相应端口配置为XT1功能。可以通过设置PSEL和XT1BYPASS控制位完成引脚功能的配置，以MSP430F5529单片机为例，具体配置方法如表4-2所示。

由表4-2可知，如果P5SEL.4被清除，XIN和XOUT都将被配置为通用I/O功能，XT1功能将会被禁止。若XT1BYPASS配置为1，XT1工作在旁路模式下，XIN可以连接外部时钟信号输入，XOUT被配置为通用I/O口。

表4-2　P5.4和P5.5引脚功能配置

引脚名称	引脚功能	控制位配置			
		P5D4IR. x	P5SEL. 4	P5SEL. 5	XT1BYPASS
P5. 4/XIN	P5. 4(I/O)	输入:0;输出:1	0	×	×
	晶振模式下XIN	×	1	×	0
	旁路模式下XIN	×	1	×	0
P5. 5/XOUT	P5. 5(I/O)	输入:0;输出:1	0	×	×
	晶振模式下XOUT	×	1	×	0
	P5. 5(I/O)	×	1	×	1

XT1在以下任何一种情况下都将被启用。

(1) XT1为ACLK的参考时钟源(SELA={0})，且系统工作在AM、LPM0、LPM1、LPM2或LPM3下。

(2)XT1为MCLK的参考时钟源(SELM={0})，且系统工作在AM下。

(3)XT1为SMCLK的参考时钟源(SELS={0})，且系统工作在AM、LPM0或LPM1下。

(4)XT1为FLLREFCLK的参考时钟源(SELREF={0})，DCO为ACLK的参考时钟源(SELA={3,4})，且系统工作在AM、LPM0、LPM1、LPM2或LPM3下。

(5)XT1为FLLREFCLK的参考时钟源(SELREF={2})，DCO为MCLK的参考时钟源(SELM={3,4})，且系统工作在AM下。

(6)XT1 为 FLLREFCLK 的参考时钟源(SELREF={2}),DCO 为 SMCLK 的参考时钟源(SELS={3,4}),且系统工作在 AM、LPM0 或 LPM1 下。

(7)若希望 XT1 无论在何种模式下都可用(甚至在 LPM4 下),只需软件将 XT1OFF 清零即可。

4) XT2 振荡器(XT2)

如图 4.3 所示,XT2 振荡器用来产生高频的时钟信号 XT2CLK,其工作特性与 XT1 振荡器工作在高频模式相似,晶振的选择范围为 4 MHz~32 MHz,具体范围由 XT2DRIVE 控制位进行设置。高频时钟信号 XT2CLK 可以分别作为辅助时钟、主时钟 MCLK 和子系统时钟 SMCLK 的基准时钟信号,也可提供给锁频环模块(FLL),可以利用 XT2OFF 控制位实现对 XT2 模块的启用(0)和关闭(1)。

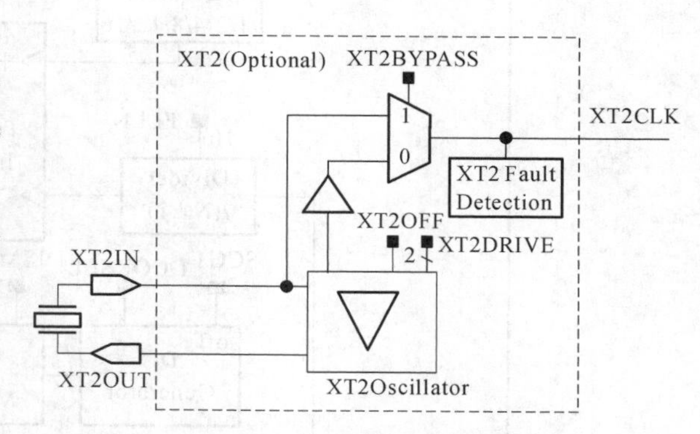

图 4.3　XT2 振荡器结构框图

XT2 在以下任何一种情况下都将被启用。

(1) XT2 为 ACLK 的参考时钟源(SELA={5,6,7}),且系统工作在 AM、LPM0、LPM1、LPM2 或 LPM3 下。

(2) XT2 为 MCLK 的参考时钟源(SELM={5,6,7}),且系统工作在 AM 下。

(3)XT2 为 SMCLK 的参考时钟源(SELS={5,6,7}),且系统工作在 AM、LPM0 或 LPM1 下。

(4)XT2 为 FLLREFCLK 的参考时钟源(SELREF={3,4}),DCO 为 ACLK 的参考时钟源(SELA={3,4}),且系统工作在 AM、LPM0、LPM1、LPM2 或 LPM3 下。

(5)XT2 为 FLLREFCLK 的参考时钟源(SELREF={5,6}),DCO 为 MCLK 的参考时钟源(SELM={3,4}),且系统工作在 AM 下。

(6)XT2 为 FLLREFCLK 的参考时钟源(SELREF={5,6}),DCO 为 SMCLK 的参考时钟源(SELS={3,4}),且系统工作在 AM、LPM0 或 LPM1 下。

(7)若希望 XT2 无论在何种模式下都可用(甚至在 LPM4 下),只需软件将 XT2OFF 清零即可。

5) 锁频环(FLL)

如图 4.4 所示,FLL 的参考时钟 FLLREFCLK 可以来自于 XT1CLK、REFOCLK 或 XT2CLK 中的任何一个时钟源,通过 SELREF 控制位进行选择。由于这三种时钟的精确度都很高,倍频后仍然能够得到准确的频率。FLL 能够产生两种时钟信号:DCOCLK 和 DCOCLKDIV,其中 DCOCLKDIV 信号为 DCOCLK 时钟经 1/2/4/8/16/32 分频后得到(分频系数为 D)。

锁频环是一种非常巧妙的电路,它的核心部件是数控振荡器和频率积分器。数控振荡器能够产生 DCOCLK 时钟,频率积分器实际上是一个加减计数器,“+”输入端上的每个脉冲将使计数值加 1,“-”输入端上的每个脉冲将使计数值减 1。FLLREFCLK 经过 1/2/4/8/12/16 分频后输入频率积分器的“+”输入端(分频系数为 n),DCOCLKDIV 经过(N+1)

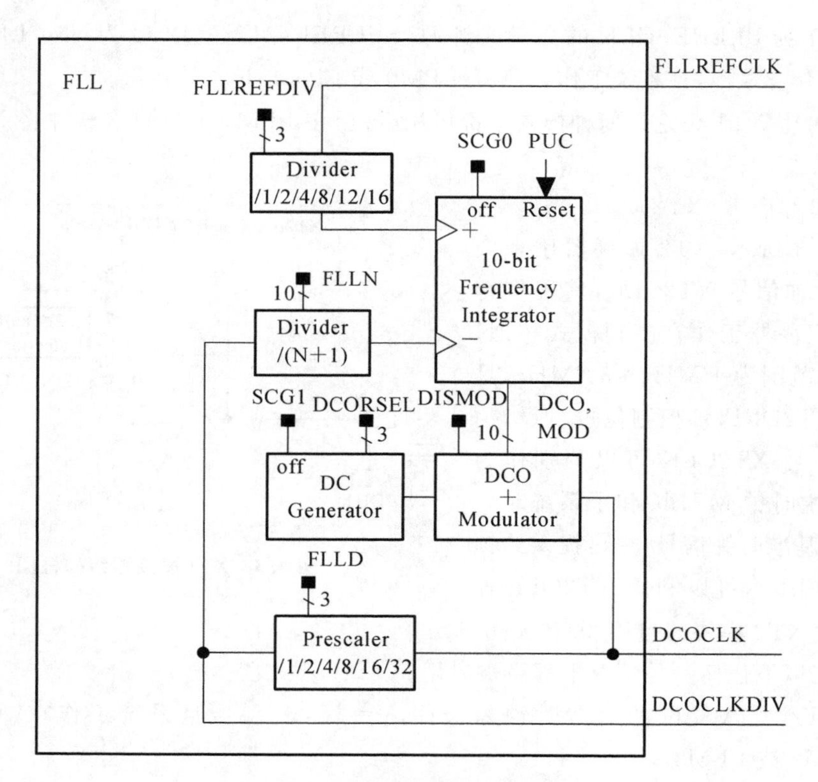

图 4.4 锁频环模块结构图

分频后输入频率积分器的"－"输入端，频率积分器的运算结果又输出给数控振荡器，改变数控振荡器的输出频率 DCOCLK，构成反馈环。经过反馈调整，最终的结果使频率积分器的"＋"输入端的频率与"－"输入端的频率相同，即

$$\frac{f_{DCOCLK}}{D\times(N+1)}=\frac{f_{FLLREFCLK}}{n}$$

所以，数控振荡器的最终输出频率为

$$f_{DCOCLK}=D\times(N+1)\times f_{FLLREFCLK}/n$$

其中：D 由 3 位 FLLD 控制位确定，取值为 1,2,4,8,16,32；N 由 10 位 FLLN 控制位确定，取值范围为 1～1023；n 由 3 位 FLLREFDIV 控制位确定，取值为 1,2,4,8,12,16。

DCORSEL 为 DCO 频率范围选择控制位，与 DCO 和 MOD 控制位配合，可完成对 DCOCLK 频率范围的选择。其具体设置如表 4-3 所示。

表 4-3 DCO 频率范围设置表

参数	设置条件	最小值/MHz	最大值/MHz
$f_{DCOCLK(0,0)}$	$DCORSEL_X=0, DCO_X=0, MOD_X=0$	0.07	0.20
$f_{DCOCLK(0,31)}$	$DCORSEL_X=0, DCO_X=31, MOD_X=0$	0.70	1.70
$f_{DCOCLK(1,0)}$	$DCORSEL_X=1, DCO_X=0, MOD_X=0$	0.15	0.36
$f_{DCOCLK(1,31)}$	$DCORSEL_X=1, DCO_X=31, MOD_X=0$	1.14	3.45
$f_{DCOCLK(2,0)}$	$DCORSEL_X=2, DCO_X=0, MOD_X=0$	0.32	0.75
$f_{DCOCLK(2,31)}$	$DCORSEL_X=2, DCO_X=31, MOD_X=0$	3.17	7.38

续表

参数	设置条件	最小值/MHz	最大值/MHz
$f_{DCOCLK(3,0)}$	$DCORSEL_X=3, DCO_X=0, MOD_X=0$	0.64	1.51
$f_{DCOCLK(3,31)}$	$DCORSEL_X=3, DCO_X=31, MOD_X=0$	6.07	14.0
$f_{DCOCLK(4,0)}$	$DCORSEL_X=4, DCO_X=0, MOD_X=0$	1.30	3.20
$f_{DCOCLK(4,31)}$	$DCORSEL_X=4, DCO_X=31, MOD_X=0$	12.3	28.2
$f_{DCOCLK(5,0)}$	$DCORSEL_X=5, DCO_X=0, MOD_X=0$	2.50	6.00
$f_{DCOCLK(5,31)}$	$DCORSEL_X=5, DCO_X=31, MOD_X=0$	23.7	54.1
$f_{DCOCLK(6,0)}$	$DCORSEL_X=6, DCO_X=0, MOD_X=0$	4.60	10.7
$f_{DCOCLK(6,31)}$	$DCORSEL_X=6, DCO_X=31, MOD_X=0$	39.0	88.0
$f_{DCOCLK(7,0)}$	$DCORSEL_X=7, DCO_X=0, MOD_X=0$	8.50	19.6
$f_{DCOCLK(7,31)}$	$DCORSEL_X=7, DCO_X=31, MOD_X=0$	60.0	135.0

注:①最小值为DCOCLK在核心电压为1.8V情况下的频率;②最大值为DCOCLK在核心电压为3.6V情况下的频率

典型情况下的DCO频率如图4.5所示,测试条件为:核心电压$V_{CC}=3.0V$,环境温度$T_A=25$ ℃。

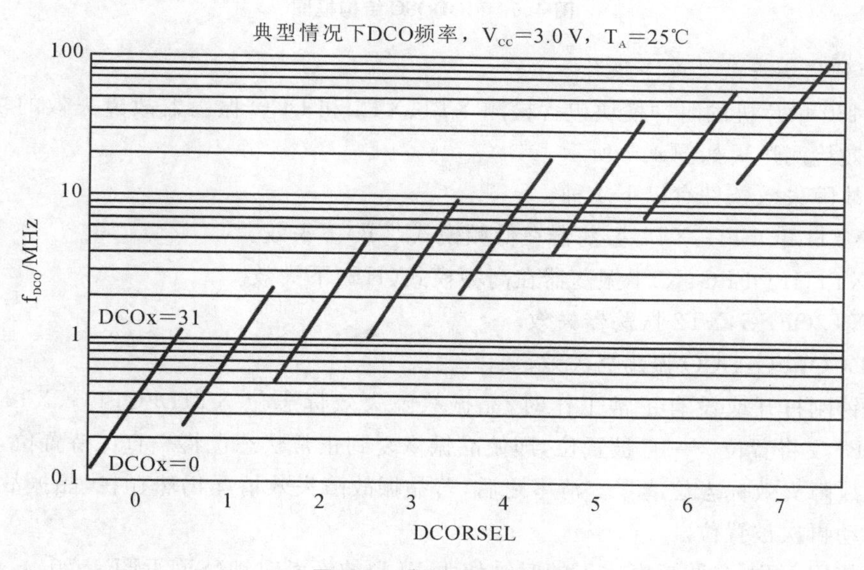

图4.5 典型DCO频率

SCG0和SCG1为SR寄存器中的FLL模块控制位。SCG0为FLL禁止控制位,当SCG0为0时,FLL开启;当SCG0为1时,FLL禁止。当SCG0置1后,将禁止频率积分器,之后FLL的输出频率将不再被自动调整。SCG1为数字时钟发生器禁止标志位。当SCG1为0时数字时钟发生器开启;当SCG1为1时,数字时钟发生器禁止。

6)内部模块振荡器(MODOSC)

如图4.6所示,UCS时钟模块还包含一个内部模块振荡器MODOSC,能够产生约4.8 MHz的MODCLK时钟。Flash控制器模块、ADC_12模块等片上外设都可使用MODCLK作为内部参考时钟。

为了降低功耗，当不需要使用 MODOSC 时，可将其关闭。当产生有条件或无条件启用请求时，MODOSC 可自动开启。设置 MODOSCREQEN 控制位，将允许有条件启用请求使用 MODOSC 模块。对于利用无条件启用请求的模块无须置位 MODOSCREQEN 控制位，如 Flash 控制器、ADC_12 等。

Flash 控制器模块只有在执行或擦除操作时，都会发出无条件启用请求，开启 MODOSC。

ADC_12 模块可随时使用 MODCLK 作为其转换时钟，在转换的过程中，ADC_12 模块将发出一个无条件启用请求，开启 MODOSC。

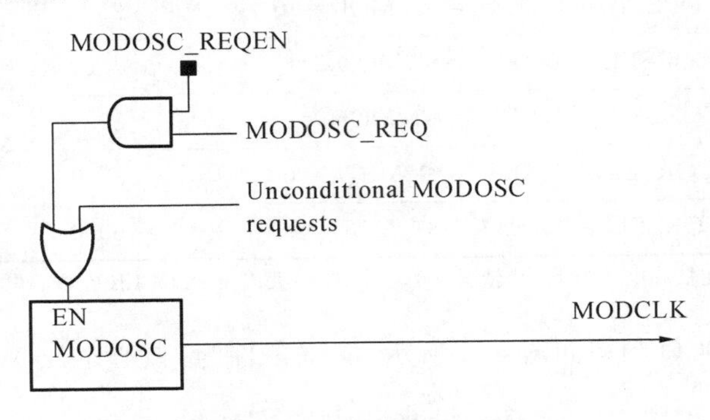

图 4.6　MODOSC 结构框图

7）时钟模块失效及安全操作

MSP430 单片机的时钟模块包含检测 XT1、XT2 和 DCO 振荡器故障失效的功能，振荡器故障失效检测逻辑如图 4.7 所示。

晶振故障失效条件有以下 4 种。

（1）XT1LFOFFG：XT1 振荡器在低频模式（LF）下失效。

（2）XT1HFOFFG：XT1 振荡器在高频模式（HF）下失效。

（3）XT2OFFG：XT2 振荡器失效。

（4）DCOFFG：DCO 振荡器失效。

当时钟刚打开或没有正常工作时，晶振故障失效标志位 XT1LFOFFG、XT1HFOFFG 或 XT2OFFG 将置位。一旦被置位，即使晶振恢复到正常状态也将一直保持置位，直到手动用软件将故障失效标志位清零。清零之后，若晶振故障失效情况仍然存在，晶振故障失效标志位将自动再次被置位。

如果使用 XT1 在低频模式下的时钟作为 FLL 的参考时钟（SELREF={0}），且 XT1 振荡器失效，FLL 将自动选择 REFO 作为其参考时钟源，并且置位 XT1LFOFFG 晶振故障失效标志位。如果使用 XT1 在高频模式下的时钟作为 FLL 的参考时钟，且 XT2 振荡器失效，FLL 将不产生参考时钟源 FLLREFCLK，并且置位 XT1HFOFFG 和 DCOFFG 晶振故障失效标志位。如果倍频系数 N 选择太高，使使 DCO 频拍移动到最高位置，也将置位 DCOFFG 晶振失效标志位。DCOFFG 晶振失效标志位一旦置位，将一直保持，需要用户手动软件消除。清零之后，若 DCO 晶振故障情况仍然存在，DCOFFG 将自动再次被置位。XT2 晶振失效情况与 XT1 在高频模式下类似。

上电复位（POR）或晶振发生故障失效时（XT1LFOFFG、XT1HFOFFG、XT2OFFG 或 DCOFFG），晶振故障失效中断标志位 OFIFG 置位并锁存。当 OFIFG 置位且 OFIE（晶振故

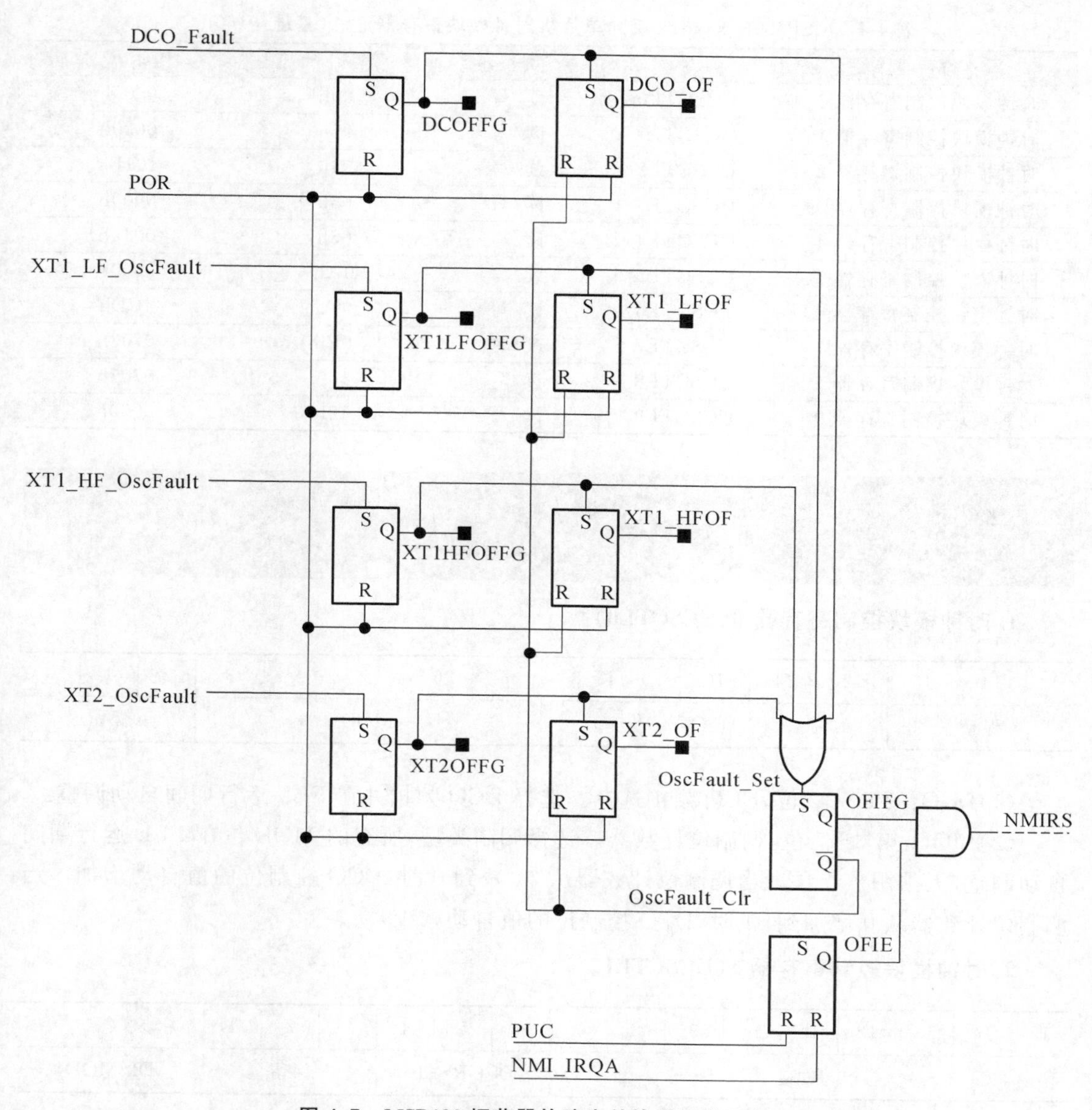

图 4.7　MSP430 振荡器故障失效检测逻辑示意图

障失效允许位)置位时,OFIFG 将引起不可屏蔽中断(NMI)。当 NMI 中断请求被接受后,中断允许位 OFIE 将自动复位以阻止继续到来的中断,在中断执行过程中,OFIFG 中断标志位将一直置位,需要手动用软件消除。OFIFG 中断标志位清零且振荡器工作正常后,可将 OFIE 中断允许位重新置位,以接收新的晶振故障失效请求。

注意:

振荡器故障失效事件不受中断允许控制位(GIE)的控制。

4.1.2　MSP430F5xx/6xx 系列单片机时钟模块控制寄存器

UCS 时钟模块控制寄存器列表如表 4-4 所示。

表 4-4　MSP430F5xx/6xx 系列单片机时钟模块寄存器汇总(基址:0160h)

寄存器	简写	类型	偏移地址	初始状态
时钟模块控制寄存器 0	UCSCTL0	读/写	00h	0000h
时钟模块控制寄存器 1	UCSCTL1	读/写	02h	0020h
时钟模块控制寄存器 2	UCSCTL2	读/写	04h	101Fh
时钟模块控制寄存器 3	UCSCTL3	读/写	06h	0000h
时钟模块控制寄存器 4	UCSCTL4	读/写	08h	0044h
时钟模块控制寄存器 5	UCSCTL5	读/写	0Ah	0000h
时钟模块控制寄存器 6	UCSCTL6	读/写	0Ch	1CDh
时钟模块控制寄存器 7	UCSCTL7	读/写	0Eh	0703h
时钟模块控制寄存器 8	UCSCTL8	读/写	10h	0707h
时钟模块控制寄存器 9	UCSCTL9	读/写	12h	0000h

注意：

在后面的介绍中画下画线“____”为控制位的初始配置值。

1. 时钟模块控制寄存器 0(UCSCTL0)

15	14	13	12	11	10	9	8	7	6	5	4	3	2	1	0
保留			DCO					MOD					保留		

(1)DCO:第 8～12 位,DCO 频拍选择。选择 DCO 频拍并在 FLL 运行期间自动调整。

(2)MOD:第 3～7 位,调制位计数器。选择调制类型,所有的 MOD 位在 FLL 运行期间自动调整,无须用户干预。当调制位计数器从 31 减到 0 时,DCO 控制位的值自动增加。当调制位计数器从 0 增加到 31 时,DCO 控制位的值自动减少。

2. 时钟模块控制寄存器 1(UCSCTL1)

15	14	13	12	11	10	9	8	7	6	5	4	3	2	1	0
保留									DCORSEL			保留			DISMOD

(1)DCORSEL:第 4～6 位,DCO 频率范围选择。频率范围请参考表 4-1 和图 4.5。

(2)DISMOD:第 0 位,调制器禁止使能控制位。

- 0:使能调制器。
- 1:禁止调制器。

3. 时钟模块控制寄存器 2(UCSCTL2)

15	14	13	12	11	10	9	8	7	6	5	4	3	2	1	0
保留	FLLD			保留			FLLN								

(1)FLLD:第 12～14 位,FLL 预分频器。这些位设置 DCOCLK 的分频系数 D,即 DCOCLK 经过 D 次分频后得到 DCOCLKDIV 时钟。

- 000:$f_{DCOCLK}/1$。

- 001：$f_{DCOCLK}/2$。
- 010：$f_{DCOCLK}/4$。
- 011：$f_{DCOCLK}/8$。
- 100：$f_{DCOCLK}/16$。
- 101：$f_{DCOCLK}/32$。
- 110：保留为以后使用，默认值为$f_{DCOCLK}/32$。
- 111：保留为以后使用，默认值为$f_{DCOCLK}/32$。

(2)FLLN：第0～9位，倍频系数。设置倍频值N，N必须大于0，如果FLLN＝0，则N被自动设置为1。

4. 时钟模块控制寄存器3(UCSCTL3)

15	14	13	12	11	10	9	8	7	6	5	4	3	2	1	0
保留									SELREF			保留	FLLREFDIV		

(1)SELREF：第4～6位，FLL参考时钟源选择控制位。这些控制位选择FLL的参考时钟源FLLREFCLK。

- 000：XT1CLK。
- 001：保留为以后使用，默认参考时钟源XT1CLK。
- 010：REFOCLK。
- 011：保留为以后使用，默认参考时钟源REFOCLK。
- 100：保留为以后使用，默认参考时钟源REFOCLK。
- 101：当XT2有效时，选择XT2CLK，否则，选择REFOCLK。
- 110：保留为以后使用，默认与101配置情况相同。
- 111：保留为以后使用，默认与101配置情况相同。

(2)FLLREFDIV：第0～2位，FLL参考时钟分频器。

- 000：$f_{FLLREFCLK}/1$。
- 001：$f_{FLLREFCLK}/2$。
- 010：$f_{FLLREFCLK}/4$。
- 011：$f_{FLLREFCLK}/8$。
- 100：$f_{FLLREFCLK}/12$。
- 101：$f_{FLLREFCLK}/16$。
- 110：保留为以后使用，默认值为$f_{FLLREFCLK}/16$。
- 111：保留为以后使用，默认值为$f_{FLLREFCLK}/16$。

5. 时钟模块控制寄存器4(UCSCTL4)

15	14	13	12	11	10	9	8	7	6	5	4	3	2	1	0
保留					SELA			保留	SELS			保留	SELM		

(1)SELA：第8～10位，ACLK参考时钟源选择控制位。

- 000：XT1CLK。

- 001:VLOCLK。
- 010:REFOCLK。
- 011:DCOCLK。
- 100:DCOCLKDIV。
- 101:当 XT2 有效时,选择 XT2CLK;否则,选择 DCOCLKDIV。
- 110:保留为以后使用,默认与 101 配置情况相同。
- 111:保留为以后使用,默认与 101 配置情况相同。

(2)SELS:第 4～6 位,SMCLK 参考时钟源选择控制位。

- 000:XT1CLK。
- 001:VLOCLK。
- 010:REFOCLK。
- 011:DCOCLK。
- 100:DCOCLKDIV。
- 101:当 XT2 有效时,选择 XT2CLK,否则,选择 DCOCLKDIV。
- 110:保留为以后使用,默认与 101 配置情况相同。
- 111:保留为以后使用,默认与 101 配置情况相同。

(3)SELM:第 0～2 位,MCLK 参考时钟源选择控制位。

- 000:XT1CLK。
- 001:VLOCLK。
- 010:REFOCLK。
- 011:DCOCLK。
- 100:DCOCLKDIV。
- 101:当 XT2 有效时,选择 XT2CLK;否则,选择 DCOCLKDIV。
- 110:保留为以后使用,默认与 101 配置情况相同。
- 111:保留为以后使用,默认与 101 配置情况相同。

6. 时钟模块控制寄存器 5(UCSCTL5)

15	14	13	12	11	10	9	8	7	6	5	4	3	2	1	0
保留	DIVPA			保留	DIVA			保留	DIVS			保留	DIVM		

(1)DIVPA:第 12～14 位,ACLK/n 时钟输出分频器。

- 000:$f_{ACLK}/1$。
- 001:$f_{ACLK}/2$。
- 010:$f_{ACLK}/4$。
- 011:$f_{ACLK}/8$。
- 100:$f_{ACLK}/16$。
- 101:$f_{ACLK}/32$。
- 110:保留为以后使用,默认值 $f_{ACLK}/32$。
- 111:保留为以后使用,默认值 $f_{ACLK}/32$。

(2)DIVA:第8～10位,ACLK时钟源分频器,分频后作为ACLK时钟。

- 000:f_{ACLK}/1。
- 001:f_{ACLK}/2。
- 010:f_{ACLK}/4。
- 011:f_{ACLK}/8。
- 100:f_{ACLK}/16。
- 101:f_{ACLK}/32。
- 110:保留为以后使用,默认值f_{ACLK}/32。
- 111:保留为以后使用,默认值f_{ACLK}/32。

(3)DIVS:第4～6位,SMCLK时钟源分频器,分频后作为SMCLK时钟。

- 000:f_{SMCLK}/1。
- 001:f_{SMCLK}/2。
- 010:f_{SMCLK}/4。
- 011:f_{SMCLK}/8。
- 100:f_{SMCLK}/16。
- 101:f_{SMCLK}/32。
- 110:保留为以后使用,默认值f_{SMCLK}/32。
- 111:保留为以后使用,默认值f_{SMCLK}/32。

(4)DIVM:第0～2位,MCLK时钟源分频器,分频后作为MCLK时钟。

- 000:f_{MCLK}/1。
- 001:f_{MCLK}/2。
- 010:f_{MCLK}/4。
- 011:f_{MCLK}/8。
- 100:f_{MCLK}/16。
- 101:f_{MCLK}/32。
- 110:保留为以后使用,默认值f_{MCLK}/32。
- 111:保留为以后使用,默认值f_{MCLK}/32。

7. 时钟模块控制寄存器6(UCSCTL6)

15	14	13	12	11	10	9	8
XT2DRIVE	保留	XT2BYPASS	保留	XT2OFF			
7	6	5	4	3	2	1	0
XT1DRIVE	XTS	XT1BYPASS	XCAP	SMCLKOFF	XT1OFF		

(1)XT2DRIVE:第14～15位,XT2振荡器驱动调节控制位。系统上电时,XT2振荡器以最大电流启动,以实现快速可靠启动。如有必要,用户可手动软件调节振荡器的驱动能力。

- 00:最低电流消耗,XT2振荡器工作在4 MHz～8 MHz。
- 01:增强XT2振荡器的驱动强度,XT2振荡器工作在8 MHz～16 MHz。

- 10:增强 XT2 振荡器的驱动能力,XT2 振荡器工作在 16 MHz～24 MHz。
- 11:XT2 振荡器最大驱动能力、最大电流消耗,XT2 振荡器工作在 24 MHz～32 MHz。

(2)XT2BYPASS:第 12 位,XT2 旁路选择控制位。

- 0:XT2 来源于内部时钟(使用外部晶振)。
- 1:XT2 来源于外部引脚输入(旁路模式)。

(3)XT2OFF:第 8 位,XT2 振荡器关闭控制位。

- 0:当 XT2 引脚被设置为 XT2 功能且没有被设置为旁路模式时,XT2 被打开。
- 1:当 XT2 没有被用作 ACLK、SMCLK 或 MCLK 的时钟源,且没有作为 FLL 的参考时钟时,XT2 被关闭。

(4)XT1DRIVE:第 6～7 位,XT1 振荡器驱动调节控制位。系统上电时,XT1 振荡器以最大电流启动,以实现快速可靠启动。如有必要,用户可手动软件调节振荡器的驱动能力。

- 00:最低电流消耗,XT1 振荡器工作在 4 MHz～8 MHz。
- 01:增强 XT1 振荡器的驱动强度,XT1 振荡器工作在 8 MHz～16 MHz。
- 10:增强 XT1 振荡器的驱动能力,XT1 振荡器工作在 16 MHz～24 MHz。
- 11:XT1 振荡器最大驱动能力、最大电流消耗,XT1 振荡器工作在 24 MHz～32 MHz。

(5)XTS:第 5 位,XT1 模式选择控制位。

- 0:低频模式,XCAP 定义 XIN 和 XOUT 引脚间的电容。
- 1:高频模式,XCAP 没有使用。

(6)XT1BYPASS:第 4 位,XT1 旁路选择控制位。

- 0:XT1 来源于内部时钟(使用外部晶振)。
- 1:XT1 来源于外部引脚输入(旁路模式)。

(7)XCAP:第 2～3 位,振荡器负载电容选择控制位。这些位选择振荡器在低频模式时(XTS=0)的负载电容。

- 00:2PF。
- 01:5.5pF。
- 10:8.5pF。
- 11:12pF。

(8)SMCLKOFF:第 1 位,SMCLK 开关控制位。

- 0:SMCLK 打开。
- 1:SMCLK 关闭。

(9)XT1OFF:第 0 位,XT1 开关控制位。

- 0:当 XT1 引脚被设置为 XT1 功能且没有被设置为旁路模式时,XT1 被打开。
- 1:当 XT1 没有被用作 ACLK、SMCLK 或 MCLK 的时钟源,且没有作为 FLL 的参考时钟,XT1 被关闭。

8. 时钟模块控制寄存器 7(UCSCTL7)

15～4	3	2	1	0
保留	XT2OFFG	XT1HFOFFG	XT1LFOFFG	DCOFFG

(1)XT2OFFG:第3位,XT2晶振故障失效标志位。如果XT2晶振产生故障失效,XT2OFFG置位,请求中断。XT2OFFG可以手动软件清除,若清除后,XT2故障失效情况仍然存在,XT2OFFG将自动置位。

- 0:上次复位后,没有故障失效产生。
- 1:上次复位后,XT2产生故障失效。

(2)XT1HFOFFG:第2位,XT1在高频模式下晶振故障失效标志位。其置位及清除情况与XT2OFFG类似。

- 0:上次复位后,没有故障失效产生。
- 1:上次复位后,XT1(高频模式)产生故障失效。

(3)XT1LFOFFG:第1位,XT1在低频模式下晶振故障失效标志位。其置位及清除情况与XT2OFFG类似。

- 0:上次复位后,没有故障失效产生。
- 1:上次复位后,XT1(低频模式)产生故障失效。

(4)DCOFFG:第0位,DCO振荡器故障失效标志位。当DCO={0}或{3}时,DCOFFG置位。DCOFFG可以手动软件清除,若清除后,DCO故障失效情况仍然存在,DCOFFG将自动置位。

- 0:上次复位后,没有故障失效产生。
- 1:上次复位后,DCO产生故障失效。

9. 时钟模块控制寄存器8(UCSCTL8)

15～4	3	2	1	0
保留	MODOSCREQEN	SMCLKREQEN	MCLKREQEN	ACLKREQEN

(1)MODOSCREQEN:第3位,MODOSC时钟条件请求控制位。

- 0:MODOSC条件请求禁止。
- 1:MODOSC条件请求允许。

(2)SMCLKREQEN:第2位,SMCLK时钟条件请求控制位。

- 0:SMCLK条件请求禁止。
- 1:SMCLK条件请求允许。

(3)MCLKREQEN:第1位,MCLK时钟条件请求控制位。

- 0:MCLK条件请求禁止。
- 1:MCLK条件请求允许。

(4)ACLKREQEN:第0位,ACLK时钟条件请求控制位。

- 0:ACLK条件请求禁止。
- 1:ACLK条件请求允许。

10. 时钟模块控制寄存器9(UCSCTL9)

15～2	1	0
保留	XT2BYPASSLV	XT1BYPASSLV

(1) XT2BYPASSLV：第1位，XT2旁路输入振荡范围选择控制位。

- 0：输入范围从0到DV_{CC}。
- 1：输入范围从0到DV_{IO}。

(2) XT1BYPASSLV：第0位，XT1旁路输入振荡范围选择控制位。

- 0：输入范围从0到DV_{CC}。
- 1：输入范围从0到DV_{IO}。

4.1.3 应用举例

例4.1 以XT1(32768 Hz)作为ACLK时钟源，并将P1.0管脚作为ACLK的输出。

参考程序如下。

```
#include<msp430f6638.h>
int main(void)
{
 WDTCTL=WDTPW+WDTHOLD;                 //关闭看门狗
 P1DIR |=BIT0;                         //ACLK通过P1.0管脚输出
 P1SEL |=BIT0;
 while(BAKCTL & LOCKIO)                //解锁XT1引脚
 BAKCTL &=~(LOCKIO);
 UCSCTL6 &=~(XT1OFF);                  //使能XT1
 UCSCTL6 |=XCAP_3;                     //配置内接电容
//****** 测试晶振是否产生故障失效，并清除故障失效标志位******
 do {
     UCSCTL7 &=~(XT2OFFG+XT1LFOFFG+DCOFFG);
                                       //清除XT2、XT1、DCO失败标志
     SFRIFG1 &=~OFIFG;                 //清除晶振故障失效中断标志位
 }while(SFRIFG1 & OFIFG);              //检测振荡器故障标志位
  UCSCTL6 &=~(XT1DRIVE_3);             //根据预期的频率，设定XT1的驱动
  UCSCTL4 |=SELA_0;                    //选择ACLK的时钟源为LFXT1(默认)
  __bis_SR_register(LPM3_bits);        //进入LPM3模式
}
```

例4.2 以XT2(4 MHz)作为SMCLK时钟源，并将P3.4管脚作为SMCLK的输出。

参考程序如下。

```
#include<msp430f6638.h>
int main(void)
{
    WDTCTL=WDTPW+WDTHOLD;              //关闭看门狗
    P3DIR |=BIT4;                      //SMCLK通过P3.4管脚输出
    P3SEL |=BIT4;
    P7SEL |=BIT2+BIT3;                 //选择端口功能为XT2
```

```
    UCSCTL6 &=~XT2OFF;          //使能 XT2
    UCSCTL3 |=SELREF_2;
                                //选择 REFOCLK 为 FLL 时钟源。因为 LFXT1 没有被使用,故作此
                                  选择
    UCSCTL4 |=SELA_2;           //ACLK=REFO,SMCLK=DCO,MCLK=DCO
    do{                         //等待 XT2 失败标志被清除
        UCSCTL7 &=~(XT2OFFG+XT1LFOFFG+XT1HFOFFG+DCOFFG);
                                //清除 XT2、XT1、DCO 失败标志
        SFRIFG1 &=~OFIFG;       //清除晶振故障失效中断标志位
    }while(SFRIFG1 & OFIFG);    //检测振荡器故障标志位
    UCSCTL6 &=~XT2DRIVE0;       //根据预期的频率,设定 XT2 的驱动
    UCSCTL4 |=SELS_5+SELM_5;    //SMCLK=MCLK=XT2
    while(1);                   //循环等待,此处可设调试断点
}
```

例 4.3 使用内部振荡器时钟源 VLO,配置 ACLK 为 VLOCLK(约 12 kHz),且将 ACLK 通过 P1.0 口输出。

参考程序如下。

```
#include<msp430f6638.h>
int main(void)
{
    WDTCTL=WDTPW+WDTHOLD;       //关闭看门狗
    UCSCTL4 |=SELA_1;           //设置 ACLK 的时钟源配置为 VLO
    P1DIR |=BIT0;               //设置 ACLK 通过 P1.0 口输出
    P1SEL |=BIT0;
    __bis_SR_register(LPM3_bits);//进入 LPM3,SMCLK 和 MCLK 停止,ACLK 活动
}
```

例 4.4 通过 DCO 设定 ACLK 的频率为 32768 Hz,SMCLK 的频率为 2.45 MHz,并将 ACLK 通过 P1.0 管脚输出,SMCLK 通过 P3.4 输出。

参考程序如下。

```
#include<msp430f6638.h>
int main(void)
{
    WDTCTL=WDTPW+WDTHOLD;          //关闭看门狗
    P1DIR |=BIT0;                  //ACLK 通过 P1.0 管脚输出
    P1SEL |=BIT0;
    P3DIR |=BIT4;                  //SMCLK 通过 P3.4 管脚输出
    P3SEL |=BIT4;
    P7SEL |=BIT2+BIT3;             //选择端口功能为 XT2
    while(BAKCTL & LOCKIO)         //解锁 XT1 引脚
        BAKCTL &=~(LOCKIO);
    UCSCTL6 &=~XT1OFF;             //使能 XT1
    UCSCTL6 |=XCAP_3;              //配置内接电容
```

```
    do{                             //等待XT1失败标志被清除
        UCSCTL7 &=~(XT2OFFG+XT1LFOFFG+DCOFFG);
                                    //清除XT2、XT1、DCO失败标志
        SFRIFG1 &=~OFIFG;           //清除晶振故障失效中断标志位
    }while(SFRIFG1 & OFIFG);        //检测振荡器故障标志位
//******初始化DCO为2.45 MHz******
    __bis_SR_register(SCG0);        //暂停FLL模块工作
    UCSCTL0=0;                      //设置DCOx频率选择,设置调制位计数器MODx
    UCSCTL1=DCORSEL_3;              //设置DCO的频率范围
    UCSCTL2=FLLD_1+74;              //设置DCO的频率范围为2.45 MHz时的因子
                                    //(N+1)*FLLRef=Fdco
                                    //(74+1)*32768=2.45 MHz
                                    //Set FLL Div=fDCOCLK/2
__bis_SR_register(SCG0);            //使能FLL模块工作
  //当配置寄存器内容被修改后,DCO以新的配置重新工作所需的最长时间为:
                                    //n*32*32*f_MCLK/f_FLL_reference
                                    //具体说明请参阅官方资料的相关章节
                                    // 32*32*2.45 MHz/32768 Hz=76563=MCLK cycles for DCO
                                      to settle
    __delay_cycles(76563);          //等待DCO以新的配置重新工作
    do{                             //等待XT1、XT2和DCO失败标志被清除
        UCSCTL7 &=~(XT2OFFG+XT1LFOFFG+XT1HFOFFG+DCOFFG);
                                    //清除XT2、XT1、DCO失败标志
        SFRIFG1 &=~OFIFG;           //清除晶振故障失效中断标志位
    }while(SFRIFG1 & OFIFG);        //检测振荡器故障标志位
    while(1);                       //循环等待,此处可设调试断点
}
```

4.2 MSP430单片机低功耗结构及应用

4.2.1 低功耗模式

MSP430单片机具有7种低功耗模式(LPM0～4、LPM3.5和LPM4.5)。在空闲时,通过不同程度的休眠,降低系统功耗。在任何一种低功耗模式下,CPU都被关闭,将停止程序的执行,直到被中断唤醒或单片机被复位。因此在进入任何一个低功耗模式之前,都必须设置好唤醒CPU的中断条件、打开中断允许位、等待被唤醒,否则程序有可能永远停止运行。

MSP430单片机具有3种时钟信号:辅助时钟ACLK、子系统时钟SMCLK和主系统时钟MCLK。MSP430单片机能够实现低功耗的根本原因是在不同的低功耗模式下关闭不同的系统时钟,关闭的系统时钟越多,休眠模式越深。通过CPU状态寄存器SR中的SCG1、SCG2、OSCOFF和CPUOFF这4个控制位的配置来关闭系统时钟。通过配置这些控制位,可使MSP430单片机从活动模式进入相应的低功耗模式,再通过中断方式从各种低功耗模

式回到活动模式。各模式之间的转换关系如图 4.8 所示。

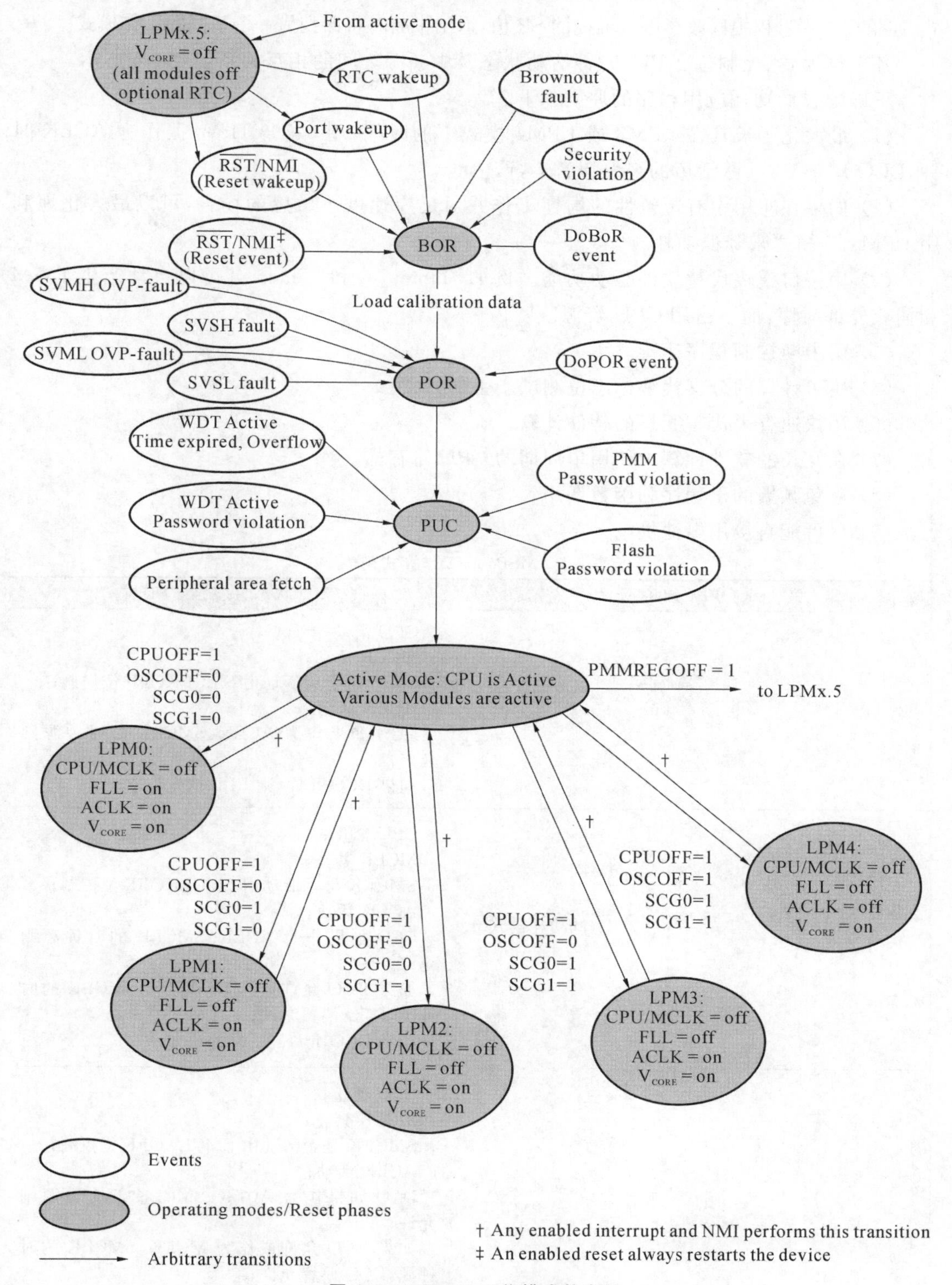

图 4.8　MSP430 工作模式状态图

在中断服务程序工作时，当前的操作模式被保存到堆栈中。如果压入堆栈后被保护起来的

SR值在中断服务程序处理过程中没有改变，当程序退出中断服务程序时将返回到先前的操作模式；如果在中断过程中修改了压入堆栈的SR值，退出中断时将回到另一个不同的工作模式。

各工作模式、控制位、CPU、时钟活动状态及中断源之间的相互关系如表4-5所示。

正确配置低功耗应用程序的原则如下。

(1) 最大化延长其在LPM3或LPM4模式下的时间，用32768 Hz晶振作为ACLK时钟，DCO用于CPU激活后的突发短暂运行。

(2) 如果在应用中有短暂性的周期工作并对反应速度不敏感的场合，可以最大化地利用LPMx.5模式来降低功耗。

(3) 用接口模块代替软件驱动功能。例如，Timer_A和Timer_B可以自动产生PWM和捕获外部时序，而不占用CPU资源。

(4) 用中断控制程序运行。

(5) 用可计算的分支代替标志位测试产生的分支。

(6) 用快速查表代替冗长的软件计算。

(7) 在冗长的软件计算中使用单周期的CPU寄存器。

(8) 避免频繁的子程序和函数调用。

(9) 尽可能直接用电池供电。

表4-5 MSP430工作模式列表

SCG1	SCG0	OSCOFF	CPUOFF	模式	CPU状态、振荡器及时钟
0	0	0	0	活动模式 AM	CPU活动； MCLK活动； SMCLK是否活动由SMCLKOFF位控制； ACLK活动； DCO如果作为ACLK、SMCLK的时钟源则允许； 如果DCO允许，则FLL也允许
0	0	0	1	低功耗模式0 LPM0	CPU禁止； MCLK禁止； SMCLK是否活动由SMCLKOFF位控制； ACLK活动； DCO如果作为ACLK、SMCLK的时钟源则允许； 如果DCO允许或作为MCLK、SMCLK的时钟源，DCO偏置允许； 如果DCO允许，则FLL也允许
0	1	0	1	低功耗模式1 LPM1	CPU禁止； MCLK禁止； SMCLK是否活动由SMCLKOFF位控制； ACLK活动； DCO如果作为ACLK、SMCLK的时钟源则允许； 如果DCO允许或作为MCLK、SMCLK的时钟源，DCO偏置允许； FLL也禁止

续表

SCG1	SCG0	OSCOFF	CPUOFF	模式	CPU 状态、振荡器及时钟
1	0	0	1	低功耗模式 2 LPM2	CPU 禁止； MCLK 禁止； SMCLK 禁止； ACLK 活动； DCO 如果作为 ACLK 的时钟源则允许； FLL 禁止
1	1	0	1	低功耗模式 3 LPM3	CPU 禁止； MCLK 禁止； SMCLK 禁止； ACLK 活动； DCO 如果作为 ACLK 的时钟源则允许； FLL 禁止
1	1	1	1	低功耗模式 4 LPM4	CPU 和所有的时钟都禁止
1	1	1	1	低功耗模式 3.5 LPM3.5	当 PMMREGOFF＝1 时，调制器禁止，存储器不保持。此时如果配置了 RTC，RTC 操作允许
1	1	1	1	低功耗模式 4.5 LPM4.5	当 PMMREGOFF＝1 时，调制器禁止，存储器不保持。此时所有的时钟都禁止

注：LMPx.5 并不是每个器件都有，请查阅具体器件文档。

4.2.2 应用举例

例 4.5 MSP430xF66xx 演示示例：配置 ACLK＝LFXT1＝32768 Hz，MCLK＝SMCLK＝DCO(默认值)，禁用 REFO、VUSB LDO、SLDO 和 SVS，进入 LPM3。

参考程序如下。

```
# include<msp430f6638.h>
void main(void)
{
  WDTCTL=WDTPW+WDTHOLD;                    //关闭看门狗

    while(BAKCTL & LOCKIO)                 //解锁 XT1 引脚
        BAKCTL &=~(LOCKIO);
    UCSCTL6 &=~(XT1OFF);                   //使能 XT1
    UCSCTL6 |=XCAP_3;                      //配置内接电容值
//******等待 XT1 失败标志被清除******
    do  {
        UCSCTL7 &=~(XT2OFFG+XT1LFOFFG+DCOFFG);
//清除 XT2,XT1,DCO 失败标志
        SFRIFG1 &=~OFIFG;                  //清零 SFR 中的故障标志位
        }while (SFRIFG1 & OFIFG);          //检测振荡器故障标志位
        UCSCTL6 &=~(XT1DRIVE_3);           //根据预期的频率，设定 XT1 的驱动
    UCSCTL4 &=~(SELA_0+SELA_1+SELA_2);    //确保 ACLK 的时钟源为 XT1
//******配置端口******
    P1DIR=0xFF;   P2DIR=0xFF;   P3DIR=0xFF;
    P4DIR=0xFF;   P5DIR=0xFF;   P6DIR=0xFF;
```

```
        P7DIR=0xFF;   P8DIR=0xFF;   P9DIR=0xFF;
        PJDIR=0xFF;
        P1OUT=0x00;   P2OUT=0x00;   P3OUT=0x00;
        P4OUT=0x00;   P5OUT=0x00;   P6OUT=0x00;
        P7OUT=0x00;   P8OUT=0x00;   P9OUT=0x00;
        PJOUT=0x00;
      //******禁用 VUSB LDO 和 SLDO******
      USBKEYPID=0X9628;//设置 USB KEYandPID 为 0x9628,允许访问 USB 配置寄存器
        USBPWRCTL &=~(SLDOEN+VUSBEN);       //禁用 VUSB LDO 和 SLDO
        USBKEYPID=0x9600;                   //禁止访问 USB 配置寄存器
    //******禁用 SVS******
        PMMCTL0_H=PMMPW_H;                  //PMM 密码
        SVSMHCTL &=~(SVMHE+SVSHE);          //禁用高压侧 SVS
        SVSMLCTL &=~(SVMLE+SVSLE);          //禁用低压侧 SVS
        __bis_SR_register(LPM3_bits);       //进入低功耗 LPM3
    }
```

本章小结

本章详细介绍了MSP430单片机时钟系统与低功耗结构的工作原理。时钟系统可为MSP430单片机提供系统时钟，是MSP430单片机中最为关键的部件之一。MSP430单片机可外接低频或高频晶振，也可使用内部振荡器而无须外部晶振，通过配置相应控制寄存器产生多种时钟信号。MSP430单片机低功耗模式与时钟系统息息相关，从本质上来说，不同的低功耗模式是通过关闭不同的系统时钟来实现的。关闭的系统时钟越多，MSP430单片机所处的低功耗模式越深，功耗越低。读者可充分利用MSP430单片机时钟系统和低功耗结构编出高效稳定的程序代码，且使单片机功耗降至最低。

习题4

1. 简述MSP430单片机时钟系统的作用。
2. MSP430单片机时钟系统模块的时钟来源有哪些？时钟系统能产生哪3类时钟？各时钟具有哪些特点？
3. 简述MSP430单片机片内模块结构框图的表示规则。
4. 内部超低功耗低频振荡器和内部调整低频参考时钟振荡器的典型时钟频率分钟分别为多少？
5. 若XT1振荡器采用超低功耗的32768 Hz晶振，与之匹配的负载电容为多大？
6. XT1振荡器有哪些工作模式？在各工作模式下，XT1所支持的晶振类型是什么？
7. 简述锁频环(FLL)的工作原理。
8. 晶振故障失效标志有哪些？各晶振故障失效标志所代表的含义是什么？
9. 编程实现：锁频环参考频率FLLREFCLK选择内部调整低频参考时钟振荡器VEFO，不使用外置振荡器，得到4 MHz、8 MHz和25 MHz系统主频MCLK，且使ACLK为32768 Hz。
10. 请列举MSP430单片机所具有的低功耗模式，并比较各低功耗模式下CPU和系统时钟的活动状态。
11. 简述时钟系统与低功耗模式之间的联系。

第5章 MSP430单片机的通用输入/输出端口和中断机制

单片机中的输入/输出模块是供信号输入、输出所用的模块化单元。MSP430单片机的片内输入/输出模块非常丰富，典型的输入/输出模块有：通用I/O端口、模数转换模块、比较器、定时器与段式液晶驱动模块等。本章重点介绍各典型输入/输出模块的结构、原理及功能，并针对各个模块给出简单的应用例程。

5.1 MSP430单片机通用输入/输出端口模块

5.1.1 MSP430单片机端口概述

通用I/O端口是MSP430单片机最重要也是最常用的外设模块。通用I/O端口不仅可以直接用于输入/输出，而且可以为MSP430单片机应用系统提供必要的控制逻辑信号。

MSP430F6638单片机具有丰富的端口资源，有端口P1～P9、COM、S和PJ，大部分端口有8个引脚，少数端口引脚数少于8个。

MSP430F6638单片机的P1～P4端口具有输入/输出、中断和外部模块功能。这些功能可以通过它们各自控制寄存器的设置来实现。其他端口没有中断能力，其余功能同P1～P4端口，可以实现输入/输出和外部模块功能。端口COM和S可以实现与液晶片的直接接口。COM端口为液晶片的公共端，S口为液晶片的段码端。液晶片输出端也可经软件配置为数字输出端口。PJ端口可以与JTAG和I/O功能复用。

每个独立的端口可以进行字节访问，或者将两个端口结合起来进行字访问。端口配对P1/P2、P3/P4、P5/P6、P7/P8、P9可以结合起来分别称为PA、PB、PC、PD、PE端口。当进行字操作写入PA端口时，所有的16位数据都被写入这个端口；利用字节操作写入PA端口低字节时，高字节保持不变；相似地，利用字节指令写入PA端口高字节时，低字节保持不变。其他端口也是一样，当写入的数据长度小于端口的最大长度时，那些没有用到的位保持不变。

P1～P4端口具有外部中断功能。从P1～P4端口的各个I/O引脚引入的中断可以独立地被使能，并且被设置为上升沿或下降沿触发中断。所有P1～P4端口的I/O引脚的中断相应地来源于中断向量P1IV～P4IV。

微处理器输入端口的漏电流对系统的耗电影响很大。MSP430 单片机输入端口的漏电流最大为 50 nA，远低于其他系列单片机（一般为 1～10 μA）。

不管是灌电流还是拉电流，每个端口的输出晶体管都能够限制输出电流（最大约为 25 mA），保证系统安全。以 P3.2 为例，端口输出低电平和高电平特性如图 5.1 和图 5.2 所示。

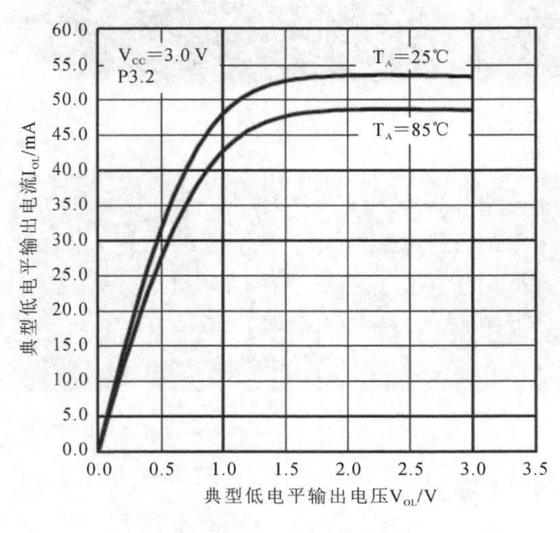

图 5.1 低电平输出特性

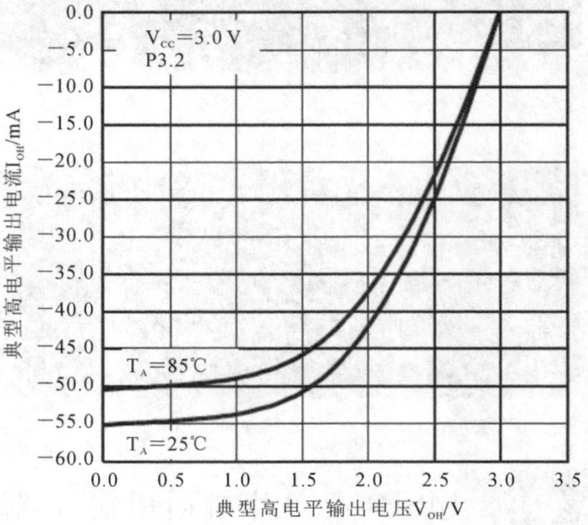

图 5.2 高电平输出特性

5.1.2 MSP430F5xx/6xx 系列单片机通用输入/输出端口模块寄存器

某些端口具有输入/输出、中断和外部模块功能，这些功能可以通过它们各自的控制寄存器的设置来实现。

1. PxDIR 输入/输出方向寄存器（x=1～9）

相互独立的 8 位分别定义了 8 个引脚的输入/输出方向。8 位在 PUC 后都被复位。使用输入和输出功能时，应该先定义端口的方向，输入/输出才能满足设计者的要求。引脚作为输入时，只能读；作为输出时，可读可写。对某位置位时，表示对应引脚设置为输出方向，否则为输入方向。例如：

```
P1DIR=0x01;    //表示 P1 端口的 P1.0 引脚设置为输出方向，其余引脚设置为输入方向
P1DIR |=0x01;  //表示 P1 端口的 P1.0 引脚设置为输出方向，其余引脚保持原来的方向
```

2. PxIN 输入寄存器（x=1～9）

PxIN 输入寄存器是只读寄存器，即用户不能对其写入。例如：P2.6 连接一个按键，若按键按下，则 P2.6 输入信号为低电平。下面用轮询的方式检查按键是否被按下：

```
while (! (P4IN & 0x40)) {
……
}
```

注意：

对这种只读寄存器写入，会在写操作有效期间增加电流消耗。

3. PxOUT 输出寄存器(x=1～9)

将需要的值写入 PxOUT 输出寄存器,控制输出引脚的电平状态。该寄存器可读可写。读该寄存器时,读出的值为上一次写入的值。若某引脚被设置为输入方向,则对该寄存器写操作不会改变引脚之前状态。例如:

```
P1OUT |=0x01;//表示 P1 端口的 P1.0 引脚设置为高电平,其余引脚(P1.1～P1.7)保持之前的电平
```

4. PxREN 上拉或下拉电阻使能寄存器(x=1～9)

PxREN 寄存器中的每一位可以使能或禁用相应 I/O 引脚的上拉/下拉电阻。当引脚具有上拉或下拉功能时,通过设置 PxOUT 相应位,来选择引脚上拉或下拉功能。某些系列的端口没有 PxREN。

- 0:禁用上拉/下拉电阻。
- 1:使能上拉/下拉电阻。
- PxOUT 相应位为 1:引脚选择上拉电阻。
- PxOUT 相应位为 0:引脚选择下拉电阻。

5. PxSEL 功能选择寄存器(x=1～9)

某些端口具有其他片内外设功能,为减少引脚数,MSP430 将这些功能通过复用引脚的方式来实现。PxSEL 寄存器用来选择引脚的 I/O 端口功能与外围模块功能。

- 0:选择引脚为 I/O 端口。
- 1:选择引脚为外围模块功能。

例如:

```
P1SEL |=0x01;    //表示 P1 端口的 P1.0 引脚为外设功能
```

6. PxDS 输出驱动强度寄存器(x=1～9)

PxDS 每位设置引脚的输出强度为高驱动强度或低驱动强度,默认值为低驱动强度。某些系列的端口没有 PxDS。

- 0:低驱动强度。
- 1:高驱动强度。

7. PxIE 中断使能寄存器(x=1～4)

PxIE 中断使能寄存器的 8 位与该端口的 8 个引脚一一对应,其中某一位置位表示允许对应的引脚在电平变化(上升沿或下降沿)时产生中断,否则禁止该位的中断。例如:

```
P1IE |= 0x01;      //表示允许 P1 端口的 P1.0 引脚中断
```

8. PxIES 中断触发沿选择寄存器(x=1～4)

如果允许 Px 口的某个引脚中断,还需定义该引脚的中断触发方式。PxIES 中断触发沿选择寄存器的 8 位分别对应 Px 口的 8 个引脚。

- 0:上升沿触发中断。
- 1:下降沿触发中断。

例如:

```
P1IES |=0x01;     //表示 P1 端口的 P1.0 引脚由下降沿触发中断
P1IES &=~0x80;     //表示 P1 端口的 P1.7 引脚由上升沿触发中断
```

◀ 例5.1

9. PxIFG 中断标志寄存器(x=1~4)

PxIFG 中断标志寄存器用来表示对应引脚是否产生了由 PxIE 设定的电平跳变。如果 GIE 置位,引脚对应的中断使能寄存器 PxIE 位置位,则会向 CPU 请求中断处理。

- 0:没有中断请求。
- 1:有中断请求。

中断标志 PxIFG. 0~PxIFG. 7 共用一个中断向量,属于多源中断。当任一事件引起的中断进行服务时,PxIFG. 0~PxIFG. 7 不会自动复位,必须用软件来判定是对哪一个事件服务,并将相应的标志复位。

外部中断事件的时间必须保持不低于 1. 5 倍的 MCLK 的时间,以保证中断请求被接受,且使相应中断标志位置位。

端口 P5~P11 没有中断能力。它们有 6 个(某些系列是 4 个)寄存器供用户使用,用户可以通过访问这些寄存器对它们进行控制。这些寄存器分别是端口方向选择寄存器(PxDIR)、输入寄存器(PxIN)、输出寄存器(PxOUT)、功能选择寄存器(PxSEL)、上拉或下拉电阻使能寄存器(PxREN)和输出驱动强度寄存器(PxDS)。其中某些系列的端口没有 PxREN 和 PPxDS 寄存器,具体使用方法请参阅相关资料。

5. 1. 3 应用举例

例 5. 1 本例使用 MSP430F6638 单片机实验板 DY-FFTB6638,其使用最新的 MSP430F6638 微控制器。该实验板分别在 MSP430F6638 单片机的 P4. 4、P4. 5 和 P4. 6 引脚上外接了 L6、L7 和 L8 发光二极管(LED),电路图和实物图分别如图 13. 8 和 13. 9 所示。要求编程点亮实验板上的 L6 发光二极管。

参考程序如下。

```
//********* 点亮 L6 LED 灯 *********
# include<msp430f6638.h>
void main(void){
    WDTCTL= WDTPW+ WDTHOLD;    //关闭看门狗
    P4DIR|= BIT4;              //设置 P4.4 方向为输出
    P4OUT|= BIT4;              //点亮 L6 LED
}
```

例 5. 2 编程闪烁 DY-FFTB6638 实验板的 L7 发光二极管。

参考程序如下。

```
//********* *********
//使开发板上的 L6LED 灯闪烁
//********* *********
# include<msp430f6638.h>
void main(void)
{
    volatile unsigned int i;
    WDTCTL=WDTPW+WDTHOLD;
```

◀ 例5.2

例5.3▶

```
            P4DIR|=BIT5;                    //设置 P4.5 方向为输出
                                  while(1)
                                    {
                P4OUT^=BIT5;                  //闪烁 L7 发光二极管
                          for(i=50000;i>0;i--);    //延时
                                    }
         }
```

例 5.3 编程流水 L6、L7 和 L8 发光二极管。

参考程序如下。

```
 //********* *********
//依次轮流点亮 L6、I7、I8
//*********
# include<msp430f6638.h>
void main(void)
{
  volatile unsigned int i=BIT4,count=0,j;
  WDTCTL=WDTPW+ WDTHOLD;
  P4DIR|=BIT4+ BIT5+ BIT6;            //设置 P4.4、P4.5、P4.6 引脚方向为输出
  while(1)
  {
      P4OUT=i;
        for(j=50000;j>0;j--);            //延时
          count++;
          i<<=1;                        //依次向后流水
          if(count==3) {i=BIT4;count=0;}  //循环
  }
}
```

例 5.4 DY-FFTB6638 实验板在 P4.2 和 P4.3 引脚分别外接了按键 SW4 和 SW5，电路图和实物图分别如图 13.6 和 13.7 所示。要求编程实现：若 SW4 按钮按下一次（按下并松开），则翻转 L8 发光二极管的亮灭状态。该程序采用查询的方式检测按键是否被按下。

思路分析 在图 13.6 所示的按键 SW4 和 SW5 电路图中，电阻 R58 和 R60 是上拉电阻，可以使 P4.2 和 P4.3 端口在任意时刻保持确定的逻辑状态。按键没有按下，对应引脚的电平状态为高电平；按键按下，电平状态为低电平。

参考程序如下。

```
  # include  <msp430f6638.h>
  void main(void)
  {
      WDTCTL=WDTPW+ WDTHOLD;      //关闭看门狗
      P4DIR |=BIT6;                  //设 P4.6 为输出方向
    P4DIR &=~BIT2;                 //设 P4.2 为输入方向
```

例5.4▶

```
    while(1) {                                    //循环查询 P4.2 引脚输入状态
        if((P4IN&BIT2)==0)
          P4OUT^=BIT6;                   //如果 SW2 按下,则翻转 L8 状态
    }
}
```

注意:

若将例 5.4 的代码下载到单片机中,发现并不能实现题目中的要求,这涉及按键抖动的问题。

知识点:由于按键是机械装置,在使用时会有机械抖动产生(如图 5.3 所示)。在图 13.6 所示的按键 SW4 和 SW5 电路图中,并联两个电容 C55 和 C56,就是想利用电容的放电延时消除抖动,这种方法称为硬件消抖。通过实验发现,硬件消抖无法完全消除按键抖动的影响。因此,在编写程序时,常用软件方法去抖。

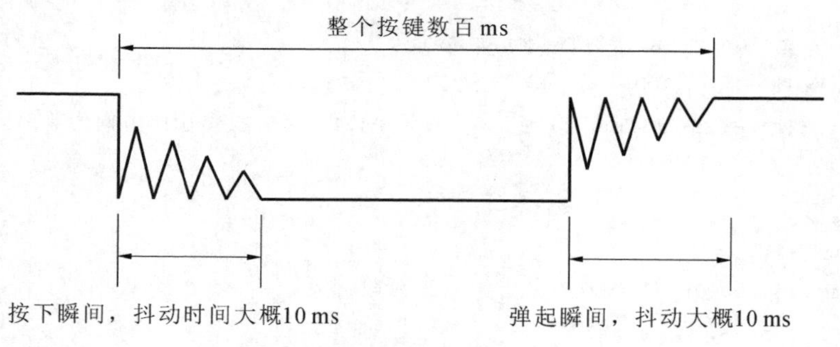

图 5.3 按键抖动示意图

软件消抖的思想是:检测出键闭合后执行一个延时程序,产生 5ms~20ms 的延时,让前沿抖动消失后再一次检测键的状态,如果仍保持闭合状态,则一直等待该按键释放。检测出按键释放后再执行一段延时程序,让后沿抖动消失,如果按键保持释放状态,则认为有键按下,才能转入该键的处理程序。根据软件消抖的思想,例 5.4 的参考程序代码修改如下。

```
# include<msp430f6638.h>
//********* 延时函数 delay_ms(unsigned int duration)*********
void delay_ms(unsigned int duration){
unsigned int i;
for(i=0;i<5000* duration;i++){};
}
void main(void)
{
  WDTCTL=WDTPW+WDTHOLD;       //stop watchdog time
  P4DIR|=BIT6;
  P4DIR&=~BIT2;                          //设置 P4.2 引脚方向为输入
  while(1) {
```

◀例 5.4(消抖后)

```
        if((P4IN&BIT2)==0) {                    //判断 SW4 是否按下？
            delay_ms(20);                        //延时 20ms
            if((P4IN&BIT2)==0){                 //SW4 按下
                while((P4IN&BIT2) ==0);     //等待 SW4 释放？
                delay_ms(20);                   //延时 20ms
                if((P4IN&BIT2) !=0){          //SW4 释放
                    P4OUT^=BIT6;          //如果 SW2 按下，则翻转 L8 状态
                }
            }
        }
    }
}
```

5.2 MSP430 中断机制

中断是 MSP430 单片机的一大特点，有效地利用中断可以简化程序并提高执行效率。在 MSP430 单片机中，几乎每个片上外设都能够产生中断，为 MSP430 单片机针对中断事件进行编程打下基础。MSP430 单片机可以在没有中断事件发生时进入低功耗状态。中断事件发生时通过中断唤醒 CPU，中断事件处理完毕后，CPU 再次进入低功耗状态。由于 CPU 的运行速度和退出低功耗的速度很快，在实际应用中，CPU 大部分时间都处于低功耗状态。

5.2.1 中断的基本概念

1. 中断定义

中断是暂停 CPU 正在运行的程序，转去执行相应的中断服务程序，完毕后返回被中断的程序继续运行的现象和技术。

2. 中断源

把引起中断的原因或者能够发出中断请求的信号源统称为中断源，中断首先需要中断源发出中断请求，并征得系统允许后才会发生。在转去执行中断服务程序前，程序需保护中断现场；在执行完中断服务后，应恢复中断现场。

中断源一般分为两类：外部硬件中断源和内部软件中断源。外部硬件中断源包括可屏蔽中断和不可屏蔽中断。内部软件中断源产生于单片机内部，主要有以下 3 种：①由 CPU 运行结果产生；②执行中断指令 INT3；③使用 DEBUG 中单步或断点设置引起。

3. 中断向量表

中断向量表是指中断服务程序的入口地址，每个中断向量被分配给 4 个连续的字节单元，两个高字节单元存放入口的段地址 CS，两个低字节单元存放入口的偏移量 IP。为了让 CPU 方便地查找到对应的中断向量，就需要在内存中建立一张查询表，即中断向量表。

4. 中断优先级

凡事都有轻重缓急之分，不同的中断请求表示不同的中断事件。因此，CPU 对不同中断请求相应地也有轻重缓急之分。在单片机中，给每个中断源指定一个优先级，称为中断优先级。

5. 断点和中断现场

断点是指CPU执行现行程序被中断时的一条指令的地址，又称断点地址。

中断现场是指CPU在转去执行中断服务程序前的运行状态，包括CPU状态寄存器和断点地址等。

◆ 5.2.2 MSP430单片机中断源

MSP430单片机的中断源结构如图5.4所示。MSP430单片机的中断优先级是固定的，由硬件确定，用户不能更改。当多个中断同时发生中断请求时，CPU按照中断优先级的高低顺序依次响应。MSP430单片机包含3类中断源：系统复位中断源、不可屏蔽中断源和可屏蔽中断源。

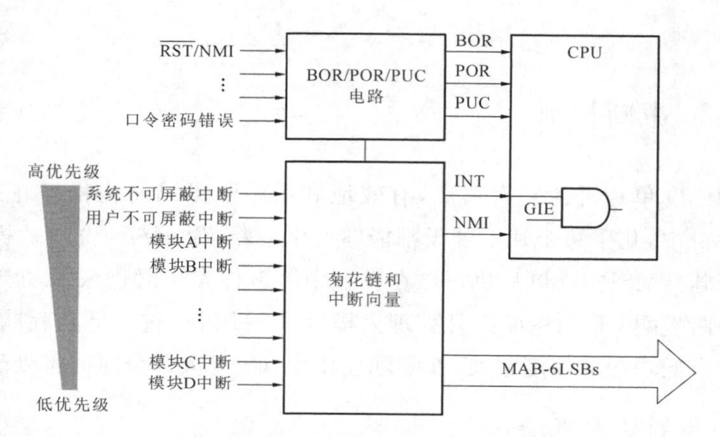

图5.4 MSP430单片机的中断源结构

1. 系统复位中断源

系统复位中断源包括3类：断电复位信号(BOR)、上电复位信号(POR)和上电清除信号(PUC)。

1) BOR信号

BOR信号由以下4个事件产生：① 系统上电；② 在复位模式下，RST/NMI产生低电平信号；③ 从LPMx.5(LPM3.5或者LPM4.5)模式下唤醒；④ 一个软件BOR事件。

2) POR信号

BOR信号能产生POR信号，但是，POR信号不能产生BOR信号。POR信号由以下4个事件产生：① 一个BOR信号；② 当电源电压或外部电压高于最高检测值时，产生POR信号；③ 当电源电压或外部电压低于最低检测值时，产生POR信号；④ 一个软件POR事件。

3) PUC信号

POR信号能产生PUC信号，但是，PUC信号不能产生POR信号。PUC信号由以下6个事件产生：① 一个BOR信号；② 看门狗模式下，看门狗定时器溢出；③ 看门狗定时器的操作口令密码错误；④ Flash模块操作口令密码错误；⑤ 电源管理模块操作口令密码错误；⑥ CPU从地址范围0000H～01FFH取指令。

系统复位信号产生之后，MSP430单片机会进入一系列初始状态。在后续系统设计应用中，读者应根据设计要求加以利用或避免。例如，在BOR之后，看门狗自动工作于看门狗模式，此时如果系统不使用看门狗模式，应将看门狗关闭；否则，看门狗定时器定时时间到之后，会再次引发PUC信号，影响到系统的正常执行。

2. 可屏蔽中断(INT)

可屏蔽中断(INT)是由具有中断功能的片上外设产生。每个可屏蔽中断源都可由GIE中断允许控制位进行控制：当GIE位为1时，可屏蔽中断允许；当GIE为0时，可屏蔽中断禁止。若CPU在某种低功耗模式下，且GIE为0，则可屏蔽中断将不可能唤醒CPU，程序将有可能停在某处不再执行。若需要在某种低功耗模式下响应可屏蔽中断，可利用以下语句进入低功耗模式，并置位GIE。

```
__bis_SR_register(LPM3_bits+ GIE);      //进入低功耗模式3并使能中断
```

3. 不可屏蔽中断(NMI)

不可屏蔽中断(NMI)不可由中断允许控制位GIE进行控制。有两种类型的不可屏蔽中断：系统不可屏蔽中断(SNMI)和用户不可屏蔽中断(UNMI)。不可屏蔽中断源具有一个独特的中断控制系统，当产生一个不可屏蔽中断时，其他同等级的不可屏蔽中断将会被禁止，以防止同等不可屏蔽中断的连续嵌套。

用户不可屏蔽中断可由以下事件产生：① 当配置成NMI模式时，由复位引脚RST/NMI触发；② 振荡器失效；③ 非法操作Flash存储器。

系统不可屏蔽中断可由以下事件产生：① 电源管理模块(PMM)电压超出最低或最高限制(SVML/SVMH)；② 电源管理模块(PMM)上升沿/下降沿延时期满；③ 空闲的存储器操作；④ JTAG信息事件。

MSP430单片机的中断向量表被安排在0FFFFH～0FF80H空间，具有最大64个中断源。表5-1所示为MSP430F6638单片机的中断向量表。

表5-1 MSP430F6638中断向量表

中断源	中断标志位	中断类型	中断向量地址	优先级
系统复位	WDTIFG,KEYV(SYSRSTIV)	系统复位中断	0FFFEh	63(最高)
系统不可屏蔽中断	SVMLIFG,SVMHIFG,DLYLIFG,DLYHIFG,VLRLIFG,VLRHIFG,VMAIFG,JMBNIFG,JMBOUTIFG(SYSSNIV)	不可屏蔽中断	0FFFCh	62
用户不可屏蔽中断	NMIIFG,OFIFG,ACCVIFG,BUSIFG(SYSUNIV)	不可屏蔽中断	0FFFAh	61
比较器B	CBIV	可屏蔽中断	0FFF8h	60
TB0	TB0CCR0 CCEFG0	可屏蔽中断	0FFF6h	59
TB0	TB0CCR1 CCIFG1～TB0CCR6 CCIFG6,TB0IFG(TB0IV)	可屏蔽中断	0FFF4h	58
看门狗定时器	WDTIFG	可屏蔽中断	0FFF2h	57
USCI A0接收/发送	UCA0RXIFG,UCA0TXIFG(UCA0IV)	可屏蔽中断	0FFF0h	56
USCI B0接收/发送	UCB0RXIFG,UCB0TXIFG(UCB0IV)	可屏蔽中断	0FFEEh	55
ADC12_A	ADC12IFG0～ADC12IFG15(ADC12IV)	可屏蔽中断	0FFECh	54
TA0	TA0CCR0 CCIFG0	可屏蔽中断	0FFEAh	53

续表

中断源	中断标志位	中断类型	中断向量地址	优先级
TA0	TA0CCR1 CCIFG1～TA0CCR1 CCIFG4，TA0IFG(TA0IV)	可屏蔽中断	0FFE8h	52
USB_UBM	USBIV	可屏蔽中断	0FFE6h	51
DMA	DMA0IFG,DMA1IFG,DMA2IFG(DMAIV)	可屏蔽中断	0FFE4h	50
TA1	TA1CCR0 CCIFG0	可屏蔽中断	0FFE2h	49
TA1	TA1CCR1 CCIFG1～TA1CCR2 CCIFG2，TA1IFG(TA1IV)	可屏蔽中断	0FFE0h	48
P1 端口	P1IFG.0～P1IFG.7(P1IV)	可屏蔽中断	0FFDEh	47
USCI A1 接收/发送	UCA1RXIFG,UCA1TXIFG(UCA1IV)	可屏蔽中断	0FFDCh	46
USCI B1 接收/发送	UCB1RXIFG,UCB1TXIFG(UCB1IV)	可屏蔽中断	0FFDAh	45
P2 端口	P2IFG.0～P2IFG.7(P2IV)	可屏蔽中断	0FFD8h	44
LCD_B	LCD_B 中断标志位(LCDBIV)	可屏蔽中断	0FFD6h	43
RTC_B	RTCRDYIFG,RTCTEVIFG,RTCAIFG，RT0PSIFG,RT1PSIFG,RTCOFIFG(RTCIV)	可屏蔽中断	0FFD4h	42
DAC12_A	DAC12_0IFG,DAC12_1IFG	可屏蔽中断	0FFD2h	41
TA2	TA2CCR0 CCIFG0	可屏蔽中断	0FFD0h	40
TA2	TA2CCR1 CCIFG1～TA2CCR2 CCIFG2，TA2IFG(TA2IV)	可屏蔽中断	0FFCEh	39
P3 端口	P3IFG.0～P3IFG.7(P3IV)	可屏蔽中断	0FFCCh	38
P4 端口	P4IFG.0～P4IFG.7(P4IV)	可屏蔽中断	0FFCAh	37

5.2.3 中断响应过程

中断响应过程为从 CPU 接收一个中断请求开始至执行第一条中断服务程序指令结束，共需要 6 个时钟周期。中断响应过程如下。

(1)执行完当前正在执行的指令。

(2)将程序计数器(PC)压入堆栈，程序计数器指向下一条指令。

(3)将状态寄存器(SR)压入堆栈，状态寄存器保存了当前程序执行的状态。

(4)如果有多个中断源请求中断，选择最高优先级，并挂起当前的程序。

(5)清除中断标志位，如果有多个中断请求源，则予以保留等待下一步处理。

(6)清除状态寄存器 SR，保留 SCG0，因而 CPU 可从任何低功耗模式下唤醒。

(7)将中断服务程序入口地址加载给程序计数器(PC)，转向执行中断服务子程序。

中断响应过程示意如图 5.5 所示。

5.2.4 中断返回过程

通过执行中断服务程序终止指令(RETI)开始中断的返回，中断返回过程需要 5 个时钟周期，主要包括以下过程：①从堆栈中弹出之前保存的状态寄存器给 SR；②从堆栈中弹出之前保存的程序计数器给 PC；③继续执行中断时的下一条指令。

中断返回过程示意图如图 5.6 所示。

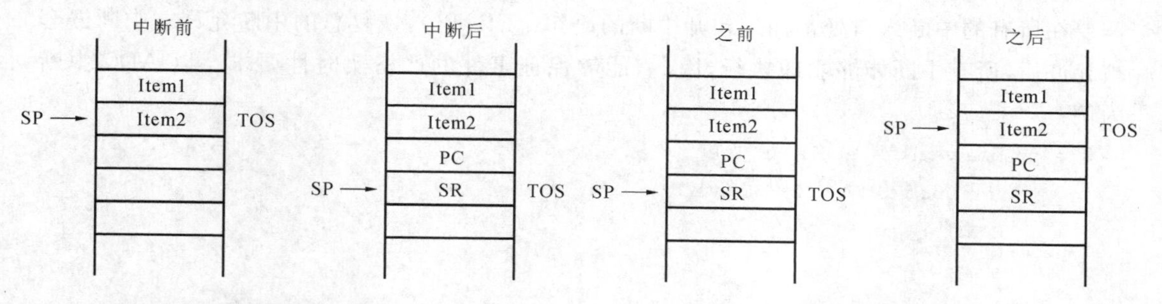

图 5.5 中断响应过程示例图

图 5.6 中断返回过程示例图

执行中断返回后，程序返回到原断点处继续执行，程序运行状态被恢复。假设中断发生前 CPU 处于某种休眠模式下，中断返回后 CPU 仍然在该休眠模式下，程序执行将暂停；如果希望唤醒 CPU，继续执行下面的程序，需要在退出中断前，修改 SR 状态寄存器的值，清除休眠标志。此步骤可以通过调用退出低功耗模式内部函数进行实现。只要在退出中断之前调用此函数，修改被压入堆栈的 SR 寄存器的值，就能在退出中断服务程序时唤醒 CPU。例如：

```
__bis_SR_register_on_exit(LPM3_bits);        //退出低功耗模式 3
```

5.2.5 中断嵌套

由中断响应过程可知，当进入中断入口后，MSP430 单片机会自动清除总中断允许标志位 GIE，也就是说，MSP430 单片机的中断默认是不能发生嵌套的，即使高级中断也不能打断低级中断的执行，这就避免了当前中断未完成时进入另一个中断的可能。

如图 5.7(a)所示，如果在执行中断服务程序 A 时，发生了中断请求 B，B 的中断标志位置 1，但不会立即响应 B 的中断，需自动等待 A 执行完成返回后(GIE 自动恢复)，才进入 B 的中断服务程序。

如图 5.7(b)所示，如果在执行中断服务程序 A 时，有多个中断发生，会在 A 中断执行完毕后，依照中断优先级由高至低的顺序依次执行各个待执行的中断服务程序。

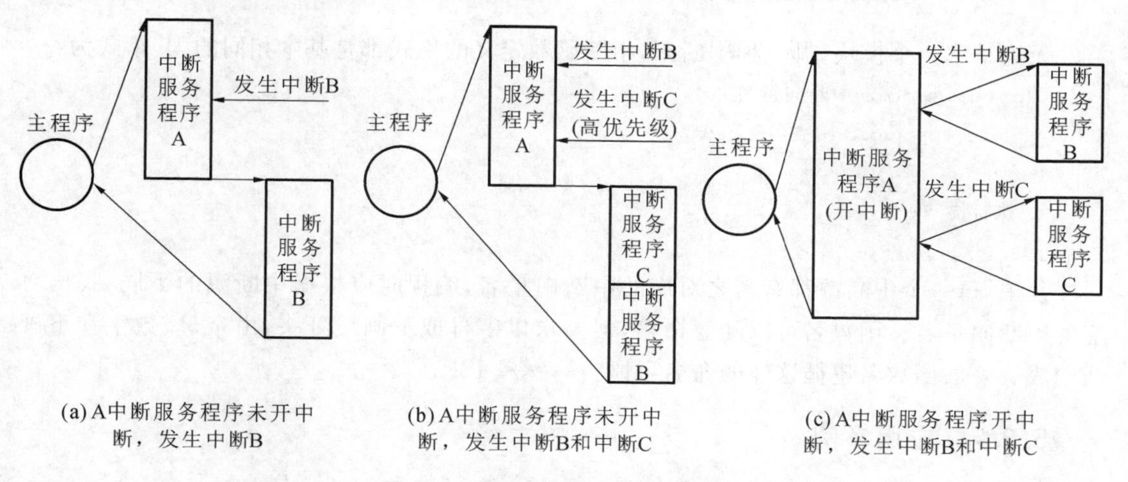

图 5.7 多种中断发生情况示例图

由以上两种情况可知，先发生的中断将会导致后发生的中断处理延迟。为了避免这种情况，要求所有的中断都尽快执行完毕，则需允许中断的嵌套，如图5.7(c)所示。这种情况需要在所有的中断入口处都加一句开中断的语句：_EINT()，恢复总的中断允许。中断嵌套被允许后，所有中断能够立即执行，因此，能够保证事件的严格实时性要求。以ADC中断为例：

```
# pragma vector= ADC12_VECTOR
__interrupt void ADC12_ISR (void){
    _EINT();
    ……
}
```

关于中断嵌套应注意以下几点。

(1) MSP430单片机默认的是关闭中断嵌套的，除非在一个中断程序中再次开启中断_EINT()。

(2) 当进入中断程序时，只要不在中断中再次开中断，则总中断是关闭的，此时来的中断不管是比当前中断的优先级高还是低都不执行。

(3) 若在中断A中开了总中断，则可以响应后来的中断B(不管B的优先级比A高还是低)，B执行完再继续执行执行A。

注意：

进入中断B后总中断同样也会关闭，如果B中断程序执行时需响应中断C，则此时也要开总中断，若不需响应中断，则不用开中断，B执行完成跳出中断程序进入A程序时，总中断会自动打开。

(4) 若在中断中开了总中断，后来的中断同时有多个，则会按优先级来执行，即中断优先级只有在多个中断同时到来时才起作用，中断服务不执行抢先原则。

(5) 对于单源中断，只要响应中断，系统硬件自动清中断标志位，对于TA/TB定时器的比较/捕获中断，只要访问TAIV/TBIV，标志位会被自动清除。

5.2.6 中断函数定义的格式

无论是哪一个模块，哪一种中断源，中断函数定义的格式都是基本相同的，其格式为：

```
# pragma vector=中断向量名
__interrupt void 函数名(void)
{
   执行语句;
}
```

其中，每一个中断源都有与之对应的中断向量名，编程时应根据中断源的不同，找出对应的中断向量名。函数名可以随意命名，但要求以字母或下画线开头，由字母、数字和下画线构成。一般函数名遵循这样的命名习惯 ******_ISR。

5.2.7 应用举例

MSP430单片机的中断系统较为复杂，若能够巧妙地应用中断，将能够使编写的程序结构更加合理，执行效率更加高，系统功耗更加低。下面举例来介绍如何使用MSP430单片机的中断。

例5.5 利用中断机制，实现例5.4的要求。

参考程序如下。

```
# include<msp430f6638.h>
void main(void)
{
  WDTCTL=WDTPW+WDTHOLD;          //关闭看门狗
  P4DIR &=~(BIT2);               //P4.2定义为输入
  P4DIR |=BIT6;                  //P4.6定义为输出
  P4IE |=BIT2;                   //使能P4.2的外中断功能
  P4IES |=BIT2;                  //下降沿触发中断
  P4IFG &=~(BIT2);               //清除中断标志
  _enable_interrupt();           //使能中断
  while(1) { }                   //等待中断请求的到来
}
//******中断服务程序******
# pragma vector=PORT4_VECTOR
__interrupt void port_4(void)
{
  if   ((P4IFG & BIT2) !=0)     //识别中断源
  {
    P4IFG &=~BIT2;               //清除中断标志
    P4OUT ^=BIT6;                //L8状态翻转
  }
}
```

本章小结

MSP430单片机具有非常丰富的I/O端口资源，通用I/O端口不仅可以直接用于输入/输出，还可以为MSP430系统扩展等应用提供必要的逻辑控制信号。

本章还介绍了MSP430单片机的中断系统。首先介绍了中断的一些基本概念，如中断的定义、中断向量表、中断优先级等。又介绍了MSP430单片机所具有的中断源，主要包含系统复位中断源、不可屏蔽中断源和可屏蔽中断源。接着介绍了中断的处理过程，包括中断响应过程和返回过程。然后，介绍了MSP430单片机的中断嵌套，在默认情况下，当进入中断入口后，MSP430单片机会自动清除GIE总中断允许标志位，即MSP430单片机的中断默认是不能发生嵌套的，若读者希望产生中断嵌套，则需要在中断服务程序的首句打开总中断允许，在这种情况下，MSP430单片机的中断可任意嵌套。

▶例5.5

习题5

一、思考题

1. 简述MSP430单片机I/O端口的输出特性。

2. 如何使用端口内部的上拉和下拉电阻?

3. MSP430单片机具有哪些中断源?GIE中断允许控制位可控制哪一类中断?

4. MSP430单片机很多片上外设都具有多源中断,如何通过程序判断是哪一个中断标志位产生了中断请求?

5. 简述MSP430单片机的中断响应过程。

6. 简述MSP430单片机的中断返回过程。

7. MSP430单片机如何实现中断嵌套?

二、编程题

结合图13.6和图13.8所示电路图,要求编程实现以下功能:

(1) SW4和SW5任意一个按键按下时,红灯亮;

(2) SW4按下后,绿灯亮,黄灯灭;SW5按下后,黄灯亮,绿灯灭。

第6章 MSP430单片机定时器

定时器模块是MSP430单片机中非常重要的资源，可以用来实现定时控制、延时、频率测量、脉宽测量、信号产生及信号检测等。此外，还能作为串口的可编程波特率发生器、在多任务系统中用来作为终端信号实现程序的切换等。

一般来说，MSP430所需的定时信号能用软件和硬件两种方法来获得。

1. 软件定时

软件定时是利用指令执行的时间从而来达到定时的目的，一般是利用循环执行一段指令，来实现定时功能。软件定时的方法在实际中经常使用，尤其适用于延时时间较小而重复次数有限，系统实时性要求不高和硬件资源紧张的场合。这种定时方法的优点是不需要占用硬件资源，所需的时间可以灵活调整，编程简单；其主要缺点是执行延迟程序期间，CPU一直被占用，降低了CPU的利用率，也不容易提供多作业环境。

2. 硬件定时

硬件定时是指利用专门定时器来实现定时功能的方法。这种方法的主要思想是根据需要的定时时间，用指令对定时器设置定时常数，并用指令启动定时器，当定时器计数到确定值时，自动产生定时输出。在定时器开始工作以后，CPU可以去做其他工作。这种方法最突出的优点是利用定时器产生定时时间，定时准确，且定时期间不占用CPU，可以建立多作业环境，大大提高了CPU的利用率；这种方法的缺点是需要占用单片机硬件定时资源。

6.1 MSP430单片机定时器资源介绍

MSP430单片机有丰富的定时器资源，
不同型号单片机的定时器资源略有不同，可能包含以下模块的全部或部分。MSP430系列单片机定时器模块及功能如表6-1所示。

表6-1 MSP430单片机定时器模块及功能介绍

定时器	功能
看门狗定时器	基本定时，当程序发生错误时执行一个受控的系统重启动
基本定时器	基本定时，支持软件和各种外围模块工作在低频率、低功耗条件下
实时时钟	基本定时，日历功能
定时器A	基本定时，支持同时进行的多种时序控制、多个捕获/比较功能和多种输出波形(PWM)，可以以硬件方式支持串行通信。

续表

定 时 器	功 能
定时器 B	基本定时，功能基本同定时器 A，但比定时器 A 灵活，功能更强大
定时器 D	基本定时，功能基本同定时器 A，但比定时器 A 灵活，功能更强大

注：每种定时器除了都具有定时功能外，各自还有一些特定用途，在应用中应根据需求选择合适定时器模块。

本章接下来将对看门狗定时器和定时器 A 模块的用法进行详细讲解。

6.2 看门狗定时器(WDT)

看门狗定时器(watchdog timer，WDT)实际上是一个特殊的定时器，从本质上来说就是一个定时器电路，一般有一个输入和一个输出，其中的输入称为喂狗，输出一般连接到另外一个部分的复位端，另外一个部分就是所要处理的部分，暂且称之为 MCU。在 MCU 正常工作的时候，每隔一段时间输出一个信号到喂狗端，给看门狗电路清零，如果在超过规定的时间不喂狗，WDT 定时超时，就会回复一个复位信号到达 MCU，使 MCU 复位，防止 MCU 死机。总的来说，看门狗电路的作用就是防止程序发生死循环，或者说程序跑飞。WDT 的基本工作原理如下：在整个系统运行以后就启动了看门狗的计数器，此时看门狗就开始自动计时，如果到了一定的时间(如外部干扰引起单片机程序跑飞或陷入死循环)还不去给它清零，看门狗计数器就会溢出从而引起看门狗中断，造成系统的复位。硬件看门狗就是利用了一个定时电路，来监控主程序的运行。在主程序的运行中，我们要在定时时间到达之前对定时器进行复位。看门狗的作用就是防止程序无限制的运行，造成死循环。它可以用在接收和发送数据时对接受和发送超时的处理，起到保护数据、保护电路的作用。当不使用看门狗定时器的看门功能时，看门狗定时器可以作为内部定时器使用。

知识点：

MSP430 单片机内部集成了看门狗定时器，既可作为看门狗使用，也可产生时间间隔进行定时。当用作看门狗时，若定时时间到，将产生一个系统复位信号；如果在用户应用程序中，不需要看门狗，可将看门狗定时器用作一般定时使用，在选定的时间间隔到达时，将发生定时中断。

6.2.1 WDT_A 简介

WDT_A 是一个增强型的看门狗，MSP430F6xx 系列的单片机基本都含有这个模块。其主要功能是当程序发生异常时使系统重启。如果所选择的定时时间到了，则产生系统复位。在应用中如不需要此功能，可配置成通用定时器模式用于产生定时器中断。

WDT_A 特性包括：① 8 种软件可选的定时时间；② 看门狗工作模式；③ 定时器工作模式；④ 带密码保护的 WDT 控制寄存器可选择时钟源；⑤ 允许关闭以降低功耗；⑥ 时钟故障保护。

注意：

PUC 后，WDT_A 自动配置成看门狗模式并被初始化以 SMCLK 为时钟源和 32ms 的复位时间。

WDT_A 的逻辑结构框图如图 6.1 所示。

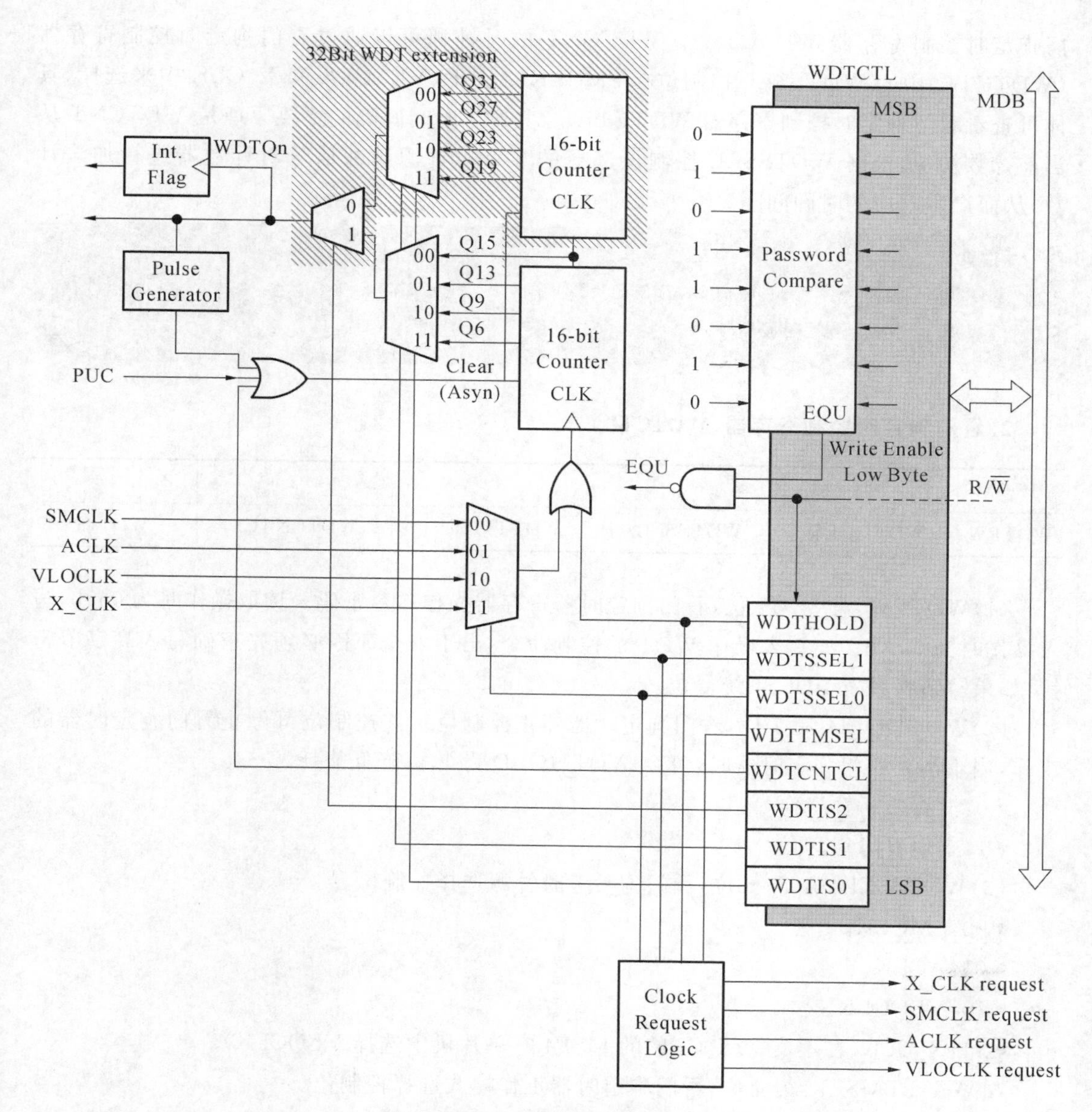

图 6.1　WDT_A 的逻辑结构框图

6.2.2　WDT_A 的重要寄存器

由图 6.1 可知，WDT_A 的核心是一个 32 位的计数器，另外还包括其时钟部分（包含时钟请求逻辑）、看门狗定时器中断部分和寄存器 WDTCTL。接下来将对 WDT_A 模块的重要寄存器及其用法进行详细介绍。

WDT_A 模块的重要寄存器主要有看门狗定时计数器（WDTCNT）和看门狗定时控制寄存器（WDTCTL）两个。

1. 看门狗定时计数器（WDTCNT）

WDTCNT 是一个不能用软件直接访问的 32 位增计数器。WDTCNT 的时间间隔可以通过看门狗定时器的控制寄存器 WDTCTL 中的 WDTIS 控制位来选择配置（具体可查看看门狗定时控制寄存器 WDTCTL)。WDTCNT 的时钟源可以通过看门狗定时控制寄存器(WDTCTL)中的 WDTSSEL 控制位在 SMCLK、ACLK、VLOCLK 和 X_CLK 中来选择(具体可查看看门狗定时控制寄存器 WDTCTL)。其产生时间间隔的主要原理是 WDTCNT 从当前计数初值,根据 WDTSSEL 控制位选择的参考时钟源脉冲信号对计数器进行加法计数,从而产生对应的时间间隔。

注意:

WDTCNT 是一个不能用软件直接访问的 32 位增计数器,所以其定时值只能通过 WDTIS 来选择,每种时钟源下均有 8 个时间间隔可供选择。

2. 看门狗定时控制寄存器(WDTCTL)

15~8	7	6	5	4	3	2	1	0
WDTPW	WDTHOLD	WDTSSEL		WDTTMSEL	WDTCNTCL	WDTIS		

(1)WDTPW:第 8~15 位,看门狗定时器寄存器操作口令密码。读取操作时为 069h,写入操作时为 05Ah。要写入操作 WDT 的控制命令,出于安全原因必须先正确写入高字节密钥,如果写错将触发 PUC 系统复位。

(2)WDTHOLD:第 7 位,看门狗定时器停止控制位。该控制位可停止看门狗定时器的工作,当不需要看门狗定时器时,可令 WDTHOLD 为 1,以降低能耗。

- 0:没有禁用看门狗 。
- 1:禁用看门狗。

(3)WDTSSEL:第 5~6 位,看门狗参考时钟源选择控制位。

- 00:SMCLK。
- 01:ACLK。
- 10:VLOCLK。
- 11:X_CLK(在不支持 X_CLK 的 MSP430 单片机中选择 VLOCLK)。

(4)WDTTMSEL:第 4 位,看门狗定时器工作模式选择控制位。

- 0:看门狗模式。
- 1:定时模式。

(5)WDTCNTCL:第 3 位,清除看门狗定时器计数值控制位。将该控制位置位,则将清除当前看门狗定时器的计数值,之后该控制位将自动清 0。

- 0:无动作。
- 1:自动将看门狗定时器计数值 WDTCNT 设为 0。

(6)WDTIS:第 0~2 位,看门狗定时器时间间隔选择控制位。通过该控制位的配置可选择相应的时间间隔,当时间间隔期满时,将置位 WDTIFG 标志位或产生一个 PUC 复位信号。

- 000:(2^{31})/看门狗时钟源。
- 001:(2^{27})/看门狗时钟源。
- 010:(2^{23})/看门狗时钟源。

- 011：(2^{19})/看门狗时钟源。
- 100：(2^{15})/看门狗时钟源。
- 101：(2^{13})/看门狗时钟源。
- 110：(2^{9})/看门狗时钟源。
- 111：(2^{27})/看门狗时钟源

注意：

带"______"下画线项为相关寄存器控制位的初始化默认设置。

6.2.3　WDT_A 工作模式及应用举例

WDT_A 的工作模式主要有看门狗模式和定时模式两种。

1. 看门狗模式

在一个上电清除(PUC)信号之后，看门狗定时器被默认配置为采用 SMCLK 作为参考时钟源，复位时间间隔为 32ms 并工作在看门狗模式。用户必须在看门狗复位时间间隔期满或另一个复位信号产生之前，配置、停止或清除看门狗定时计数器。当看门狗定时器被配置工作在看门狗模式时，利用一个错误的口令密码操作看门狗控制寄存器(WDTCTL)或选择的时间间隔满都将产生一个 PUC 复位信号，一个 PUC 复位信号可将看门狗定时器复位到默认状态。

用户软件一般都需要进行如下操作：

① 进行 WDT 的初始化，设置合适时间；

② 周期性地对 WDTCNT 清零，防止 WDT 溢出。

本小节通过举例对比 TI 公司 DY-FFTB6638 实验板上 L6、L7、L8 三个 LED 流水灯程序在禁用看门狗和启用看门狗并工作在看门模式下的实验现象，让读者切身感受 WDT_A 模块看门狗模式的功能。

例 6.1　先给出如下参考程序。

参考程序：

```
# include<msp430f6638.h>
void main(void)
{
    volatile unsigned int i=BIT4,count=0,j;
    WDTCTL=WDTPW+WDTHOLD;
    P4DIR|=BIT4+BIT5+BIT6;
    while(1)
     {
       P4OUT=i;
       for(j=50000;j>0;j--);
       count++;
       i<<=1;
       if(count==3) {i=BIT4;count=0;}
     }
}
```

▶例 6.1

◀例6.2

将上述程序下载到MSP430F6638开发板中后，我们看到的现象是：MSP430F6638开发板上的L6、L7、L8 LED灯依次循环点亮，即L6、L7和L8循环流水。

在程序6.1中很明显通过“WDTCTL＝WDTPW＋WDTHOLD;”语句禁用了看门狗。

例6.2 思考：若将例6.1程序进行如下修改，会发生什么改变呢？

具体程序如下。

```
# include<msp430f6638.h>
void main(void)
{
   volatile unsigned int i=BIT4,count=0,j;
   P4DIR|=BIT4+BIT5+BIT6;
   WDTCTL=WDTPW+WDTSSEL_1+WDTIS_5+WDTCNTCL;
  while(1)
   {
     P4OUT=i;
     for(j=50000;j>0;j--);
     count+ ;
     i<<=1;
     if(count==3) {i=BIT4;count=0;}
   }
 }
```

例6.2程序中通过“WDTCTL ＝ WDTPW ＋ WDTSSEL_1 ＋ WDTIS_5 ＋ WDTCNTCL;”语句配置看门狗定时器WDT_A工作在默认的看门狗模式，选择ACLK时钟源，时间间隔为250ms。将该程序下载到开发板上，看到的现象是：L6流水到L7，然后L7流水到L6，循环往复，L8始终不亮。

思考：

为什么会出现上述现象的改变？

这是因为在L7往L8流水的过程中，看门狗定时器看门时间间隔满，触发了系统复位，程序从头执行，使得L8没有被流水到，而回到了初始状态L6上，周而复始。

思考：

如何在不关闭看门狗定时器的前提下，实现与例题程序相同的实验现象呢？

同学们的第一反应多是增大时间间隔时间，其实这是一种治标不治本的方法，该方法可以暂时实现L6、L7、L8三个LED灯的正确流水，但在未来某个时刻，该时间间隔还是会满，从而触发系统复位，强迫程序从头执行，造成实现现象出现错误。

要想在不关闭看门狗定时器及程序未“跑飞”情况下，实现时间间隔永远不会满的方法是周期性“喂狗”。周期性“喂狗”的思想是周期性清除看门狗定时计数器(WDTCNT)，使得每执行一遍循环体时，看门时间间隔都从头开始计时，这样就确保了只要程序在没有“跑飞”的情况下，看门时间间隔永远不会满。

实践：

请同学们根据周期性“喂狗”的思想写出对应的“喂狗”语句。

例6.3 启用看门狗定时器，并实现L6、L7、L8三个LED灯的正确流水。

参考程序如下。

◀例6.3

```
# include<msp430f6638.h>
void main(void)
{
    volatile unsigned int i=BIT4,count=0,j;
    P4DIR|=BIT4+BIT5+BIT6;
    WDTCTL=WDTPW+WDTSSEL_1+WDTIS_5+WDTCNTCL;
  while(1)
    {
      P4OUT=i;
      for(j=50000;j>0;j--);
      count++;
      i<<=1;
      if(count==3) {i=BIT4;count=0;}
    WDTCTL=WDTPW+WDTSSEL_1+WDTIS_5+WDTCNTCL;//"喂狗"语句
    }
}
```

注意：

"喂狗"语句只需位于while(1){}循环体中即可，位置可以调整。这是因为L6可以流水到L7，就表明执行一遍循环体的时间是小于250 ms的时间间隔的，所以无论"喂狗"语句放在循环体的哪里，都可以被执行到，但一定要放在循环体中，否则就不能做到周期性"喂狗"。

2. 定时模式

当不使用看门狗定时器的看门功能时，看门狗定时器也可以作为内部定时器使用。当看门狗定时控制寄存器WDTCTL中的WDTTMSEL控制位设置为1时，WDT_A工作在定时器模式。在定时器模式下，定时时间间隔到以后，WDTIFG标志位（具体请参见3.3.7节的表3-6）置1，若WDTIE位（具体请参见3.3.7节的表3-6）和GIE位都置位，则CPU可响应看门狗定时器的定时中断。此时，系统不会复位。当处理中断请求时，WDTIFG中断标志位会自动清除，也可以通过软件清除。定时器模式下的中断向量地址与看门狗模式下的中断向量地址是不相同的，具体请参考表5-1。定时器模式下，中断是可以屏蔽的。

例 6.4 利用看门狗定时器的定时功能，要求选择ACLK时钟源，在单片机的P4.4引脚产生一个0.5 Hz的方波。

思路解析 理想的方波可以理解为在一个周期T中，高电平的时间和低电平的时间是相等的，也就是说占空比为1的矩形波形。T＝1/频率，频率为0.5 Hz，那么该方波的周期T就应该为1s。产生方波的方法就是定时翻转（用异或^运算符实现），根据方波的概念，这个定时时间应该为周期T的一半，在本例中定时要求用看门狗定时器的定时功能实现。

参考程序如下。

```
# include<msp430f6638.h>
void main(void){
    WDTCTL=WDTPW+WDTTMSEL+WDTSSEL_1+WDTIS_4+WDTCNTCL;
    P4DIR|=BIT4;
```

▶例 6.4

```
    SFRIE1|=WDTIE;              //使能看门狗定时器的定时中断
    _BIS_SR(LPM3_bits+GIE);
}
# pragma vector=WDT_VECTOR   //看门狗定时器的中断矢量名
__interrupt void wdt_ISR(void){
    P4OUT^=BIT4;
}
```

例 6.5 利用看门狗定时器的定时功能，控制 MSP430F6638 开发板上 L6、L7、L8 3 个 LED 的流水间隔为 1s。

参考程序如下。

```
# include<msp430f6638.h>
unsigned int i=BIT4,count=0;
void main(void){
    WDTCTL=WDTPW+WDTTMSEL+WDTSSEL_1+WDTIS_4+WDTCNTCL;
    P4DIR|=BIT4+BIT5+BIT6;
    P4OUT=i;
    SFRIE1|=WDTIE;//WDTIE=1
    _BIS_SR(LPM3_bits+GIE);
}
# pragma vector=WDT_VECTOR
__interrupt void wdt_ISR(void){
    count++;
    i<<=1;
    if(count==3) {i=BIT4;count=0;}
    P4OUT=i;
}
```

3. 低功耗

MSP430 系列单片机在不同低功耗模式下，可使用不同的时钟信号。实际应用的需求和时钟类型决定了应该如何设置 WDT_A。例如，当时钟来源于 DCO、高频模式的 XT1 或 XT2 的 SMCLK 或 ACLK 时，用户如果想使用低功耗模式 3，则 WDT_A 不应设置为看门狗模式，否则 SMCLK 或 ACLK 保持使能，增加了 LMP3 模式下的功耗。

当不需要看门狗定时器时，可使用 WDTHOLD 停止看门狗计数器 WDTCNT，以降低功耗。

6.3 定时器 A(Timer_A，TA)

TI 公司推出的所有 MSP430 系列 Flash 型单片机都含有定时器 A，结构复杂，功能强大，适用于工业控制。Timer_A 由一个 16 位定时器和多个捕获/比较寄存器组成。每一个捕获/比较寄存器都能以 16 位定时器的定时功能为核心进行单独控制。Timer_A 可支持多路捕获/比较、PWM 输出和定时计数。Timer_A 还具有丰富的中断能力，当定时时间到或满足捕获/比较条件时，将触发定时器 A 中断。

◀例 6.5

6.3.1 MSP430F5xx/6xx 系列单片机 Timer_A 的结构和特性

MSP430F5xx/6xx 系列单片机 Timer_A 的结构如图 6.2 所示。

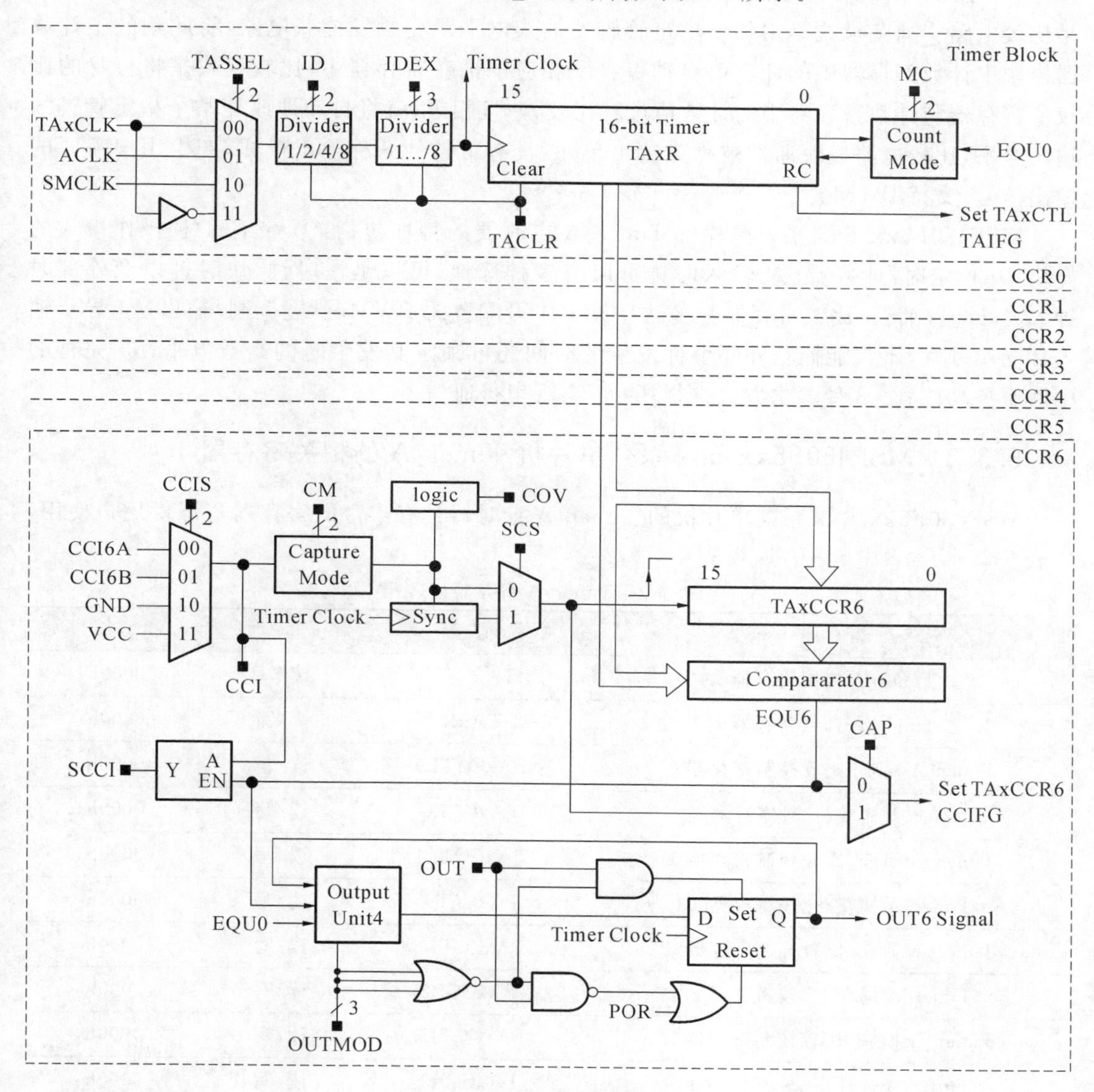

图 6.2 Timer_A 结构原理图

知识点：

MSP430 单片机的定时器 A 是由多个形式相近的模块构成的。不同的 MSP430 单片机，Timer_A 定时器的个数是不一样的，Timer_A 模块中所含有的捕获/比较器的数也是不一样的。MSP430F5xx/6xx 系列单片机共有 3 个 Timer_A 定时器，高达 7 个捕获/比较寄存器。它们的命名形式分别为 TAx，TAxCCRn(x=0,1,2;n=0,1,2,3,4,5,6)。

由图 6.2 可以看出，Timer_A 主要由以下部分组成。

(1) 主计数器模块：主计数器模块主要的功能是定时、计时或计数，其核心为 16 位定时器计数寄存器(TAxR)。计数值寄存器在每个时钟信号的上升沿进行增加/减少,并与比较值寄存器(TAxCCRn)中的数值进行比较,当定时时间到,产生溢出时将产生中断。

(2) 捕获/比较模块:捕获/比较模块可分为两个部分:上半部分是捕获电路、下半部分是比较电路。捕获模式是用某个指定管脚的输入电平跳变触发捕获电路,将此刻的主计数器模块中计数寄存器中的计数值自动保存到相应的捕获寄存器中;比较模式是将自身的比较值寄存器与计数寄存器中的计数值进行比较,一旦相等,就将自动地改变某个指定管脚的输出电平,比较电路模块通常被称为输出单元,具有可选的 8 种输出模式,产生用户需要的输出信号,支持 PWM。

MSP430F5xx/6xx 系列单片机 Timer_A 定时器的特性包括:① 带有 4 种操作模式的异步 16 位定时/计数器;② 输入时钟可以有多种选择,可以是慢时钟、快时钟以及外部时钟;③ 可配置捕获/比较寄存器数多达 7 个;④ 可配置的 PWM(脉宽调制)输出;⑤ 异步输入和同步锁存,不仅能捕获外部事件发生的时间还可锁定其发生时的高低电平;⑥ 完善的中断服务功能;⑦ 8 种输出方式选择;⑧ 可实现串行通信。

6.3.2 MSP430F5xx/6xx 系列单片机 Timer_A 的相关寄存器

MSP430F5xx/6xx 系列单片机的 Timer_A 定时器具有丰富的寄存器资源供用户使用,如表 6-2 所示,表中 x=0,1,2。

表 6-2 Timer_A 寄存器列表

寄存器	缩写	读写类型	初始状态
Timer_A 控制寄存器	TAxCTL	读/写	0000h
Timer_A 计数寄存器	TAxR	读/写	0000h
Timer_A 捕获/比较控制寄存器 0	TAxCCTL0	读/写	0000h
Timer_A 捕获/比较寄存器 0	TAxCCR0	读/写	0000h
Timer_A 捕获/比较控制寄存器 1	TAxCCTL1	读/写	0000h
Timer_A 捕获/比较寄存器 1	TAxCCR1	读/写	0000h
Timer_A 捕获/比较控制寄存器 2	TAxCCTL2	读/写	0000h
Timer_A 捕获/比较寄存器 2	TAxCCR2	读/写	0000h
Timer_A 捕获/比较控制寄存器 3	TAxCCTL3	读/写	0000h
Timer_A 捕获/比较寄存器 3	TAxCCR3	读/写	0000h
Timer_A 捕获/比较控制寄存器 4	TAxCCTL4	读/写	0000h
Timer_A 捕获/比较寄存器 4	TAxCCR4	读/写	0000h
Timer_A 中断向量寄存器	TAxIV	读	0000h
Timer_A 扩展寄存器 0	TAxEX0	读/写	0000h

下面对 Timer_A 的寄存器进行详细介绍,注意其中具有下画线的配置为 Timer_A 寄存器初始配置或复位后的默认配置。

1. Timer_A 计数寄存器(TAxR)

TAxR:第 0~15 位,Timer_A 计数寄存器,反映了 Timer_A 定时器的计数值。

2. Timer_A 控制寄存器(TAxCTL)

15～10	9	8	7	6	5	4	3	2	1	0
未用	TASSEL	ID	MC	未用	TACLR	TAIE	TAIFG			

(1)TASSEL:第 8～9 位,Timer_A 时钟源选择位。

● 00:TAxCLK。

● 01:ACLK。

● 10:SMCLK。

● 11:TAxCLK 反转后的时钟。

(2)ID:第 6～7 位,输入分频器。该控制位与 TAIDEX 控制位配合,将输入时钟信号进行分频。

● 00:1 分频。

● 01:2 分频。

● 10:4 分频。

● 11:8 分频。

(3)MC:第 4～5 位,工作模式控制位。

● 00:停止模式,定时器被停止。

● 01:增计数模式,计数寄存器的数值增计数到 TAxCCR0。

● 10:连续计数模式,计数寄存器的数值增计数到 0FFFFh。

● 11:增/减计数模式,计数寄存器的数值首先增计数到 TAxCCR0,之后减计数到 0000h。

(4)TACLR:第 2 位,定时器计数值清除控制位。置位该控制位,将清除定时计数器 TAxR、定时器分频器和定时器计数方向。该位会自动复位,且读出的值为 0。

(5)TAIE:第 1 位,定时器中断使能控制位。

● 0:中断禁止。

● 1:中断使能。

(6)TAIFG:第 0 位,定时器中断标志位。

● 0:无中断发生。

● 1:有中断发生。

3. Timer_A 捕获/比较控制寄存器(TAxCCTLn)

15	14	13	12	11	10	9	8	7	6	5	4	3	2	1	0
CM		CCIS		SCS	SCCI	未用	CAP	OUTMOD			CCIE	CCI	OUT	COV	CCIFG

(1)CM:第 14～15 位,捕获模式选择控制位。

● 00:无捕获。

● 01:在上升沿捕获。

● 10:在下降沿捕获。

● 11:在上升沿和下降沿都捕获。

(2)CCIS:第12～13位,捕获/比较输入选择控制位。利用该控制位可为TAxCCRn选择输入信号。

- 00:CCIxA。
- 01:CCIxB。
- 10:GND。
- 11:VCC。

(3)SCS:第11位,同步捕获选择控制位。该控制位被用来同步捕获输入信号和定时器时钟。实际中经常使用同步捕获模式,而且捕获总是有效的。

- 00:异步捕获。
- 01:同步捕获。

(4)SCCI:第10位,同步捕获/比较输入。比较相等信号EQUx将选中的捕获/比较输入信号CCIx(CCIxA、CCIxB、VCC和GND)进行锁存,然后可由SCCI读出。

(5)CAP:第8位,捕获/比较模式选择控制位。

- 0:比较模式。
- 1:捕获模式。

(6)OUTMOD:第5～7位,输出模式选择控制位。由于EQUx=EQU0,TAxCCR0不能使用于模式2、3、6和7。

- 000:电平输出模式;。
- 001:置位模式。
- 010:取反、复位模式。
- 011:置位/复位模式。
- 100:取反模式。
- 101:复位模式。
- 110:取反/置位模式。
- 111:复位/置位模式。

(7)CCIE:第4位,捕获/比较中断使能控制位。该控制位可使能相应的CCIFG中断请求。

- 0:中断禁止。
- 1:中断使能。

(8)CCI:第3位,捕获比较输入标志位,可通过该标志位读取所选的输入信号。

(9)OUT:第2位,输出控制位。在比较输出模式0下,该控制位控制定时器的输出状态。

- 0:输出低。
- 1:输出高。

(10)COV:第1位,捕获溢出标志位。该标志位可反映定时器捕获的溢出情况,COV标志位必须通过软件清除。

- 0:没有捕获溢出产生。
- 1:产生捕获溢出。

(11)CCIFG:第0位,捕获/比较中断标志位。

- 0:没有中断产生。
- 1:有中断产生。

4. Timer_A 中断向量寄存器(TAxIV)

15	~	0
TAIV		

TAIV:第0~15位,Timer_A中断向量值,如表6-3所示。

表6-3 TAIV值及其说明

TAIV值	中断来源	中断标志	中断优先级
00h	没有中断发生	无	无
02h	捕获/比较模块1	TAxCCR1 CCIFG	最高
04h	捕获/比较模块2	TAxCCR2 CCIFG	
06h	捕获/比较模块3	TAxCCR3 CCIFG	
08h	捕获/比较模块4	TAxCCR4 CCIFG	↓
0Ah	捕获/比较模块5	TAxCCR5 CCIFG	
0Ch	捕获/比较模块6	TAxCCR6 CCIFG	
0Eh	定时器溢出中断	TAxCTL TAIFG	最低

知识点:

MSP430F5xx/6xx系列单片机共有3个Timer_A定时器(Timerx_A,TAx,x=0,1,2),各有两个中断向量:TIMERx_A0_VECTOR和TIMERx_A1_VECTOR。其中,捕获/比较寄存器TAxCCR0独占一个中断向量TIMERx_A0_VECTOR,响应速度最快,具有最高优先级。其他捕获/比较寄存器(TAxCCR1~TAxCCR6)和定时/计数器共用一个中断向量TIMERx_A1_VECTOR,可由TAxIV寄存器的值确定中断源。

5. Timer_A 分频扩展寄存器0(TAxEX0)

15	~	3	2	1	0
未用			TAIDEX		

TAIDEX:第0~2位,输入分频扩展寄存器。该控制位与ID控制位配合,对定时器输入时钟进行分频。

- 000:1分频。
- 001:2分频。
- 010:3分频。
- 011:4分频。
- 100:5分频。
- 101:6分频。
- 110:7分频。

• 111：8 分频。

6.3.3 MSP430F5xx/6xx 系列单片机 Timer_A 的定时功能

MSP430F5xx/6xx 系列单片机的 Timer_A 共有 4 种工作模式：停止模式、增计数模式、连续计数模式和增/减计数模式，具体工作模式可通过 TAxCTL 寄存器的 MC 控制位进行配置，如表 6-4 所示。

表 6-4　Timer_A 工作模式配置列表

MC 控制位配置值	Timer_A 工作模式	描　述
00	停止模式	定时器停止
01	增计数模式	定时器重复从 0 计数到 TA0CCR0
10	连续计数模式	定时器器重复从 0 计数到 0FFFFh
11	增/减计数模式	定时器重复从 0 增计数到 TA0CCR0 再减计数到 0

下面逐一介绍这些模式。

1. 停止模式

停止模式用于定时器暂停，并不发生复位，所有寄存器现行的内容在停止模式结束后都可用。当定时器暂停后重新计数时，计数器将从暂停值开始沿暂停前的计数方向计数。

例如，停止模式前，Timer _A 工作于增/减计数模式并且处于下降计数方向；停止模式后，Timer _A 扔然工作于增/减计数模式下，从暂停前的状态开始继续沿着下降方向开始计数。若不想这样，则可通过 TAxCTL 中的 TACLR 控制位来清除定时器的计数及方向记忆特性。

2. 增计数模式

增计数模式下计数器 TAxR 的计数过程如图 6.3 所示。

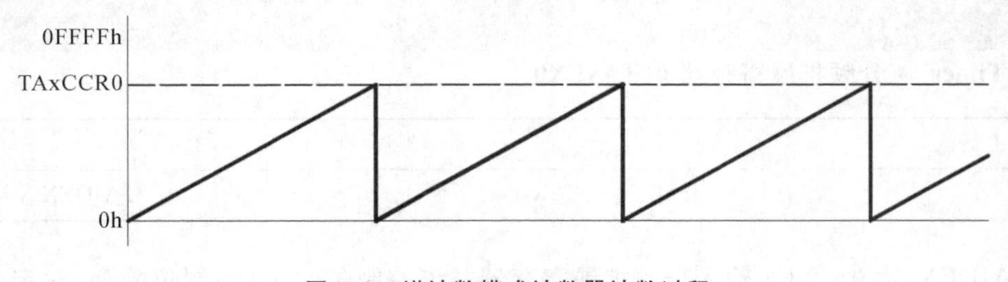

图 6.3　增计数模式计数器计数过程

由图 6.3 可以看出，16 位捕获/比较寄存器 TAxCCR0 用作 Timer_A 增计数模式的周期寄存器，计数器 TAxR 可以增计数到 TAxCCR0 的值，当 TAxR 的计数值与 TAxCCR0 的值相等(或 TAxR 的计数值大于 TAxCCR0 的值)时，定时器 TAxR 将立即重新从 0 开始计数。

增计数模式下的中断情况是：当定时器计数到 TAxCCR0 时，设置标志位 TAxCCR0 CCIFG 为 1；而当定时器从 TAxCCR0 计数到 0 时，设置 Timer _A 中断标志位 TAIFG(定时器溢出中断标志位)为 1。中断标志位的设置过程如图 6.4 所示。

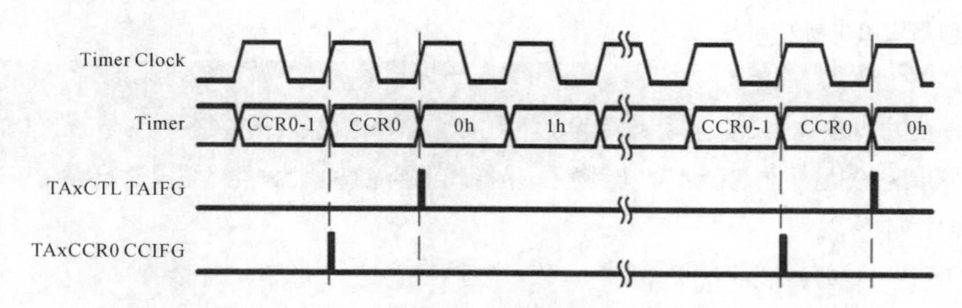

图6.4 增计数模式下中断标志位设置过程

> **注意：**
> Timer_A定时器还可以在工作的过程中更改TAxCCR0的值以更改定时周期。若新周期大于或等于旧的周期，定时器会直接增计数到新的周期；若新周期小于旧周期，定时器会在TAxCCR0改变后，直接从0开始增计数到新的TAxCCR0，但在定时器回到0之前会有一次计数。

例6.6 利用TA0定时器，使其工作在增计数模式，采用SMCLK(≈1M Hz)作为其计数参考时钟，并启用TA0CCR0计数中断，在P4.4端口产生一个10 Hz的方波。

思路解析 题目中明确要求利用TA0定时器，所以在前面设计到所有相关寄存器中的“x”都要写成“0”，比如“TA0CTL”、“TA0CCR0”等。方波的概念以及产生方波的方法在例6.4中介绍过，此处不再赘述。根据Timer_A定时器相关知识的讲解，假设时钟源频率f，则增计数模式的计数参考时钟源频率为$f/2^{ID}$，周期性定时一个周期的时间用t表示，则$t=\frac{2^{ID}}{f}\times TA0CCR0$。结合题目，方波的周期T为0.1s，则Timer_A定时器的定时时间应为0.05s，分频系数ID默认1分频，则TA0CCR0中应该赋值50000。

具体程序如下。

```
# include<msp430f6638.h>
void main(void){
    WDTCTL=WDTPW+WDTHOLD;
    P4DIR|=BIT4;
    TA0CTL=TASSEL_2+MC_1+TACLR;   //SMCLK时钟源，增计数模式
    TA0CCR0=50000;                 //定时0.05s
    TA0CCTL0=CCIE;                //使能TA0CCR0中断
    _BIS_SR(LPM0_bits+GIE);
  }

# pragma vector=TIMER0_A0_VECTOR         //TA0CCR0专用中断矢量名
__interrupt void TA0_ISR(void){
   P4OUT^=BIT4;                          //取反P4.4引脚输出电平
  }
```

> **思考：**
> 若是要求启用定时器溢出中断，程序又该如何编写呢？

▶例6.6

◀例6.6（定时器溢出中断）

思路：

定时/计数器和捕获/比较寄存器（TAxCCR1～TAxCCR6）共用一个中断向量 TIMERx_A1_VECTOR，需由 TAxIV 寄存器的值确定中断源，编程时采用"switch…case…"语句实现。

具体程序如下。

```
# include<msp430f6638.h>
void main(void){
    WDTCTL=WDTPW+WDTHOLD;
    P4DIR|=BIT4;
    TA0CTL=TASSEL_2+MC_1+TACLR+TAIE;   //SMCLK 时钟源,增计数模式,使能定时器溢出中断
    TA0CCR0=50000;                      //定时 0.05s
    _BIS_SR(LPM0_bits+GIE);
}

# pragma vector=TIMER0_A1_VECTOR
__interrupt void Timer_A (void)
{
 switch(__even_in_range(TA0IV,14) )
 {
  case 0: break;
  case 2: break;
  case 4: break;
  case 6: break;
  case 8: break;
  case 10: break;
  case 12: break;
  case 14: P4OUT^=BIT4;break;
 }
}
```

知识点：

"_even_in_rang(,)"函数是"msp430f6638.h"头文件中提供的一个函数，可以用来提高 switch 语句的执行效率。例如："switch(__even_in_range(TA0IV,14))"实现了只有 TA0IV 寄存器的值在 0 到 14 之间，且为偶数时才会执行 switch 语句。

例 6.7 利用 TA0 定时器，使其工作在增计数模式，采用 ACLK(32768 Hz)作为其计数参考时钟，实现并控制 MSP430F6638 开发板上 L6、L7、L8 3 个 LED 的流水且流水间隔为 1s(L6、L7、L8 电路图如图 13.8 所示)。

思路解析 根据例 6.6，我们已知 TA0 定时在增计数过程中既可启用 TA0CCR0 中断，也可启用定时器溢出中断。相对来说，启用 TA0CCR0 中断，程序较为简单，若题目中没有明确要求启用哪一种中断，建议采用 TA0CCR0 中断。

启用 TA0CCR0 中断程序如下。

◀例6.7

```
# include<msp430f6638.h>
unsigned int i=BIT4,count=0;
void main(void){
    WDTCTL=WDTPW+WDTHOLD;
    P4DIR|=BIT4+BIT5+BIT6;
    P4OUT=i;
    TA0CTL=TASSEL_1+MC_1+TACLR;          //SMCLK 时钟源,增计数模式
    TA0CCR0=32768;                       //定时 1s
    TA0CCTL0=CCIE;                       //使能 TA0CCR0 中断
  _BIS_SR(LPM0_bits+GIE);
}
# pragma vector=TIMER0_A0_VECTOR
__interrupt void wdt_ISR(void){
        count++;
         i<<=1;
         if(count==3) {i=BIT4;count=0;}
         P4OUT=i;
}
```

> **思考：**
> 若想用 Timer_A 定时器定时 10s,该如何实现呢？其中,TAxCCR0 的最大赋值为 65535。

3. 连续计数模式

在连续计数模式下,Timer_A 定时器增计数到 0FFFFh 之后从 0 开始重新计数,如此往复,计数过程如图 6.5 所示。

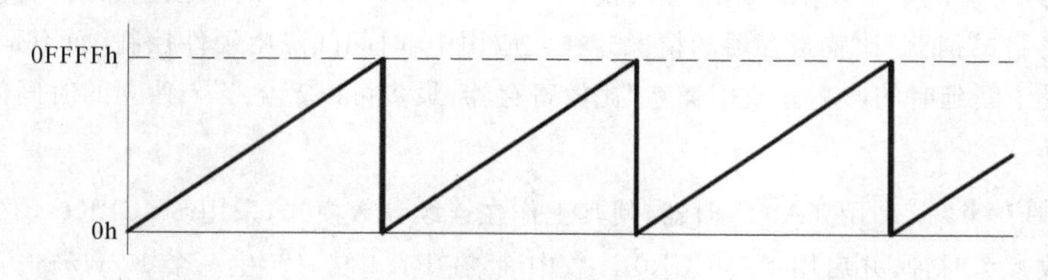

图 6.5 连续计数模式下计数器的计数过程

当定时器计数值从 0FFFFh 计数到 0 时,置位 Timer_A 中断标志位,如图 6.6 所示。

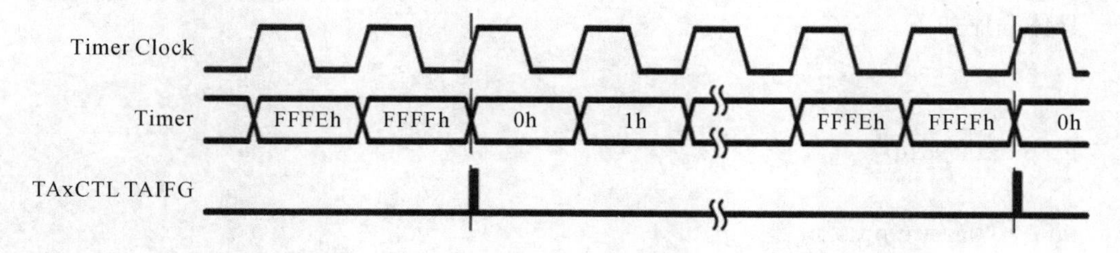

图 6.6 连续计数模式下中断标志位的设置

根据图 6.5,如果计数时钟源频率($f/2^{ID}$)确定了,连续计数模式下周期性定时一个周期

的时间也就确定了 $t=\frac{2^{ID}}{f}\times 65536$。那如何在连续计数模式下产生不同的定时信号呢？这就涉及连续计数模式的典型应用。

连续计数模式的典型应用如图 6.7 所示。

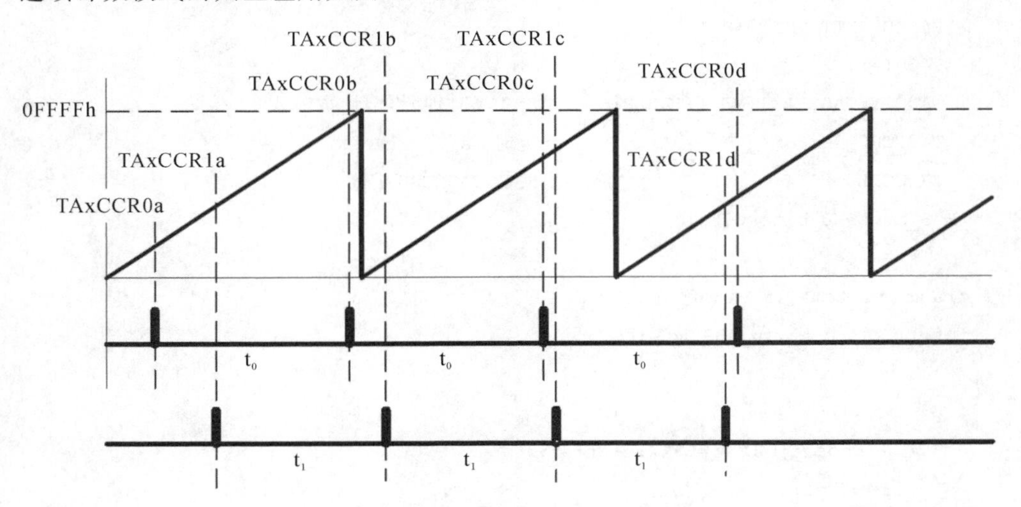

图 6.7　连续计数模式中产生多个定时信号

连续计数模式的典型应用有如下两种。

(1)产生多个独立的时序信号:利用捕获比较寄存器(TAxCCRn,其中 n 取值为 0～6)捕获外部事件发生的定时器数据。

(2)连续计数模式的典型应用:产生多个定时信号:通过中断处理程序在相应的比较寄存器 TAxCCRn 上加上一个时间差来实现。这个时间差是当前时刻(即相应的 TAxCCRn 中的值)到下一次中断发生时刻所经历的时间,如图 6.7 所示。两个独立的时间间隔 t0 和 t1 写入各自的捕获/比较寄存器的情况。在此应用中,时间间隔由硬件控制,而不是软件,同时也不受中断延时的影响。使用捕获/比较寄存器,最多可以产生 7 个独立的时间间隔或者输出频率。

例 6.8　利用 TA0 定时器,使其工作在连续计数模式,采用 SMCLK(≈1M Hz)作为其计数参考时钟,并启用 TA0CCR0 计数中断,在 P4.4 端口产生一个 10 Hz 的方波。

思路解析　该例要求基本与例 6.6 相同,只是例 6.6 要求采用增计数模式,而该例要求采用连续计数模式而已。

具体程序如下。

```
# include<msp430f6638.h>
# define timer1 50000
void main(void)
{
WDTCTL=WDTPW+WDTHOLD;
P4DIR |=BIT4;
TA0CTL=TASSEL1+MC_2+TACLR;   //SMCLK 时钟源,连续计数模式
TA0CCR0=50000;                //定时 0.05s
```

◀例 6.8

```
    TA0CCTL0=CCIE;                    //使能 TA0CCR0 中断
  __bis_SR_register(LPM0_bits+GIE);
}
# pragma vector=TIMER0_A0_VECTOR
__interrupt void Timer_A (void)
{
  TA0CCR0+=timer1;
  P4OUT^=BIT4;
}
```

4. 增/减计数模式

增/减计数模式一般适用于需要对称波形的地方。定时器先增计数到 TAxCCR0 的值，然后反向计数到 0，如图 6.8 所示。同样情况下，增/减计数模式的计数周期将是增计数模式的 2 倍。

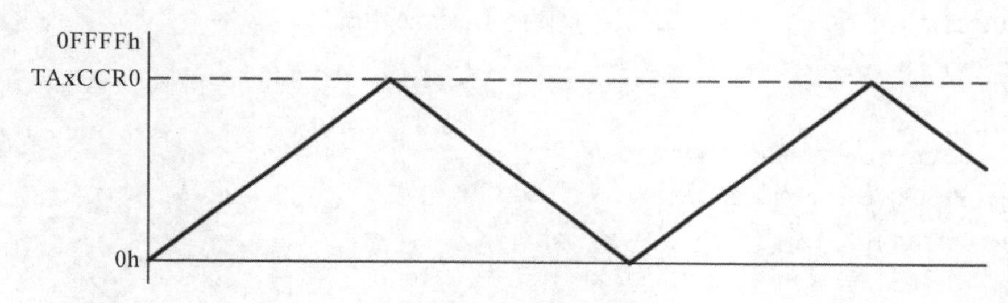

图 6.8　增/减计数模式下计数器的计数过程

在增/减计数模式下，TAxCCR0 中断标志位 CCJFG 和 Timer_A 中断标志位 TAIFG 在一个周期内仅置位一次，且相隔 1/2 个计数周期。当定时器 TAxR 的值从 TAxCCR0－1 增计数到 TACCR0 时，置位 TAxCCR0 中断标志位 CCIFG，当定时计数器从 0001h 减计数到 0000h 时，置位 Timer_A 中断标志位 TAIFG，如图 6.9 所示。

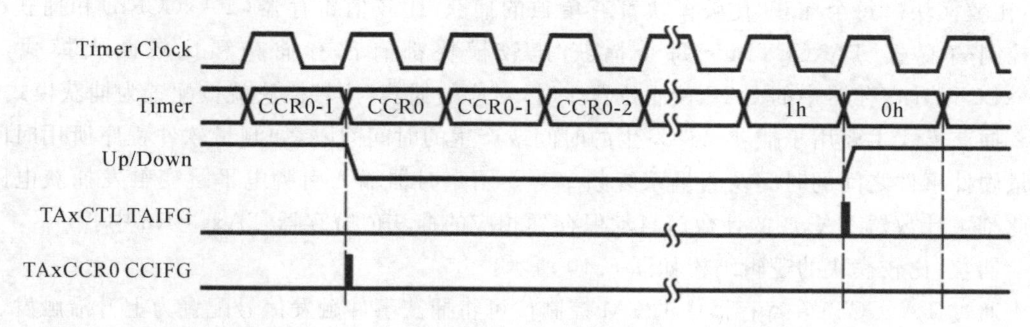

图 6.9　增/减计数模式下中断标志位的设置

注意：

在增/减计数模式的过程中，可以通过改变 TAxCCR0 的值来重置计数周期。如果当定时器正在运行且在减计数方向时改变 TAxCCR0 的值，定时器将会继续减计数方向到 0。定时器减到 0 后，新的周期才有效。当定时器工作在增计数的状态下时，改变了 TAxCCR0 的值，如果新的计数周期大于或者等于原来的计数周期，或者比当前的计数值大，定时器会增计数到新的计数周期，再反向计数；如果新的计数周期小于当前的计数值，则定时器将立即开始减计数。但是，在定时器减计数之前有一个额外的计数。

例 6.9 结合图 13.8，利用 TA0 定时器，使其工作在增/减计数模式下，采用 SMCLK(≈1 MHz)作为其计数参考时钟，并启用 TA0CCR0 计数中断，在 P4.4 端口产生一个 10 Hz 的方波。

思路解析 本例题的要求基本与例 6.6 相同，只是例 6.6 要求采用增计数模式，而本例要求采用增/减计数模式而已。

具体程序如下。

```
# include<msp430f6638.h>
void main(void){
  WDTCTL=WDTPW+WDTHOLD;
  P4DIR|=BIT4;
  TA0CTL=TASSEL_2+MC_3+TACLR;  //SMCLK时钟源,连续计数模式
  TA0CCR0=25000;                        //定时 0.05s
  TA0CCTL0=CCIE;                      //使能 TA0CCR0 中断
_BIS_SR(LPM0_bits+GIE);
}
# pragma vector=TIMER0_A0_VECTOR
__interrupt void TA0_ISR(void){
   P4OUT^=BIT4;
}
```

6.3.4 MSP430F5xx/6xx 系列单片机 Timer_A 的捕获功能

Timer_A 定时器除了主计数器模块外，还有多个相同的捕获/比较模块。不同型号的 MSP430 单片机的定时器模块又具有不同个数的捕获/比较器，最多高达 7 个。TA0 定时器具有 5 个捕获/比较模块，TA1 定时器具有 3 个捕获/比较模块，TA2 定时器也具有 3 个捕获/比较模块。每个捕获/比较模块都有单独的捕获/比较值寄存器(TAxCCRn)和捕获/比较控制寄存器 TAxCCTLn。每个捕获/比较模块都有都有捕获和比较两大模式，当 TAxCCTLn 寄存器中的 CAP 控制位置 1 时，对应的捕获/比较模块就被配置为捕获模式。

捕获模式主要用于捕获事件发生的时间或产生的时间间隔，如测量软件程序所用时间、测量硬件事件之间的时间及测量系统频率等。用定时器输入引脚电平跳变触发捕获电路，将此刻主计数器 TAxR 的计数值自动保存到相应的捕获值寄存器 TAxCCRn 中。

捕获/比较模块的逻辑结构如图 6.10 所示。

通过 TAxCCTLn 寄存器中的 CM 控制位可将捕获事件触发信号配置为上升沿触发、下降沿触发或两者都触发。触发信号可通过图 6.10 中的 CCIxA 引脚和 CCIxB 引脚输入。如果发生了触发事件，主计数器 TAxR 的计数值自动保存到相应的捕获值寄存器 TAxCCRn 中，同时置位相应捕获/比较模块的中断标志位 CCIFG。捕获信号示意图如图 6.11 所示。

注意：

捕获信号和定时器时钟可能是异步的，将会引起时间竞争。置位 TAxCCTLn 寄存器中的 SCS 控制位将会在下一定时器时钟内使捕获与定时器时钟同步。建议置位 SCS 位使捕获信号和定时器时钟同步。

◀例 6.9

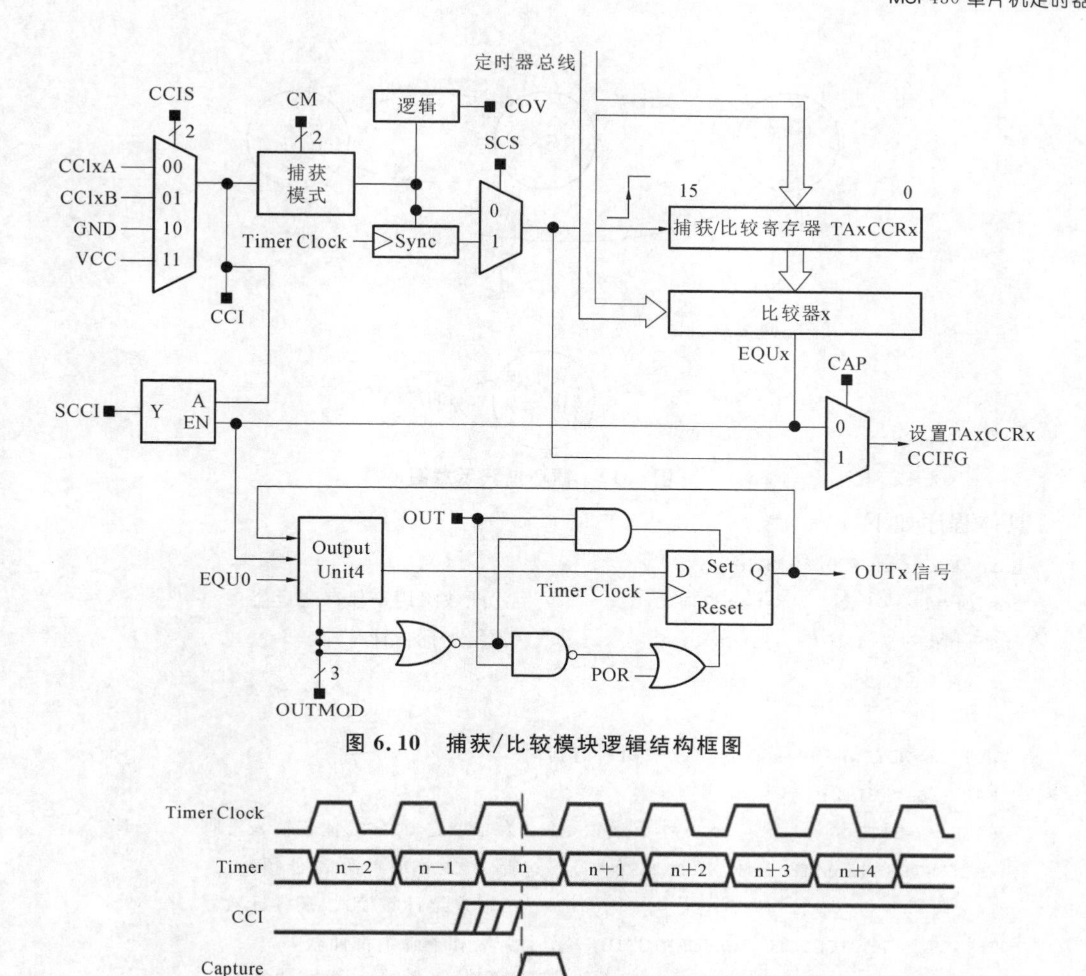

图 6.10　捕获/比较模块逻辑结构框图

Timer Clock

Timer　n−2　n−1　n　n+1　n+2　n+3　n+4

CCI

Capture

TAxCCRn CCIFG

图 6.11　捕获信号示意图

在任一捕获/比较寄存器中，当在第一次捕获的值读出之前，第二次捕获发生，将会产生一个溢出逻辑。当这种情况发生时，TAxCCTLn 寄存器中的 COV 位被置位，如图 6.12 所示。COV 位必须通过软件清除。

例 6.10　利用 TB 定时器，采用 ACLK 为时钟源，并对信号进行 8 分频；启用 TBCCR2 的捕获功能，上升沿和下降沿都触发捕获，捕获源信号从 CCIxA 输入，P4.2 管脚与 CCIxA 相连，该管脚还连接着按键 SW4，SW4 按键电路图如图 13.6 所示。

思路解析　TB 定时器的用法与 TAx 定时器基本相同，它的相关寄存器的名字只需把 TAx 定时器的相关寄存器中的 A 改写成 B 即可。比如，TB 定时器的控制寄存器的名称应为 TBCTL，该寄存器中的时钟源控制位的名称应为 TBSSEL。

另外，当按下或松开 KEY1 按键时，分别产生下降沿和上升沿捕获信号，主计数器 TBR 的值会被两次捕获到 TBCCR2 寄存器中。为了防止 TBCCR2 寄存器第二次捕获的值覆盖第一次捕获的值，应将两次捕获的数值保存于数组 meter 中，根据数组中两个元素的差值就可以计算出按键被按下的时长。

▶例 6.10

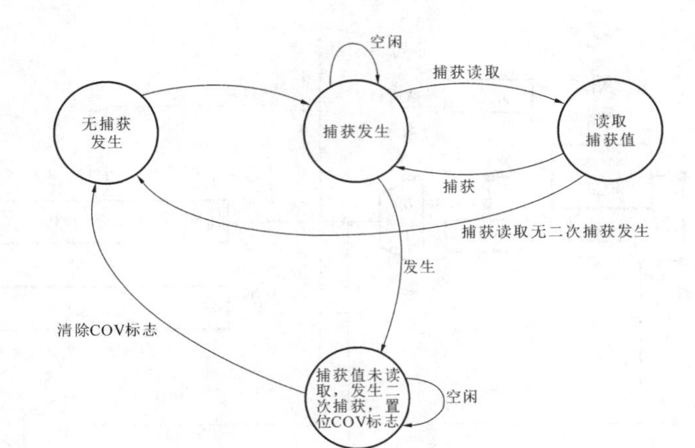

图 6.12　循环捕获示意图

具体程序如下。

```
# include<msp430f6638.h>
unsigned    int    meter[2]={0,0};              //此数组用于保存测量值
unsigned    char    point=0;                //数组下标指针
void main(void)
{
  WDTCTL=WDTPW+WDTHOLD;      //关闭看门狗
  P4DIR &=~BIT2;
  P4SEL |=BIT2;                    //设置 P4.2 为 TB0 之 CCI2A,捕获输入管脚
  TBCTL=TBSSEL_1+ID_3+MC_2+TBCLR;     //选择 ACLK 作时钟源,8 分频,
                                              //连续计数模式,清零计数器
  TBCCTL2=CM_3+CCIS_0+SCS+CAP+CCIE;  //上升沿和下降沿都捕获,
                           //CCIxA 输入,同步捕获,捕获模式,中断使能
  __bis_SR_register(LPM0_bits+GIE);     //进入 LPM3 模式,开放中断
}
# pragma vector=TIMER0_B1_VECTOR
__interrupt void TIMER0_B1_ISR (void)
{
  unsigned    int    temp;
  temp=TBIV;                              //清中断标志
  switch(temp)                            //判断中断源
  {
      case   0:break;                     //无中断
      case   2:break;                     //CCR1 未使用
      case   4:                            //CCR2 捕获中断处理
          meter[point++]=TBCCR2;      //保存捕获值
          if    (point==2)              //如果数组下标越界,
              point=0;              //则将下标清零
          break;
      case   6:break;                     //CCR3 未使用
      case   8:break;                     //CCR4 未使用
```

```
        case 10:break;                          //CCR5未使用
        case 12:break;                          //CCR6未使用
        case 14:break;                             //TBIFG未使用
        default:break;
    }
}
```

在中断服务函数的“point=0;”语句处设置断点，全速运行程序，按下 KEY1 键，然后松开。待程序停在断点处时，观察 meter 数组中两个元素的数值，假设两次捕获的数值之差用“*”表示。结合“TBCTL=TBSSEL_1+ID_3+MC_2+TBCLR;”语句可知，TB 定时器采用 ACLK 时钟源，频率为 32768 Hz，通过 MC 控制位配置对时钟源进行 8 分频，所以计数时钟频率为 32768/8=4096 Hz，则按键被按下时长 $t = * \times \frac{1}{4096}$。

6.3.5 MSP430F5xx/6xx 系列单片机 PWM 波的产生

1. 输出单元

当 TAxCCTLn 寄存器中的 CAP 控制位配置为 0 时，对应的捕获/比较模块就被配置为比较模式。在比较模式下，每个捕获/比较模块将不断地将自身的比较值寄存器(TAxCCRn)中的计数值与主计数器(TAxR)的计数值进行比较，一旦相等，将依次产生以下事件：① 中断标志 CCIFG 置位；② 内部信号 EQUn=1；③ EQUn 根据输出模式影响输出；④ 输入信号 CCI 被锁存在 SCCI。

每个捕获/比较模块都包含一个输出单元，输出单元在输出控制位 OUTMOD 的控制下，有 8 种输出模式，每种输出模式基于 EQUn 信号自动改变定时器输出引脚的输出电平，产生对应的输出信号，从而可在无须 CPU 干预的情况下输出 PWM 波、可变单稳态脉冲、移向方波、相位调制等常用波形。输出单元的 8 种输出模式如表 6-5 所示。

表 6-5　输出单元的 8 种工作模式

OUTMOD	模式	说　明
000	输出模式 0：输出	输出信号取决于寄存器 TAxCCTLn 中的 OUT 位。当 OUT 位更新时，输出信号立即更新
001	输出模式 1：置位	输出信号在 TAxR 等于 TAxCCRn 时置位，并保持置位到定时器复位或选择另一种输出模式为止
010	输出模式 2：翻转/复位	输出在 TAxR 的值等于 TAxCCRn 时翻转，当 TAxR 的值等于 TAxCCR0 时复位
011	输出模式 3：置位/复位	输出在 TAxR 的值等于 TAxCCRn 时置位，当 TAxR 的值等于 TAxCCR0 时复位
100	输出模式 4：翻转	输出电平在 TAxR 的值等于 TAxCCRn 时翻转，输出周期是定时器周期的 2 倍
101	输出模式 5：复位	输出在 TAxR 的值等于 TAxCCRn 时复位，并保持低电平直到选择另一种输出模式
110	输出模式 6：翻转/置位	输出电平在 TAxR 的值等于 TAxCCRn 时翻转，当 TAxR 值等于 TAxCCR0 时置位
111	输出模式 7：复位/置位	输出电平在 TAxR 的值等于 TAxCCRn 时复位，当 TAxR 的值等于 TAxCCR0 时置位

注：除模式 0 外，其他模式的输出都在定时器时钟上升沿时发生变化。输出模式 2、3、6、7 不适合输出单元 0，因为 EQUx=EQU0。

Timer_A 定时器的主计数器有增计数模式、连续计数模式和增/减计数模式。由于三大计数模式的计数过程是各不相同的，因此输出单元的 8 种输出模式基于三大计数模式的输出信号也是各不相同的。

1）基于增计数模式的输出实例

主计数器工作在增计数模式下，TAxCCR0 作为周期寄存器，TAxCCR1 作为比较寄存器，不同的输出模式产生的输出波形如图 6.13 所示。

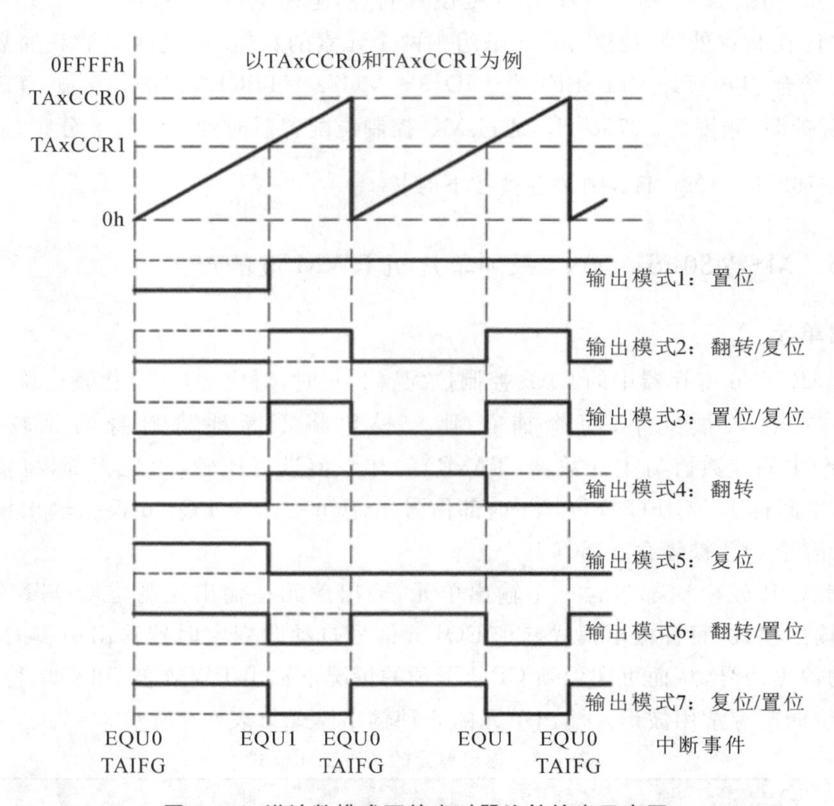

图 6.13 增计数模式下的定时器比较输出示意图

> **注意：**
> 在增计数模式下，当 TAxR 增加到 TAxCCR1 或从 TAxCCR0 计数到 0 时，定时器输出信号按选择的输出模式发生变化。

2）基于连续计数模式的输出实例

主计数器工作在连续计数模式下，TAxCCR0、TAxCCR1 作为比较寄存器，不同的输出模式产生的输出波形如图 6.14 所示。

> **注意：**
> 在连续计数模式下，定时器输出波形与增计数模式一样，只是计数器在增计数到 TAxCCR0 后还要继续增计数到 0FFFFH，这样就延长了计数器计数到 TAxCCR1 的数值后的时间。

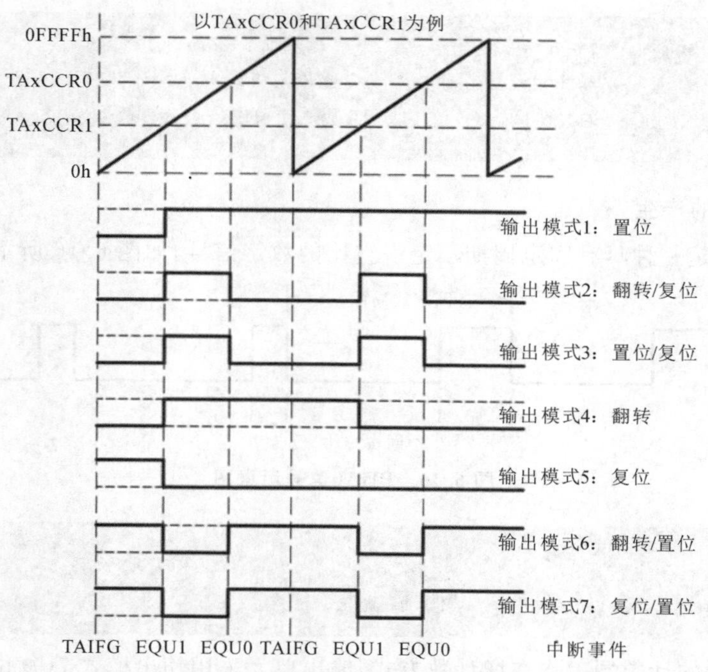

图 6.14 连续计数模式下的定时器比较输出示意图

3）基于增/减计数模式的输出实例

主计数器工作在连续计数模式下，TAxCCR0 作为周期寄存器，TAxCCR2 作为比较寄存器，不同的输出模式产生的输出波形如图 6.15 所示。

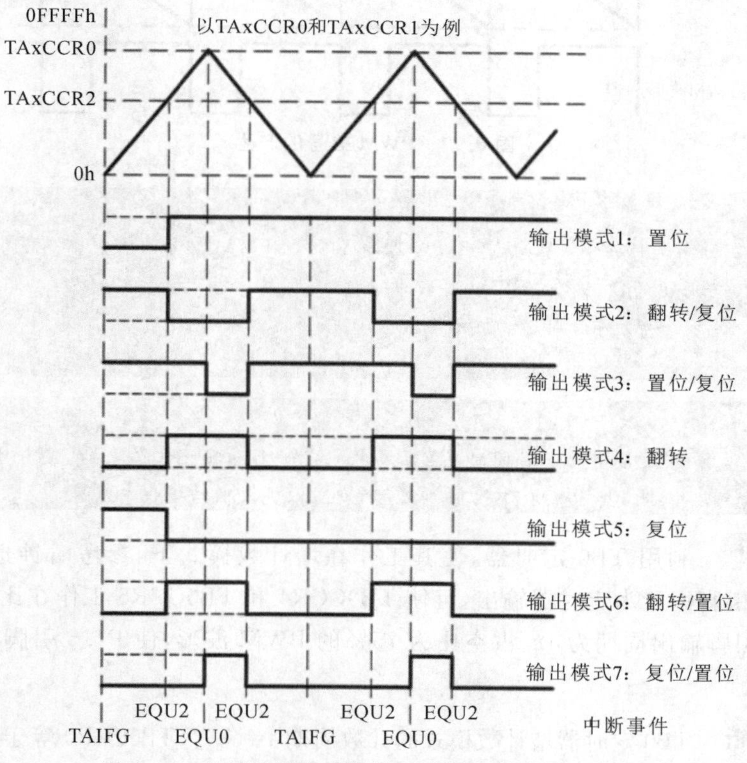

图 6.15 连续计数模式下的定时器比较输出示意图

> **注意：**
> 在增/减计数模式下，各种输出模式与定时器工作在增计数模式或连续计数模式不同。当定时器计数值TAxR在任意计数方向上等于TAxCCR2或等于TAxCCR0时，定时器输出信号都按选择的输出模式发生改变。

2. PWM波的产生

PWM信号是一种具有固定周期不定占空比的数字信号，如图6.16所示。

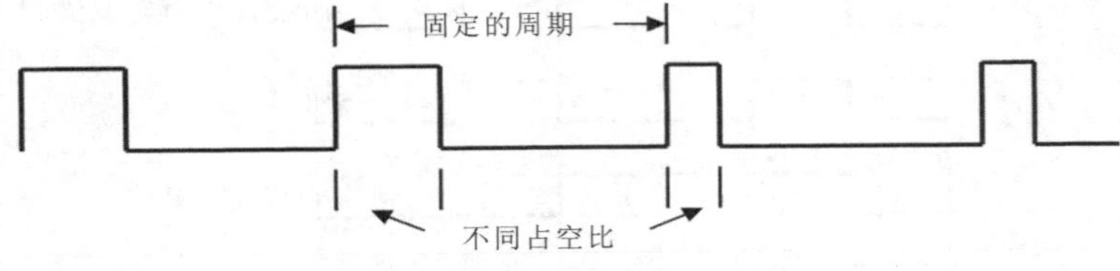

图6.16　PWM信号示意图

> **思考：**
> 如何利用定时器产生出任意占空比的PWM波呢？

配置定时器的计数器工作在增计数方式，输出单元采用输出模式7(复位/置位模式)，这样定时器就可以产生任意占空比的PWM波形，如图6.17所示。

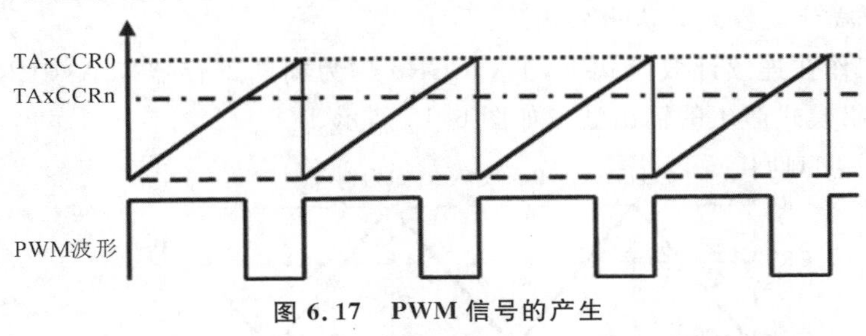

图6.17　PWM信号的产生

> **思考：**
> 结合图6.17，分析如何控制PWM信号的周期，如何控制PWM信号的占空比？
> - TAxCCR0寄存器的数值控制PWM波形的周期。
> - TAxCCRn(n=1～6)寄存器的数值控制占空比。

> **知识点：**
> 当PWM不需要修改占空比和时间时，CPU在做完定时器初始化工作之后，定时器就能自动输出PWM，而不需要利用中断维持PWM输出，此时CPU就可以进入低功耗状态。

例6.11　利用TB0定时器，使其工作在增计数模式下，参考时钟选择ACLK，将P4.4和P4.5引脚配置为定时器输出，且使TB0CCR4和TB0CCR5工作在比较输出模式7。最终使P4.4引脚输出周期为1s、占空比为75%的PWM波形，使P4.5引脚输出25%占空比的PWM波形。

思路解析　TB0定时器增计数模式的计数周期 $t=\frac{2^{ID}}{f}\times TB0CCR0$ 等于PWM的周期。结合题目，$f=f_{ACLK}=32768$ Hz，ID=0，所以TB0CCR0寄存器中应该赋值32768。TB0CCR4寄

◀例6.11

存器控制 75%的占空比，所以 TB0CCR4=32768×0.75=24576；同理，TB0CCR5=8192。

具体程序如下。

```
# include<msp430f6638.h>
void main(void)
{
  WDTCTL=WDTPW+WDTHOLD;                    //关闭看门狗
  P4DIR|=BIT4+BIT5;
  P4SEL|=BIT4+BIT5;
  TB0CTL=TBSSEL_1+MC_1+TBCLR;              //ACLK 时钟源，增计数模式
  TB0CCR0=32768;                           //周期为 1s
  TB0CCTL4=OUTMOD_7;
  TB0CCR4=24576;                           //75% 占空比
  TB0CCTL5=OUTMOD_7;
  TB0CCR5=8192;                            //25% 占空比
  _BIS_SR(LPM3_bits);
}
```

本章小结

本章在简单介绍了 MSP430 系列单片机软件定时和硬件定时的优缺点以及 MSP430 系列单片机内部硬件定时资源的基础上，详细介绍了看门狗定时器 WDT_A 和 Timer_A 定时器的结构、原理和用法。WDT_A 具有看门狗和定时器两大功能，最重要的用途是防止程序"跑飞"。Timer_A 定时器的电路由主计数器模块和捕获/比较模块两大部分组成。主计数器模块有停止、增计数、连续计数和增/减计数工作模式，主要用来产生定时间隔。捕获/比较模块又由捕获电路和输出单元电路两部分构成。捕获电路主要用于捕获事件发生的时间，而输出单元有 8 种输出模式，可产生多种对应的输出信号。

习 题 6

一、选择题

1. MSP430 中，当看门狗定时器控制位 WDTTMSEL 被置 1 时，(　　)。

A. 看门狗定时器是一个间隔定时器　　B. 看门狗定时器是关闭的

C. 清除看门狗定时器计数器　　D. 重启看门狗定时器

2. 16 位的 WDTCTL 控制寄存器必须(　　)。

A. 高字节位全为 0

B. 当读取 WDTCTL 时，高字节位为 0x69h；0x5Ah 必须写入 WDTCTL 的高字节

C. 从高字节读取的密码 0x5Ah，写入 WDTCTL

D. 高字节的所有位是 1

3. 要配置 Timer_A 从 0x0000 到 0xFFFF 重复计数，需要选用的操作模式是(　　)。

A. 增/减模式　　B. 增模式　　C. 连续模式　　D. 停止模式

4. 连续操作模式下 Timer_A 需要复位，则要通过(　　)。

A. 向 TAxR 寄存器写入 0xFFFF

B. 复位 TAxCCR0

C. 设置 TAxCTL 寄存器中的 TACLR 位

D. 以上都不是

5. 当 Timer_A 的时钟源为 ACLK(32768 Hz)并被配置为比较模式时，为产生每秒钟一次中断，需要TAxCCR0 寄存器写入的值为(　　)。

A. 32768　　B. 32767　　C. 16384　　D. 65536

二、思考题

1. 一个 PUC 之后，看门狗定时器的初始配置是怎样的？

2. 改变 MSP430 看门狗定时器配置需要哪些步骤？

3. MSP430 单片机具有哪些定时器资源？每种定时器具有什么功能？

4. Timer_A 定时器由哪两个部分组成？每个部分如何工作？并具有什么功能？

5. Timer_A 定时器具有哪些工作模式？并对各工作模式进行简单描述。

6. Timer_A 定时器的捕获模式具有什么功能？可配置为何种触发方式？

7. Timer_A 定时器的比较模式具有几种输出模式？并对各输出模式进行简单介绍。

8. 可以在 Timer_A 运行时修改 Timer_A 的寄存器吗？

9. 在定时器运行过程中，可以切换其输出模式吗？

三、编程题

编程实现：结合图 13.8，利用 TA0 定时器实现以下事件。

(1) 红色 LED 每秒闪烁 1 次(0.5s 亮，0.5s 灭)。

(2) 黄色 LED 每秒闪烁 2 次(0.25s 亮，0.25s 灭)。

(3) 绿色 LED 每秒闪烁 1 次(0.25s 亮，0.75s 灭)。

第7章 LCD_B 段式液晶驱动模块介绍

随着电子技术的飞速发展，以单片机为核心的便携式仪表和测试仪得到越来越多的应用。为了尽可能减小仪器体积和功耗，人们对显示系统的要求日益提高。原来经常使用的 LED 由于体积大和功耗方面的原因，而逐渐地被液晶 LCD 所取代。

液晶有很多种，常见的有段式液晶、字符式液晶、图形式液晶等，其中段式液晶价格低廉、使用简单，被广泛应用于各种单片机应用系统中。在大部分 MSP430 单片机中，均集成了 LCD 段式液晶驱动模块，能够直接驱动段式液晶。MSP430F1/2xx 系列单片机中没有 LCD 段式液晶驱动模块；MSP430F4xx 系列单片机中均集成了 LCD 段式液晶驱动模块，其中，MSP430F42x 系列以下的单片机集成 LCD 段式液晶驱动模块，MSP430F42x0 系列以上的单片机集成 LCD_A 段式液晶驱动模块；MSP430F5xx 系列单片机未集成 LCD 段式液晶驱动模块；而 MSP430F6xx 系列单片机均集成了 LCD 段式液晶驱动模块，其中，MSP430F663x/F643x 系列单片机集成了 LCD_B 段式液晶驱动模块，MSP430F67xx 系列单片机集成了最新的 LCD_C 段式液晶驱动模块。本章将重点讲解 LCD_B 段式液晶驱动模块的原理及操作。

7.1 LCD 的工作原理

笔段式液晶是指以长条状显示像素组成一位显示类型的液晶显示器，简称段式液晶。它主要用于显示数字和类似数字的形状，其结构类似于“8”，以七段显示最为常用。这种段式液晶驱动简单、耗电量小，在仅需显示数字的场合应用较多，也可用来在便携式应用的场合中代替数码管，是最常用的低功耗显示设备，如图 7.1 所示。

整个液晶显示面板由上、下透明电极基板和偏振片组成，在上、下电极基板之间，按照螺旋结构将液晶分子进行有规律地涂层，上、下偏振片的偏振角度相互垂直。液晶显示面板的基本结构如图 7.2 所示。

LCD(liquid crystal display)是利用液晶分子的光学特性和物理结构进行显示的一种元件。液晶分子是一种介于固体和液体之间的棒状结构的大分子物质；在自然形态下，液晶分子具有光学各向异性特点；在电(磁)场作用下，液晶分子呈各向同性特点。在图 7.2 中，面板电极通过一种 ITO 的金属化合物蚀刻在上、下电极基板上，当上、下电极基板间的电压为 0 时，自然光通过偏振片后，只有与偏振片方向相同的光线得以进入液晶分子螺旋结构涂层中。由于螺旋结构的液晶具有旋光性，将入射光线的方向旋转 90°后照射到另一端的偏振片上，由于、下偏振的角度相互垂直，这样入射光线就可以通过另一端的偏振片完全射出，通过观察者来看液晶就是透明的，看到的效果为灰色（液晶熄灭）。而当在上、下电极基板间的电压为交流电压时，液晶分子螺旋结构在电（磁）场作用下变成了同向排列结构，对光线的方没有作任何旋转，而上、下偏振片的偏振角度相互垂直，这样入射光线就无法通过另一端的偏振片射出，通过观察者来看液晶就不是透明的，看到的效果就为黑色（液晶点亮）。这样通过选择在上、下电极基板电极间施加或不施加交流电压，即可点亮或熄灭液晶显示。

图 7.1　段式液晶示意图

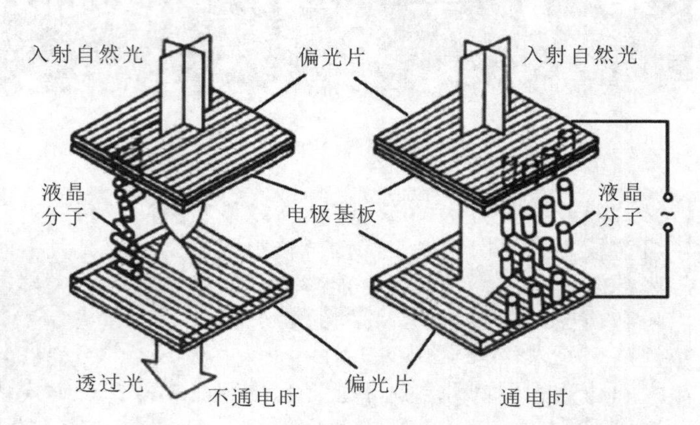

图 7.2　LCD 液晶显示原理示意图

知识点：

液晶显示器分为段式与点阵式两种，段式液晶所显示的图形都是事先制定好的，如七段数码字的段码，在显示时不能变化；而点阵式较为灵活，可以组成任意图形，但点阵式液晶显示器比较复杂，需要配备专门的驱动电路和控制命令。

7.2　LCD_B 相关寄存器

LCD_B 段式液晶驱动模块寄存器主要包括控制寄存器、显示缓冲寄存器和闪烁缓冲寄存器。其中，控制寄存器有 10 个，液晶显示缓冲寄存器有 26 个（LCDM1～LCDM26），液晶闪烁缓冲寄存器有 26 个（LCDBM1～LCDBM26）。下面将详细介绍 LCD_B 段式液晶驱动模块控制寄存器 0（LCDBCTL0）、闪烁控制寄存器（LCDBBLKCTL）、缓存控制寄存器（LCDMEMCTL）、电压控制寄存器（LCDCVCTL）及端口控制寄存器 0（LCDBPCTL0）中每一位的含义。

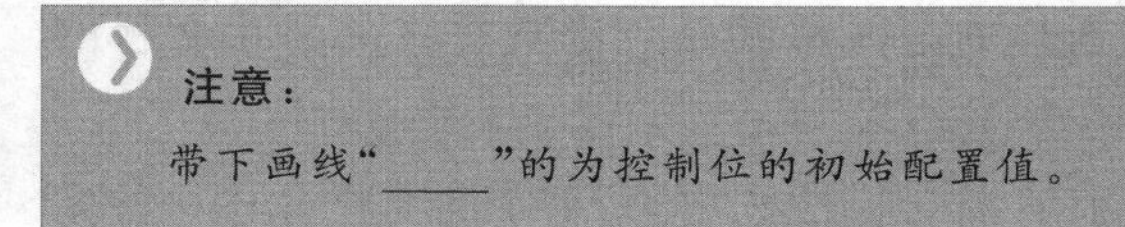

注意：

带下画线“____”的为控制位的初始配置值。

1. LCD_B 段式液晶驱动模块控制寄存器 0（LCDBCTL0）

15～11	10	9	8	7	6	5	4	3	2	1	0
LCDDIV	LCDPRE			LCDSSEL	保留		LCDMX		LCDSON	保留	LCDON

（1）LCDDIV：第 11～15 位，LCD 频率选择。其用于计算 f_{LCD}，计算公式见式（7.1）。

- 00000：1 分频。

- 00001:2 分频。
- 00010:3 分频。

……

- 11111:32 分频。

(2)LCDPRE:第 8～10 位,LCD 频率选择。其用于计算 f_{LCD},计算公式见式(7.1)。

- 000:1 分频。
- 001:2 分频。
- 010:4 分频。
- 011:8 分频。
- 100:16 分频。
- 101:32 分频。
- 110:32 分频。
- 111:32 分频。

(3)LCDSSEL:第 7 位,LCD 刷新频率和闪烁频率时钟源选择控制位。

- 0:ACLK(30 kHz～40 kHz)。
- 1:VLOCLK。

(4)LCDMX:第 3～4 位,LCD 驱动模式控制位。

- 00:静态驱动。
- 01:2MUX 驱动。
- 10:3MUX 驱动。
- 11:4MUX 驱动。

(5)LCDSON:第 2 位,LCD 所有液晶段熄灭控制位。

- 0:所有 LCD 液晶段熄灭。
- 1:所有 LCD 液晶段使能,根据相应显示缓存点亮或熄灭。

(6)LCDON:第 0 位,LCD 开关控制位。

- 0:LCD_B 关闭。
- 1:LCD_B 打开。

2. LCD_B 段式液晶驱动模块闪烁控制寄存器(LCDBBLKCTL)

15	14	13	12	11	10	9	8	7	6	5	4	3	2	1	0
保留								LCDBLKDIV			LCDBLKPRE			LCDBLKMOD	

(1)LCDBLKDIV:第 5～7 位,LCD 闪烁频率时钟分频器。

- 000:1 分频。
- 001:2 分频。
- 010:3 分频。
- 011:4 分频。
- 100:5 分频。
- 101:6 分频。

- 110:7 分频。
- 111:8 分频。

(2)LCDBLKPRE:第 2～4 位,LCD 闪烁频率时钟二次分频器,具体计算公式请参考 LCD 闪烁部分。

- 000:512 分频。
- 001:1024 分频。
- 010:2048 分频。
- 011:4096 分频。
- 100:8162 分频。
- 101:16384 分频。
- 110:32768 分频。
- 111:65536 分频。

(3)LCDBLKMOD:第 0～1 位,闪烁模式选择控制位。

- 00:闪烁禁止。
- 01:独立段闪烁。
- 10:所有段闪烁。
- 11:显示内容在 LCDMx 和 LCDBMx 中切换。

3. LCD_B 段式液晶驱动模块缓存控制寄存器(LCDMEMCTL)

15 ～ 3	2	1	0
保留	LCDCLRBM	LCDCLRM	LCDDISP

(1)LCDCLRBM:第 2 位,LCD 闪烁缓存清除控制位。

- 0:闪烁缓存 LCDBMx 寄存器的内容保持不变。
- 1:清除所有闪烁缓存 LCDBMx 寄存器的内容。

(2)LCDCLRM:第 1 位,LCD 显示缓存清除控制位。

- 0:显示缓存 LCDMx 寄存器的内容保持不变。
- 1:清除所有显示缓存 LCDMx 寄存器的内容。

(3)LCDDISP:第 0 位,选择 LCD 缓冲寄存器内容进行显示

- 0:显示 LCD 缓存 LCDMx 的内容。
- 1:显示 LCD 缓存寄存器 LCDBMx 的内容。

4. LCD_B 段式液晶驱动模块电压控制寄存器(LCDCVCTL)

15	14	13	12	11	10	9	8	7	6	5	4	3	2	1	0
保留			VLCD				保留	LCDREXT	R03EXT	LCDEXTBIAS	VLCDEXT	LCDCPEN	VLCDREF		LCD2B

(1)VLCD:第 9～12 位,电压泵电压选择控制位。LCDCPEN 控制位必须置位以使能内部电压泵。当 VLCD=0000、VLCDREF=00 且 VLCDEXT=0 时,V_{LCD}来自于 V_{CC}。具体配置如表 7-1 所示。

表 7-1　VLCD 控制位配置列表

VLCD	VLCDPRE＝00 或 10	VLCDPRE＝01 或 11
0000	电压泵禁止	电压泵禁止
0001＜VLCD＜1111	V_{LCD}＝2.60V	V_{LCD} ＝ 2.17 × V_{REF} ＋（VLCD － 1）× 0.05 × V_{REF}
1111	V_{LCD}＝2.60V＋（VLCD－1）×0.06V	V_{LCD}＝2.87V_{REF}

(2)LCDREXT：第 7 位，V2～V4 是否通过外部引脚 Rx3 引出。

- 0：内部电压 V2～V4 不引出到引脚(LCDEXTBIAS＝0)。
- 1：内部电压 V2～V4 引出到引脚(LCDEXTBIAS＝0)。

(3)R03EXT：第 6 位，V5 电压选择，该位选择最低电压的外部连接。如果没有 R03 引脚，则 R03EXT 将被忽略。

- 0：V5 来自 V_{SS}。
- 1：V5 来自 R03 引脚。

(4)LCDEXTBIAS：第 5 位，V2～V4 选择。该位选择 V2～V4 的外部连接。

- 0：V2～V4 由内部产生。
- 1：V2～V4 由外部产生。

(5)VLCDEXT：第 4 位，V_{LCD}参考源选择。

- 0：V_{LCD}由内部产生。
- 1：V_{LCD}由外部产生。

(6)LCDCPEN：第 3 位，电压泵使能控制位。

- 0：电压泵关闭。
- 1：当 VLCDEXT＝0、VLCD＞0，且 VLCDREF＞0 时，电压泵打开。

(7)VLCDREF：第 1～2 位，电压泵参考电压选择控制位

- 00：内部参考电压。
- 01：外部参考电压。
- 10：内部参考电压引出到 LCDREF/R13 引脚。
- 11：保留。

(8)LCD2B：第 0 位，偏压选择。在静态驱动模式下，忽略该控制位。

- 0：1/3 偏置。
- 1：1/2 偏置。

5. LCD_B 段式液晶驱动模块端口控制寄存器 0(LCDBPCTL0)

15	14	～	0
LCDS15	LCDS14	～	LCDS0

LCDS0～LCDS15：第 0～15 位，LCD 引脚段功能使能控制位，该控制寄存器用于 LCD 段功能与 GPIO 复用引脚。

- 0：该复用引脚选择通用 I/O 功能。

- 1：该引脚选择 LCD 功能。

7.3 LCD_B 段式液晶驱动模块介绍

7.3.1 LCD_B 段式液晶驱动模块的特点及结构

LCD_B 段式液晶驱动模块具有如下特性：① 具有显示缓存器；② 自动产生所需的 SEG、COM 电压信号；③ 多种扫描频率；④ 具有单段闪烁功能；⑤ 稳压电荷泵；⑥ 软件实现反相向控制；⑦ 显示缓存器可作为一般存储器；⑧ 支持以下 4 种液晶显示驱动方式：静态驱动、2MUX 动态驱动(1/2 偏置或 1/3 偏置)、3MUX 动态驱动(1/2 偏置或 1/3 偏置)、4MUX 动态驱动(1/2 偏置或 1/3 偏置)。

LCD_B 段式液晶驱动模块的结构框图如图 7.3 所示，最大配置为 160 段。

7.3.2 LCD_B 段式液晶驱动模块的操作

1. LCD 显示缓存

MSP430 系列单片机的 LCD 段式液晶驱动模块提供了最多 20 字节的显示缓存用于控制 LCD 显示内容，每个内存位对应一个 LCD 段或者是没有使用。不同的驱动模式或不同的硬件连接，都会导致显示缓存与 LCD 段之间的对应关系发生变化。

在静态和 2～4 MUX 动态驱动模式下，MSP430 单片机的 20 个显示缓存可以分别显示 40、80、120 和 160 段。在 4 MUX 动态驱动模式下，显示缓存驱动 160 段 LCD 的位和液晶段对应关系如图 7.4 所示。

2. LCD 时序发生器

LCD_B 时序发生器利用来自内部时钟分频器的 f_{LCD} 信号自动产生 COM 公共极和 SEG 段驱动所需的时序信号。利用 LCDBCTL0 寄存器中的 LCDSSEL 控制位可选择 ACLK 或 VLOCLK 作为输入内部时钟分频器的时钟源，其中 ACLK 的频率范围为 30 kHz～40 kHz。f_{LCD} 的频率由 LCDBCTL0 寄存器中的 LCDPRE 和 LCDDIV 控制位进行配置，计算公式为：

$$f_{LCD} = \frac{f_{ACLK/VLOCLK}}{(LCDDIV+1)\times 2^{LCDPRE}} \tag{7.1}$$

适当的 f_{LCD} 频率取决于 LCD 对帧频的需要以及 LCD 的复用率。计算公式为：

$$f_{LCD} = 2\times MUX\times f_{FRAME} \tag{7.2}$$

例如，若利用 3MUX 动态驱动方式实现 30～100 Hz 的 LCD 刷新频率($30\ Hz < f_{FRAME} < 100\ Hz$)，则由式(7.2) 可知，所需的

$$f_{LCD(min)} = 2\times 3\times 30\ Hz = 180\ Hz,$$

$$f_{LCD(max)} = 2\times 3\times 100\ Hz = 600\ Hz,$$

即需要利用 LCD 实现发生器产生 180～600 Hz 的 f_{LCD} 信号。当 $f_{ACLK/VLOCLK}=32768$ Hz，LCDDIV＝10101，LCDPRE＝011 时，通过式(7.1) 可知，LCD 时序发生器产生的 f_{LCD} 为 186 Hz；当 LCDDIV＝11011，LCDPRE＝001 时，通过式(7.1) 可知，LCD 时序发生器产生的 f_{LCD} 为 585 Hz。两种情况下都满足条件，但刷新频率越低，功耗越低，但刷新频率过低，则可能产生显示闪烁。

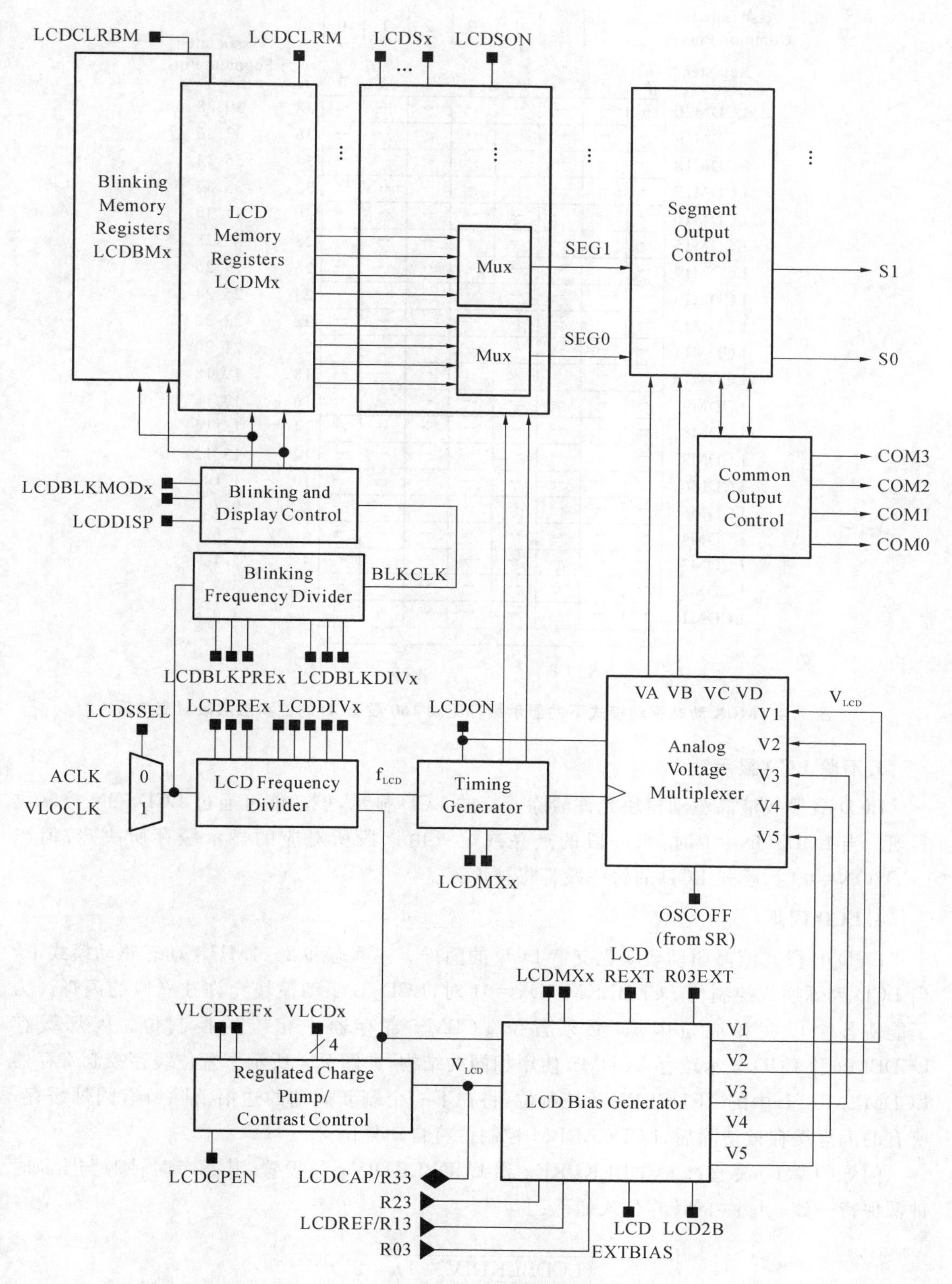

图 7.3　LCD_B 段式液晶驱动模块结构框图

Register	3 (bit 7)	2	1	0	3	2	1	0 (bit 0)	n	Associated Segment Pins
Associated Common Pins	3	2	1	0	3	2	1	0		
LCDM20	--	--	--	--	--	--	--	--	38	39, 38
LCDM19	--	--	--	--	--	--	--	--	36	37, 36
LCDM18	--	--	--	--	--	--	--	--	34	35, 34
LCDM17	--	--	--	--	--	--	--	--	32	33, 32
LCDM16	--	--	--	--	--	--	--	--	30	31, 30
LCDM15	--	--	--	--	--	--	--	--	28	29, 28
LCDM14	--	--	--	--	--	--	--	--	26	27, 26
LCDM13	--	--	--	--	--	--	--	--	24	25, 24
LCDM12	--	--	--	--	--	--	--	--	22	23, 22
LCDM11	--	--	--	--	--	--	--	--	20	21, 20
LCDM10	--	--	--	--	--	--	--	--	18	19, 18
LCDM9	--	--	--	--	--	--	--	--	16	17, 16
LCDM8	--	--	--	--	--	--	--	--	14	15, 14
LCDM7	--	--	--	--	--	--	--	--	12	13, 12
LCDM6	--	--	--	--	--	--	--	--	10	1, 10
LCDM5	--	--	--	--	--	--	--	--	8	9, 8
LCDM4	--	--	--	--	--	--	--	--	6	7, 6
LCDM3	--	--	--	--	--	--	--	--	4	5, 4
LCDM2	--	--	--	--	--	--	--	--	2	3, 2
LCDM1	--	--	--	--	--	--	--	--	0	1, 0
	Sn+1				Sn					

图 7.4　MUX 动态驱动模式下的显示缓存驱动 160 段 LCD 的位和液晶段对应关系

3. 清除 LCD 显示

LCD_B 段式液晶驱动模块允许清除所有的 LCD 显示，该功能可通过 LCDSON 控制位实现。当 LCDSON＝1 时，每一段的点亮或熄灭由该段所对应的显示缓存所决定；但当 LCDSON＝0 时，段式 LCD 的每一段都将被熄灭。

4. LCD 闪烁

LCD_B 段式液晶驱动模块也支持 LCD 的闪烁。在静态和 2～4MUX 动态驱动模式下，当 LCD 闪烁模式控制位 LCDBLKMODx＝01 时，LCD_B 驱动模块允许独立段的闪烁。为了能使各个段在相应位闪烁，必须置位 LCBMx 寄存器中相应的控制位。闪烁缓存 LCDBMx 和 LCD 显示缓存 LCDMx 使用相同的结构，如图 7.4 所示。置位缓存控制寄存器 LCDMEMCTL 中的 LCDCLRBM 控制位，将在下一个刷新周期的边沿清除所有闪烁缓存，所有的闪烁缓存被清除后，LCDCLRBM 控制位将自动复位。

闪烁频率 f_{BLINK} 通过 LCDBLKPREx 和 LCDBLKDIVx 位设置，其参考时钟源与 f_{LCD} 时钟源保持一致。f_{BLINK} 的计算公式如下：

$$f_{BLINK} = \frac{f_{ACLK/VLOCLK}}{(LCDBLKDIV + 1) \times 2^{9+LCDBLKPRE}}$$

当 LCDBLKMOD＝00 时，闪烁频率 f_{BLINK} 被重置。闪烁模式选择 LCDBLKMOD＝01 或 10 后，所选择需闪烁的单独段或全部段将在下一个刷新周期的边沿熄灭，之后保持熄灭状态半个 BLKCLK 周期，并在下一个刷新周期的边沿点亮，再保持点亮状态半个 BLKCLK

周期，如此往复，产生 LCD 段闪烁的效果。

5. LCD 电压和偏压发生器

LCD_B 液晶驱动模块允许波形峰值电压 V1 和偏压 V2～V5 选择不同的参考电压源，见图 7.5 所示。V_{LCD} 可由 V_{CC}、内部电压泵或外部电源产生。如果内部电压参考时钟源(ACLK 或 VLOCLK)被禁止或者 LCD_B 驱动模块被禁止，则内部电压的产生也将被关闭。

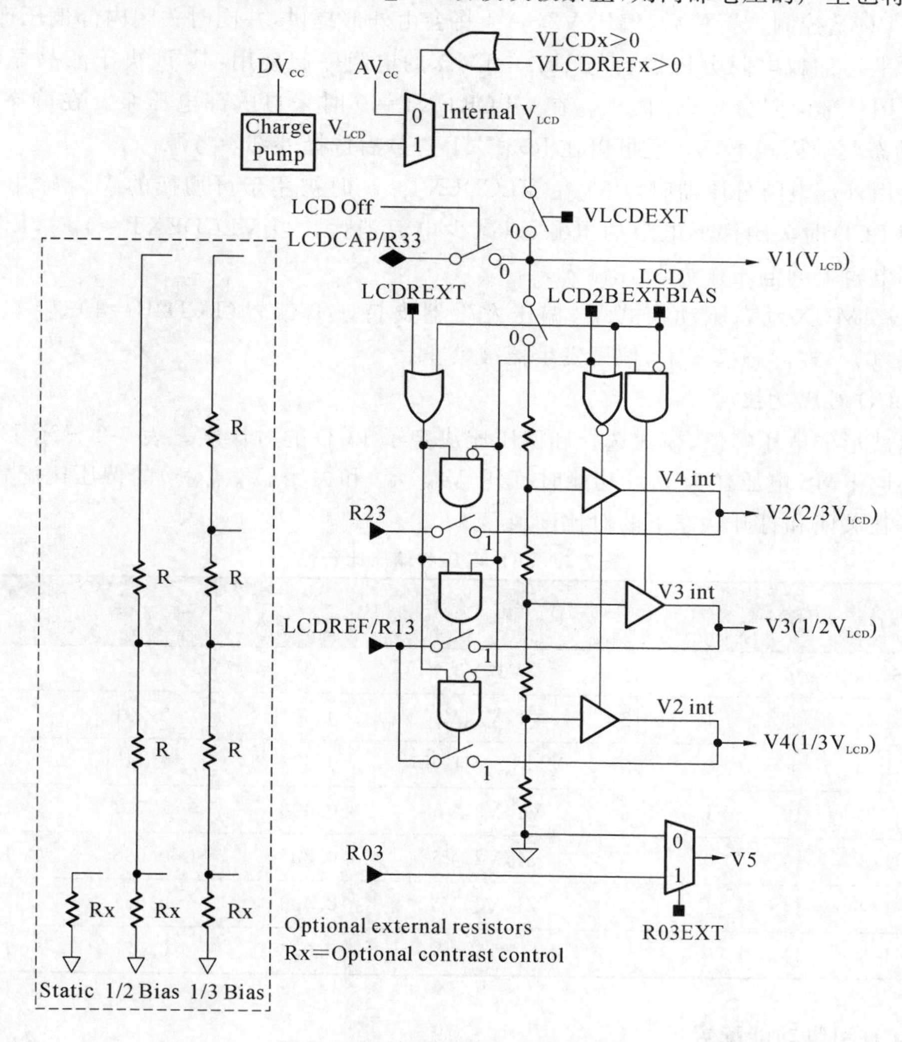

图 7.5　LCD_B 电压和偏压发生器

1）LCD 电压生成

当 VLCDEXT＝0、VLCDx＝0 且 VREFx＝0 时，V_{LCD} 的参考电压源为 V_{CC}；当 VLCDEXT＝0、VLCDCPEN＝1 且 VLCD>0 时，V_{LCD} 的参考电压源来自内部电压泵。内部电压泵的参考电压源为 DVCC。可通过软件配置 VLCD 控制位调节 LCD 的电压范围：2.6～3.44V(典型)。

当内部电压泵使用后，在 LCDCAP 引脚和地之间必须连接一个 4.7μF 或更大的电容，否则将会发生不可预见的损坏。内部电压泵通过设置 不可预见的损坏。内部电压泵可通过设置 LCDCPEN＝0 和 VLCD>0 来暂时禁止以降低系统噪声，在这种情况下，LCD 电压使用外部电容上的电压直到内部电压泵被开启。

当 VLCDREF＝01、LCDREXT＝0 且 LCDEXTBIAS＝0 时，内部电压泵可使用外部参考电压。当 VLCDEXT＝1 时，V_{LCD} 的电压来自 LCDCAP 引脚，内部电压泵被关闭。

2）LCD 偏压发生器

部分 LCD 偏压（V2～V5）能独立于 V_{LCD} 而由内部或外部产生，如图 7.5 所示。当 LCDEXTBIAS 控制位置位后，偏压 V2～V4 将会由外部提供，并同时关闭内部偏压产生器。一般一个平均加权电阻分压器会与 1kΩ～1MΩ 的电阻一起使用，其 取决于液晶显示的尺寸。当使用外部电阻分压器时，V_{LCD} 在 VLCKEXT＝0 时来自内部电压泵。在静态和 2～4MUX 动态驱动模式下，V5 也可以在 R03EXT 置位后选择外部参考源。

当使用外部电阻分压器时，R33 在 VLCDEXT＝0 时被用于可切换的 V_{LCD} 输出。允许在不使用 LCD 时关闭梯形电阻的电源，以减少电流消耗。当 VLCDEXT＝1 时，LCDCAP 引脚外部电容上的电压作为 V_{LCD} 输入。

在 2～4MUX 动态驱动模式下，偏压发生器支持 1/2 偏置（LCD2B＝1）和 1/3 偏置（LCD2B＝0）。在静态模式下，偏压发生器被禁止。

3）LCD 对比度控制

输出波形的电压峰值、模式选择和偏压比决定了 LCD 的对比度。表 7-2 显示了在不同模式下不同 RMS 电压作为 V_{LCD} 功能时打开（$V_{RMS,ON}$）和关闭（$V_{RMS,OFF}$）的偏压比配置，同时也显示了在关闭和打开状态下的对比度值。

表 7-2　LCD 电压和偏压比特性

模式	偏压	LCDMx	LCD2B	COM 行	电平	$V_{RMS,OFF}/V_{LCD}$	$V_{RMS,OM}/V_{LCD}$	对比度 $V_{RMS,ON}/V_{OFF}$
Static	Static	0	X	1	V1，V5	0	1	10
2-MUX	1/2	1	1	2	V1，V3，V5	0.354	0.791	2.236
2-MUX	1/3	1	0	2	V1，V2，V4，V5	0.333	0.745	2.236
3-MUX	1/2	10	1	3	V1，V3，V5	0.408	0.707	1.732
3-MUX	1/3	10	0	3	V1，V2，V5	0.333	0.638	1.915
4-MUX	1/2	11	1	4	V1，V3，V5	0.433	0.661	1.528
4-MUX	1/3	11	0	4	V1V2，V3，V5	0.333	0.577	1.732

6. LCD 引脚功能配置

一些 LCD 的段极、公共极、Rxx 功能和 I/O 功能复用，这些引脚既可以作为普通的 I/O 功能，也可以作为驱动 LCD 功能使用。通过配置 LCDCPCTL 寄存器内的 LCDSx 控制位，可将与 I/O 口复用的引脚配置为驱动 LCD 功能，LCDSx 控制位为每一段选择驱动 LCD 功能。当 LCDSx＝0 时，该复用引脚选择通用 I/O 端口功能；当 LCDSx＝1 时，该复用引脚选择驱动 LCD 功能使用。另外，与 I/O 端口复用的 COMx 和 Rxx 功能的引脚可通过 PxSELx 控制位来选择，具体可参考 GPIO 章节。在有些器件中，COM1～COM7 引脚和 LCD 段功能引脚复用，可通 LCDSx 控制位来实现引脚功能的选择。

7. LCD 驱动模式

LCD_B 段式液晶驱动模块支持静态驱动和 2～4MUX 动态驱动模式，不同驱动方式下公共端和驱动段的对应关系如图 7.6 所示。其中,4MUX 动态驱动模式最为常用,也是最简单方便的显示方式,在此仅重点介绍 4MUX 动态驱动模式,其余驱动模式可类似理解。

知识点:

LCD 驱动的两个重要参数:占空比(Duty)和偏置(Bias)。

占空比:该项参数一般也称为 Duty 数或 COM 数,由于 LCD 一般采用多路动态扫描的驱动模式,在此模式下,每个 COM 的有效选通时间与整个扫描周期的比值即占空比(Duty)是固定的,等于 1/COM 数。

偏置:LCD 的 SEG/COM 端的驱动波形是模拟信号,而各路模拟电压相对于 LCD 输出的最高电压的比例称为偏置。一般来讲,偏置是以输出最低电压(0 除外)与输出最高电压的比值来表示的。

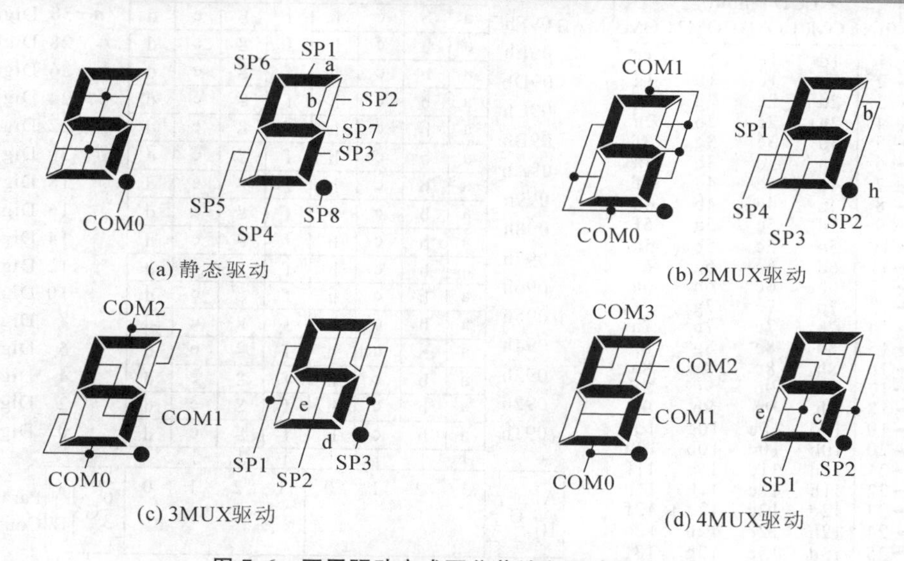

图 7.6　不同驱动方式下公共端和驱动段的关系

4MUX 方式有 4 个公共极,可以用显示缓存器(LCDMx)的 8 位来存储液晶段信息,每个液晶字的全部 8 段被安排在同一个显存节中。为了叙述方便,液晶字的 8 段分别命名为:a、b、c、d、e、f、g、h(或 dp),8 个液晶段与显存位的对应关系如图 7.7 所示。字节位上配置"1",对应液晶段亮;配置"0",对应液晶段灭。比如,在 4MUX 方式下显示数字 0,可将 1 个显存字节内容设置为 0xEB,即 a、b、c、d、e、f 段亮。

注意:

LCD 段和显存位的对应关系与具体的 LCD 段连接方式有关。

7.4 应用举例

例 7.1　编写程序实现 MSP430F6638 开发板的段式液晶上从左往右显示"012345",段式 LCD 电路如图 13.18 所示。

思路解析　在段式 LCD 上显示相应内容的编程步骤一般分为以下五步。(1)初始化

▶例 7.1

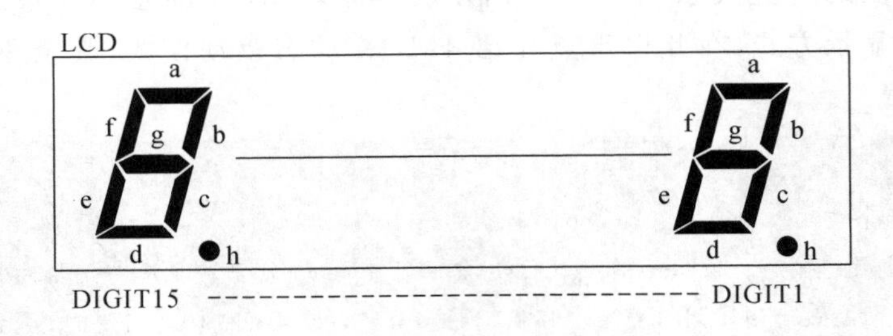

Pinout and Connections

Connections

MSP430 Pins	PIN	COM0	COM1	COM2	COM3
S0	1	1d	1e	1g	1f
S1	2	1h	1c	1b	1a
S2	3	2d	2e	2g	2f
S3	4	2h	2c	2b	2a
S4	5	3d	3e	3g	3f
S5	6	3h	3c	3b	3a
S6	7	4d	4e	4g	4f
S7	8	4h	4c	4b	4a
S8	9	5d	5e	5g	5f
S9	10	5h	5c	5b	5a
S10	11	6d	6e	6g	6f
S11	12	6h	6c	6b	6a
S12	13	7d	7e	7g	7f
S13	14	7h	7c	7b	7a
S14	15	8d	8e	8g	8f
S15	16	8h	8c	8b	8a
S16	17	9d	9e	9g	9f
S17	18	9h	9c	9b	9a
S18	19	10d	10e	10g	10f
S19	20	10h	10c	10b	10a
S20	21	11d	11e	11g	11f
S21	22	11h	11c	11b	11a
S22	23	12d	12e	12g	12f
S23	24	12h	12c	12b	12a
S24	25	13d	13e	13g	13f
S25	26	13h	13c	13b	13a
S26	27	14d	14e	14g	14f
S27	28	14h	14c	14b	14a
S28	29	15d	15e	15g	15f
S29	30	15h	15c	15b	15a
COM0	31	COM0			
COM1	32		COM1		
COM2	33			COM2	
COM3	34				COM3

Display Memory

MAB \ COM	3	2	1	0	3	2	1	0	n	Digit
09Fh	a	b	c	h	f	g	e	d	n−30	Digit 16
09Eh	a	b	c	h	f	g	e	d	28	Digit 15
09Dh	a	b	c	h	f	g	e	d	26	Digit 14
09Ch	a	b	c	h	f	g	e	d	24	Digit 13
09Bh	a	b	c	h	f	g	e	d	22	Digit 12
09Ah	a	b	c	h	f	g	e	d	20	Digit 11
099h	a	b	c	h	f	g	e	d	18	Digit 10
098h	a	b	c	h	f	g	e	d	16	Digit 9
097h	a	b	c	h	f	g	e	d	14	Digit 8
096h	a	b	c	h	f	g	e	d	12	Digit 7
095h	a	b	c	h	f	g	e	d	10	Digit 6
094h	a	b	c	h	f	g	e	d	8	Digit 5
093h	a	b	c	h	f	g	e	d	6	Digit 4
092h	a	b	c	h	f	g	e	d	4	Digit 3
091h	a	b	c	h	f	g	e	d	2	Digit 2
	a	b	c	h	f	g	e	d	0	Digit 1

A B G $\frac{0}{3}$ 3 2 1 0 3 2 1 0 $\frac{0}{3}$G A B Parallel-serial Conversion

S_{n+1} S_n

图 7.7 4MUX 方式显示缓存器中位与液晶段的对应关系

LCD:配置 LCD_B 段式液晶驱动模块的时钟源、分频系数、驱动模式及引脚功能等。(2)开启 LCD:置位 LCDBCTL0 寄存器中的 LCDON 控制位。(3)LCD 清屏:一般在改变显示数据之前,都需要清屏。(4)配置 TS3A5017DR 芯片,这一步是 MSP430F6638 开发板所特有的一步,由硬件布线所致。这是因为该实验箱的 P8.5 和 P8.6 是多用途复用端口,并没有直接接在 LCD 的 SEG11 和 SEG10 上,而是经过了一片 TS3A5017DR 模拟开关切换(U18),直接配置 IN1 和 IN2 引脚即可。(5)写数据:一般是先将 LCD 的段码整理好,然后放在一边备用,等到用户想显示某个数据的时候,只要将这个 8 位的段码直接写入 LCD 寄存器 LCDMEM[ ]。其中,[ ]中应该写的是要显示的位,这个位是数码管上面的位置,最左边的位称为第 0 位。

参考程序如下：

```
# include<msp430f6638.h>
//********* LCD段码设置*********
# define d 0x01
# define c 0x20
# define b 0x40
# define a 0x80
# define h 0x10
# define g 0x04
# define f 0x08
# define e 0x02
const char char_gen[]= {                    //As used in 430 Day Watch Demo board
  a+b+c+d+e+f,                              //Displays "0"
  b+c,                                      //Displays "1"
  a+b+d+e+g,                                //Displays "2"
  a+b+c+d+g,                                //Displays "3"
  b+c+f+g,                                  //Displays "4"
  a+c+d+f+g,                                //Displays "5"
  a+c+d+e+f+g,                              //Displays "6"
  a+b+c,                                    //Displays "7"
  a+b+c+d+e+f+g,                            //Displays "8"
  a+b+c+d+f+g,                              //Displays "9"
  a+b+c+e+f+g,                              //Displays "A"
  c+d+e+f+g,                                //Displays "b"
  a+d+e+f,                                  //Displays "c"
  b+c+d+e+g,                                //Displays "d"
  a+d+e+f+g,                                  //Displays "E"
  a+e+f+g,                                    //Displays "f"
  a+b+c+d+f+g,                                //Displays "g"
  c+e+f+g,                                    //Displays "h"
  b+c,                                        //Displays "i"
  b+c+d,                                      //Displays "j"
  b+c+e+f+g,                                  //Displays "k"
  d+e+f,                                      //Displays "L"
  a+b+c+e+f,                                  //Displays "n"
  a+b+c+d+e+f+g+h                           //Displays "full"
};
//********* 第一步:初始化LCD函数 Init_lcd(void)*********
void Init_lcd(void){
LCDBCTL0=LCDDIV_1+LCDPRE_1+LCDSSEL+LCDMX1+LCDMX0+LCDSON;
  LCDBPCTL0=LCDS11+LCDS10+LCDS9+LCDS8+LCDS7+LCDS6+LCDS5+LCDS4+LCDS3+LCDS2+LCDS1+
LCDS0;
```

```
  P5SEL=0xfe;
}
//********* 第二步:启动 LCD 函数 lcd_go(void) *********
void lcd_go(void){
  LCDBCTL0|=LCDON;//启动 LCD
}
//* * * * * * * 第三步:清屏函数 lcd_clear()* * * * * * *
void lcd_clear(void){
  unsigned char index;
  for(index=0;index<6;index++)
     LCDMEM[index]=0;
}
//********* 第四步:启动 TS3A5017DR 芯片*********
void Init_TS3A5017DR(void)
{
    P1DIR |=BIT6+VBIT7;
    P1OUT &=~BIT7;
    P1OUT |=BIT6;
}
  void main(void){
  unsigned char i;
  WDTCTL=WDTPW+WDTHOLD;
  Init_lcd();
  lcd_go();
  lcd_clear();
  Init_TS3A5017DR();
  P8DIR|=BIT0;
  P8OUT|=BIT0;          //打开背光
  //********* 第五步:写数据*********
  for(i=0;i<6;i++)
    LCDMEM[i]=char_gen[i];
}
```

本章小结

本章详细介绍了 LCD_B 段式液晶驱动模块的结构、特性及相关操作等内容。LCD_B 段式液晶驱动模块能够直接驱动段式液晶，能产生 LCD 驱动所需的交流波形，并自动完成 LCD 的扫描与刷新。在程序中只需要将所要显示内容的段码值写到所对应的缓冲区，即可直接改变 LCD 的显示内容。

习 题 7

一、思考题

1. 简述段式LCD液晶的工作原理。

2. 简述MSP430单片机的LCD_B控制器驱动LCD液晶的工作原理

二、编程题

1. 编程实现：结合段式LCD电路图(见图13.8)，利用LCD_B段式液晶驱动模块并采用4MUX动态驱动模式，使最左边(第0位)段码液晶滚动显示数字“1～9”，然后再回到1。

2. 编程实现：结合段式LCD电路图(见图13.8)和按键SW5电路图(见图13.6)，编程使得最左边(第0位)初始值为0，只有1位显示，其余位不显示。并可通过按键SW5改变显示的值，按一次加1，变成10后显示2位。

第 8 章 MSP430 单片机模数转换模块(ADC12)

8.1 模数转换概述

在 MSP430 单片机的实时控制和智能仪表等实际应用系统中,常常会遇到连续变化的物理量,如温度、流量、压力和速度等。利用传感器把这些物理量检测出来,转换为模拟电压信号,再经过模数转换器(ADC)转换成数字量,模拟电压信号才能够被 MSP430 单片机处理和控制。下面先介绍模数转换。

1. 模数转换基本过程

将连续时间输入信号 x(t)输入 ADC 的采样保持器中,ADC 每隔 T_s(采样周期)读取一次 x(t)的采样值,对此采样值进行量化。量化的过程是将此信号转换成离散时间、离散幅度的多电平信号。从数学角度理解,量化是把一个连续幅度值的无限数集合映射到一个离散幅度值的有限数集合。在进行 ADC 转换时,必须把采样电压表示为某个规定的最小数量单位的整数倍,所取的最小数量单位称为量化单位,用 Δ 表示。显然,数字信号最低有效位(LSB)的 1 所代表的数量大小就等于 Δ。将量化的结果用代码表示出来,这个过程称为编码。这些代码就是 ADC 转换的输出结果。

2. ADC 的位数

ADC 的位数为 ADC 模块采样转换后输出代码的位数。例如,一个 12 位的 ADC 模块,采样转换后的代码即为 12 位,表示数值的取值范围为 0～4095。

3. 分辨率

分辨率表示输出数字量变化的一个相邻数码所需输入模拟电压的变化量。它定义为转换器的满刻度电压与 2^n 的比值,其中 n 为 ADC 的位数。因此,分辨率与 ADC 的位数有关。例如,一个 8 位 ADC 模块的分辨率为满刻度电压的 1/256。如果满刻度输入电压为 5 V,该 ADC 模块的分辨率即为 5 V/256=20 mV。分辨率代表了 ADC 模块对输入信号的分辨能力,一般来说,ADC 模块位数越高,数据采集的精度就越高。

4. 量化误差

量化误差是由于用有限数字对模拟数值进行离散取值(量化)而引起的误差。因此,量化误差理论上为一个单位分辨率,即 $\frac{1}{2}$ LSB。量化误差是无法消除的,但是,通过提高分辨率可以减少量化误差。

5. 采样周期

采样周期是每两次采样之间的时间间隔。采样周期包括采样保持时间和转换时间。采样保持时间是指ADC模块完成一次采样和保持的时间，转换时间是指ADC模块完成一次模数转换所需要的时间。在MSP430单片机的ADC12模块中，采样保持时间可通过控制寄存器进行设置，而转换时间一般需要13个ADCCLK的时间。

6. 采样频率

采样频率，也称为采样速率或者采样率，定义为每秒从连续信号中提取并组成离散信号的采样个数，单位为赫兹(Hz)。采样频率的倒数是采样周期。为了确定对一个模拟信号的采样频率，在此简单介绍采样定理。采样定理又称香农采样定理或者奈奎斯特采样定理，即在进行模数信号的转换过程中，当采样频率 f_s 大于信号中最高频率分量 f_{max} 的2倍时($f_s \geqslant 2f_{max}$)，采样之后的数字信号能保留原始信号中的信息。在一般应用中，采样频率应为被采样信号中最高频率的5～10倍。

7. 采样保持电路

采样保持电路(S/H或者SH)是模数转换系统中的一种重要电路，其作用是采集模拟输入电压在某一时刻的瞬时值，并在模数转换器进行转换期间保持输出电压不变，以供模数转换。该电路存在的原因在于模数转换需要一定时间，在转换过程中，如果送给ADC的模拟量发生变化，就不能保证采样的精度。为了简单起见，在此只分析单端输入ADC的采样保持电路，如图8.1所示。

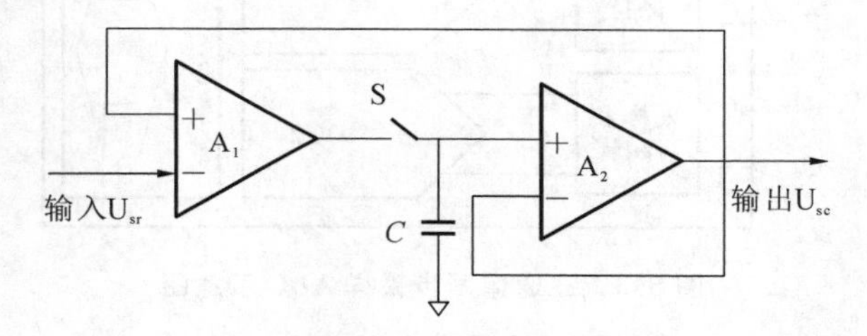

图8.1　采样保持电路示意图

采样保持电路有两种工作状态：采样状态和保持状态。当控制开关S闭合时，输出跟随输入变化，称为采样状态；当控制开关S断开时，由保持电容C维持该电路的输出不变，称为保持状态。

8. 多通道分时复用和同步采样

大多数单片机都集成了8个以上的ADC通道，这些单片机内部的ADC模块大多都是多通道分时复用的结构，其内部其实只有一个ADC内核，依靠增加模拟开关的方法轮流使用ADC内核，所以可以有多个ADC的输入通道。MSP430单片机也采用这种结构，如图8.2所示。

同步采样ADC实际上就是多个完整独立的ADC。如图8.3所示为三通道同步采样ADC的示意图。每一组通道都有各自独立的采样保持电路和ADC内核，3个ADC模块共用控制电路和输入/输出接口。

同步采样可以完成以下两项特殊工作。

(1) 同时采集具有时间关联性的多组信号。例如，在交流电能计量中，需要同时对电流

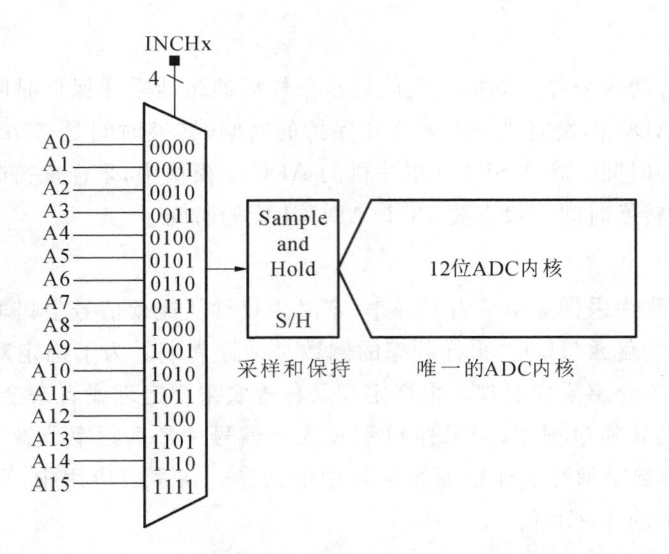

图 8.2 MSP430 集成的 ADC12 模块局部

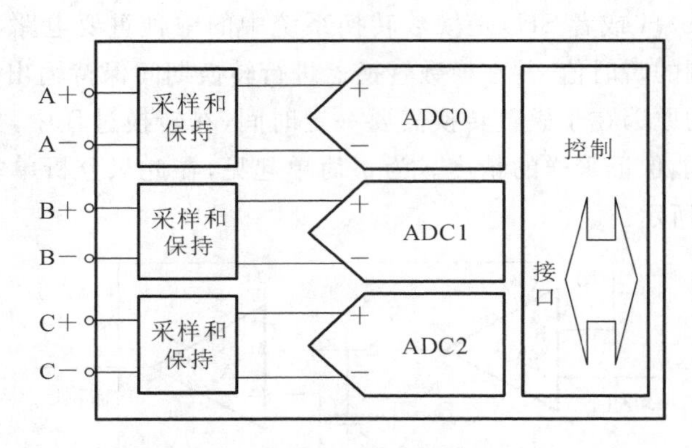

图 8.3 三通道同步采样 ADC 示意图

和电压进行采样，才能正确得出电流、电压波形的相位差，进而算出功率因数。

(2) 将 N 路独立 ADC 均匀错相位地对同一信号进行采样，可以提高 N 倍采样率(这与等效时间采样不同)。在实际应用中，当由于多种原因难以获取高采样率 ADC 时，就可以使用多个 ADC 同步采样的方法来提高总的采样率。相比分立的多个 ADC，集成在一个芯片上的同步 ADC 在均匀错相位控制方面更简单。

8.2 MSP430 单片机 ADC12 模块介绍

MSP430 单片机很多系列都内部集成了模数转换器，例如：转换精度高但速度慢的 SD16/24；适用于调整采集的 ADC10；适用于多通道采集的 ADC12 等。MSP430F6xx 系列部分芯片有 ADC10_A、ADC12_A 和 SD24，其中带 A 的指的是模块增强版。这里以 ADC12_A模块为例介绍 MSP430 系列单片机的模数转换功能。

ADC12_A 的特性有：

- 高达 200 ksps 的最大转换率；
- 无数据丢失的单调的 12 位转换器；

- 采样周期可由软件或定时器编程控制的采样保持功能；
- 软件或定时器启动转换；
- 可通过软件选择片内参考电压（MSP430F5xx 为 1.5 V 或 2.5 V，其他芯片为 1.5 V、2.0 V或 2.5 V，注意此处只限 MSP430F5xx/6xx 系列单片机）；
- 可通过软件选择内部或外部参考电压；
- 高达 12 路可单独配置的外部输入通道；
- 可为内部温度传感器、AV_{CC}和外部参考电压分配转换通道；
- 正或负参考电压通道可独立选择；
- 转换时钟源可选；
- 具有单通道单次、单通道多次、序列通道单次和序列通道多次的转换模式；
- ADC 内核和参考电压都可独立关闭；
- 具有 18 路快速响应的 ADC 中断；
- 具有 16 个转换结果存储寄存器。

ADC12_A 模块的结构框图如图 8.4 所示。ADC12_A 模块支持快速的 12 位模数转换。该模块具有一个 12 位的逐次逼近（SAR）内核、模拟输入多路复用器、参考电压发生器、采样及转换所需的时序控制电路和 16 个转换结果缓冲及控制寄存器。转换结果缓冲及控制寄存器允许在没有 CPU 干预的情况下，进行多达 16 路 ADC 采样、转换和保存。

由图 8.4 可以看出，ADC12_A 由以下功能模块构成。

1. 参考电压发生器

所有模数转换器（ADC）和数模转换器（DAC）都需要一个基准信号，通常为电压基准。ADC 的数字输出表示模拟输入相对于其电压基准的比率；DAC 的数字输入表示模拟输出相对于其电压基准的比率。有些转换器有内部基准，有一些转换器需要外部基准。

MSP430F6638 的 ADC12_A 模块都有单独的参考电压模块（REF），它可以给ADC12_A 提供 3 个可选电压等级：1.5V、2.0V 和 2.5V。每一个参考电压都可以作为内部参考电压或输出到外部引脚 V_{REF+}。

设置 ADC12REFON＝1，将使能 ADC12_A 模块的参考电压。当 ADC12REF2_5＝1 时，内部参考电压为 2.5V。当 ADC12REF2_5＝0 时，内部参考电压为 1.5V。参考模块在不使用时可以关闭，以降低功耗。带 REF 模块的芯片可使用 ADC12_A 模块中的控制位或者 REF 模块中的控制寄存器控制供给 ADC 的参考电压。REF 模块的默认寄存器设置，定义了参考电压的设置。REF 模块中的控制位 REFMSTR 用于把控制权给 ADC12_A。如果寄存器的 REFMSTR 位设置为 1（默认值），REF 模块寄存器控制参考电压设置。如果 REFMSTR 位设置为 0，ADC12_A 参考设置将定义 ADC12_A 参考电压。外部电压可以通过 V_{REF+}/V_{eRER+} 和 V_{REF-}/V_{eREF-} 引脚分别提供 V_{R+} 和 V_{R-}。只有当 REFOUT＝1，同时需要在外部引脚上输出参考电压时，外部才需要一个储能电容。

ADC12_A 模块的参考电压共有 6 种编程选择，分别为 V_{R+} 与 V_{R-} 的组合。其中，V_{R+} 从 AV_{CC}（模拟电压正端）、V_{REF+}（A/D 转换器内部参考电源的输出正端）和 V_{eREF+}（外部参考源的正输入端）3 种参考电源中选择。V_{R-} 可以从 AV_{SS}（模拟电压负端）和 V_{REF-}/V_{eREF-}（A/D 转换器参考电压负端，内部或外部）两种参考电源中选择。

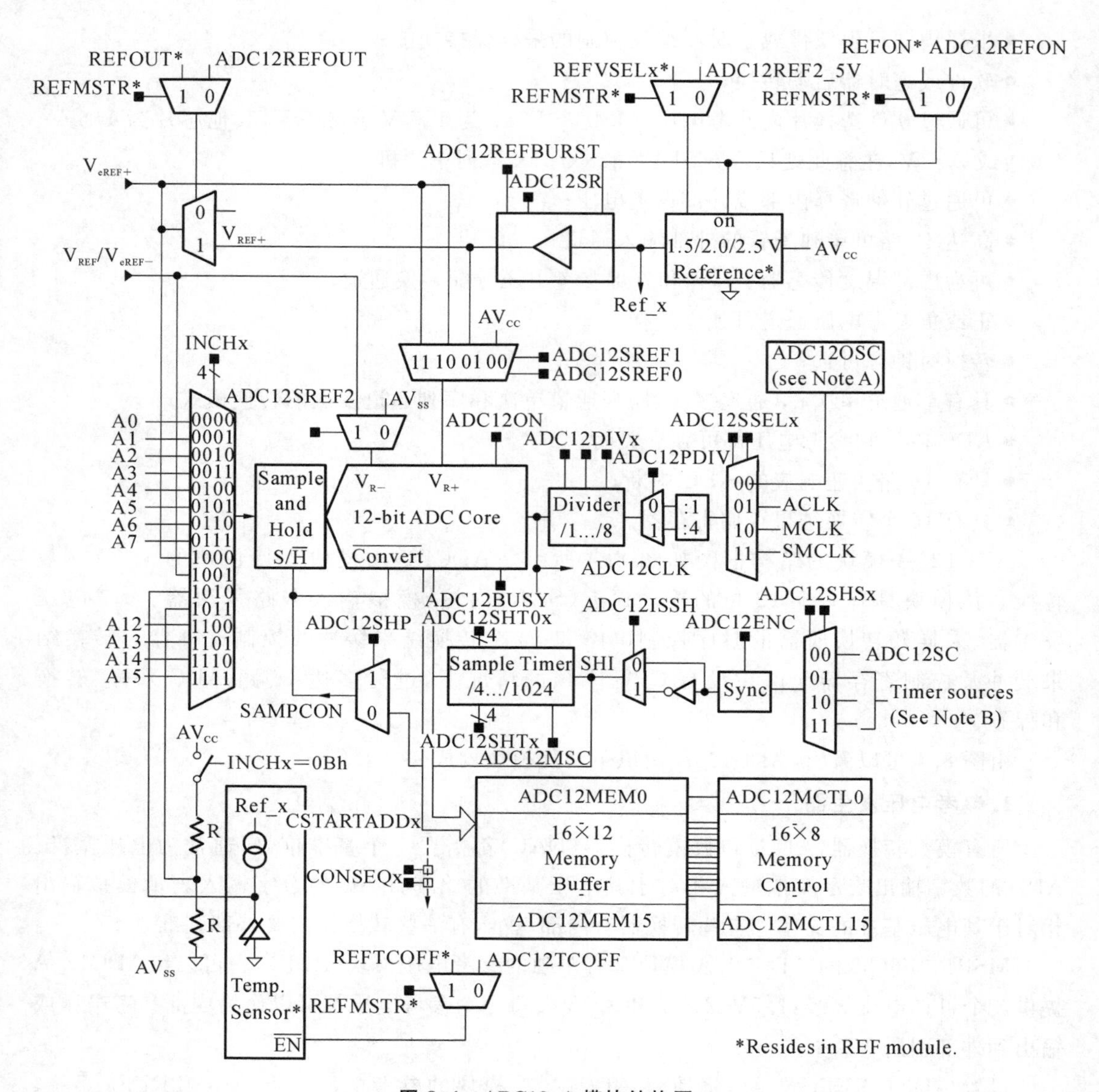

图 8.4　ADC12_A 模块结构图

2. 模拟多路器

当对多个模拟信号进行采样并进行 A/D 转换时，为了共用一个转换内核，模拟多路器需要分时地将多个模拟信号接通，即每次接通一个信号采样并转换。ADC12_A 配置有 12 路外部通道与 4 路内部通道，通过 A0～A11 实现外部 12 路模拟信号输入，4 路内部通道可以将 V_{eREF+}、V_{REF-}/V_{eREF-}、$(AV_{CC}-AV_{SS})/2$ 以及片内温度传感器的输出作为待转换模拟输入信号。这样就能同时对多路模拟信息进行测量和控制，从而满足实际控制和实时数据处理系统的要求。例如，将片内温度传感器的输出进行 A/D 转换，能测量芯片内的温度，如果测量温度高于或低于预设的温度，可通过外接部件显示警告信息。

3. 具有采样与保持功能的 12 位转换器内核

ADC12_A 内核是一个 12 位的模数转换器，能够将结果存放在转换存储器中。该内核使用两个可编程的参考电压（V_{R+} 和 V_{R-}）定义转换的最大值和最小值。当输入模拟电压等

于或大于 V_{R+} 时，ADC12_A 输出满量程值为 0FFFH；当输入电压等于或小于 V_{R-} 时，ADC12_A 输出为 0。输入模拟电压的最终转换结果满足公式：

$$N_{ADC}=4095\times\frac{V_{in}-V_{R-}}{V_{R+}-V_{R-}}$$

因为 A/D 转换需要一定的时间来完成量化及编码操作，对调整变化的信号进行瞬时采样时，A/D 转换未完成，采样值已经改变。为了保证转换精度，ADC12_A 内核具有采样和保持功能，即使现场模拟信号变化比较快，也不会影响 ADC12_A 的转化。采样状态时，输出随输入而变化；保持状态时，输出保持某个值一段时间以备转换。

ADC12_A 内核接收到模拟信号输入并具有转换允许的相关信号之后便开始进行 A/D 转换。在没有模拟信号转换时，可通过位 ADC12ON 关闭转换内核以节省功耗。

4. 采样及转换所需的时序控制电路

时序控制电路提供采样及转换所需的各种时钟信号，包括：ADC12CLK 转换时钟、SAMPCON 采样及转换信号、SHT 控制的采样周期、SHS 控制的采样触发来源选择、ADC12SSEL 选择的内核时钟源、ADC12DIV 选择的分频系数等，详细情况参见寄存器说明部分。在时序控制电路指挥下，ADC12_A 的各部件才能够协调工作。例如，当现场信号变化缓慢时，ADC12_A 没有必要始终监视，而可以使用巡回检测的方法，采样保持部分巡回检测就需要时序控制电路。采样时钟的品质是系统性能的一个限制因素。

5. 转换结果缓存

ADC12_A 共有 16 个转换通道，设置了 16 个转换存储器用于暂存转换结果，合理设置之后，ADC12_A 硬件会自动将转换结果存放到相应的 ADC12MEM 寄存器中。每个转换存储器 ADC12MEMx 都有自己的对应的控制寄存器 ADC12MCTLx，控制各个转换存储器必须选择基本的转换条件。

6. 转换时钟的选择

ADC12CLK 既可以用作转换时钟，又可以在脉冲采样模式产生采样周期，ADC12_A 的时钟源由 ADC12PDIV 位控制的预分频器和 ADC12SSELx 位控制的除法器选择，输入时钟由 ADC12DIVx 位和 ADC12PDIV 位进行 1～32 分频。SMCLK、MCLK、ACLK、ADC12OSC 可以作为 ADC12CLK 时钟。ADC12OSC 是指 UCS 的 5 MHz 振荡器 MODOSC（详见 UCS 模块的详细信息），它随器件的不同、电源电压的变化，以及温度的变化而变化（参阅设备数据手册的 ADC12OSC 规范）。转换过程中，用户必须确保 ADC12CLK 时钟源有效。如果时钟在转换过程中被删除，操作未完成，则结果是无效的。

7. 内部参考电压低功耗特性和自动掉电

ADC12_A 内部参考发生器是为低功耗应用设计的，参考电压发生器包括一个带隙电压源和一个单独的缓存器（电流消耗和建立时间分别在设备数据表中说明）。当 ADC12REFON＝1 时，二者同时启用；当 ADC12REFON＝0 时，二者都被禁用。当 ADC12REFON＝1 和 REFBURST＝1，且没有任何转换被激活时，缓存器自动禁用，并在需要时自动重新启用。当缓存器被禁用时不消耗电流，此时带隙电压源保持使能。

内部参考电压缓存器还具有可选的速度与功率设置，当最大转换率低于 50 ksps 时，设置 ADC12SR＝1 能降低约 50％的缓存器电流消耗。

当ADC12_A不进行转换时，ADC12_A内核自动禁用，并在需要时自动重新启用。MODOSC也是在需要时自动启用，在不需要时自动禁用。

8.3 ADC12模块寄存器

ADC12_A有大量的控制寄存器供用户使用，用户可根据实际需求通过软件独立配置ADC12_A的资源，从而灵活运用ADC12_A的各个功能模块。

用户可以操作的寄存器如表8-1所示。

表8-1 ADC12_A寄存器

寄存器类型	寄存器缩写	寄存器含义
转换控制寄存器	ADC12CTL0	转换控制寄存器0
	ADC12CTL1	转换控制寄存器1
	ADC12CTL2	转换控制寄存器2
中断控制寄存器	ADC12IFG	中断标志寄存器
	ADC12IE	中断使能寄存器
	ADC12IV	中断向量寄存器
存储及控制寄存器	ADC12MCTL0～ADC12MCTL15	存储控制寄存器0～15
	ADC12MEM0～ ADC12MEM15	存储寄存器0～15

下面依次介绍各寄存器的含义。注：带下画线“____”的项为各控制位的默认配置。

1. ADC12转换控制寄存器0（ADC12CTL0）

ADC12CTL0与ADC12CTL1是ADC12的重要寄存器，控制了ADC12的大部分操作，其中的大多数位（4～15位）只有在ADC12ENC＝0（ADC12为初始状态）时才可被修改。该寄存器的各位含义如下。

15	14	13	12	11	10	9	8
ADC12SHT1				ADC12SHT0			
7	6	5	4	3	2	1	0
ADC12 MSC	ADC12 REF2_5V	ADC12 REFON	ADC 12ON	ADC12 OVIE	ADC12 TOVIE	ADC12 ENC	ADC 12SC

注：阴影部分要在ADC12ENC＝0时才能修改。

（1）ADC12SHT1：第15～12位，ADC12_A采样保持时间。这些位定义寄存器ADC12MEM8～ADC12MEM15的采样周期的ADC12CLK数。

（2）ADC12SHT0：第11～8位，ADC12_A采样保持时间。这些位定义寄存器ADC12MEM0～ADC12MEM7的采样周期的ADC12CLK数。

ADC12SHTx（x＝0或1）位与ADC12CLK周期的对应关系如表8-2所示。

表8-2 ADC12SHTx位与ADC12CLK周期的对应关系

ADC12SHTx位	ADC12CLK周期
0000	4
0001	8

续表

ADC12SHTx 位	ADC12CLK 周期
0010	16
0011	32
0100	64
0101	96
0110	128
0111	192
1000	256
1001	384
1010	512
1011	768
1100	1024
1101	1024
1110	1024
1111	1024

(3)ADC12MSC：第 7 位，ADC12_A 多路采样转换。适用于序列转换或者重复转换模式。

- 0：每次采样转换都需要一个 SHI 信号的上升沿触发采样定时器。
- 1：仅首次转换需要有 SHI 信号的上升沿触发采样定时器，而后采样转换将在前一次转换完成后自动进行。

(4)ADC12REF2_5V：第 6 位，ADC12_A 参考电压发生器，ADC12REFON 位必须置 1。

- 0：1.5V。
- 1：2.5V。

(5)ADC12REFON：第 5 位，设置 ADC12 参考电压打开/关闭。在有 REF 模块的芯片中，只有 REF 模块的 REFMSTR 位置 0 时，该位有效。在 MSP430F5xx 系列的芯片中，REF 模块不可用。

- 0：内部参考电压关闭。
- 1：内部参考电压打开。

(6)ADC12ON：第 4 位，设置 ADC12_A 打开/关闭。

- 0：ADC12_A 关闭。
- 1：ADC12_A 打开。

(7)ADC12OVIE：第 3 位，ADC12MEMx 溢出中断使能位。为了使能中断，GIE 位必须置位。

- 0：溢出中断禁止。
- 1：溢出中断使能。

(8)ADC12TOVIE：第 2 位，ADC 转换时间溢出中断使能位。为了使能中断，GIE 位必须置位。

- 0：转换时间溢出中断禁止。
- 1：转换时间溢出中断使能。

(9)ADC12ENC:第1位,ADC12_A转换使能。

- 0:ADC12_A禁止。
- 1:ADC12_A使能。

(10)ADC12SC:第0位,ADC12_A转换启动位。软件控制采样转换启动,ADC12SC和ADC12ENC可以在一条指令中置位,ADC12SC自动复位。

- 0:没有启动采样置换。
- 1:启动采样置换。

2. ADC12转换控制寄存器1(ADC12CTL1)

转换控制寄存器1各位的定义如下。

15～12	11	10	9	8	7	6	5	4	3	2	1	0
ADC12CSTARTADD	ADC12SHS		ADC12SHIP	ADC12ISSH	ADC12DIV			ADC12SSEL		ADC12CONSEQx		ADC12BUSY

注:阴影部分要在ADC12ENC=0时才能修改。

(1)ADC12CSTARTADD:第15～12位,ADC12_A转换开始地址。这些位选择哪个转换存储寄存器用于单次转换或序列转换。对应于ADC12MEM0～ADC12MEM15,ADC12CSTARTADD控制位的值是0～0Fh。

(2)ADC12SHS:第11～10位,ADC12_A采样保持触发源选择。

- 00:ADC12SC位。
- 01:定时器源(精确时间和位置参考芯片数据手册)。
- 10:定时器源(精确时间和位置参考芯片数据手册)。
- 11:定时器源(精确时间和位置参考芯片数据手册)。

(3)ADC12SHIP:第9位,ADC12_A采样保持脉冲模式选择。该位选择采样信号(SAMPCON)的来源的采样定时器的输出,或直接是采样输入信号。

- 0:SAMPCON信号来自采样输入信号。
- 1:SAMPCON信号来自采样定时器。

(4)ADC12ISSH:第8位,ADC12_A采样保持信号反转。

- 0:采样输入信号没有反转。
- 1:采样输入信号反转。

(5)ADC12DIV:第7～5位,ADC12_A时钟分频。

- 000:/1。
- 001:/2。
- 010:/3。
- 011:/4。
- 100:/5。
- 101:/6。
- 110:/7。
- 111:/8。

(6)ADC12SSEL:第4～3位,ADC12_A时钟源选择。

- 00:MODCLK。
- 01:ACLK。
- 10:MCLK。
- 11:SMCLK。

(7)ADC12CONSEQx:第 2～1 位,ADC12_A 转换序列模式选择。

- 00:单通道单次转换模式。
- 01:序列通道单次转换模式。
- 10:单通道重复转换模式。
- 11:序列通道重复转换模式。

(8)ADC12BUSY:第 0 位,ADC12_A 忙标志。该位表明正在进行采样或转换操作。

- 0:没有操作。
- 1:序列正在进行采样或转换。

3. ADC 转换控制寄存器 2(ADC12CTL2)

转换控制寄存器 2 各位的定义如下。

15～9	8	7	6	5	4	3	2	1	0
保留	ADC12 PDIV	ADC12 TCOFF	保留	ADC12 RES		ADC 12DF	ADC12 SR	ADC12 REFOUT	ADC12 REFBURST

注:阴影部分要在 ADC12ENC=0 时才能修改。

(1)ADC12PDIV:第 8 位,ADC12_A 预分频。该位对选择的 ADC12_A 时钟源进行预分频。

- 0:/1 预分频。
- 1:/4 预分频。

(2)ADC12TCOFF:第 7 位,ADC12_A 温度传感器关闭。如果该位置位,温度传感器将关闭。该位用于降低功耗。

(3)ADC12RES:第 5～4 位,ADC12_A 分辨率。这几位决定了转换结果的分辨率。

- 00:8 位(9 个时钟周期的转换时间)。
- 01:10 位(11 个时钟周期的转换时间)。
- 10:12 位(13 个时钟周期的转换时间)。
- 11:保留。

(4)ADC12DF:第 3 位,ADC12_A 数据读回格式。数据总是以二进制无符号格式存储。

- 0:二进制无符号格式。理论上模拟输入电压为$-V_{REF}$,结果为 0000h;模拟输入电压为$+V_{REF}$,结果为 0FFFh。
- 1:有符号二进制补码形式,左对齐。理论上模拟输入电压为$-V_{REF}$,结果为 8000h;模拟输入电压为$+V_{REF}$,结果为 7FF0h。

(5)ADC12SR:Bit 2 第 2 位,ADC12_A 采样速率。该位选择最大采样率下的参考电压缓冲驱动能力。ADC12SR 置位,可以减少参考电压缓冲的电流消耗。

- 0:参考电压缓冲支持的最大速率为 200 ksps。
- 1:参考电压缓冲支持的最大速率为 50 ksps。

(6)ADC12REFOUT:第 1 位,参考电平输出。

- 0:参考电平输出关闭。
- 1:参考电平输出打开。

(7)ADC12REFBURST:第0位,参考电压突发位。ADC12REFOUT必须置位。

- 0:参考电压缓冲连续开。
- 1:只有在采样转换期间参考电压打开。

4. ADC12存储寄存器(ADC12MEM0~ADC12MEM15)

ADC12的存储寄存器主要用于存放A/D转换的结果。CSSTARTADD控制位的数值决定转换结果存放的地址,ADC12会自动将转换的结果存放到相应的存储寄存器中。

ADC12数据存储格式有无符号二进制和补码两种格式。

1) 无符号二进制格式

各位的含义如下。

15	14	13	12	11	10	9	8	7	6	5	4	3	2	1	0
0	0	0	0	转换结果											

转换结果:第11~0位,12位转换结果右对齐。如果ADC12DF=0,选择使用这种格式。

在12位结果模式下,第15~12位为0,位11是最高有效位。

在10位模式下,第15~10位为0。

在8位模式下,第15~8位为0。

对存储寄存器写操作将会破坏结果。

2) 补码格式

各位的含义如下。

15	14	13	12	11	10	9	8	7	6	5	4	3	2	1	0
转换结果												0	0	0	0

转换结果:第15~4位,12位转换结果左对齐。如果ADC12DF=1,选择使用这种格式。

在12位结果模式下,第3~0位为0,补码格式,第15位是最高有效位。

在10位模式下,第5~0位为0。

在8位模式下,第7~0位为0。

数据以右对齐的格式存储,读取时转换为左对齐的二进制补码格式。

5. ADC12存储控制寄存器(ADC12MCTL0~ADC12MCTL15)

每一个存储寄存器都有一个对应的存储器控制寄存器,所以在进行ADC12CSTARTADD存储寄存器地址位设置的同时,也确定了ADC12MCTLx(x=0~15)。

控制寄存器控制各个存储寄存器必须选择的基本转换条件。该寄存器各位含义如下。在POR时,各位被复位。

7	6	5	4	3	2	1	0
ADC12EOS	ADC12SREF			ADC12INCH			

注:阴影部分要在ADC12ENC=0时才能修改。

（1）ADC12EOS：第 7 位，序列结束控制位。表明一个序列的最后一次转换。

- 0：序列没有结束。
- 1：序列结束。

（2）ADC12SREF：第 6～4 位，参考电压源选择位。

- 000：$V_{R+}=AV_{CC}$，$V_{R-}=AV_{SS}$。
- 001：$V_{R+}=V_{REF+}$，$V_{R-}=AV_{SS}$。
- 010：$V_{R+}=V_{eVEF+}$，$V_{R-}=AV_{SS}$。
- 011：$V_{R+}=V_{eVEF+}$，$V_{R-}=AV_{SS}$。
- 100：$V_{R+}=AV_{CC}$，$V_{R-}=V_{REF-}/V_{eREF-}$。
- 101：$V_{R+}=V_{REF+}$，$V_{R-}=V_{REF-}/V_{eREF-}$。
- 110：$V_{R+}=V_{eVEF+}$，$V_{R-}=V_{REF-}/V_{eREF-}$。
- 111：$V_{R+}=V_{eVEF+}$，$V_{R-}=V_{REF-}/V_{eREF-}$。

（3）ADC12INCH：第 3～0 位，选择模拟输入通道。该 4 位表示的二进制数为所选的模拟输入通道。

- 0000：A0。
- 0001：A1。
- 0010：A2。
- 0011：A3。
- 0100：A4。
- 0101：A5。
- 0110：A6。
- 0111：A7。
- 1000：V_{eVEF+}。
- 1001：V_{REF-}/V_{eREF-}。
- 1010：温度补偿二极管。
- 1011：$(AV_{CC}-AV_{SS})/2$。
- 1100：A12。
- 1101：A13。
- 1110：A14。
- 1111：A15。

6. ADC12 中断标志寄存器（ADC12IFG）

中断标志寄存器是一个 16 位字结构，其中中断标志位 ADC12IFGx（x＝0～15）对应于转换存储寄存器 ADC12MEMx（x＝0～15）。各位的含义如下。

15	14	……	1	0
ADC12IFG15	ADC12IFG14	……	ADC12IFG1	ADC12IFG0

ADC12IFGx（x＝0～15）：ADC12MEMx 中断标志位。相应的 ADC12MEMx 装载了转换的结果时置位。在相应的 ADC12MEMx 内容被读取后自动复位，也可以软件复位。

7. ADC12 中断使能寄存器(ADC12IE)

中断使能寄存器，与 ADC12IFG 相对应，也是一个 16 位寄存器。各位分别与 ADC12IFGx 对应(x=0～15)。各位的含义如下。

15	14	……	1	0
ADC12IE15	ADC12IE14	……	ADC12IE1	ADC12IE0

ADC12IEx(x=0～15):ADC 中断使能控制位。该控制位可控制 ADC12IFGx(x=0～15)位的中断请求。

- 0:禁止相应的中断标志位 ADC12IFGx 在置位时发生的中断请求服务。
- 1:允许相应的中断标志位 ADC12IFGx 在置位时发生的中断请求服务。

8. ADC12 中断向量寄存器(ADC12IV)

ADC12_A 是一个多源中断:有 18 个中断标志(ADC12IFG0～ADC12IFG15 与 ADC12TOV、ADC12OV)，但只有一个中断向量。所以需要设置这 18 个中断标志的优先级顺序，按照优先级来安排中断标志的响应，高优先级的请求能中断正在服务的低优先级。表 8-3 为优先级顺序与对应的中断向量值。

表 8-3 ADC12_A 各中断标志对应的 ADC12IV 值

ADC12 各中断标志对应的 ADC12IV 值																ADC12 TOV	ADC12 OV	ADC12 IV
15	14	13	12	11	10	9	8	7	6	5	4	3	2	1	0			
0	0	0	0	0	0	0	0	0	0	0	0	0	0	0	0	0	1	2
0	0	0	0	0	0	0	0	0	0	0	0	0	0	0	0	1	0	4
0	0	0	0	0	0	0	0	0	0	0	0	0	0	0	1	0	0	6
0	0	0	0	0	0	0	0	0	0	0	0	0	0	1	0	0	0	8
0	0	0	0	0	0	0	0	0	0	0	0	0	1	0	0	0	0	10
0	0	0	0	0	0	0	0	0	0	0	0	1	0	0	0	0	0	12
0	0	0	0	0	0	0	0	0	0	0	1	0	0	0	0	0	0	14
0	0	0	0	0	0	0	0	0	0	1	0	0	0	0	0	0	0	16
0	0	0	0	0	0	0	0	0	1	0	0	0	0	0	0	0	0	18
0	0	0	0	0	0	0	0	1	0	0	0	0	0	0	0	0	0	20
0	0	0	0	0	0	0	1	0	0	0	0	0	0	0	0	0	0	22
0	0	0	0	0	0	1	0	0	0	0	0	0	0	0	0	0	0	24
0	0	0	0	0	1	0	0	0	0	0	0	0	0	0	0	0	0	26
0	0	0	0	1	0	0	0	0	0	0	0	0	0	0	0	0	0	28
0	0	0	1	0	0	0	0	0	0	0	0	0	0	0	0	0	0	30
0	0	1	0	0	0	0	0	0	0	0	0	0	0	0	0	0	0	32
0	1	0	0	0	0	0	0	0	0	0	0	0	0	0	0	0	0	34
1	0	0	0	0	0	0	0	0	0	0	0	0	0	0	0	0	0	36

优先级顺序从高到低依次为：数据溢出标志ADC12OVIFG、时间溢出中断标志ADC12TOVIFG、转换存储器的标志ADC12IFG0～ADC12IFG15。各中断标志将会产生一个0～36的偶数，0表示没有中断或没有中断标志置位；其他数字（2～36）对应于各中断标志位，位于ADC12IV中的数字将加在PC（程序计数器）上，用于实现自动进入相应中断服务程序。与其他中断处理一样，只有相应的中断允许位以及总的中断允许位GIE置位后，才可能响应中断请求，发生中断服务。

ADC12OVIFG和ADC12TOVIFG会在访问ADC12IV后自动复位。但在响应了ADC12IFGx标志对应的中断服务之后，相应的标志不自动复位，用于保证能处理发生溢出的情况。因为如果在ADC12IFGx未复位时（转换结果数据没有被读走）又有转换数据写入ADC12MEMx，会发生溢出。所以ADC12IFGx需在用户软件中复位，或者通过访问对应转换存储器ADC12MEMx的标志位自动复位。

8.4 ADC12模块工作模式及应用举例

8.4.1 ADC12_A转换模式

ADC12_A提供4种转换模式：① 单通道单次转换；② 序列通道单次转换；③ 单通道多次转换；④ 序列通道多次转换。

不论用户使用何种转换模式，都要处理以下问题：① 设置转换模式；② 输入模拟信号；③ 选择启动信号；④ 关注转换结束信号；⑤ 存放转换数据以及采用查询或者中断方式读取数据。

相关信号的含义参见寄存器说明部分，下面简要说明这4种转换模式。

1. 单通道单次转换

对选定的通道进行单次转换要进行如下设置（其中，x=0～15）。

(1) x=CSTARTADD指示转换开始通道。

(2) ADC12MEMx存放转换结果。

(3) ADC12IFGx为对应的中断标志。

(4) ADC12MCTLx寄存器中定义了通道和参考电压。

单通道单次转换遵循它的转换状态。状态图如图8.5所示。

转换完成时，必须使ADC12ENC再次复位并置位（上升沿），以准备下一次转换。在ADC12ENC复位并再次置位之前的输入信号将被忽略。转换模式可以在转换开始但结束之前切换，新模式会在当前转换完成之后起作用。

当用户软件使用ADC12SC位启动转换时，下一次转换可以通过简单地设置ADC12SC位（ADC12ENC保持为高，或在设置ADC12SC位的同时置位ADC12ENC）来启动。当有其他任何触发源启动转换时，ADC12ENC位必须在每次转换之间固定。其他采样输入信号将在ADC12ENC复位并置位之前被忽略。

例8.1 采用单通道单次转换模式，参考电压对选择：$V_{R+}=AV_{CC}$，$V_{R-}=AV_{SS}$，ADC12采样参考时钟源选择内部参考时钟ADC12OSC。在主函数中，ADC12在采样转换的过程中，MSP430单片机进入低功耗模式以降低功耗，当采样转换完成，会自动进入

▶例8.1

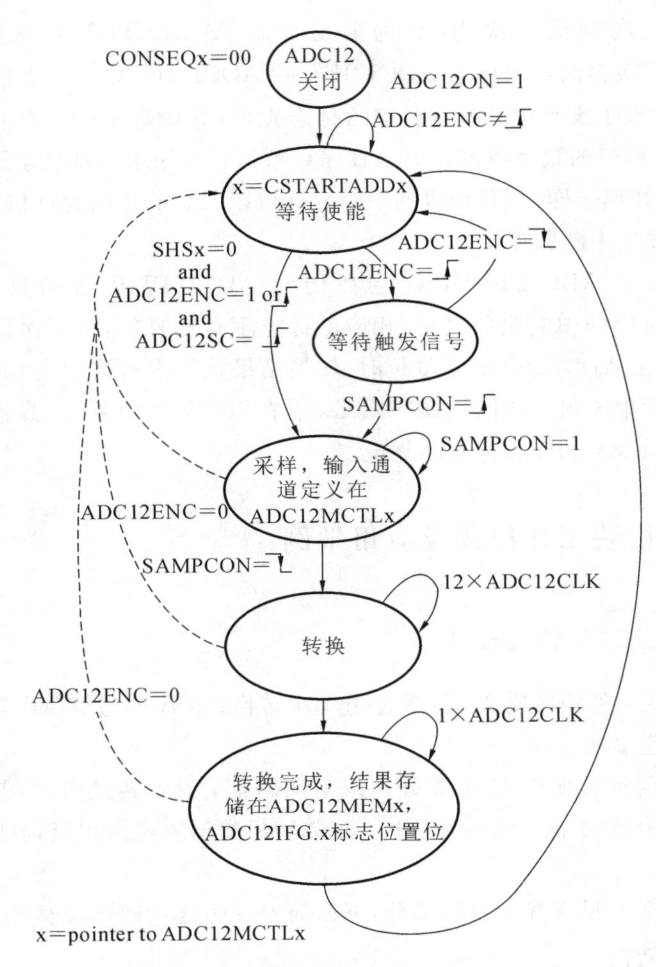

图 8.5　单通道单次转换模式状态图

ADC12 中断服务程序，唤醒 CPU 并读取采样转换结果。最终实现当输入模拟电压信号大于 0.5 倍 AVcc 时，使 P4.4 引脚输出高电平；否则，使 P4.4 引脚输出低电平。

参考程序如下。

```
# include< msp430f6638.h>
void main(void)
{
  WDTCTL=WDTPW+ WDTHOLD;              //关闭看门狗
  ADC12CTL0=ADC12SHT02+ ADC12ON;//选择采样周期，打开 ADC12 模块
  ADC12CTL1=ADC12SHP;                //使用采样定时器作为采样触发信号
  ADC12IE=0x01;                          //使能 ADC 采样中断
  ADC12CTL0 |=ADC12ENC;              //置位 ADC12ENC 控制位(ADC12 使能)
  P6SEL |=0x01;                          //将 P6.0 引脚设为 ADC 输入功能
  P4DIR |=BIT4;                          //将 P1.0 引脚设为输出功能
  _bis_SR_register(GIE);                 //启用全局中断
  while (1) {
    ADC12CTL0 |=ADC12SC;                //启动采样转换
```

```
__bis_SR_register(LPM0_bits+GIE);       //进入 LPM0 并启用全局中断
  }
}
# pragma vector=ADC12_VECTOR
__interrupt void ADC12_ISR(void){
switch(__even_in_range(ADC12IV,34))//有 18 个中断标志
{
case  0:break;                          //Vector  0:  无中断
case  2:break;                          //Vector  2:  ADC 溢出中断
case  4:break;                          //Vector  4:  ADC 转换时间溢出中断
case  6:                                //Vector  6:  ADC12IFG0
  if(ADC12MEM0>=0x7ff)             //ADC12MEM=A0>0.5AVcc?
    P4OUT|=BIT4;                    //P4.4=1
  else
    P4OUT&=~BIT4;                   //P4.4=0
__bic_SR_register_on_exit(LPM0_bits);      //退出低功耗模式 0
      break;
case  8:break;                          //Vector  8:  ADC12IFG1
  ……
  case 34:break;                        //Vector 34:  ADC12IFG14
  default:break;
  }
}
```

2. 序列通道单次转换

对选定的通道进行单次转换要进行如下设置(其中,x＝0～15)。

(1) x＝CSTARTADD 指示转换开始通道。

(2) ADC12EOS＝1 标志序列中最后通道 y,非最后通道的 ADC12EOS 位都是 0,表示序列没有结束。

(3) ADC12MEMx～ADC12MEMy 存放转换结果。

(4) ADC12IFGx～ADC12IFGy 为对应的中断标志。

(5) ADC12MCTLx 寄存器中定义了通道和参考电压。

序列通道单次转换遵循它的转换状态,其状态图如图 8.6 所示。

为了再次执行同一序列,ADC12ENC 必须先复位然后再次置位。在 ADC12ENC 再次置位前的输入信号将被忽略。但是序列转换一旦再次开始,ADC12ENC 位即可复位,而序列转换会正常完成。

如果在序列转换已经开始但没有结束且 ADC12CONSEQx 保持为高时改变转换模式,则原序列仍正常完成。新的转换模式(单通道单次模式除外)在原序列完成后生效,这时如果原模式未进行采样或正在进行的采样及转换已经完成,则原来模式停止。如果原序列没有完成,则已完成的转换结果有有效的。

如果在序列转换已经开始且 ADC12ENC 已经翻转时改变转换模式,则原序列仍正常完成。新的转换模式(单通道单次模式除外)在原序列完成后生效。

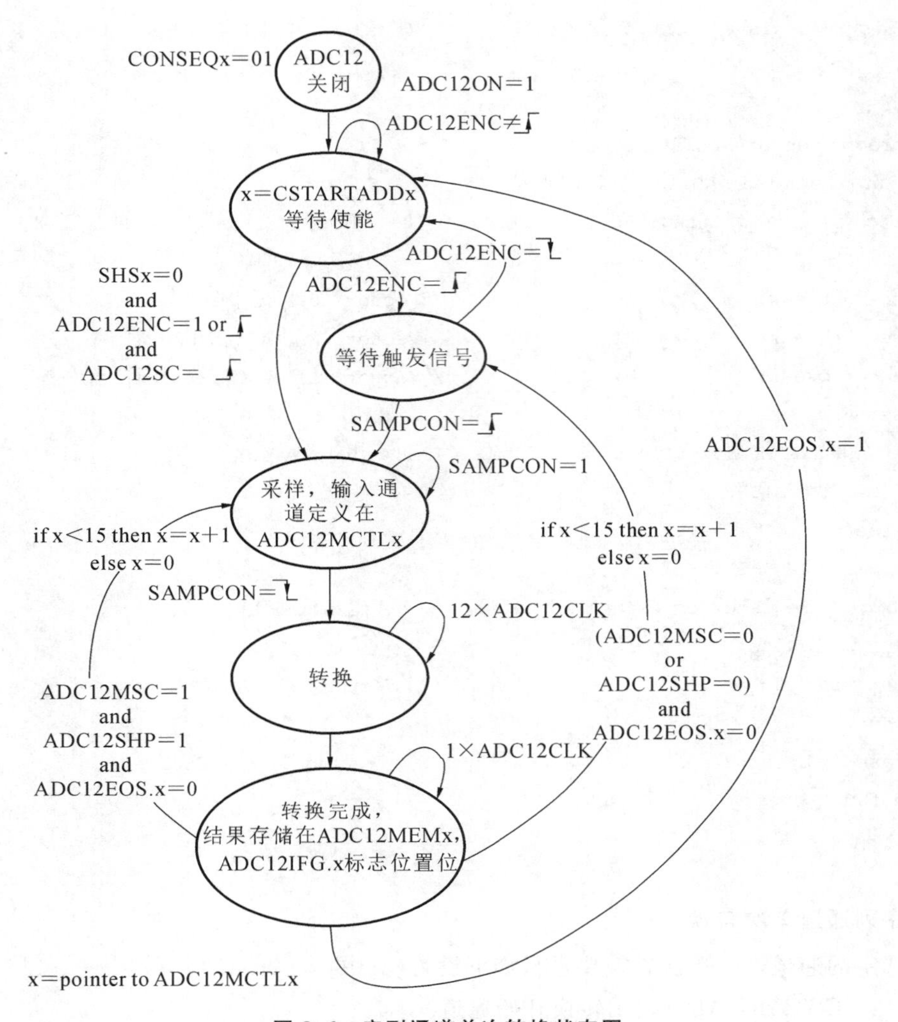

图 8.6　序列通道单次转换状态图

将 ADC12CONSEQx 位复位，选择单通道单次转换，并且将 ADC12ENC 复位，能使当前正在进行的序列转换模式立即停止。这里转换存储寄存器内的数据不可靠，因为转换立即停止，没有真正完成，中断标志也不一定置位。

例 8.2　采用序列通道单次转换模式，选择的采样序列通道为 A0、A1、A2 和 A3。每个通道都选择 AVcc 和 AVss 作为参考电压，采样结果被顺序存储在 ADC12MEM0、ADC12MEM1、ADC12MEM2 和 ADC12MEM3 中，本实例程序最终将采样结果存储在 results[]数组中。

参考程序如下。

```
# include<msp430f6638.h>
volatile unsigned int results[4];                    //用于存储转换结果
void main(void)
{
  WDTCTL=WDTPW+WDTHOLD;                              //关闭看门狗
  P6SEL=0x0F;                                        //使能采样转换通道
```

```
  ADC12CTL0=ADC12ON+ADC12MSC+ADC12SHT0_2;
                                              //打开ADC12,设置采样时间间隔
  ADC12CTL1=ADC12SHP+ADC12CONSEQ_1;
//选择采样定时器作为采样触发信号,采样模式选择序列通道单次转换模式
  ADC12MCTL0=ADC12INCH_0;                     //ref+=AVcc,channel=A0
  ADC12MCTL1=ADC12INCH_1;                     //ref+=AVcc,channel=A1
  ADC12MCTL2=ADC12INCH_2;                     //ref+=AVcc,channel=A2
  ADC12MCTL3=ADC12INCH_3+ADC12EOS;            //ref+=AVcc,channel=A3,停止采样
  ADC12IE=0x08;                               //使能ADC12IFG.3采样中断标志位
  ADC12CTL0 |=ADC12ENC;                       //使能转换
  while(1) {
    ADC12CTL0 |=ADC12SC;                      //启动采样转换
    __bis_SR_register(LPM4_bits+GIE);         //进入LPM4并使能全局中断
  }
}
# pragma vector=ADC12_VECTOR
__interrupt void ADC12ISR (void){
    switch(__even_in_range(ADC12IV,34) ){
  case  0:break;                              //Vector  0:  无中断
  case  2:break;                              //Vector  2:  ADC溢出中断
  case  4:break;                              //Vector  4:  ADC转换时间溢出中断
  case  6:break;                              //Vector  6:  ADC12IFG0
  case  8:break;                              //Vector  8:  ADC12IFG1
  case 10:break;                              //Vector 10:  ADC12IFG2
  case 12:                                    //Vector 12:  ADC12IFG3
      results[0]=ADC12MEM0;                   //读取转换结果,自动清除中断标志位
      results[1]=ADC12MEM1;                   //读取转换结果,自动清除中断标志位
      results[2]=ADC12MEM2;                   //读取转换结果,自动清除中断标志位
      results[3]=ADC12MEM3;                   //读取转换结果,自动清除中断标志位
__bic_SR_register_on_exit(LPM4_bits);         //退出LPM4
break;
  case 14:break;                              //Vector 14:  ADC12IFG4
    ……
  default:break;
  }
}
```

3. 单通道多次转换

对选定的通道作多次转换，直到关闭该功能或ENC＝0，要进行如下设置(其中，x＝0～15)。

(1) x＝CSTARTADD指示转换开始通道。

(2) ADC12MEMx存放转换结果。

(3) ADC12MCTLx寄存器中定义了通道和参考电压。

在这种模式下，改变转换模式不必先停止转换，即在当前正在进行的转换结束后，可改变转换模式。该模式的停止可采用如下几种办法。

(1) 使 ADC12CONSEQx=0，改变为单通道单次模式。

(2) 使 ADC12ENC=0，直接使当前转换完成后停止。

(3) 使用单通道单次转换模式替换当前模式，同时使 ADC12ENC=0。

单通道多次转换遵循它的转换状态，其状态图如图 8.7 所示。

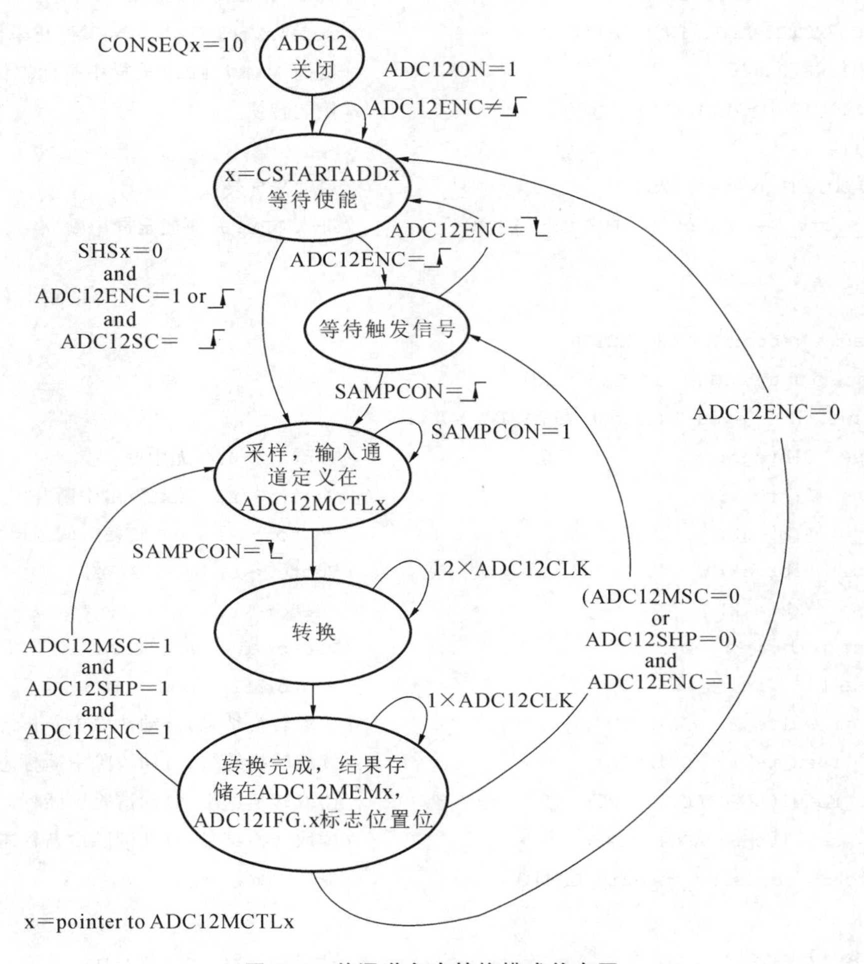

图 8.7 单通道多次转换模式状态图

例 8.3 采用单通道多次转换模式，选择的采样通道为 A0，参考电压选择 AV_{CC} 和 AV_{SS}。在内存中开辟出 8 个 16 位内存空间 results[]，将多次采样转换结果循环存储在 results[]数组中。

参考程序如下。

```
# include<msp430f6638.h>
# define   Num_of_Results   8
volatile unsigned int results[Num_of_Results];          //开辟 8 个 16 位内存空间
void main(void)
{
```

```
  WDTCTL=WDTPW+WDTHOLD;                       //关闭看门狗
  P6SEL |=0x01;                               //使能 A0 采样通道
  ADC12CTL0=ADC12ON+ADC12SHT0_8+ADC12MSC;
                                              //打开 ADC12,设置采样间隔
                                              //设置多次采样转换
  ADC12CTL1=ADC12SHP+ADC12CONSEQ_2;
                                              //选择采样定时器作为采样触发信号,采样模式选择
                                                单通道多次转换模式
  ADC12IE=0x01;                               //使能 ADC12IFG.0 中断
  ADC12CTL0 |=ADC12ENC;                       //使能转换
  ADC12CTL0 |=ADC12SC;                        //启动转换
  _bis_SR_register(LPM4_bits+GIE);            //进入 LPM4 并使能全局中断
}
# pragma vector=ADC12_VECTOR
__interrupt void ADC12ISR (void){
  static unsigned char index=0;
  switch(__even_in_range(ADC12IV,34) ){
  case  0:break;                              //Vector  0:无中断
  case  2:break;                              //Vector  2:ADC 溢出中断
  case  4:break;                              //Vector  4:ADC 转换时间溢出中断
  case  6:                                    //Vector  6:  ADC12IFG0
    results[index]=ADC12MEM0;                 //读取转换结果
    index++;                                  //计数器自动加 1
    if (index==8) {
      index=0;
    }
break;
  case  8:break;                              //Vector  8:  ADC12IFG1
   ……
  default:break;
  }
}
```

4. 序列通道多次转换

对序列通道进行多次转换，直到关闭该功能或 ADC12ENC＝0，要进行如下设置(其中，x＝0～15)。

(1) x＝CSTARTADD 指示转换开始通道。

(2) ADC12EOS＝1 标志序列中最后通道 y。

(3) ADC12MCTLx 寄存器中定义了通道和参考电压。

改变转换模式不必先停止当前转换，一旦改变模式(单通道单次模式除外)，将在当前序列完成后立即生效。

序列通道多次转换模式的状态图如图 8.8 所示。

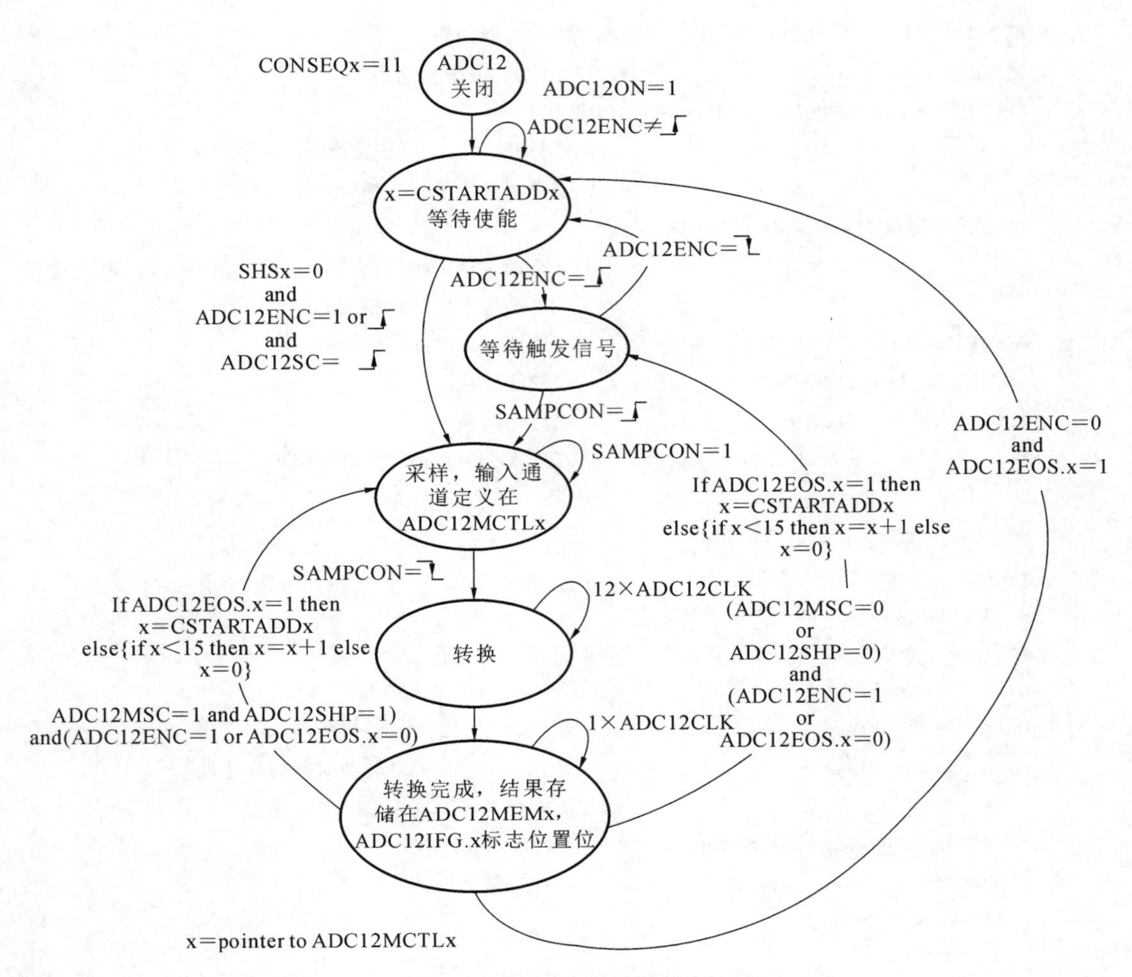

图 8.8　序列通道多次转换模式状态图

例 8.4　序列通道多次转换模式：选择的采样序列通道为 A0、A1、A2 和 A3。每个通道都选择 AV_{CC} 和 AV_{SS} 作为参考电压，采样结果被自动顺序存储在 ADC12MEM0、ADC12MEM1、ADC12MEM2 和 ADC12MEM3 中。在本例中，最终将 A0、A1、A2 和 A3 通道的采样结果分别存储在 A0results[]、A1results[]、A2results[]、A3results[]数组中。

参考程序如下。

```
# include<msp430f6638.h>
# define   Num_of_Results   8
volatile unsigned int A0results[Num_of_Results];
volatile unsigned int A1results[Num_of_Results];
volatile unsigned int A2results[Num_of_Results];
volatile unsigned int A3results[Num_of_Results];
void main(void)
{
  WDTCTL=WDTPW+WDTHOLD;                    //关闭看门狗
  P6SEL=0x0F;                              //使能 ADC 输入通道
```

```
  ADC12CTL0=ADC12ON+ADC12MSC+ADC12SHT0_8;
                                           //打开 ADC12,设置采样间隔
                                           //设置多次采样转换
  ADC12CTL1=ADC12SHP+ADC12CONSEQ_3;
                                           //选择采样定时器作为采样触发信号,采样模式
                                             选择单通道多次转换模式
  ADC12MCTL0=ADC12INCH_0;                  //ref+=AVcc,channel=A0
  ADC12MCTL1=ADC12INCH_1;                  //ref+=AVcc,channel=A1
  ADC12MCTL2=ADC12INCH_2;                  //ref+=AVcc,channel=A2
  ADC12MCTL3=ADC12INCH_3+ADC12EOS;         //ref+=AVcc,channel=A3,停止采样
  ADC12IE=0x08;                            //使能 ADC12IFG.3 中断
  ADC12CTL0 |=ADC12ENC;                    //使能转换
  ADC12CTL0 |=ADC12SC;                     //开始采样转换
  __bis_SR_register(LPM0_bits+GIE);        //进入 LPM0 并启用中断
}
# pragma vector=ADC12_VECTOR
__interrupt void ADC12ISR (void){
  static unsigned int index=0;
  switch(__even_in_range(ADC12IV,34) ){
……
  case 12:                                 //Vector 12:  ADC12IFG3
    A0results[index]=ADC12MEM0;            //读取 A0 采样结果,并自动清除中断标志位
    A1results[index]=ADC12MEM1;            //读取 A1 采样结果,并自动清除中断标志位
    A2results[index]=ADC12MEM2;            //读取 A2 采样结果,并自动清除中断标志位
    A3results[index]=ADC12MEM3;            //读取 A3 采样结果,并自动清除中断标志位
    index++;                               //计数器自动加 1
    if (index==8) {
      index=0;
}
break;
……
default:break;
  }
}
```

本章小结

MSP430F6638 单片机的 ADC12 模块支持快速的 12 位模数转换。该模块具有一个 12 位的逐次渐进(SAR)内核、模拟输入多路复用器、参考电压发生器、采样及转换所需的时序控制电路和 16 个转换结果缓冲及控制寄存器。转换结果缓冲及控制寄存器允许在没有 CPU 干预的情况下,进行多达 16 路信号的采样、转换和保存。

习题 8

1. 请写出 MSP430 单片机 ADC12 模块输入模拟电压转换公式。

2. MSP430 单片机的 ADC12 模块可产生哪些内部参考电压？ADC12 模块的参考电压有哪些组合？

3. ADC12 模块具有哪些转换模式？简述各转换模式下的工作情况。

4. 编程实现在 MSP430F6638 单片机系统中，利用 ADC12 模块工作在单通道单次转换模式下，采集 A6 通道模拟信号。

第 9 章 MSP430 单片机片内通信 USCI 模块

数据通信是单片机系统与外界联系的重要手段，每种型号的 MSP430 单片机均具有数据通信的功能。本章介绍 USCI 通信模块的结构、原理及功能，并给出简单的实例。

9.1 通信基本概念

评价单片机的系统的重要指标就是它们的通信能力，即它们与周围环境中其他系统交换信息的能力。通信接口可以更新固件或加载本地参数，还可以在分布处理中交换应用程序的信息。

9.1.1 通信系统模型

所有数字通信系统都具有以下 3 种设备：① 发送器；② 接收器；③ 通信介质。

图 9.1 显示了一个数字通信模型，其中 DTE 为数据终端设备，DCE 为数据通信设备。

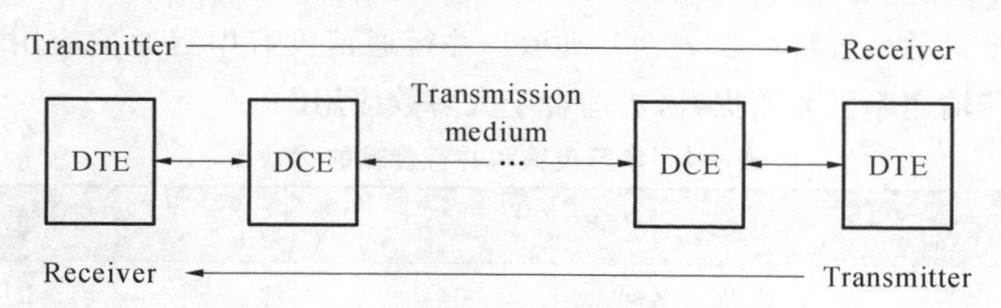

图 9.1 通信模型

9.1.2 通信模式

数字设备之间的通信模式分为并行通信和串行通信两种。

在并行通信系统中，发送的数值的每一位都具有独立的信号线，多条线上的逻辑电平共同形成了要发送的信息的值，如图 9.2 所示。

在串行通信系统中，物理发送介质只需要一条信号线。发送器根据发送器和接收器之间指定的速率发送比特发送比特序列。要使通信双方同步，还需要一些额外的信息。

(1) 起始位：加到要发送的信息的开头，以识别一个新数据的开始。

(2) 停止位：加到要发送的信息的尾部，表示传输结束。

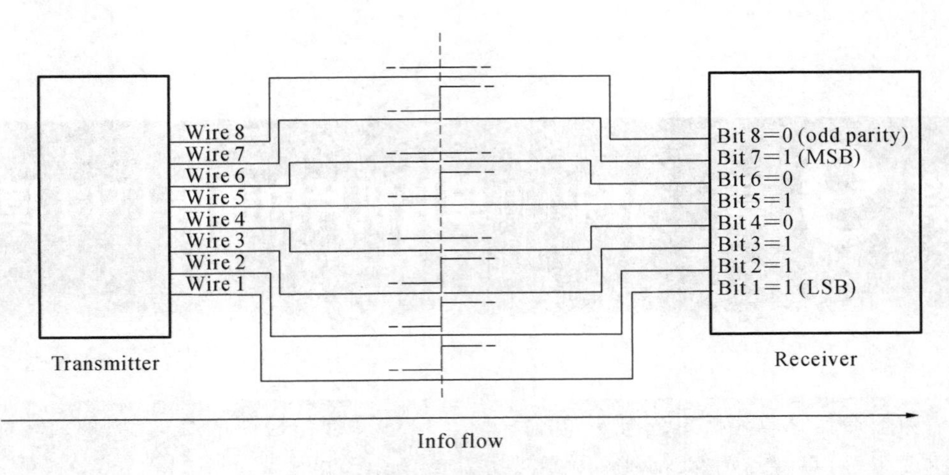

图 9.2　ASCII 字符 W 并行传输

图 9.3 给出了一个 ASCII 字符 W 串行传输的例子。

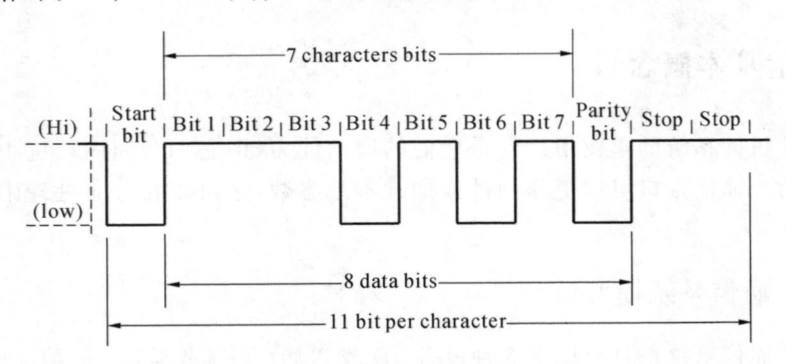

图 9.3　ASCII 字符 W 串行传输

两种传输模式的一般特征如表 9-1 所示。并行通信没有串行通信应用广泛，尤其是目前串行通信的传输速率已大幅提升，更适合于大多数应用。

表 9-1　串行传输和并行传输的优缺点

特征	并　行	串　行
总线	每位一条线	一条线
序列	一个字的所有位同步传输位序列	位序列
传输率	高	低
总线长度	短距离	长、短距离皆可
花费	高	低
重要特征	要求不同位同步传输	异步传输需要起始位和停止位，同步通信需要其他位用来同步

两种典型的串行传输模式介绍如下。

● 异步：发送器确定传输速率（波特率），接收器必须知道该速率，并在检测到起始位后立即与发送器同步。

异步通信只需要一个发送器、一个接收器和一根线，是实现串行通信中最简单、最廉价的方式。异步通信中通信设备之间的时钟是相互独立的，因此，即使两个时钟在某一时刻同步了，也不能保证过一些周期之后，它们还是同步的。

- 同步：接收器和发送器之间有一个同步时钟信号。

在同步通信中，有一个设备作为主设备，其他设备作为从设备。主设备产生时钟信号，其他设备根据这个时钟加载/卸载发送和接收寄存器。在这种通信模式下，能够实现同时发送和接收。在同步通信中，发送者和接收者通过时钟信号或数据流中的编码信号进行同步。

9.1.3 MSP430 单片机的串行通信功能

串行口是系统与外界联系的重要手段，在嵌入式系统开发和应用中，经常需要使用上位机实现系统调试及现场数据的采集和控制。一般是通过上位机本身配置的串行口，通过串行通信技术和嵌入式系统进行连接通信。

MSP430 系列单片机的每一种型号都能通过以下两种方式实现串行通信功能：① 通过串行通信硬件直接实现；② 通过定时器软件实现。

MSP430 系列单片机实现串行通信的硬件包括 USART 和 USCI。根据系列产品的不同，可分别包括 USART 或 USCI，部分产品内部还同时具有 USART 和 USCI。不同的系列，片内可以包含一个 USART 模块(USART0)，还可以包含两个 USART 模块(USART0 和 USART1)，所有 USART0 和 USART1 都可以实现 UART 异步通信和 SPI 同步通信两种通信方式。另外，部分系列单片机的 USART0 还可以实现 I^2C(内部集成电路协议)通信。其中，UART 异步通信和 SPI 同步通信的硬件是通用的，经过适当的软件设计，这两种通信方式可以交替使用。USCI 模块能够配置成 UART、SPI 及 I^2C 模式。当配置为 UART 模式时，该模式提供异步数据传输；当配置为 SPI 和 I^2C 模式时，该模块可以支持同步数据传输。此外，一些 MSP430 系列单片机还具有 USB 模块，它完全兼容 USB2.0 全部规范，更加扩展了 MSP430 系列单片机的应用领域。

USCI 模块和 USART 模块的主要区别如表 9-2 所示。

表 9-2 USCI 模块和 USART 模块的区别

模式	USCI	USART
UART	两个独立的模块	单一模块
	自动波特率检测，Lin 支持	N/A
	完整的 IrDA 编码，解码	N/A
	可同时工作工作 USCI_A/USCI_B	N/A
SPI	2 组 SPI、USCI_A/USCI_B	只有一组 SPI
I^2C	简单、便于使用	操作复杂

9.2 USCI 模块概述

USCI 模块具有以下特性。

(1) 低功耗运行模式(自动启动)。

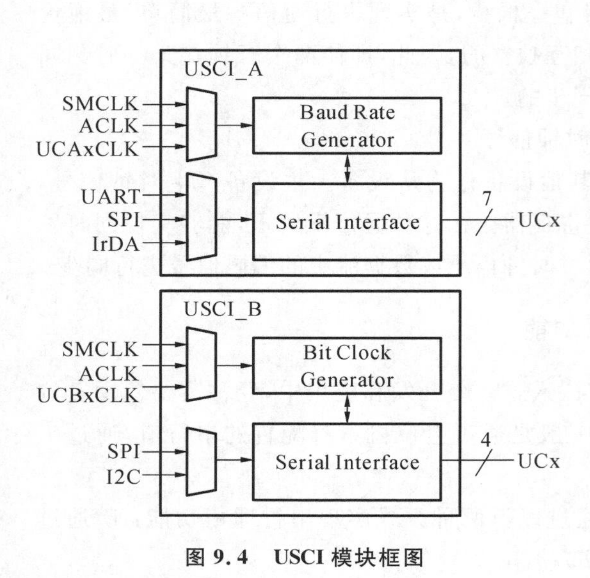

图 9.4　USCI 模块框图

(2) 两个独立模块(USCI_A 和 USCI_B)。

① USCI_A。

- 支持 Lin/IrDA 的 UART。
- SPI(主/从、3 线和 4 线模式)。

② USCI_B。

- SPI(主/从、3 线和 4 线模式)。
- I^2C(主/从、高达 400 kHz)。

(3) 双缓冲发送和接收。

(4) 波特率/位时钟发生器。

- 自动波特率检测。
- 灵活的时钟源。

(5) 接收干扰抑制。

(6) 使能 DMA。

(7) 错误检测。

如图 9.4 所示为 USCI 模块框图。

9.2.1　初始化序列

在使用 USCI 模块之前,采用如下步骤初始化或重新配置 USCI 模块:① 置位 UCAxCTL1 的 UCSWRST;② 初始化 USCI 寄存器;③ 配置相应引脚端口;④ 软件清零 UCSWRST;⑤ 使能 UCxRXIE 和/或 UCxTXIE 中断。

9.2.2　波特率生成

如图 9.5 所示为 USCI 模块中波特率生成器的框图。

对于选定的时钟源频率,分频值由下列公式给出:

$$N=\frac{f_{BRCLK}}{波特率}$$

通常情况下 N 不是整数,所以波特率由分频器和调制器生成。

USCI 波特率生成器可以由非标准时钟源产生标准波特率,由位 UCOS16 选择低频波特率生成器和过采样波特率产生器两种操作模式。外部时钟源 UCAxCLK 或内部时钟 ACLK 或 SMCLK 产生 BRCLK,波特率由 BRCLK 产生。

1. 低频波特率生成

当 UCOS16=0 时,即选择低频波特率生成模式,该模式使用低频时钟信号(32768 kHz 晶振),适合低功耗应用。

波特率是由分频器的调制器中获得的。

- 分频因子的整数部分通过预分频器实现:UCBRx=INT(N)
- 小数部分由带有下面公式的调制器实现:UCBRSx=round((N−INT(N))×8)

2. 过采样波特率生成

当 UCOS16=1 时,即选择过采样波特率生成模式,该模式具有精确的位时序,它需要时钟源比所需的波特率高 16 倍。通过以下两步可以产生所需的波特率。

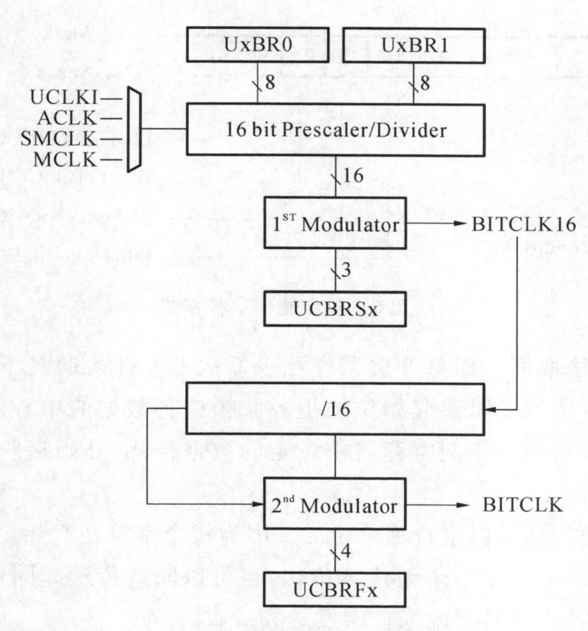

图9.5　波特率生成器框图

(1) 将时钟源16分频，再供给第一个调制器，产生BITCLK16。

(2) 将BITCLK16通过16分频后作为第二个调制器的输入来产生BITCLK。

寄存器将通过下面公式得出的值来进行配置：

UCBRx＝INT(N/16)

UCBRFx＝round(((N/16)－INT(N/16))×16)

9.3 UART模式

UCSYN＝0设置UART模式，MSP430通过USCI_Ax(x＝0,1)模块的两个外部引脚UCAxRXD和UCAxTXD与外部系统通信。每个字符的时序都基于USCI选取的波特率，发送方和接收方的波特率必须相同。

串行异步通信的特点如下：① 传输7位或8位数据，可采用奇校验或偶校验或者无校验；② 独立的发送和接收移位寄存器；③ 独立的发送和接收缓冲寄存器；④ 从最低位(LSB)或最高位(MSB)开始的数据发送和接收；⑤ 多机系统内置的空闲、地址位通信协议；⑥ 通过有效的起始位边沿检测，将MSP430从低功耗唤醒；⑦ 可编程实现分频因子为整数或小数的波特率；⑧ 错误检测和抑制的状态标志位；⑨ 地址检测状态标志；⑩ 独立的发送和接收中断。

9.3.1 异步通信字符格式

异步通信字符格式如图9.6所示的5部分组成：1位起始位ST、7～8位数据位、0～1位奇偶检验位、1位地址位(地址位模式)和1～2位停止位。其中，用户可以通过软件设置字符格式中有无奇偶检验位、地址位(地址位模式)和停止位，以及设置数据位、停止位的位数。

接收操作以收到有效起始位开始。起始位由检测URXD端口的下降沿开始，然后以3

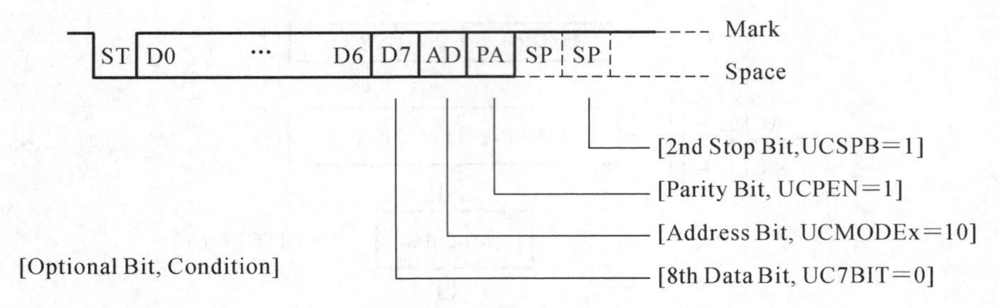

图 9.6 异步通信字符格式

次采样多数表决的方法取值。如果 3 次采样至少 2 次是 0 才表明是下降沿，然后开始接收初始化操作，这一过程实现了错误起始位的拒收和帧中各数据的中心定位功能。识别正确起始位后，按照通用串行接口控制寄存器中设定的数据格式，开始接收数据，直到本帧采集完毕。

异步模式下，传送数据是以字符为单位的。因为每个字符在起始位处可以重新定位，所以传送时多个字符可以一个接一个地连续传送，也可以断续传送。同步时钟脉冲不传送到接收方，发、收双方用各自的时钟源来控制发送和接收。

9.3.2 异步多处理器通信模式

在异步模式下，USCI 支持两种多处理器通信模式，即线路空闲多处理器模式和地址位多处理器模式。信息以一个多帧数据块的方式，从一个指定的源传送到一个或多个目的位置。在同一个串行链路上，多个处理机之间可以用这些格式来交换信息，实现了在多处理器通信系统间的有效数据传输。它们也用于使系统的激活状态压缩到最低，以节省电流消耗或处理器所用资源。

1. 线路空闲多处理器模式

线路空闲多处理器模式用于同类处理器之间的串行通信，其收发格式如图 9.7 所示。在这种模式下，数据块被空闲时间分隔。在字符的第一个停止位之后，收到 10 个或 10 个以上的 1，则表示检测到接收线路空闲。某单片机发送之前，首先借助于 UCIDLE 位判断线路是否空闲，如果空闲，就可以发起一次块传输，接收者可根据块中分配的地址，得知是哪个单片机发送的数据，并进行相应的处理。程序员可以自己规定协议，如块首位是发送者的地址或者接收者的地址，随后可以是要发送的字节数，然后就是要发送的数据。

当有多机进行通信时，应该充分利用线路空闲多处理器模式，使用此模式可以使多处理器通信的 CPU 在接收数据之前首先判断地址，如果地址与自己软件中设定的一致，则 CPU 被激活，接收下面的数据；如果不一致，则保持休眠状态，最大限度地降低 UART 的消耗。

2. 地址位多处理器模式

当 UCMODE=2 时，异步串行口工作于地址位多处理器通信模式，如图 9.8 所示。字符块的第一个字符为地址，并有地址标志。当接收到含有地址标志的第一个字符时，UCADDR 被置位，并且接收到的字符会被转入到接收缓冲器 RXBUF 中。

UCDORM 被用于异步串行口工作于地址位通信模式的数据接收控制，当 UCDORM=1 时，接收到含有地址标志为 0 的字符不会在接收器组装，更不会被转入到接收缓冲器 RXBUF 中，也不会置位接收标志 UCRXIFG，当然也就不会引起接收中断；如果接收含有地

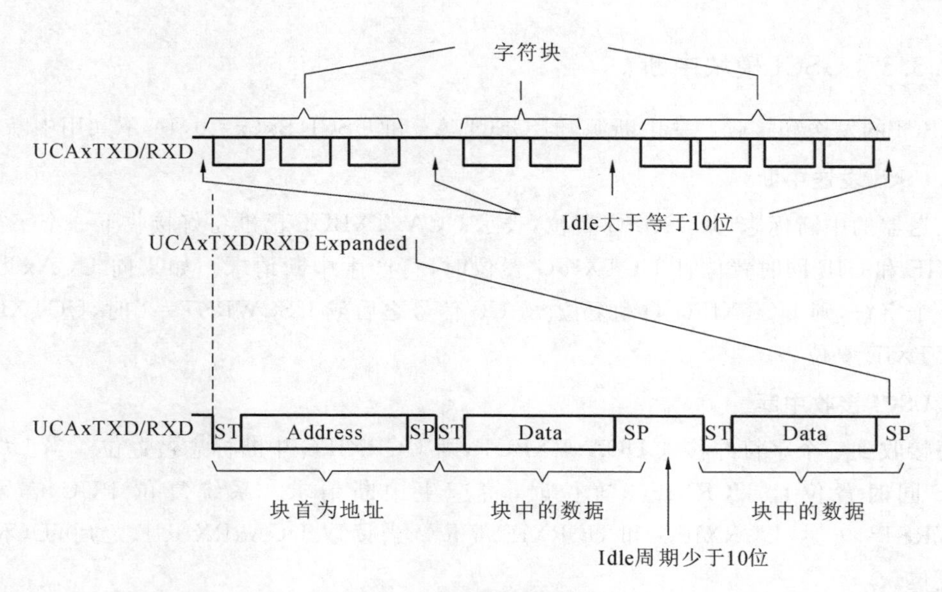

图 9.7　线路空闲多机模式

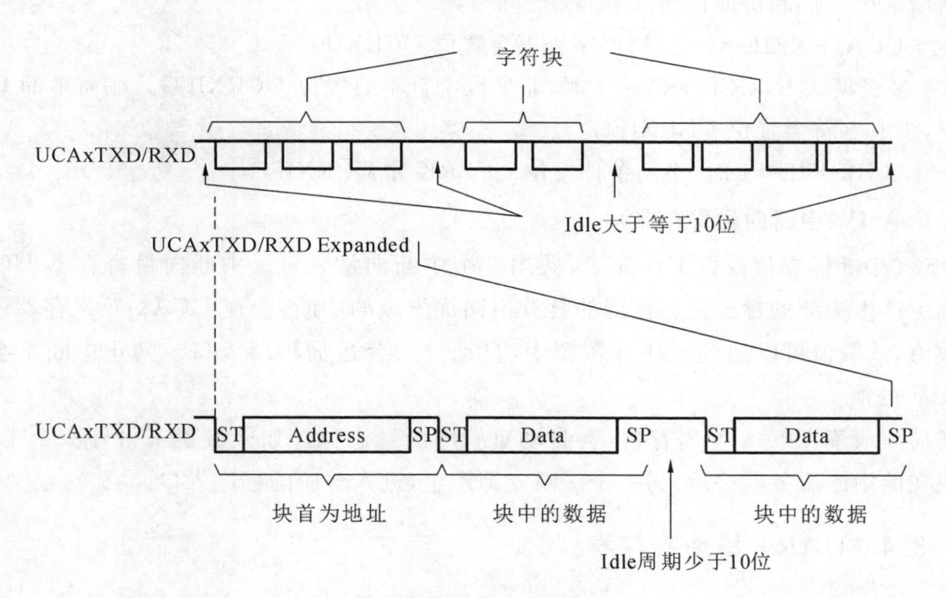

图 9.8　地址位多机模式

址标志为 1 的字符，则产生中断。若有错误，则相应的错误标志会被置位，用户收到就可以根据错误类型进行相应的处理。值得注意的是，在此情况下接收到的字符不会被转入到 RXBUF 中，接收标志 UCRXIFG 也不会被置位。

如果接收到地址字符，用户就必须用软件清除 UCDORM（硬件不会自动清除），以便接收后续的数据块字符，否则就只能接收含有地址标志为 1 的字符。

为了在地址工作模式下传送地址，我们使用 UCTXADDR 进行控制。发送数据块时，UCTXADDR＝1 被加载到要发送的块首字符中，用于表示发送的是地址。反之，发送的就是数据。一旦发送开始，UCTXADDR 就会在起始位出现时自动被清除。

9.3.3 USCI 模块中断

USCI 的发送和接收共享中断源，但 USCI_Ax 和 USCI_Bx(x=0,1) 不共用中断向量。

1. USCI 发送中断

发送器的中断标志 UCTXIFG 置位，表示 UCAxTXBUF 已准备好接收下一个字符。当 UCTXIE 和 GIE 同时置位且 UCTXIFG 置位时，将产生中断请求。如果向 UCAxTXBUF 写入一个字符，则 UCTXIFG 自动复位。PUC 信号之后或 USCWRST=1 时，UCTXIFG 置位、UCTXIE 复位。

2. USCI 接收中断

每接收到一个字符并移入 UCAxRXBUF，则 UCRXIFG 中断标志被置位。当 UCRXIE 和 GIE 同时置位且 UCRXIFG 置位时，将产生中断请求。系统复位 PUC 信号或当 UCSWRST=1 时，UCRXIFG 和 UCRXIE 复位。当读取 UCAxRXBUF 之后，UCRXIFG 自动复位。

新增的中断控制特征包括以下几点。

- 当 UCAxRXEIE=0 时，错误字符不会置位 UCRXIFG。
- 在多机模式下，UCDORM=1 时，非地址字符不会置位 UCRXIFG。在简单的 UART 模式下，没有字符会置位 UCRXIFG。
- 当 UCBRKIE=1 时，中断条件置位 UCBRK 和 UCRXIFG。

3. USAxIV(中断向量寄存器)

USCI 中断标志位设置了优先级，共用一个中断向量入口。中断向量寄存器 UCAxIV 用于确定产生中断的标志位。使能的具有不同优先级的中断，会在 UCAxIV 寄存器中产生一个数值，该数值可以加到程序计数器中，自动进入合适的程序入口。禁止中断不会影响 UCAxIV 的值。

任何写或读 UCAxIV 寄存器，会自动重置中断标志位。如果设置了另外一个中断，在完成现在的中断服务程序后，另一个中断立即产生，进入对应的程序入口。

9.3.4 UART 模块寄存器

在 UART 模式下，可使用的模块寄存器如表 9-3 所示。

表 9-3 UART 模块寄存器

寄存器	缩写	读/写类型	访问方式	偏移地址	初始状态
USCI_Ax 控制寄存器 1	UCAxCTL1	读/写	字节访问	00h	01h
USCI_Ax 控制寄存器 0	UCAxCTL0	读/写	字节访问	01h	00h
USCI_Ax 波特率控制寄存器 0	UCAxBR0	读/写	字节访问	06h	00h
USCI_Ax 波特率控制寄存器 1	UCAxBR1	读/写	字节访问	07h	00h
USCI_Ax 调制器控制寄存器	UCAxMCTL	读/写	字节访问	08h	00h
USCI_Ax 状态寄存器	UCAxSTAT	读/写	字节访问	0Ah	00h
USCI_Ax 接收缓冲寄存器	UCAxRXBUF	读/写	字节访问	0Ch	00h
USCI_Ax 发送缓冲寄存器	UCAxTXBUF	读/写	字节访问	0Eh	00h

续表

寄存器	缩写	读/写类型	访问方式	偏移地址	初始状态
USCI_Ax 自动波特率控制寄存器	UCAxABCTL	读/写	字节访问	10h	00h
USCI_Ax IrDA 发送控制寄存器	UCAxIRTCTL	读/写	字节访问	12h	00h
USCI_Ax IrDA 接收控制寄存器	UCAxIRRCTL	读/写	字节访问	13h	00h
USCI_Ax 中断使能寄存器	UCAxIE	读/写	字节访问	1Ch	00h
USCI_Ax 中断标志位	UCAxIFG	读/写	字节访问	1Dh	00h
USCI_Ax 中断向量	UCAxIV	读	字访问	1Eh	00h

下面分别介绍各寄存器(用 x 表示 0 和 1)。

1. USCI_Ax 控制寄存器 0(UCAxCTL0)

7	6	5	4	3	2	1	0
UCPEN	UCPAR	UCMSB	UC7BIT	UCSPB	UCMODEx		UCSYNC

(1)UCPEN:第 7 位,奇偶校验位使能。

- 0:禁止奇偶校验位。
- 1:使能奇偶校验位。UCAxTXD 产生奇偶校验位,UCAxRXD 接收奇偶校验位。在地址位多处理器模式下,地址位参与奇偶校验计算。

(2)UCPAR:第 6 位,奇偶校验位选择。当禁用奇偶校验位时,UCPAR 无效。

- 0:奇校验。
- 1:偶校验。

(3)UCMSB:第 5 位,选择高位优先。控制发送和接收移位寄存器方向。

- 0:低位优先。
- 1:高位优先。

(4)UC7BIT:第 4 位,字符长度。选择 7 位或 8 位字符长度。

- 0:8 位数据。
- 1:7 位数据。

(5)UCSPB:第 3 位,选择停止位,停止位的位数。

- 0:1 位停止位。
- 1:2 位停止位。

(6)UCMODEx:第 2~1 位,UCSI 模式。当 UCSYNC=0 时,UCMODEx 位选择异步模式。

- 00:UART 模式。
- 01:空闲线路多处理器模式。
- 10:地址位多处理器模式
- 11:带自动波特率检测的 UART 模式。

(7)UCSYNC:第 0 位,使能同步模式。

- 0:异步模式。
- 1:同步模式。

2. USCI_Ax 控制寄存器 1(UCAxCTL1)

7	6	5	4	3	2	1	0
UCSSEL		UCRXEIE	UCBRKIE	UCDORM	UCTXADDR	UCTxBRK	UCSWRST

(1)UCSSEL:第 7~6 位,USCI 时钟源选择。这些位选择 BRCLK 的时钟源。

- 00:UCAxCLK(外部 USCI 时钟)。
- 01:ACLK。
- 10:SMCLK。
- 11:SMCLK。

(2)UCRXEIE:第 5 位,接收错误字符中断使能。

- 0:不接收错误字符,且不置位 UCRXIFG。
- 1:接收错误字符,置位 UCRXIFG。

(3)UCBRKIE:第 4 位,接收打断字符中断使能。

- 0:接收打断字符,不置位 UCRXIFG。
- 1:接收打断字符,置位 UCRXIFG。

(4)UCDORM:第 3 位,休眠状态,将 USCI 设为休眠模式。

- 0:不休眠。所有接收字符置位 UCRXIFG。
- 1:休眠。只有空闲线路或地址位作为前导的字符置位 UCRXIFG。带自动波特检测的 UART 模式下,只有打断和同步字段的组合可以置位 UCRXIFG。

(5)UCTXADDR:第 2 位,发送地址。根据选择的多处理器模式,发送的下一帧为地址。

- 0:发送的下一帧是数据。
- 1:发送的下一帧是地址。

(6)UCTxBRK:第 1 位,发送打断。发送带发送缓冲器写入操作的打断。在自动波特率检测的 UART 模式下,为了产生需要的中断/同步字段,必须将 055h 写入 UCAxTXBUF;否则,必须将 0 写入发送缓冲器。

- 0:发送的下一帧不是打断。
- 1:发送的下一帧是打断或打断/同步。

(7)UCSWRST:第 0 位,软件复位使能。

- 0:禁止。USCI 复位释放操作。
- 1:使能。USCI 逻辑保持在复位状态。

3. USCI_Ax 波特率控制寄存器 0(UCAxBR0)

7	6	5	4	3	2	1	0
UCBR-低字节							

4. USCI_Ax 波特率控制寄存器 1(UCAxBR1)

7	6	5	4	3	2	1	0
UCBR-高字节							

UCBR：波特率发生器的时钟预分频器设置，UCAxBR0＋UCAxBR1×256 的高 16 位值组成预分频器值 UCBR。

5. USCI_Ax 调制控制寄存器（UCAxMCTL）

7	6	5	4	3	2	1	0
UCBRF				UCBRS			UCOS16

（1）UCBRF：第 7～4 位，第一级调制选择。当 UCOS16＝1 时，这些位决定调制方式；当 UCOS16＝0 时，将忽略这些位。

（2）UCBRS：第 3～1 位，第二级调制选择。这些位确定 BITCLK 的调制模式。

（3）UCOS16：第 0 位，过采样模式使能。

- 0：禁用。
- 1：使能。

6. USCI_Ax 状态寄存器（UCAxSTAT）

7	6	5	4	3	2	1	0
UCLISTEN	UCFE	UCOE	UCPE	UCBRK	UCRXERR	UCADDR	UCBUSY

（1）UCLISTEN：第 7 位，侦听使能。UCLISTEN 位置位选择闭环回路模式。

- 0：禁止。
- 1：使能。

（2）UCFE：第 6 位，帧错误标志。

- 0：没有错误。
- 1：接收到低停止位的字符。

（3）UCOE：第 5 位，溢出错误标志。如果在读出前一字符之前，将字符传输到 UCAxBUF，该位置位。当读取 UCxRXBUF 时，UCOE 自动复位，禁止软件清除该位。否则，不能正确地工作。

- 0：没有错误。
- 1：发生溢出错误。

（4）UCPE：第 4 位，奇偶校验错误标志。当 UCPEN＝0 时，UCPE 读取值为 0。

- 0：没有错误。
- 1：接收到带有校验错误的字符。

（5）UCBRK：第 3 位，打断检测标志。

- 0：没有出现打断情况。
- 1：产生打断情况。

（6）UCRXERR：第 2 位，接收错误标志。当 UCRXERR＝1 时，1 个或更多错误标志，UCFE、UCPE 或 UCOE 置位。当读取 UCAxRXBUF 时，清除 UCRXERR。

- 0：没有收到错误检测。
- 1：收到错误检测。

(7)UCADDR:第1位,地址位多处理器模式下接收到的地址。读取UCAxRXBUF时清除UCADDR。

- 0:接收到的字符为数据。
- 1:接收到的字符为地址。

(8)UCBUSY:第0位,UCSI忙碌。该位表示是否有发送或接收操作正在进行。

- 0:USCI不活动状态。
- 1:USCI正在发送或接收。

7. USCI_Ax 接收缓冲寄存器(UCAxRXBUF)

7	6	5	4	3	2	1	0
UCRXBUF							

UCRXBUF:用户可访问接收数据缓冲区,包括接收移位寄存器最后接收到的字符。对UCAxRXBUF进行读操作,将复位错误位UCADDR、UCIDLE及UCRXIFG。7位数据模式下,UCAxRXBUF中的内容右对齐,最高位为0。

8. USCI_Ax 发送缓冲寄存器(UCAxTXBUF)

7	6	5	4	3	2	1	0
UCTXBUF							

UCTXBUF:用户可访问发送数据缓冲区,保持数据等待移入发送移位寄存器并传输到UCAxTXD。对UCAxTXBUF进行写操作,将清除UCTXIFG。对于7位数据模式,发送缓冲内容最高位为0。

9. USCI_Ax 自动波特率控制寄存器(UCAxABCTL)

7	6	5	4	3	2	1	0
保留		UCDELIM		UCSTOE	UCBTOE	保留	UCABDEN

(1)UCDELIM:第5~4位,中断/同步分隔符长度。

- 00:1位时长。
- 01:2位时长。
- 10:3位时长。
- 11:4位时长。

(2)UCSTOE:第3位,同步字段超时错误。

- 0:没有错误。
- 1:同步字段的长度超出可测量时间。

(3)UCBTOE:第2位,打断超时错误。

- 0:没有错误。
- 1:打断字段的长度超出22位时长。

(4)UCABDEN:第0位,自动波特率检测使能。

- 0:波特率检测禁用。不测量打断和同步字段长度。
- 1:波特率检测使能。测量打断和同步字段的长度,波特率的设置据此而不变。

10. USCI_Ax IrDA 发送控制寄存器(UCAxIRTCTL)

7	6	5	4	3	2	1	0
UCIRTXPL						UCIRTXCLK	UCIREN

(1)UCIRTXPL:第 7～2 位,发送脉冲长度。脉冲长度为:

$$t_{PULSE} = (UCIRTXPLx + 1)/(2 \times f_{IRTXCLK})$$

(2)UCIRTXCLK:第 1 位,IrDA 发送脉冲时钟选择。

- 0:BRCLK。
- 1:当 UCOS16=1 时,选 BITCLK16;否则,选 BRCLK。

(3)UCIREN:第 0 位,IrDA 编码/解码器使能。

- 0:禁止 IrDA 编码/解码器。
- 1:使能 IrDA 编码/解码器。

11. USCI_Ax IrDA 接收控制寄存器(UCAxIRRCTL)

7	6	5	4	3	2	1	0
UCIRRXFL						UCIRRXPL	UCIRRXFE

(1)UCIRRXFL:第 7～2 位,接收滤波器长度,接收的最小脉冲长度为:

$$t_{MIN} = (UCIRRXFLx + 4)/(2 \times f_{IRTXCLK})$$

(2)UCIRRXPL:第 1 位,IrDA 接收输入的 UCAxRXD 极性。

- 0:当检测到一个光脉冲时 IrDA 发送器发送一个高电平。
- 1:当检测到一个光脉冲时 IrDA 发送器发送一个低电平。

(3)UCIRRXFE:第 0 位,IrDA 接收滤波器使能。

- 0:禁止接收过滤器。
- 1:使能接收过滤器。

12. USCI_Ax 中断使能寄存器(UCAxIE)

7	6	5	4	3	2	1	0
保留						UCTXIE	UCRXIE

(1)UCTXIE:第 1 位,发送中断使能。

- 0:禁止中断。
- 1:使能中断。

(2)UCRXIE:第 0 位,接收中断使能。

- 0:禁止中断。
- 1:使能中断。

13. USCI_Ax 中断标志寄存器(UCAxIFG)

7	6	5	4	3	2	1	0
保留						UCTXIFG	UCRXIFG

(1)UCTXIFG:第1位,发送中断标志。当UCAxTXBUF为空时UCTXIFG置位。

- 0:无中断挂起。
- 1:中断挂起。

(2)UCRXIFG:第0位,接收中断标志。当UCAxRXBUF已经接收一个完整的字符时,置位UCRXIFG。

- 0:无中断挂起。
- 1:中断挂起。

14. USCI_Ax中断向量寄存器(UCAxIV)

15~3	2~1	0
0	UCIV	0

UCIV:USCI中断向量值,如表9.4所示。

表9-4 USCI中断向量值

UCAxIV	中断源	中断标志	中断优先级
00h	无中断	……	……
02h	接收到数据	UCRXIFG	最高
04h	发送缓冲为空	UCTXIFG	最低

9.3.5 应用举例

例9.1 利用USCI_A1模块的UART在ISR中将接收到的字符发送出去。单片机工作于超低功耗LPM3模式下,时钟频率选择为:ACLK=32768 Hz,波特率为9600。

思路解析 分频参数:32768/9600=3.41,所以UCA1BR0=0x03,UCA1BR1=0x00。参考程序如下。

```
# include< msp430f6638.h>
int main(void)
{
    WDTCTL=WDTPW+WDTHOLD;        //关闭看门狗
    while (BAKCTL & LOCKIO)          //解锁XT1引脚
        BAKCTL &=~LOCKIO;
    UCSCTL6 &=~XT1OFF;               //使能XT1
    UCSCTL6 |=XCAP_3;                //配置内接电容值
    do {                  //一直循环执行,直到XT1故障标志位被清零
        UCSCTL7 &=~(XT2OFFG+XT1LFOFFG+DCOFFG);//清零XT1,XT2,DCO的故障标志位
        SFRIFG1 &=~OFIFG;              //清零SFR中的故障标志位
    } while (SFRIFG1 & OFIFG);          //检测振荡器故障标志位

    P8SEL |=BIT2+BIT3;               //配置P8.2引脚为UCA1TXD
```

```
        P8DIR |=BIT2+BIT3;                    //配置P8.3引脚为UCA1RXD
        UCA1CTL1 |=UCSWRST;                   //USCI模块处于复位状态
        UCA1CTL1 |=UCSSEL_1;                  //CLK=ACLK
        UCA1BR0=0x03;                         //32 kHz/9600=3.41
        UCA1BR1=0x00;
        UCA1MCTL=UCBRS_3+UCBRF_0;             //配置UCBRSx=3,UCBRFx=0
        UCA1CTL1 &=~UCSWRST;                  //恢复USCI模块的工作状态
        UCA1IE |=UCRXIE;                      //使能USCI_A0接收中断
        __bis_SR_register(LPM3_bits+GIE);     //进行低功耗模式并打开中断
        __no_operation();                     //用于调试
    }
//UART中断服务程序,UART将接收到的数据再发出去
  # pragma vector=USCI_A1_VECTOR
  __interrupt void USCI_A1_ISR(void) {
      switch (__even_in_range(UCA1IV,14) ) {
          case 0:       break;                //中断向量0:无中断
          case 2:                             //中断向量2:接收中断(RXIFG)
            while (! (UCA1IFG & UCTXIFG));    //等待USCI_A0 TX缓存准备好
            UCA1TXBUF=UCA1RXBUF;
                                  //把接收到的数据送到发送寄存器,并开始发送
            break;
          case 4:      break;                 //中断向量4:发送中断(TXIFG)
          default:     break;
      }
  }
```

例9.2 MSP430系列单片机与PC上位机通信波特率设置为9600bps,没有校验位,数据位为8位,停止位为1位。波特率生成采用过采样波特率模式。

参考程序如下。

```
  # include<msp430f6638.h>
  int main(void)
  {
      WDTCTL=WDTPW+WDTHOLD;                //关闭看门狗

      P8SEL |=BIT2+BIT3;                   //配置P8.2引脚为UCA1TXD
      P8DIR |=BIT2+BIT3;                   //配置P8.3引脚为UCA1RXD
      UCA1CTL1 |=UCSWRST;                  //USCI模块处于复位状态
      UCA1CTL1 |=UCSSEL_2;                 //CLK=SMCLK
      UCA1BR0=0x06;                        //1048576 Hz/9600/16=6.83
      UCA1BR1=0x00;
      UCA1MCTL=UCBRS_13+UCBRS_0+UCOS16;
                                           //UCBRSx=13,过采样波特率方式
      UCA1CTL1 &=~UCSWRST;                 //恢复USCI模块的工作状态
```

```
    UCA1IE |=UCRXIE;                 //使能 USCI_A0 接收中断
    __bis_SR_register(LPM3_bits+GIE);  //进行低功耗模式并打开中断
    __no_operation();                    //用于调试
  }
//UART 中断服务程序,UART 将接收到数据,再发出去
  # pragma vector=USCI_A1_VECTOR
  __interrupt void USCI_A1_ISR(void) {
    switch (__even_in_range(UCA1IV,14) ) {
      case 0:        break;            //中断向量 0:无中断
      case 2:                          //中断向量 2:接收中断(RXIFG)
        while (! (UCA1IFG & UCTXIFG));  //等待 USCI_A0  TX 缓存准备好
        UCA1TXBUF=UCA1RXBUF;          //把接收到的数据送到发送寄存器,并开始发送
        break;
      case 4:      break;              //中断向量 4:发送中断(TXIFG)
      default:      break;
    }
  }
```

9.4 SPI 模式

9.4.1 SPI 概述

SPI(serial peripheral interface)为串行外设接口的简称,它是一种全双工同步通信协议。MSP430F5xx/6xx 系列单片机的 USCI_A 和 USCI_B 模块都支持 SPI 通信模式。SPI 通信模块通过三线(SOMI、SIMO 及 SCLK)或者四线(SOMI、SIMO、SCLK 及 STE)与外界进行通信。下面对这四根线进行简要说明。

- SCLK:SCLK 为 SPI 通信时钟线。该时钟线由主机控制,即传送的速率由主机编程决定。
- SOMI:SOMI(slave output master input)即主入从出引脚。如果设备工作在主机模式,该引脚为输入;如果设备工作在从机模式,该引脚为输出。
- SIMO:SIMO(slave input master output)即主出从入引脚。如果设备工作在主机模式,该引脚为输出;如果设备工作在从机模式,该引脚为输入。
- STE:STE(slave transmitter enable)即从机模式发送/接收控制引脚,控制多主或多从系统中的多个从机。在其他应用场合中,也经常被写为片选 CS(chip select)和从机选择 SS(slave select)。

SPI 通信模块硬件功能很强,从而使得 SPI 通信软件实现相当简单,使 CPU 有更多时间处理其他事情。SPI 通信原理也比较简单,如图 9.9 所示。

9.4.2 SPI 操作模式

当 MSP430 系列单片机的 USCI 模块控制寄存器 UCTL 的 UCSYNC 置位且 UCMODE 控制位为 00、01 或 10 时,串行模块工作在 SPI 模式,通过四线(SOMI、SIMO、

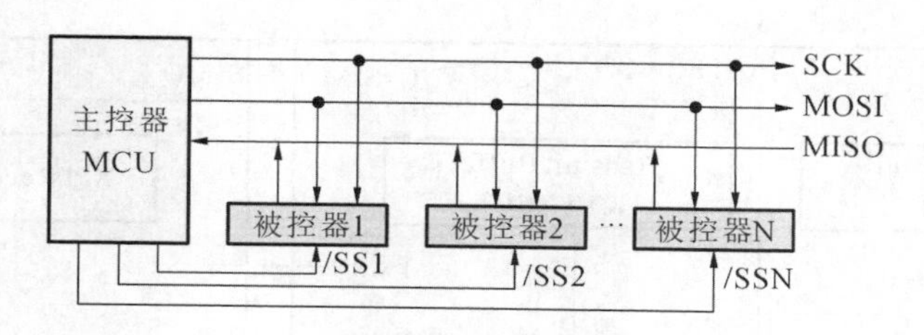

图 9.9 SPI典型结构

SCLK及STE)或者三线(SOMI、SIMO及SCLK)与外界通信。MSP430系列单片机的SPI模块的特点有:① 支持三线或四线SPI操作;② 支持7位或8位数据格式;③ 接收和发送分别有独立的移位寄存器;④ 接收和发送分别有独立的缓冲器;⑤ 接收和发送有独立的中断能力;⑥ 时钟的极性和相位可以编程控制;⑦ 主模式的时钟频率可以编程控制;⑧ 传输速率可以编程控制;⑨ 支持连续收发操作;⑩ 支持主从方式。

1. SPI模式的引脚信号

引脚SOMI、SIMO、SCLK和STE用于SPI模式。其中,SOMI、SIMO和SCLK在主机模式和从机模式下存在差别。

STE是从机模式发送、接收允许控制引脚,控制多主从系统中的多个从机。该引脚不用于三线SPI操作,可以在4线SPI操作中使多主机共享总线,避免发生冲突。

四线SPI操作主模式中,STE的含义如下。

- 0:SIMO和SCLK被强制进入输入状态。
- 1:SIMO和SCLK正常操作。

四线SPI操作从模式中,STE的含义如下。

- 0:允许从机发送、接收数据,SIMO正常操作。
- 1:禁止从机发送、接收数据,SIMO被强制进入输入状态。

2. SPI的操作方式

SPI是全双工的,即主机在发送的同时也在接收数据,传送的速率由主机编程决定;主机提供时钟与数据,从机利用这一时钟接收数据,或在这一时钟下送出数据。时钟的极性和相位也是可以选择的,具体的约定由设计人员根据总线上各设备接口的功能决定。

1) SPI的主机模式

如图9.10所示的是三线或四线制主机-从机连接方式应用示意图。MSP430系列单片机作为主机,与另一SPI从机设备连接。

当控制寄存器UCAxCTL0/UCBxCTL0中UCMST置位时,MSP430系列单片机的USCI工作在主机模式。在SPI同步串行通信主机-从机连接模式下,同步时钟由主机发出,从机的所有动作由同步时钟进行协调。主机的UCxSIMO与从机的SIMO连接,主机的UCxCLK与从机的SCLK连接。USCI模块通过在SCLK引脚上的时钟信号控制串行通信。在第一个SCLK周期,数据由SIMO引脚移出,并在相应的SCLK周期的中间,在SOMI引脚锁存数据。每当移位寄存器为空,已写入发送缓存UCxTXBUF的数据移入移位寄存器,并启动在SIMO引脚的数据发送,先发送MSB还是LSB,取决于是否置位UCMSB位。接收到的数据移入移位寄存器,当移完选定位数后,接收移位寄存器中的数据移入接收缓冲器UCxRXBUF中,并设置中断标志UCRXIFG,表明接收到一个数据。在接

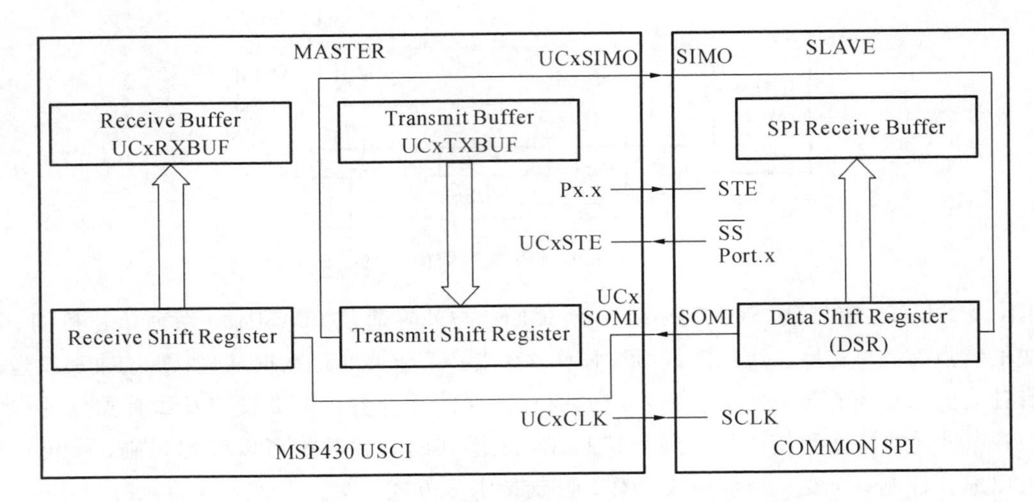

图 9.10　USCI 模块为主机在同步模式下与其他从机相连

收过程中，最先收到的数据为最高有效位，数据以右对齐的方式存入接收缓冲器。

如果是四线制连接方式，由激活的主机 STE 信号来控制防止与别的主机发生总线冲突。表 9-5 说明了主从机模式选择。

表 9-5　主从机选择模式

UCMODE	UCxSTE 活动状态	UCxSTE	从机	主机
01	高	0	不活跃	活跃
		1	活跃	不活跃
10	低	0	活跃	不活跃
		1	不活跃	活跃

UCxSTE 与从机的片选端 SS 相连，主机的 UCxSTE 用于选中从机，在发起传送过程之前，首先是 UCxSTE 有效（由 UCMODE 决定）来激活从机，然后进行数据传送。

若当前的主机处于非活动状态时：

①UCxSIMO 和 UCxCLK 设置为输入状态，并且不再驱动总线；

②错误位 UCFE 置位，表明存在违反通信完整性的情况，需要用户处理；

③内部状态器复位，终止移位操作。

如果主机在非活动状态时，数据被写入发送缓冲寄存器 UCxTXBUF 中，一旦主机切换到活动状态，数据将被立即发送。如果主机在发送数据的过程中，突然切换到非活动状态，而致使正在发送的数据停止，那么主机切换到活动状态后，数据必须再次写入发送缓冲寄存器 UCxTXBUF 中。在三线制主机模式下，不需要使用 STE 输入控制信号。

2）SPI 的从机模式

如图 9.11 所示是三线制或四线制主机和从机应用连接示意图。USCI 模块为从机，与另一主机设备相连。

当控制寄存器 UCAxCTL0/UCBxCTL0 中的 UCMST＝0 时，MSP430 系列单片机的 SPI 通信模块工作在从机模式。在从机模式下，SPI 通信所用的串行时钟来源于外部主机，从机的 UCxCLK 引脚为输入状态。数据传输速率由主机发出的串行时钟决定，而不是内部

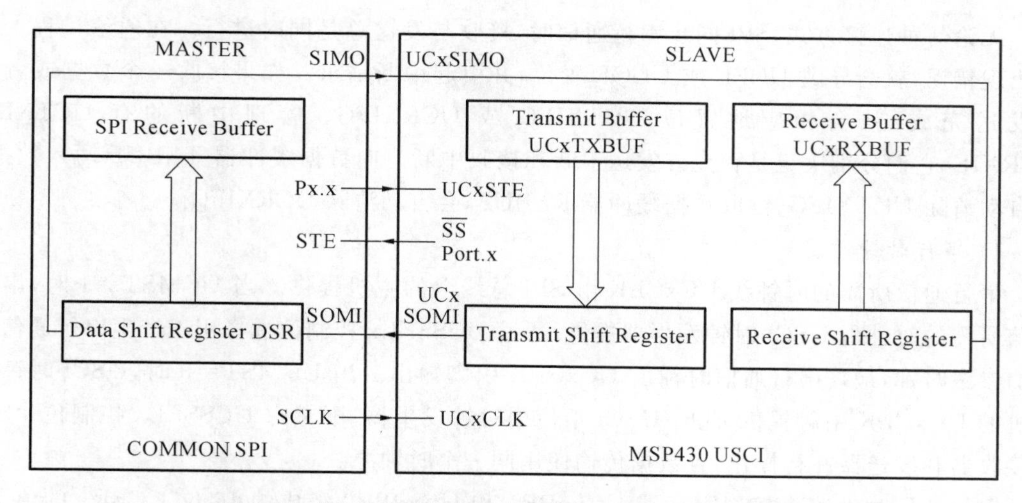

图9.11 USCI模块为从机在同步模式下与其他主机相连

的时钟发生器。在UCxCLK开始前，由UCxTXBUF移入移位寄存器中的数据在主机UCxCLK信号的作用下，通过从机的UCxSOMI引脚发送给主机。同时，UCxSIMO引脚上的串行数据在UCxCLK时钟的反向跳变沿移入接收移位寄存器中。当数据从接收移位寄存器移入接收缓冲寄存器UCxRXBUF中时，UCRXIFG中断标志位置位，表明数据已经接收完成。当新数据被写入接收缓冲寄存器时，前一个数据还没有被取出，则溢出标志位UCOE将被置位。

在四线制从机模式下，从机使用UCxSTE控制位来使能接收或发送操作，该位状态由SPI主机提供，用于片选。当STE引脚为低电平时，从机处于活动状态；当STE引脚为高电平时，从机处于非活动状态。

当从机处于非活动状态时：

①停止UCxSIMO上任何正在进行的接收操作；

②UCxSOMI被设置为输入方向；

③移位操作停止，直到从机进入活动状态才开始。

在三线从机模式下，不使用UCxSTE输入控制信号。

3）同步操作原理

上电或者UCSWRST＝1都能使得SPI同步串行通信模块进入复位状态。上电后，UCSWRST被自动置位，并一直保持这种状态，直到对其操作为止。当UCSWRST＝1时，将会导致UCRXIE、UCTXIE、UCOE、UCFE和UCTXIFG复位。所有对SPI的配置都必须在UCSWRST＝1期间进行，只有当UCSWRST＝0时，SPI才能按照配置从事正常数据传输工作。

SPI同步串行通信可以由UC7BIT控制选择7位或者8位数据，当UC7BIT＝0时，数据位数是8位；当UC7BIT＝1时，数据位数是7位，数据的最高位总是0。UCMSB决定发送数据的次序：当UCMSB＝0时，从最低位开始发送；当UCMSB＝1时，从最高位开始发送。

在数据传输过程中，无论是发送还是接收，BUSY一直为1，表示处于忙碌状态。在主模式下，向发送缓冲寄存器写入发送的数据，将激活时钟发生器，并开始传送数据。

无论何种连接方式，SPI同步串行通信时，接收与发送总是同时进行。在通信过程上如果出现错误，就会导致UCFE或UCOE置位，并引起中断请求。如果接收一个数据或者一次发送完成，就会相应地置位UCTXIFG或UCRXIFG。管理中断的有UCTXIE、UCRXIE，它们分别决定是否允许发送中断和接收中断。向数据缓冲器TXBUF写入数据，会自动清除UCTXIFG；读取数据缓冲器RXBUF，会自动清除UCRXIFG。

4）串行时钟控制

串行通信所需的时钟线UCxCLK由SPI总线上的主机提供。当UCMST=1时，串行通信所需的时钟由USCI时钟发生器提供，通过UCSSELx控制位选择用于产生串行通信时钟的参考时钟，最终串行通信时钟由UCxCLK引脚输出。当UCMST=0时，USCI时钟由主机的UCxCLK引脚提供，此时USCI不使用时钟发生器，不考虑UCSSELx控制位。SPI的接收器和发送器并行操作，且数据传输使用同一个时钟源。

串行通信时钟速率控制寄存器UCxxBR1和UCxxBR0组成的16位UCBRx的值，是USCI时钟源BRCLK的分频因子。在主模式下，USCI模块能够产生的最大串行通信时钟是BRCLK。SPI模式下不可使用调制器，即SPI串行通信时钟发生器不支持小数分频，所以USCI工作在SPI模式下的时钟发生器产生频率计算公式为：

$$f_{\text{BITCLOCK}} = \frac{f_{\text{BRCLK}}}{\text{UCBR}}$$

SPI通信时序如图9.12所示。其中，CKPH和CKPL为UCxCLK的极性和相位控制位，下面对这两个控制位进行简单介绍。CKPH为UCxCLK的相位控制位，CKPL为UCxCLK的极性控制位。两个控制位如何设置对通信协议没有什么影响，只是用来约定在UCxCLK的空闲状态和从什么位置开始采样信号。当CKPH=0时，意味着发送在以UCxCLK第一个边沿开始采样信号，反之则在第二个边沿开始。当CKPL=0时，意味着时钟总线低电平位空闲，反之则是时钟总线高电平空闲。当信号线稳定时，进行接收采样，当接收采样时，信号线不允许发生电平跳变。

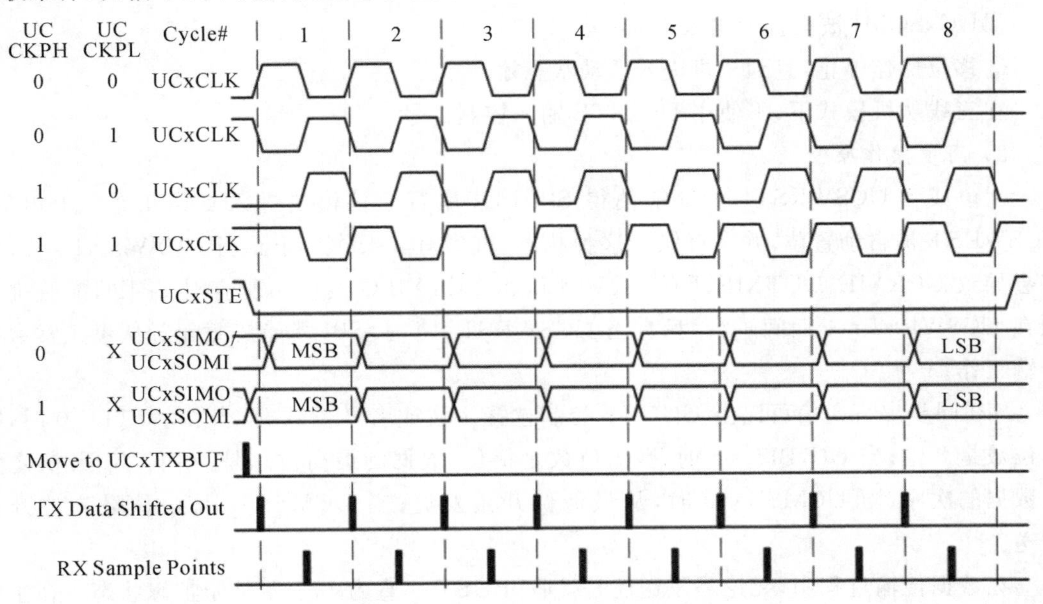

图9.12 SPI通信协议时序图(UCMSB=1)

在标准SPI协议中，先发送的是MSB位，在四线制模式下，片选信号(STE/CS/SS)控制传输的开始。在三线制模式中，则是从机始终激活，依靠时钟来判断数据传输的开始时间。

9.4.3 SPI模块寄存器

同步通信和异步通信寄存器资源一致，但具体寄存器的不同位之间存在差异，使用时不要混淆。

1. USCI_Ax/USCI_Bx 控制寄存器0(UCAxCTL0/UCBxCTL0)

7	6	5	4	3	2	1	0
UCCKPH	UCCKPL	UCMSB	UC7BIT	UCMST	UCMODE		UCSYNC

(1)UCCKPH：第7位，时钟相位选择位。

- 0：数据在第一个UCLK沿改变，数据在上升沿捕获。
- 1：数据在第一个UCLK沿捕获，数据在上升沿改变。

(2)UCCKPL：第6位，时钟相位选择位。

- 0：非活动状态为低。
- 1：活动状态为高。

(3)UCMSB：第5位，最高有效位选择位。控制接收和发送方向移位的方向。

- 0：LSB优先。
- 1：MSB优先。

(4)UC7BIT：第4位，字符长度。选择7位或8位字符长度。

- 0：8位数据。
- 1：7位数据。

(5)UCMST：第3位，主机模式选择。

- 0：从机模式。
- 1：主机模式。

(6)UCMODE：第2～1位，USCI模式。当UCSYNC＝1时，UCMODEx位选择同步模式。

- 00：三线SPI。
- 01：四线SPI，UCxSTE为高，当UCxSTE＝1时从机使能。
- 10：四线SPI，UCxSTE为低，当UCxSTE＝0时从机使能。
- 11：I^2C模式。

(7)UCSYNC：第0位，同步模式使能。

- 0：异步模式。
- 1：同步模式。

2. USCI_Ax/USCI_Bx 控制寄存器1(UCAxCTL1/UCBxCTL1)

7～6	5～1	0
UCSSEL	未使用	UCSWRST

(1)UCSSELx:第7～6位,USCI时钟源选择。这两位选择主机模式下BRCLK的时钟源、UCxCLK通常在从机模式下使用。

- 00:NA。
- 01:ACLK。
- 10:SMCLK。
- 11:SMCLK。

(2)UCSWRST:第0位,软件复位使能。

- 0:禁止,USCI复位释放。
- 1:使能,USCI保持在复位状态。

3. USCI_Ax/USCI_Bx 波特率控制寄存器0(UCAxBR0/UCBxBR0)

7	6	5	4	3	2	1	0
UCBR-低字节							

4. USCI_Ax/USCI_Bx 波特率控制寄存器1(UCAxBR1/UCBxBR1)

7	6	5	4	3	2	1	0
UCBR-低字节							

UCBR:位时钟预分频值为:UCxxBR0+UCxxBR1×256。

5. UCAxSTAT/UCBxSTAT 状态寄存器(UCAxSTAT/UCBxSTAT)

7	6	5	4	3	2	1	0
UCLISTEN	UCFE	UCOE	未使用				USBUSY

(1)UCLISTEN:第7位,选择是否将发送数据由内部反馈给接收器。

- 0:无反馈。
- 1:有反馈,发送信号由内部反馈给接收器,自己发送的数据同时被自己接收,通常称为自环模式。

(2)UCFE:第6位,帧错标志。此位表示四线主机模式下总线冲突。UCFE不在三线主机或者任意从机模式下使用。

- 0:没有帧错。
- 1:帧错。

(3)UCOE:第5位,溢出标志位。

- 0:无溢出。
- 1:有溢出。

(4)UCBUSY:第0位,USCI忙。此位表示正在进行发送或接收数据。

- 0:USCI不活跃。
- 1:USCI正在发送或接收。

6. USCI_Ax/USCI_Bx 接收缓冲寄存器(UCAxRXBUF/UCBxRXBUF)

7	6	5	4	3	2	1	0
UCRXBUF							

UCRXBUF:用户可访问接收缓冲寄存器,它包含了从接收移位寄存器接收到的最后一个字符。读 UCRXBUFx 会复位接收错误位和 UCRXIFG。在 7 位数据模式下,UCxRXBUF 是最低位对齐,MSB 总是为 0。

7. USCI_Ax/USCI_Bx 发送缓冲寄存器(UCAxTXBUF/UCBxTXBUF)

7	6	5	4	3	2	1	0
UCTXBUF							

UCTXBUF:用户可访问发送缓冲寄存器,它锁存了欲发送移位寄存器的数据。写发送数据缓冲会清零 UCTXIFG。UCxTXBUF 的最高有效位不用于 7 位数据模式。

8. USCI_Ax/USCI_Bx 中断使能寄存器(UCAxIE/UCBxIE)

7～2	1	0
保留	UCTXIE	UCRXIE

(1)UCTXIE:第 1 位,发送中断使能。

- 0:中断禁止。
- 1:中断使能。

(2)UCRXIE:第 0 位,接收中断使能。

- 0:中断禁止。
- 1:中断使能。

9. USCI_Ax/USCI_Bx 中断标志寄存器(UCAxIFG/UCBxIFG)

7～2	1	0
保留	UCTXIFG	UCRXIFG

(1)UCTXIFG:第 1 位,发送中断标志位。

- 0:无中断。
- 1:产生中断。

(2)UCRXIFG:第 0 位,接收中断标志位。

- 0:无中断。
- 1:产生中断。

10. USCI_Ax/USCI_Bx 中断向量寄存器(UCAxIV/UCBxIV)

15～3	2～1	0
0	UCIV	0

UCIV：Bits 2～1，USCI 中断向量值。在 SPI 模式下，USCI 中断向量表如表 9-6 所示。

表 9-6　SPI 模式下 USCI 中断向量表

UCAxIV 值	中断源	中断标志	中断优先级
0000h	无中断	—	—
0002h	数据接收中断	UCRXIFG	最高
0004h	数据发送中断	UCTXIFG	最低

9.4.4　应用举例

例 9.3　SPI 三线主模式。SPI 主机与从机通过三线 SPI 接口通信，主机发送数据，数据从 0x01 开始递增，如果发送和接收数据相同，则点亮 LED 灯，否则断熄灭。

本程序是主机程序，参考程序如下。

```
# include<msp430f6638.h>
unsigned char   MST_Data,SLV_Data;
int main(void)
{
  WDTCTL=WDTPW+WDTHOLD;                        //关闭看门狗
    P8SEL |=BIT4+BIT5+BIT6;                    //P8.5 为 UCB1SOMI
    P8DIR |=BIT4+BIT5+BIT6;                    //P8.6 为 UCB1SIMO
    P1DIR=BIT0+BIT1;                           //配置 LED 端口
    P1OUT=0;

    UCB1CTL1 |=UCSWRST;                        //USCI 模块复位
    UCB1CTL0 |=UCMST+UCSYNC+UCCKPL+UCMSB;
                                               //3 线,8 位 SPI 主机
                                               //时钟极性高,MSB 先发送
    UCB1CTL1 |=UCSSEL_2;                       //时钟源为 SMCLK
    UCB1BR0=0x02;                              //波特率为 SMCLK/2
    UCB1BR1=0;
    UCB1CTL1 &=~UCSWRST;                       //USCI 模块状态恢复
    UCB1IE=UCRXIE;                             //使能接收中断
    P1OUT |=BIT1;                              //从机选择
    __delay_cycles(100);                       //等待从机初始化
    MST_Data=0x01;                             //初始化数据
    SLV_Data=0x00;
    while (!(UCB1IFG & UCTXIFG));              //判断 USCI_B1 发送缓冲是否就绪
    UCB1TXBUF=MST_Data;                        //发送第一个字符
    __bis_SR_register(LPM0_bits+GIE);          //进入低功耗模式,使能中断
}
# pragma vector=USCI_B1_VECTOR
__interrupt void USCI_B1_ISR(void) {
```

```
    switch(__even_in_range(UCB1IV,14)){
    case    0:      break;                      //无中断
    case    2:                                  //接收中断
        while(!(UCB1IFG & UCTXIFG));       //判断USCI_B1发送缓冲是否就绪
        if(UCB1RXBUF ==SLV_Data)    //监测接收到的数据是否正确
            P1OUT |=BIT0;                   //如果正确,点亮LED
        else
            P1OUT &=~BIT0;               //如果错误,熄灭LED
        MST_Data++;                         //数据递增
        SLV_Data++;
        UCB1TXBUF=MST_Data;
        __delay_cycles(500);
        break;
    case    4:      break;                      //发送中断
    default:        break;
    }
}
```

例9.4 SPI三线从机模式。SPI主机与从机通过三线SPI接口通信,从机接收数据,并返回给主机。

参考程序如下。

```
#include<msp430f6638.h>
int main(void)
{
    WDTCTL=WDTPW+WDTHOLD;       //关闭看门狗
    P8SEL |=BIT4+BIT5+BIT6;         //P8.5为UCB1SOMI
  P8DIR |=BIT4+BIT5+BIT6;          //P8.6为UCB1SIMO
    P1REN |=BIT4;                       //使能P1.4引脚内部电阻
    P1OUT |=BIT4;                       //P1.4引脚接内部上拉电阻
    P1IES &=~BIT4;                        //P1.4上升沿触发中断
    P1IFG &=~BIT4;                        //P1.4外部中断标志清零
    P1IE |=BIT4;                        //使能P1.4外部中断
    UCB1CTL1 |=UCSWRST;             //USCI模块复位
    UCB1CTL0 |=UCSYNC+UCCKPL+UCMSB;
                                        //3线,8位SPI从机
                                        //时钟极性高,MSB先发送
    UCB1CTL1 &=~UCSWRST;            //USCI模块状态恢复
    __bis_SR_register(LPM0_bits+GIE);  //进入低功耗模式,使能中断
}
#pragma vector=USCI_B1_VECTOR
__interrupt void USCI_B1_ISR(void){
    switch(__even_in_range(UCB1IV,14)){
    case    0:  break;                      //无中断
```

```
        case    2:                              //接收中断
            while(!(UCB1IFG & UCTXIFG));       //判断 USCI_B1 发送缓冲是否就绪
            UCB1TXBUF=UCB1RXBUF;        //将接收到的字符再发送回去
            break;
        case    4:  break;                      //发送中断
        default:    break;
        }
    }
    //Port 1 interrupt service routine
    #pragma vector=PORT1_VECTOR
    __interrupt void Port_1(void) {
        P1IFG &=~BIT4;                          //清除 P1.4 中断标志
        P1IE &=~BIT4;                           //禁止 P1.4 外部中断
        UCB1CTL1 |=UCSWRST;                 //主机准备就绪,USCI 模块复位
    UCB1CTL1 &=~UCSWRST;                    //USCI 模块复位状态恢复
    UCB1IE |=UCRXIE;                            //使能接收中断
    }
```

9.5 I²C 模式

9.5.1 I²C 概述

I²C 是 Inter-Integrated Circuit 的简称,是 Philips 公司推出的芯片间串行传输总线,它以 2 根连线实现了完善的全双工同步数据传送,可以极方便地构成多机系统和外围器件扩展系统。I²C 总线采用了器件地址的硬件设置方法,通过软件寻址完全避免了器件的片选线寻址方法,从而使硬件系统具有最简单而灵活的扩展方法。I²C 接口的标准传输速率为 100 kbit/s,快速传输可达 400 kbit/s,目前还增加了高速模式,最高传输速率可达 3.4 Mbit/s。

I²C 用于连接集成电路和功能模块,在它们之间交互数据或控制信息。很多设备,如键盘和 LED 控制器,以及存储设备 EEPROM 和 FLASH 都配备了 I²C 总线接口。

MSP430 单片机的 USCI_B 模块能够支持 I²C 通信,能够为 MSP430 单片机与具有 I²C 接口的设备互连提供条件。软件上只需要完成 I²C 功能的配置,硬件能够完全实现 I²C 通信的功能。相比较利用 GPIO 软件模拟实现 I²C 操作,能够减少 CPU 的负荷。

I²C 总线具有以下特点。

- 只需要两条总线:一条串行数据线 SDA,一条串行时钟线 SCL。
- 每个连接到总线的器件都可以通过唯一的地址和一直存在的简单的主机/从机关系软件设定地址,主机可以作为主机发送器或主机接收器。
- I²C 总线是真正的多主机总线,如果两个或更多主机同时初始化,数据传输可以通过冲突检测和仲裁防止数据被破坏。
- 串行的 8 位双向数据传输位速率在标准模式下可达 100 kbps,快速模式下可达 400

kbps，高速模式下可达 3.4 Mbps。

I^2C 中关于设备的基本概念如下。

- 发送设备：发送数据到总线上的设备。
- 接收设备：从总线上接收数据的设备。
- 主设备：启动数据传送并产生时钟信号的设备。
- 从设备：被主器件寻址的设备。

I^2C 是一个多主总线，它由多个互接的器件控制，所以任何一个设备都能像主控器一样工作，并控制总线。支持 I^2C 的设备有微控制器、A/D 转换器、D/A 转换器、存储器、LCD 控制器、LED 控制器、I/O 端口扩展器以及实时时钟等。在互连系统中，每个设备都有唯一的地址，可以作为发送设备（LCD 驱动器）、接收设备或同时具有发送和接收功能（存储器）。根据设备是否必须启动数据传输还是仅仅被寻址的情况，发送设备或接收设备可以工作于主模式或从模式。

MSP430 系列单片机与有关设备的互连如图 9.13 所示。

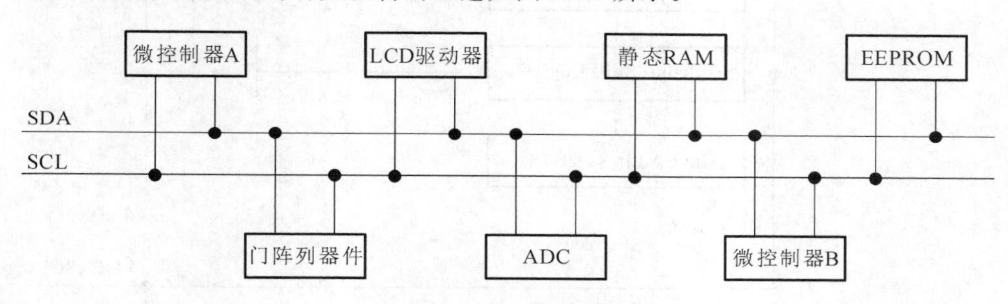

图 9.13 I^2C 总线连接

通常的 I^2C 总线包括 SCL 和 SDA。

- SCL：双向串行时钟线。
- SDA：双向传输的串行数据线。

由于 SDA 与 SCL 为双向 I/O 线，接口电路都是开漏输出（输出 1 时，为高阻状态），因此 I^2C 总线上所有设备的 SDA 与 SCL 引脚都要外接上拉电阻，一般为 3.3 kΩ～10 kΩ。

MSP430 系列单片机的 I^2C 模块结构如图 9.14 所示。I^2C 模块结构由四个部分组成：I^2C 接收逻辑、I^2C 状态机、I^2C 发送逻辑和 I^2C 时钟发生器。I^2C 接收与发送逻辑都与 UCxSDA 串行数据线相连。I^2C 接收逻辑包括自身地址寄存器 UC1OA、接收移位寄存器和接收缓冲寄存器，I^2C 接收逻辑可根据自身地址完成 I^2C 通信中数据接收工作。I^2C 状态机可表示在 I^2C 通信中的各种状态。I^2C 发送逻辑包括发送缓冲寄存器、发送移位寄存器和从机地址寄存器，I^2C 发送逻辑可根据从机地址完成 I^2C 通信中数据的发送工作。I^2C 时钟发生器可在 I^2C 模块作为主机时产生串行时钟，控制数据传输。

当 UCMODEx＝11，UCSYNC＝1 时，串行通信模块 USCI_Bx 工作于 I^2C 模式。

MSP430 系列 I^2C 模块的主要特征如下。

- 符合 I^2C 总线协议规范 v2.1。
- 7 位或者 10 位设备寻址模式。
- 群呼。
- 开始/重新开始/停止信号建立。

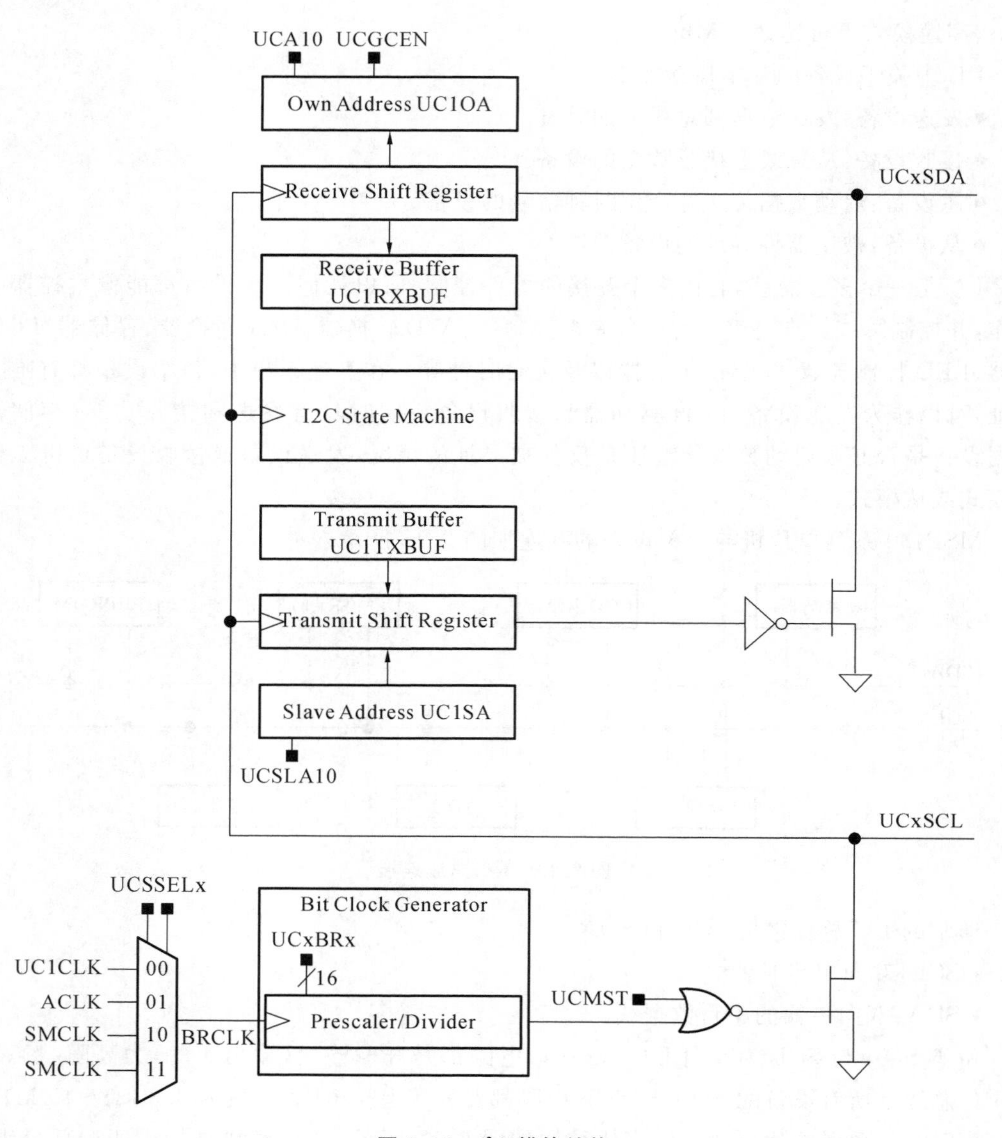

图 9.14　I^2C 模块结构

- 多主传送/从接收模式。
- 多主接收/从发送模式。
- 标准模式速度为 100 kbps，快速模式速度可以达到 400 kbps。
- 主机模式下可编程 UCxCLK 频率。
- 支持低功耗模式。
- 检测到的开始信号能自动将 MSP430 系列单片机从 LPMx 模式唤醒。
- 从机运行在 LPM4 模式下。

9.5.2　I^2C 操作模式

1. I^2C 的寻址模式

早期的 I^2C 总线数据传输速率最高为 100 kbps，采用 7 位寻址。由于数据传输速率和应用功能的迅速提升，I^2C总线也增强为快速模式(400 kbps和10位寻址)，以满足更快速度和更大寻址空间的需求。

MSP430系列单片机的I^2C模块支持7位和10位两种寻址模式，7位寻址模式最多寻址128个设备，10位寻址模式最多寻址1024个设备。I^2C总线理论上的最大设备数是以总线上所有器件的电容总和不超过400pF为限(其中包括连线本身的电容和连接端的引出电容)，总线上所有器件要依靠SDA发送的地址信号寻址，不需要片选信号。

1)7位寻址模式

如图9.15所示为7位寻址方式下的I^2C数据传输格式。第一个字节由7位从地址和读/写控制位$R/\overline{W}$组成，不论总线上传送地址信息还是数据信息，每个字节传输完毕接收设备都会发送响应(ACK)。地址类信息传输之后是数据信息，直到接收到停止信号。

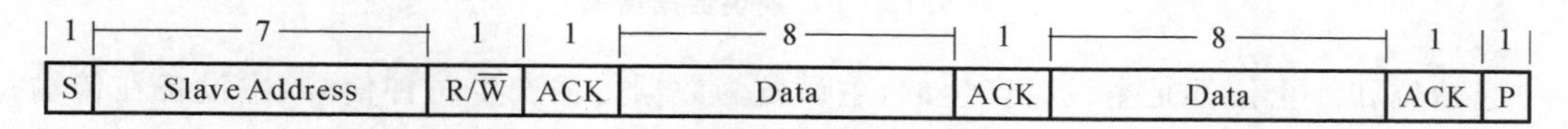

图9.15　7位寻址模式数据格式

2)10位寻址模式

如图9.16所示为10位寻址方式下I^2C数据传输格式。第一个字节由二进制位11110和从地址的最高两位以及读/写控制位$R/\overline{W}$组成，第一个字节传输完毕依然还是响应位，第二个字节是10位从地址的低8位，后面是响应位和数据。

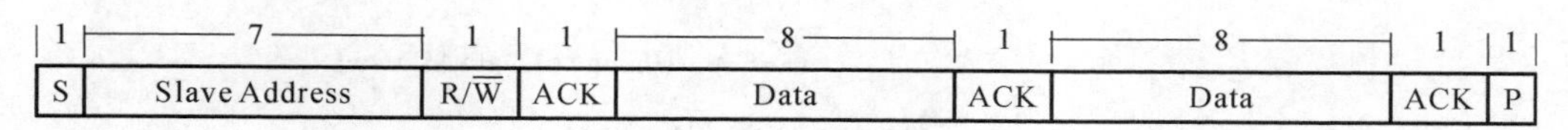

图9.16　10位寻址模式数据格式

3)二次发送从地址模式(重复产生起始信号)

主设备能在不停止传输的情况下改变SDA上传输的数据流方向，其方法是主设备再次发送开始信号，并重新发送从地址和读/写控制位$R/\overline{W}$。如图9.17所示为重新产生起始信号数据传输格式

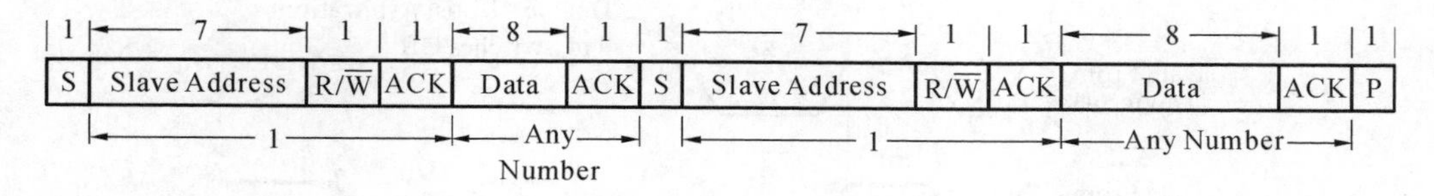

图9.17　二次发送从地址模式数据格式

2. I^2C模块传输特性

I^2C模块能够在两个设备之间传输信息，采用的方法是总线的电气特性、总线仲裁和时钟同步。

1)电气特性

- 起始位：SCL=1时，SDA上有下降沿。
- 停止位：SCL=1时，SDA上有上升沿。

起始位之后总线被认为忙，即有数据在传输。SCL位高电平时，SDA的数据必须保持稳定，否则由于起始位和停止位的电气边沿特性，SDA上数据发生改变将被识别成起始位或者停止位，所以只有当 SCL 为低电平时才允许 SDA 上的数据改变。停止位之后总线被认为闲，空闲状态时 SDA 和 SCL 都是高电平。当一个字节发送或接收完毕需要 CPU 干预时，SCL 一直保持为低。

起始位、停止位和数据位在 SDA 和 SCL 总线上的关系如图 9.18 所示。

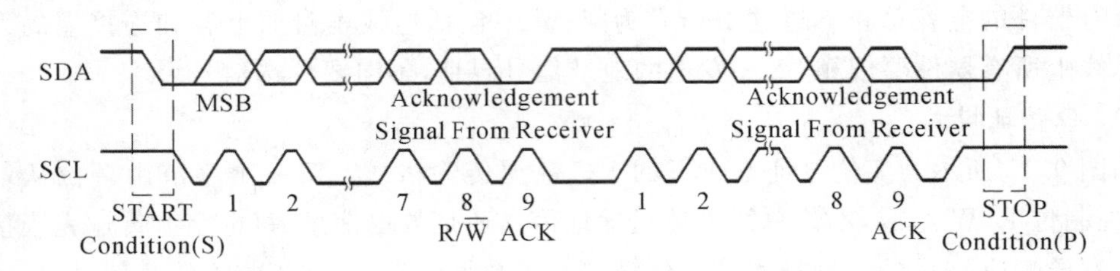

图 9.18　I²C 模块数据传输

起始位和停止位都是主设备产生的，主设备为数据传输产生时钟信号，主设备在传输每个数据位时都会产生一个时钟脉冲，如图 9.19 所示。

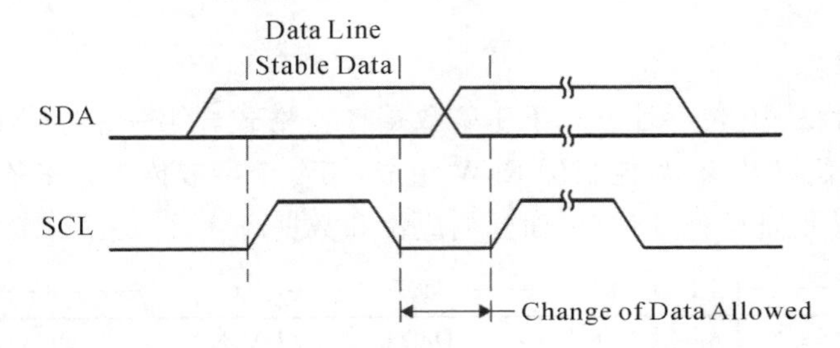

图 9.19　I²C 总线上的位传输

2）总线仲裁

当两个或多个主发送设备在总线上同时开始发送数据时，总线仲裁过程能够避免总线冲突，如图 9.20 所示。

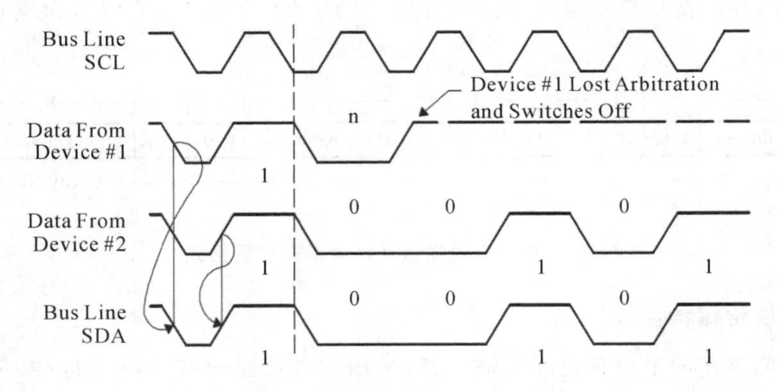

图 9.20　两个设备之间的仲裁过程

当两个设备同时发出起始位进行数据传输时，相互竞争的设备使它们的时钟保持同步，正常发送数据。没有检测到冲突之前，每个设备都认为只有自己在使用总线。

仲裁过程中使用的数据就是相互竞争的设备发送到 SDA 线上的数据。第一个检测到自己发送的数据和总线上数据不匹配的设备就失去仲裁能力。如果两个或更多的设备发送的第一个字节的内容相同，那么仲裁就发生在随后的传输中。也许直到相互竞争的设备已经传输了许多字节后，仲裁才会完成。产生竞争时，如果某个设备当前发送位的二进制数值和前一个时钟节拍发送的内容相同，那么它在仲裁过程中就获得较高的优先级。在图9.20中，第一个主发送设备产生的逻辑高电平被第二个主发送设备产生的逻辑低电平否决。因为前一个节拍总线上是低电平。失去仲裁的第一个主发送设备转变成从接收模式，并且设置仲裁失效中断标志UCALIFG。

如果系统中有多个主设备，就必须用仲裁来避免总线冲突和数据丢失。

> **注意：**
> 仲裁不能发生在以下场合：① 重复起始位和数据位之间；② 停止位和数据位之间；③ 重复起始位和停止位之间。

3)时钟同步

仲裁过程中，要对来自不同主设备的时钟进行同步处理，某个快速设备的速度可能被其他设备降低。在SCL上，第一个产生低电平的主设备强制其他主设备也发送低电平，SCL保持为低，如果某些主设备已经结束低电平状态，就开始等待，直到所有的主设备都结束低电平时钟，如图9.21所示。

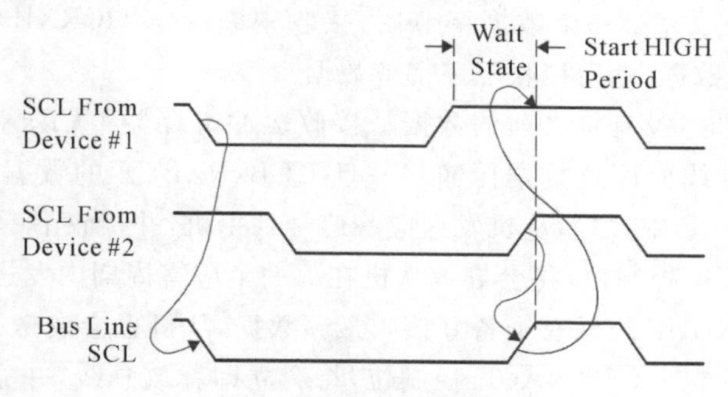

图9.21　I^2C模块时钟同步

3. I^2C模块的传送模式

在I^2C模式下，USCI模块可以工作在主发送模式、主接收模式、从发送模式或从接收模式下。

1) 从模式

通过设置UCMODEx=11、UCSYNC=1及复位UCMST控制位，可将USCI模块配置成I^2C从机。首先，为了接收I^2C从机地址，必须清除UCTR控制位，将USCI模块配置成接收模式。然后，根据接收到的读/写控制位$R/\overline{W}$和从机地址，自动控制发送和接收操作。

通过UCBxI2COA寄存器对USCI模块从地址编程。UCA10=0时，I^2C模块选择7位寻址方式；UCA10=1时，I^2C模块选择10位寻址方式。UCGCEN控制位选择是否对全呼进行响应。

当在总线上检测到START条件时，USCI模块将接收发送过来的地址，并将其与存储在UCBxI2COA中的地址相比较，若接收到的地址与USCI从机地址一致，则置位UCSTTIFG中断标志位。

(1) I^2C从机发送模式。

当主机发送的从机地址和从机本身地址相同并且$R/\overline{W}=1$时，从机进入发送模式。从机随着主机产生的SCL时钟信号在SDA上移动串行数据。从机不产生时钟，但当发送完一个字节后，需要CPU干预时，从机能够使SCL保持低电平。

如果主机向从机请求数据时，USCI 模块会自动配置为发送模式，UCTR 和 UCTXIFG 置位。在要发送的第一个数据写入发送缓冲寄存器 UCBxTXBUF 之前，SCL 时钟总线要一直拉低。然后应答地址，清除 UCSTTIFG 标志，最后传输数据。一旦数据被移送到移位寄存器，UCTXIFG 将再次被置位，表明发送缓冲区为空，可再次写入下次却要传输的新数据。主机应答数据后，开始传输写入发送缓冲寄存器的下一个数据，或者如果发送缓冲寄存器为空，在新数据写入 UCxTXBUF 之前，通过保持 SCL 为低，使应答周期内总线停止。如果主机在发送停止条件之前发送了一个 NACK 信号，将置位 UCSTPIFG 中断标志位。如果 NACK 发送之后，主机发送重复的起始条件，USCI 的 I^2C 模块的状态机将返回到地址接收状态。

(2) I^2C 从机接收模式。

当主机发送的从机地址与从机自身地址相同，且接收的 $R/\overline{W}=0$ 时，从机进入接收模式。从机接收模式下，SDA 上接收到的串行数据随着主机产生的时钟脉冲移动。从机不产生时钟信号，但是，当一个字节接收完毕后需要 CPU 干预时，从机可保持 SCL 时钟总线为低电平。

如果从机需要接收主机发送过来的数据，USCI 模块将自动配置为接收模式，并将 UCTR 位清除。在接收完第一个数据字节后，接收中断标志 UCRXIFG 置位。USCI 模块会自动应答接收到的数据，然后接收下一字节数据。

如果在接收结束时，没有将之前的数据从接收缓冲寄存器 UCBxRXBUF 内读出，总线将通过拉低 SCL 时钟线而停止数据传输。一旦 UCBxRXBUF 的数据被读出，新数据将立即传输到 UCBxRXBUF 中，之后从机发送应答信号到主机，并接收下一字节数据。

置位 UCTXNACK 控制位，将会导致从机在下一个应答周期内发送一个 NACK 信号给主机。即使 UCBxRXBUF 还没有准备好接收最新数据，从机也会发送 NACK 信号给主机。如果在 SCL 为低时置位 UCTXNACK 控制位，将会立即释放总线，并立即发送一个 NACK 信号，UCBxRXBUF 将装载最后一次接收到的数据。由于没有读出之前的数据，这将造成数据丢失，为避免数据的丢失，应在 UCTXNACK 置位之前读出 UCBxRXBUF 中的数据。

当主机发送一个停止条件时，UCSTPIFG 中断标志置位。如果主机产生一个重复起始条件，则 USCI 的 I^2C 模块的状态机将返回到地址接收状态。

(3) I^2C 从机 10 位寻址模式。

当 UCA10=1 时，I^2C 模块选择 10 位寻址模式。在 10 位寻址模式下，当接收到整个地址后，从机处于接收模式。USCI 模块通过清除 UCTR 控制位并置位 UCSTTIFG 中断标志位来表示上述情况。

为了将从机切换到发送模式，在从机接收完整的地址后，主机需再次发送一个重复起始条件，之后主机发送由二进制 11110，以及从地址的最高两位及置位的 $R/\overline{W}$ 读/写控制位组成的首字节。如果之前通过软件清除了 UCSTTIFG 标志，此时 UCSTTIFG 将会置位，USCI 模块将通过 UCTR=1 切换到发送模式。在 10 位寻址模式下，从机发送模式通信示意图如图 9.22 所示。

2) 主模式

通过设置 UCMODEx=11、UCSYNC=1，置位 UCMST 控制位，USCI 模块将被配置为 I^2C 主模式。若当前主机是多主机系统的一部分时，必须将 UCMM 置位，并将其自身地址编程写入 UCBxI2COA 寄存器。当 UCA10=0 时，选择 7 位寻址模式；当 UCA10=1 时，选

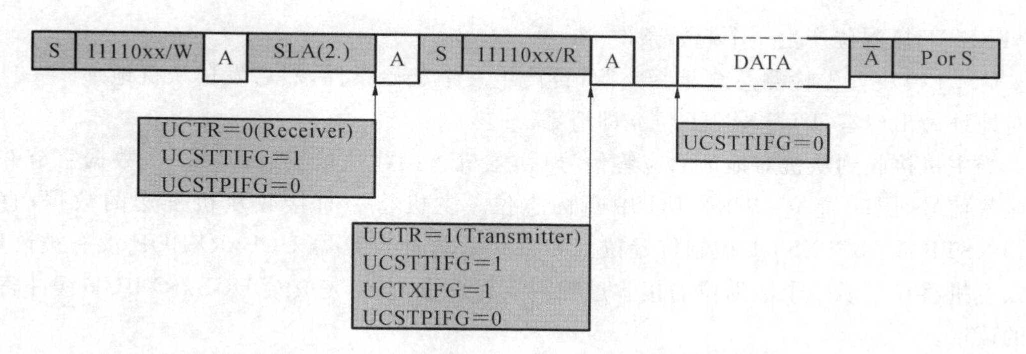

图9.22　10位寻址模式下从机发送模式通信示意图

择10位寻址模式。UCGCEN控制位选择USCI模块是否对全呼做出反应。

(1) I^2C主机发送模式。

初始化之后，主发送模式通过下列方式启动：将目标从地址写入UCBxI2CSA寄存器，通过UCSLA10控制位选择从地址大小，置位UCTR控制位将主机设置为发送模式，然后置位UCTXSTT控制位产生起始条件。

USCI模块首先检测总线是否空闲，然后产生一个起始条件，发送从机地址，当产生起始条件时，UCTXIFG中断标志位将会被置位，此时可将需发送的数据写入UCBxTXBUF发送缓冲寄存器中。一旦有从机地址对地址做出应答，UCTXSTT控制位将立即被清零。在发送从机地址的过程中，如果总线仲裁没有丢失，那么将发送写入UCBxTXBUF中的数据。一旦数据由发送缓冲寄存器移入发送移位寄存器后，UCTXIFG将再次被置位，表明发送缓冲寄存器UCBxTXBUF为空，可写入下次需传送的新字节数据。如果在应答周期之前，没有数据装载到UCBxTXBUF中，那么总线将在应答周期内挂起，SCL保持低电平状态，直到数据写入UCBxTXBUF中。只要UCTXSTP控制位或UCTXSTT控制位没有置位，将一直发送数据或挂起总线。

主机置位UCTXSTP控制位，可在接收到从机下一个应答信号后，产生一个停止条件。如果在从机地址的发送过程中，或者当USCI模块等待UCBxTXBUF写入数据时，UCTXSTP控制位置位，即使没有数据发送到从机，也会产生一个停止条件。如果发送的是单字节数据，在字节发送过程中或数据发送开始后，没有新数据写入UCBxTXBUF时，必须置位UCTXSTP控制位，否则将只发送地址。当数据由发送缓冲寄存器移到移位寄存器时，UCTXIFG将会置位，这表示数据传输已经开始，可以对UCTXSTP控制位进行置位操作。

置位UCTXSTT控制位将会产生一个重复起始条件。在这种情况下，为了配置发送器或接收器，可以复位或者置位UCTR控制位，需要时可将一个不同的从地址写入UCBxI2CSA寄存器。

如果从机没有响应发送的数据，未响应中断标志位UCNACKIFG将置位，主机必须产生停止条件或者重复起始条件。如果已有数据写入UCBxTXBUF缓冲寄存器中，那么将丢弃当前数据。如果这个数据必须在重复起始条件后发送，必须重新将其写入UCBxTXBUF中。UCTXSTT的设置也将被丢弃，为了触发重复起始条件，UCTXSTT控制位必须再次置位。

(2) I^2C主机接收模式。

初始化之后，通过下列方式启动主接收模式：把目标从地址写入UCBxI2CSA寄存器，通过UCSLA10控制位选择从地址大小，清除UCTR控制位来选择接收模式，置位

UCTXSTT 控制位产生一个起始条件。

USCI 模块首先检测总线是否空闲,再产生一个起始条件,然后发送从机地址。一旦从机对地址做出应答,UCTXSTT 位立即清零。

当主机接收到从机对地址的应答信号后,主机将接收从机发送的第一个数据字节并发送应答信号,同时置位 UCRXIFG 中断标志位。主机将一直接收从机发送的数据,直到 UCTXSTP 或 UCTXSTT 控制位置位。如果接收缓冲寄存器 UCBxRXBUF 没有被读取,那么主机将在最后一个数据位的接收过程中挂起总线,直到完成对 UCBxRXBUF 缓冲寄存器的读取。

如果从机没有响应主机发送的地址,则未响应中断标志位 UCNACKIFG 置位,主机必须产生停止条件或者重复起始条件。

置位 UCTXSTP 控制位,将会产生一个停止条件。UCTXSTP 控制位置位后,主机在接收到从机的数据后,将产生 NACK 信号及紧随其后的停止条件。或者如果 USCI 模块正在等待读取 UCBxRXBUF,此时置位 UCTXSTP 控制位,将会立即产生停止条件。

如果主机只想接收一个单字节数据,那么在接收字节的过程中必须将 UCTXSTP 控制位置位。在这种情况下,可以查询 UCTXSTP 控制位,等待其清零,即等待停止条件发送完毕。

置位 UCTXSTT 控制位,将会产生一个重复的起始条件。在这种情况下,可以通过对 UCTR 控制位的置位或复位来将其配置为发送器或接收器。如果需要的话,还可以将不同的从机地址写入 UCBxI2CSA 寄存器。

当 UCSLA10=1 时,I^2C 模块选择 10 位寻址模式。主机模式下的 10 位寻址模式,可参考从机模式下的 10 位寻址模式进行理解,在此不再赘述。

4. I^2C 模块中断与低功耗

USCI 模块只有一个中断向量。该中断向量由发送、接收及状态改变三个中断复用。USCI_Ax 和 USCI_Bx 不使用同一个中断向量。每个中断标志都有自己的中断允许位,当总中断允许 GIE 置位时,如果使能一个中断,且产生了该中断标志位,将会产生一个中断请求。在集成有 DMA 控制器的芯片上,UCTXIFG 和 UCRXIFG 标志将控制 DMA 传输。

(1) I^2C 发送中断操作。

为了表明发送缓冲寄存器 UCBxTXBUF 为空,即可以接收新的字符,发送器将置位 UCTXIFG 中断标志位。如果此时 UCTXIE 和 GIE 也已经置位,则会产生一个中断请求。当有字符写入 UCBxTXBUF 或接收到 NACK 信号时,UCTXIFG 会自动复位,当选择 I^2C 模式且 UCSWRST=1 时,将会置位 UCTXIFG 中断标志位。PUC 复位后或 UCSWRST 被配置为 1 时,UCTXIE 将自动复位。

(2) I^2C 接收中断操作。

当接收到一个字符并将其装载到 UCBxRXBUF 中时,将置位 UCRXIFG 中断标志位,如果此时 UCRXIE 和 GIE 也已经置位,则会产生一个中断请求。PUC 复位后或者 UCSWRST 被配置为 1 时,UCRXIFG 和 UCTXIE 复位。对 UCxRXBUF 进行读操作之后,UCRXIFG 将会自动复位。

(3) I^2C 状态改变中断操作。

I^2C 状态改变中断标志位及其说明如表 9-7 所示。

表 9-7　I^2C 状态改变中断标志位

中断标志	中断名称	产生条件
UCALIFG	仲裁失效	两个或多个数据同时开始发送数据，或者USCI工作在主模式下，但是系统内的另一主机将其作为从机寻址时，仲裁可能丢失。当仲裁丢失时，UCALIFG中断标志位置位。当UCNAKIFG中断标志位置位时，UCMST将被清除，I^2C 控制器将变成从接收
UCNACKIFG	无应答	主设备没有接收到从设备的响应时，该标志位置位。当接收到起始条件时，UCNACKIFG标志位自动清除
UCSTTIFG	起始信号检测	在从模式下，I^2C 模块接收到起始信号及本身地址时，该标志位置位。UCSTTIFG标志位只在从模式下使用，当接收到停止条件时，自动清除
UCSTPIFG	停止信号检测	在从模式下，I^2C 模块接收到停止条件时，UCSTPIFG中断标志位置位。UCSTPIFG只在从模式下使用，当接收到起始条件时，自动清除

当SMCLK被作为USCI的时钟源时，由于设备处于低功耗，时钟被停止。如果模块需要，SMCLK会被自动激活，不管它原来的时钟控制位如何。SMCLK会一直持续到USCI重新回到空闲状态。当USCI模块回到空闲状态时，时钟控制位又重新恢复其控制功能。USCI模块激活该时钟源时，一切以该时钟为时钟源的外围设备就会被激活。因为 I^2C 从机不提供时钟，它的时钟由外部提供的(主机)，所以当它在LPM4模式下时也能够被唤醒。

9.5.3　I^2C 模块寄存器

I^2C 模块有丰富的寄存器资源供用户使用，如表9-8所示。

表 9-8　I^2C 模块寄存器

寄存器	缩写形式	读写类型	地址偏移	初始状态
USCI_Bx 控制字 0	UCBxCTLW0	读/写	00h	0101h
USCI_Bx 控制寄存器 1	UCBxCTL1	读/写	00h	01h
USCI_Bx 控制寄存器 0	UCBxCTL0	读/写	01h	01h
USCI_Bx 波特率控制字	UCBxBRW	读/写	06h	0000h
USCI_Bx 波特率控制寄存器 0	UCBxBR0	读/写	06h	00h
USCI_Bx 波特率控制寄存器 1	UCBxBR1	读/写	07h	00h
USCI_Bx 状态寄存器	UCBxSTAT	读/写	0Ah	00h
USCI_Bx 接收缓冲寄存器	UCBxRXBUF	只读	0Ch	00h
USCI_Bx 发送缓冲寄存器	UCBxTXBUF	读/写	0Eh	00h
I^2C 本机地址寄存器	UCBxI2COA	读/写	10h	0000h
I^2C 从机地址寄存器	UCBxI2CSA	读/写	12h	0000h
USCI_Bx 中断使能控制寄存器	UCBxICTL	读/写	1Ch	0200h
USCI_Bx 中断使能寄存器	UCBxIE	读/写	1Ch	00h
USCI_Bx 中断标志寄存器	UCBxIFG	读/写	1Dh	02h
USCI_Bx 中断向量	UCBxIV	只读	1Eh	0000h

下面分别介绍各寄存器。

1. USCI_Bx 控制寄存器 0(UCBxCTL0)

I^2C 模式只能由USCI_Bx实现，各位的定义如下。

7	6	5	4	3	2	1	0
UCA10	UCSLA10	UCMM	未使用	UCMST	UCMODEx		UCSYNC

(1)UCA10:第7位,本机地址模式选择。

- 0:本机地址为7位地址。
- 1:本机地址为10位模式。

(2)UCSLA10:第6位,从机地址模式选择。

- 0:从机地址为7位地址。
- 1:从机地址为10位地址。

(3)UCMM:第5位,多主机环境选择。

- 0:单主机环境,系统中没有其他主机,禁止地址比较单元。
- 1:多主机环境。

(4)UCMST:第3位,主机模式选择。在多主机环境下(UCMM=1),当主机失去仲裁,UCMST位自动清零,并且转换为从机。

- 0:从机模式。
- 1:主机模式。

(5)UCMODEx:第2~1位,USCI模式。当UCSYNC=1时,UCMODEx位应该选择同步模式。

- 00:三线SPI模式。
- 01:四线SPI模式(当STE=1时,使能主机或从机)。
- 10:四线SPI模式(当STE=0时,使能主机或从机)。
- 11:I^2C模式。

(6)UCSYNC:第0位,使能同步模式。

- 0:异步模式。
- 1:同步模式。

2. USCI_Bx控制寄存器1(UCBxCTL1)

7	6	5	4	3	2	1	0
UCSSELx		未使用	UCTR	UCTXNACK	UCTXSTP	UCTXSTT	UCSWRST

(1)UCSSELx:第7~6位,USCI时钟源选择。这些位选定BRCLK的时钟源。

- 00:UCLKI。
- 01:ACLK。
- 10:SMCLK。
- 11:SMCLK。

(2)UCTR:第4位,发送器或接收器。

- 0:接收器。
- 1:发送器。

(3)UCTXNACK:第3位,发送一个NACK。在NACK传输时,UCTXNACK自动清零。

- 0:发送ACK。
- 1:发送NACK。

(4)UCTXSTP:第2位,在主机模式下发送STOP条件,在从机模式下忽略。在主机接收模式下,通过发送一个NACK,产生STOP条件。在STOP产生之后,UCTXSTP自动清零。

- 0:不产生STOP。
- 1:产生STOP。

(5)UCTXSTT:第1位,在主机模式下发送START条件,在从机模式下忽略。在主机接收模式下,NACK信号在重复起始条件前。在发送START条件和地址信息之后,UCTXSTT自动清零,在从机模式下忽略。

- 0:不产生START条件。
- 1:产生START条件。

(6)UCSWRST:第0位,软件复位使能。

- 0:禁止,USCI运行时复位释放。
- 1:使能,在复位状态下,保持USCI逻辑。

3. USCI_Bx 波特控制寄存器 0(UCBxBR0)

7	6	5	4	3	2	1	0
UCBR——低字节							

4. USCI_Bx 波特控制寄存器 1(UCBxBR1)

7	6	5	4	3	2	1	0
UCBR——高字节							

UCBR:位时钟分频器,波特率为:UCxxBR0+UCxxBR1×256。

5. USCI_Bx 状态寄存器(UCBxSTAT)

7	6	5	4	3	2	1	0
未使用	UCSCLOW	UCGC	UCBBUSY	未使用			

(1)UCSCLOW:第6位,SCL为低。

- 0:SCL不为低。
- 1:SCL为低。

(2)UCGC:第5位,接收到全呼地址。当接收到START条件时,UCGC自动清零。

- 0:未接收到群呼地址。
- 1:接收到群呼地址。

(3)UCBBUSY:第4位,总线忙碌。

- 0:总线不活跃。
- 1:总线忙。

6. USCI_Bx 接收缓冲寄存器(UCBxRXBUF)

7	6	5	4	3	2	1	0
UCRXBUF							

UCRXBUF：用户可以访问的接收数据缓冲寄存器，包括从接收移位寄存器接收到的最后字符。读 UCBxRXBUF 复位 UCRXIFG。

7. USCI_Bx 发送缓冲寄存器(UCBxTXBUF)

7	6	5	4	3	2	1	0
UCTXBUF							

UCTXBUFx：用户可以访问的发送数据缓冲寄存器，保持待传输寄存器的数据，向发送寄存器写数据清零 UCTXIFG。

8. USCI_Bx I²C 本机地址寄存器(UCBxI2COA)

15	14～10	9～0
UCGCEN	0	I2COAx

(1)UCGCEN：第 15 位，群呼响应使能。

- 0：不响应群呼。
- 1：响应群呼。

(2)I2COAx：第 9～0 位，I²C 本机地址。I2COAx 位包含 USCI_BxI2C 控制器的本机地址。地址右对齐。在 7 位寻址模式下，位是最高位，位 9～7 忽略。在 10 位寻址模式下，位 9 是最高位。

9. USCI_Bx I²C 从机地址寄存器(UCBxI2CSA)

15～10	9～0
0	I2CSAx

I2CSAx：第 9～0 位，I²C 从机地址。I2CSAx 位包含外部设备的从机地址，由 USCI_Bx 模块寻址。仅在主机模式下使用。地址是右对齐。在 7 位从机寻址模式下，位 6 是最高位，位 9～7 被忽略。在 10 位从机寻址模式下，位 9 是最高位。

10. USCI_Bx 中断使能寄存器(UCBxIE)

7	6	5	4	3	2	1	0
保留		UCNACKIE	UCALIE	UCSTPIE	UCSTTIE	UCTXIE	UCRXIE

(1)UCNACKIE：第 5 位，NACK 中断使能。

- 0：中断禁止。
- 1：中断使能。

(2)UCALIE：第 4 位，仲裁丢失中断使能。

- 0：中断禁止。
- 1：中断使能。

(3)UCSTPIE：第 3 位，STOP 条件中断使能。

- 0：中断禁止。

● 1:中断使能。

(4)UCSTTIE:第 2 位,START 条件中断使能。

● 0:中断禁止。

● 1:中断使能。

(5)UCTXIE:第 1 位,发送中断使能。

● 0:中断禁止。

● 1:中断使能。

(6)UCRXIE:第 0 位,接收中断使能。

● 0:中断禁止。

● 1:中断使能。

11. USCI_Bx 中断标志寄存器(UCBxIFG)

7	6	5	4	3	2	1	0
保留		UCNACKIFG	UCALIFG	UCSTPIFG	UCSTTIFG	UCTXIFG	UCRXIFG

(1) UCNACKIFG:第 5 位,NACK 接收中断标志,当接收到 START 条件后,UCNACKIFG 自动清零。

● 0:没有中断请求。

● 1:有中断请求。

(2)UCALIFG:第 4 位,仲裁丢失中断标志。

● 0:没有中断请求。

● 1:有中断请求。

(3)UCSTPIFG:第 3 位,STOP 条件中断标志。

● 0:没有中断请求。

● 1:有中断请求。

(4)UCSTTIFG:第 2 位,START 条件中断标志。

● 0:没有中断请求。

● 1:有中断请求。

(5)UCTXIFG:第 1 位,发送中断标志。

● 0:没有中断请求。

● 1:有中断请求。

(6)UCRXIFG:第 0 位,接收中断标志。

● 0:没有中断请求。

● 1:有中断请求。

12. USCI_Bx 中断向量寄存器(UCBxIV)

15～4	3～1	0
未使用	UCIV	未使用

UCIV:第 3～1 位,USCI 中断向量值,如表 9-9 所示。

表 9-9　USCI 中断向量值

UCBxIV	中断源	中断标志	中断优先级
无中断	—	—	
002h	仲裁丢失	UCALIFG	最高
004h	无 ACK	UCNACKIFG	—
006h	接收到 START 条件	UCSTTIFG	—
008h	接收到 STOP 条件	UCSTPIFG	—
00Ah	接收到数据	UCRXIFG	—
00Ch	发送缓冲为空	UCTXIFG	最低

9.5.4　应用举例

例 9.5　本例是主机发送程序。主机不断发送递增的数据，在中断服务子程序中发送、读取数据。

参考程序如下。

```
# include<msp430f6638.h>
unsigned char TXData;
unsigned char TXByteCtr;
int main(void)
{
    WDTCTL=WDTPW+WDTHOLD;               //关闭看门狗
    P8SEL |=BIT5+BIT6;                            //设置 P8.5 为 SDA
    P8DIR |=BIT5+BIT6;                            //设置 P8.6 为 SCL
    UCB1CTL1 |=UCSWRST;                     //UCSI 模块复位
    UCB1CTL0=UCMST+UCMODE_3+UCSYNC;    //I2C 主机,同步模式
    UCB1CTL1=UCSSEL_2+UCSWRST;
                                   //SMCLK 为时钟源,保持 USCI 模块复位状态
    UCB1BR0=12;                      //总线频率约为 100 kHz
    UCB1BR1=0;
    UCB1I2CSA=0x48;                  //从机地址为 0x48
    UCB1CTL1 &=～UCSWRST;       //USCI 模块从复位状态恢复
    UCB1IE |=UCTXIE;                  //使能发送中断
    TXData=0x01;
    while (1) {
        TXByteCtr=1;                            //设发送状态为允许
        while (UCB1CTL1 & UCTXSTP);       //确保 STOP 条件发送
        UCB1CTL1 |=UCTR+UCTXSTT;       //发送 START 条件
        __bis_SR_register(LPM0_bits+GIE);   //进入 LPM0 模式,使能中断
        __no_operation();
        TXData++;                                //发送数据递增
```

```
    }
}
# pragma vector=USCI_B1_VECTOR
__interrupt void USCI_B1_ISR(void) {
    switch (__even_in_range(UCB1IV,12) ) {
    case    0:  break;  //无中断
    case    2:  break;  //ALIFG
    case    4:  break;  //NACKIFG
    case    6:  break;  //STTIFG
    case    8:  break;  //STPIFG
    case    10:break;   //RXIFG
    case    12:         //TXIFG
        if (TXByteCtr) {                          //检查发送状态标志,如果允许发送
            UCB1TXBUF=TXData;          //发送数据
            TXByteCtr- - ;                          //清除发送允许标志
        }
        else {  //如果不允许发送
            UCB1CTL1 |=UCTXSTP;           //发送 I2C 停止条件
            UCB1IFG &=~UCTXIFG;           //清除发送中断标志
            __bic_SR_register_on_exit(LPM0_bits);  //退出 LPM0
        }
        break;
    default:    break;
    }
}
```

例9.6 主机通过 I^2C 与从机通信。本程序为从机接收程序,在中断服务程序中读取数据。参考程序如下。

```
# include< msp430f6638.h>
volatile unsigned char RXData;
int main(void)
{
    WDTCTL=WDTPW+WDTHOLD;              //关闭看门狗
    P8SEL |=BIT5+BIT6;                 //设置 P8.5 为 SDA
  P8DIR |=BIT5+BIT6;                   //设置 P8.6 为 SCL
  UCB1CTL1 |=UCSWRST;                  //UCSI 模块复位
  UCB1CTL0=UCMODE_3+UCSYNC;            //I2C 从机,同步模式
  UCB1I2COA=0x48;                      //本机地址为 0x48
  UCB1CTL1 &=~UCSWRST;                 //USCI 模块从复位状态恢复
  UCB1IE=UCRXIE;                       //使能接收中断
  while (1) {
      __bis_SR_register(LPM0_bits+GIE); //进入 LPM0 模式,使能中断
      __no_operation();
```

```
        }
    }
    # pragma vector=USCI_B1_VECTOR
    __interrupt void USCI_B1_ISR(void) {
        switch ( __even_in_range(UCB1IV,12) ) {
        case    0:  break;  //无中断
        case    2:  break;  //ALIFG
        case    4:  break;  //NACKIFG
        case    6:  break;  //STTIFG
        case    8:  break;  //STPIFG
        case    10:         //RXIFG
            RXData=UCB1RXBUF;                //读取接收到的数据
            __bic_SR_register_on_exit(LPM0_bits);  //退出 LPM0
            break;
        case    12:break;  //TXIFG
        default:    break;
        }
    }
```

9.6 USB 模式

9.6.1 USB 总线协议

USB 是英文 Universal Serial Bus(通用串行总线)的缩写,是一个外部总线标准,用于规范电脑与外部设备的连接和通信。

USB 总线协议在通用性、易用性、稳定性、便利性、高传输速率等方面具有良好的特性,其应用范围正在从计算机外设向嵌入式系统领域拓展。其传输速度分为低速(1.5 Mbps)、全速(12 Mbps)和高速(480 Mbps)等;传输类型分为同步传输、批量传输、中断传输和控制传输;功能设备根据数据量和通信特点又进行了多达 18 种的详细分类,包括人机接口类(HID,如键盘、鼠标等)、图像类(如打印机、扫描仪等)、大容量存储设备类(mass storage,如 U 盘等)。上述三种分类是典型分类方式,具体实物可以同时属于三类中的一种,如鼠标既是低速设备,采用中断传输方式,又属于人机接口类。

在 USB 接口的技术规范中,将使用 USB 进行数据传输的双方划分为主机和设备端。主机一般由 PC 机承担,嵌入式设备作为设备端。按照 USB 协议的定义,USB 设备包括集线器和功能设备两个基本类型。

- 集线器(Hub):为访问 USB 总线提供更多的接入点。
- 功能设备:具有特定功能的设备,如鼠标、键盘等。

在一个 USB 系统中,USB 设备和 Hub 总数不超过 127,USB 设备接收 USB 总线上的所有数据流,通过数据流中令牌包的地址域判断所携数据包是不是发给自己的。若地址不符,则简单地丢弃该数据包;若地址相符,则通过响应 USB 主机的数据包与主机进行数据传输。在逻辑结构上,USB 系统中主机与设备间总是以一对一的方式进行逻辑连接的,即无论设备插入第几级 HUB,其总线地位是相同的。

USB 总线协议中有两个重要的概念——端点和管道。

● 端点(end point):每个 USB 设备在主机看来就是一个端点的集合,主机只能通过端点与设备进行通信,使用设备的功能。端点实际上就是设备硬件具有的一定大小的数据缓冲区,这些端点在设备出厂时已经定义。在 USB 系统中,每个端点都有一定的特性,其中包括传输方式、总线访问频率、带宽、端点号、数据包的最大容量等。端点必须在设备配置后才能生效(端点 0 除外)。端点 0 通常为控制端点,用于传输初始化参数,其他端点一般用作数据端点,存放主机与设备间的往来数据。

● 管道(pipe):管道只是逻辑上的概念,是主机端驱动程序的一个数据缓冲区与一个外设端点的连接,它代表一种在二者之间移动数据的能力。一旦设备被配置,管道就存在了。所有的设备必须支持端点 0 以构筑设备的控制管道。通过控制管道,主机可以获得描述 USB 设备的完整信息,包括设备类型、电源管理、配置及端点描述等。作为 USB 即插即用特点的典型体现,只要设备连接到主机上,端点 0 就可以被访问,即与之相应的管道也就存在了。

当一个 USB 设备首次接入 USB 总线时,主机要进行总线枚举,总线枚举是 USB 设备的重要特征。只有对设备进行了正确的枚举之后,主机才能确认设备的功能,并与设备进行通信,其具体过程如下。

(1) USB 所连接的 HUB 端口的状态改变,HUB 将通过状态变化管道来通知主机。此时,设备所连接的端口有电流供应,但是该端口的其他属性将被禁止,以便主机进行其他操作。

(2) 主机确定有 USB 设备接入及接入端口,然后等待 100ms 的时间来使接入过程顺利完成并使设备上电稳定,再发送一个端口使能信号以激活该端口,并发送复位信号。

(3) Hub 向该设备发送设备复位信号,并保持该信号 100ms,以使设备充分复位,设备复位后,就可以使用默认地址 0 来和主机通信了。

(4) 主机通过设备的默认管道发出 GET_DESCRIPTER 命令给 USB 设备,以获取设备描述符、默认管道的最大数据长度等信息。

(5) 主机通过设备的默认管道发出 SET_ADDRESS 命令给 USB 设备,为设备分配一个总线上唯一的地址。

(6) 主机用新的设备地址发送 GET_CONFIGURATION 命令给 USB 设备,来获取设备所能提供的配置信息。

(7) 主机获取了设备的配置信息后,选择其中一个配置,并用 SET_CONFIGURATION 命令将所选择的配置种类通知 USB 设备。在该过程结束后,设备可用,总线枚举过程结束。

对于设备从 USB 总线上拔出的情况就相对简单多了。Hub 将发送一个信号通知主机,主机使与该设备相连的端口禁用,及时更新它的拓扑结构并回收设备所占有的主机资源和带宽。

USB 的核心内容是数据通信协议,这也是 USB 协议中最多、最复杂的部分。图 9.23 描述了数据通信模型的层次关系。

数据传输:控制、中断、同步、批量传输
事务:输入、输出、设置事务
包:令牌包、数据包、握手包
域:标识域、数据域、校验域等

图 9.23 数据通信模型层次关系

USB包含四种传输类型:控制、中断、同步、批量传输。其中,同步、中断和批量传输用于端到端的数据传输,控制传输主要用于识别并配置设备,使其能够与USB主机通信。控制传输是最复杂的传输类型,是USB枚举阶段最主要的数据交换方式。

传输由事务组成,事务按其特点分为三种:输入事务、输出事务和设置事务。任何一种传输都由三种事务组成,不同的只是这三种事务的组合和搭配情况。事务由包组成,包主要有令牌包、数据包和握手包等,对于低速设备还有特殊包——前导包。每个事务一般由2~3个包组成。包由底层的域组成,主要有标识域、数据域、校验域、同步域、地址域、端点域、帧号域等。

9.6.2 USB传输类型

USB传输支持控制、批量和中断数据传输类型。按照USB规范,将端点0保留用于控制端点且为双向。除了控制端点外,USB模块可以支持多达7个输入端点和7个输出端点。这些额外的端点可以配置作为批量或中断端点。软件处理所有的控制、批量和中断传输。

1.控制传输

控制传输用于主机与USB设备间的配置、命令和状态通信。到USB设备的控制传输使用输入端点0和输出端点0。控制传输的三种类型为控制写、没有数据阶段的控制写和控制读。注意:在将USB设备连接到USB前必须初始化控制端点。

1)控制写传输

主机使用控制写传输向USB设备写数据。没有数据阶段传输的控制写传输由启动阶段传输和输入状态阶段传输组成。对于这种类型的传输,写入到USB设备的数据包含在启动阶段传输数据包内的两个字节值字段内。控制写传输的阶段介绍如下。

(1) 启动阶段传输。

①通过适当配置USB端点配置模块,初始化输入端点0和输出端点0:使能端点中断(USBIIE=1)和使能端点(UBME=1)。输入端点0和输出端点0的NAK位必须清零。

②主机发送启动令牌包,地址为输出端点0的启动数据包紧随其后。如果无误地接收到数据,UBM将把数据写入启动缓冲器,将USB状态寄存器内的启动阶段传输位置为1。向主机返回一个ACK握手信号,启动阶段传输中断。注意:只要启动传输位(SETUP)置位,不论端点0的NAK或STALL位值为多少,UBM将为任何数据阶段或状态阶段传输返回一个NAK握手信号。

③软件响应中断,从缓冲器内读取启动数据包,对命令进行译码。对于不支持或无效的命令,在清除启动阶段传输位之前,软件应当将输出端点0、输入端点0、配置寄存器的STALL位置位。这将使设备在数据阶段或状态阶段传输时返回一个STALL握手信号。对于控制写传输来说,主机用作第一次输出数据包的数据包ID将会是DATA1包ID,且TOGGLE位必须匹配。

(2) 数据阶段传输。

① 主机发送一个OUT令牌包,地址为输出端点0的数据包紧随其后。如果无误地接收到数据包,UBM将把数据写入输出端点缓冲器(USBOEPOBUF),更新数据计数值,翻转TOGGLE位,置位NAK位,向主机返回ACK握手信号,置位输出端点中断0标志(OEPIFG0)。

② 软件响应中断，从输出端点缓冲器内读取数据包。为了读取数据包，软件首先需要获得USBOEPBCNT_0寄存器内的数据计数值。读取数据包以后，为了允许接收来自主机的下一个数据包，软件应当清除NAK位。

③ 如果接收数据包时NAK位置位，UBM将简单地向主机返回一个NAK握手信号；如果接收数据包时STALL位置位，UBM将简单地向主机返回一个STALL握手信号；如果接收数据包时产生CRC或位填充错误，将没有握手信号返回到主机。

(3) 状态阶段传输。

① 对输入端点0，为了使能向主机发送数据包，应将软件置位TOGGLE，清除NAK。注意：对于状态阶段传输，将逐句发送一个带DATA1 ID的空数据包。

② 主机发送一个地址为输入端点0的IN令牌包。接收到IN令牌包以后，UBM向主机发送空数据包。如果主机无误地接收到数据包，将返回ACK握手信号。然后UBM将翻转TOGGLE位，置位NAK位。

③ 如果接收到IN令牌包时，NAK置位，UBM将简单地向主机返回一个NAK握手信号。

如果接收到IN令牌包时，STALL位置位，UBM将简单地向主机返回一个STALL握手信号；如果没有接收到主机发送的握手信号，UBM将再次发送同一数据包。

2)控制读传输

主机使用控制读传输从USB设备读取数据。控制读传输由启动阶段传输、至少一个输入数据阶段传输和一个输入状态阶段传输组成。控制读传输的阶段介绍如下。

(1) 启动阶段传输。

① 通过适当配置USB端点配置模块，初始化输入端点0和输出端点0；使能端点中断(USBIIE=1)和使能端点(UBME=1)。输入端点0和输出端点0的NAK位必须清零。

② 主机发送启动令牌包，地址为输出端点0的启动数据包紧随其后。如果无误地接收到数据，UBM将把数据写入启动缓冲器，将USB状态寄存器内的启动阶段传输位置为1，向主机返回一个ACK握手信号，启动阶段传输中断。注意：只要启动传输位(SETUP)置位，不论端点0的NAK或STALL位值多少，UBM将为任何数据阶段或状态阶段传输返回一个NAK握手信号。

③ 软件响应中断，从缓冲器内读取启动数据包，对命令进行译码。对于不支持或无效的命令，在清除启动阶段传输位之前，软件应当将输出端点0、输入端点0和配置寄存器的STALL位置位。这将使设备在数据阶段或状态阶段传输时返回一个STALL握手信号。读取数据包及对命令解码以后，软件应当清除中断，这将自动清除启动阶段传输状态位。软件也应当置位输入端点0配置寄存器内的TOGGLE位。对于控制读取传输来说，主机用作第一次输入数据包的数据包ID将会是DATA1包ID。

(2) 数据阶段传输。

① 通过软件将发送到主机的数据包写入输入端点0缓冲器。为了使能将数据发送到主机，软件也会更新数据计数值，然后清除输入端点0的NAK位。

② 主机发送一个地址为输入端点0的IN令牌包。接收到IN令牌包后，UBM将数据包传输到主机。如果主机无误地接收到数据包，将返回ACK握手信号。UBM将置位NAK位，置位端点中断标志。

③ 软件响应中断，准备向主机发送下一个数据包。

④ 如果接收到 IN 令牌包时 NAK 位置位，UBM 将简单地返回一个 NAK 握手信号到主机；如果接收到 IN 令牌包对 STALL 置位，UBM 将简单地返回一个 STALL 握手信号到主机；如果没有接收到来自主机的握手信号包，UBM 将准备再次发送同一数据包。

⑤ 软件继续发送数据包，直到将所有数据发送到主机。

(3) 状态阶段传输。

① 对输出端点 0，为了使能向主机发送数据包，软件置位 TOGGLE 位，清除 NAK 位。

② 主机发送一个地址为输出端点 0 的 OUT 令牌包。如果无误地接收到数据包，UBM 将更新数据计数值，翻转 TOGGLE 位，置位 NAK 位，向主机返回一个 ACK 握手信号，置位端点中断标志。

③ 软件响应中断。如果成功完成状态阶段传输，软件应当清除中断和 NAK 位。

④ 如果接收到输入数据包时 NAK 置位，UBM 将简单地向主机返回一个 NAk 握手信号；如果接收到输入数据包时 STALL 置位，UBM 将简单地向主机返回一个 STALL 握手信号；如果接收到数据包时产生 CRC 或位填充错误，将没有握手信号返回到主机。

2. 中断传输

USB 模块支持主机传入及传出两个方向的中断数据传输。如果设备具有一定的响应周期且需要发送或接收较小数量的数据，选择中断传输类型最适合。输入端点 1～7 和输出端点 1～7 可配置为中断端点。

1) 中断输出传输

中断输出传输的步骤如下。

① 通过软件对适当的端点配置块进行编程，将其中一个输出端点初始化为批量输出端点。这需要进行以下设置：编程配置缓冲器大小和缓冲器基地址、选择缓冲器模式、使能端点中断、初始化翻转位、使能端点及置位 NAK 位。

② 主机发送输出令牌包，定位到输出端点的数据包紧随该令牌包。如果无误地接收到数据，UBM 将把数据写入端点缓冲器，更新数据计数值，翻转翻转位，置位 NAK 位，返回 ACK 握手信号到主机且置位端点中断标志。

③ 软件响应中断，从缓冲器读取数据。为了读取数据包，软件首先需要得到数据计数值。读取数据包后，为了允许接收下一个来自主机的数据包，软件应当清除中断及 NAK 位。

④ 如果接收数据包时 NAK 置位，UBM 将简单地返回一个 NAK 握手信号给主机；如果接收数据包时 STALL 置位，UBM 将简单地返回一个 STALL 握手信号给主机；如果接收数据包时产生 CRC 或位填充错误，将没有握手信号返回到主机。

在双缓冲模式下，UBM 在以翻转位值为基础的 X 和 Y 缓冲器之间选择。如果翻转位为 0，UBM 将从 X 缓冲器读取数据包。如果翻转位为 1，UBM 将从 Y 缓冲器读取数据包。当接收到数据包时，软件通过读取翻转值确定哪个缓冲器包含数据包。然而，当使用双缓冲模式时，软件对端点中断作出反应前，接收到数据包并将其写入 X 和 Y 缓冲器的可能性是存在的。在这种情况下，简单地使用翻转位来确定哪个缓冲器包含数据包是行不通的。所以在双缓冲模式下，软件应当读取 X 缓冲 NAK 位，Y 缓冲 NAK 位和翻转位确定缓冲器的状态。

2)中断输入传输

中断输入传输的步骤如下。

① 通过软件对适当的端点配置块进行编程,将其中一个输入端点初始化为批量输入端点。这需要进行以下设置:编程配置缓冲器大小和缓冲器基地址、选择缓冲器模式、使能端点中断、初始化翻转位、使能端点及置位NAK位。

② 通过软件将发送到主机的数据包写入缓冲器,为了使能发送到主机的数据包,软件也更新了数据计数值,清除了NAK位。

③ 主机发送一个地址为输入端点的IN令牌包。接收到IN令牌包以后,UBM发送数据包到主机。如果数据包被主机无误地接收,将返回一个ACK握手信号。然后UBM对翻转位进行翻转,置位NAK位,置位端点中断标志。

④ 软件响应中断并准备将下一个数据包发送到主机。

⑤ 如果接收IN令牌包时NAK置位,UBM将简单地返回一个NAK握手信号给主机;如果接收数据包时STALL置位,UBM将简单地返回一个STALL握手信号给主机;如果没有接收到主机发送的握手信号,UBM将准备再次发送同一个数据包。

在双缓冲模式下,UBM在以翻转位值为基础的X和Y缓冲器之间选择。如果翻转位为0,UBM将从X缓冲器读取数据包;如果翻转位为1,UBM将从Y缓冲器读取数据包。

3. 批量传输

USB模块支持主机传入及传出两个方向的批量数据传输。如果设备没有适当带宽却需要发送或接收大量数据,选择批量传输类型最适合。输入端点1～7和输出端点1～7都可以配置为批量端点。

1)批量输出传输

批量输出传输的步骤如下。

① 通过软件对适当的端点配置块进行编程,将其中一个输出端点初始化为批量输出端点。这需要进行以下设置:编程配置缓冲器大小和缓冲器基地址、选择缓冲器模式、使能端点中断、初始化翻转位、使能端点及置位NAK位。

② 主机发送输出令牌包,定位到输出端点的数据包紧随该令牌包。如果无误地接收到数据,UBM将把数据写入端点缓冲器,更新数据计数值,翻转翻转位,置位NAK位,返回ACK握手信号到主机且置位端点中断标志。

③ 软件响应中断,从缓冲器读取数据。为了读取数据包,软件首先需要得到数据计数值。读取数据包后,为了允许接收下一个来自主机的数据包,软件应当清除中断及NAK位。

④ 如果接收数据包时NAK置位,UBM将简单地返回一个NAK握手信号给主机;如果接收数据包时STALL置位,UBM将简单地返回一个STALL握手信号给主机;如果接收数据包时产生CRC或位填充错误,将没有握手信号返回到主机。

在双缓冲模式下,UBM在以翻转位值为基础的X和Y缓冲器之间选择。如果翻转位为0,UBM将从X缓冲器读取数据包;如果翻转位为1,UBM将从Y缓冲器读取数据包。当接收到数据包时,软件通过读取翻转值确定哪个缓冲器包含数据包。然而,当使用双缓冲模式时,软件对端点中断作出反应前,接收到数据包并将其写入X和Y缓冲器的可能性是存在的。在这种情况下,简单地使用翻转位来确定哪个缓冲器包含数据包是行不通的。所以在双缓冲模式下，软件应当读取 X 缓冲 NAK 位、Y 缓冲 NAK 位和翻转位确定缓冲器的状态。

2)批量输入传输

批量输入传输的步骤如下。

① 通过软件对适当的端点配置块进行编程，将其中一个输入端点初始化为批量输入端点。这需要进行以下设置：编程配置缓冲器大小和缓冲器基地址、选择缓冲器模式、使能端点中断、初始化翻转位、使能端点及置位 NAK 位。

② 通过软件将发送到主机的数据包写入缓冲器，为了使能发送到主机的数据包，软件也更新了数据计数值，清除了 NAK 位。

③ 主机发送一个地址为输入端点的 IN 令牌包。接收到 IN 令牌包以后，UBM 发送数据包到主机。如果数据包被主机无误地接收，将返回一个 ACK 握手信号。然后 UBM 对翻转位进行翻转，置位 NAK 位，置位端点中断标志。

④ 软件响应中断并准备将下一个数据包发送到主机。

⑤ 如果接收 IN 令牌包时 NAK 置位，UBM 将简单地返回一个 NAK 握手信号给主机；如果接收到 IN 令牌包时 STALL 置位，UBM 将简单地返回一个 STALL 握手信号给主机；如果没有接收到主机发送的握手信号，UBM 将准备再次发送同一个数据包。

在双缓冲模式下，UBM 在以翻转位值为基础的 X 和 Y 缓冲器之间选择。如果翻转位为 0，UBM 将从 X 缓冲器读取数据包；如果翻转位为 1，UBM 将从 Y 缓冲器读取数据包。

9.6.3 MSP430 USB 模块简介

MSP430 USB 模块具有以下特点。

(1) 完全遵循 USB 2.0 规范。

- 集成 12 Mbps 全速 USB 收发器。
- 多达 8 个输入/输出端点。
- 支持中断、控制和批量传输。
- 支持 USB 挂起、恢复和远程唤醒。

(2) 拥有独立于 PMM 模块的电源系统。

- 集成了 3.3V 输出的低功耗线性稳压器，该稳压器从 5V 的 VBUS 取电，输出足够驱动整个 MSP430 工作。
- 集成了 1.8V 输出的低功耗线性稳压器为 PHY 和 PLL 模块供电。
- 可工作于总线供电或自供电模式。
- 3.3V 输出的线性稳压器电流限制功能。

(3) 内部 48 MHz 的 USB 时钟。

- 集成可编程锁相环(PLL)。
- 高度自由化的输入时钟频率，可使用低成本晶振。

(4) 1904B 独立 USB 端点缓存，可以每 8B 为单位进行配置。

(5) 当 USB 模块禁止时，缓存空间被映射到通用 RAM 空间，为系统提供额外的 2KB 的 RAM，USB 功能引脚变为具有高电流驱动能力的通用 I/O 口。

如图9.24所示的是USB模块的框图。

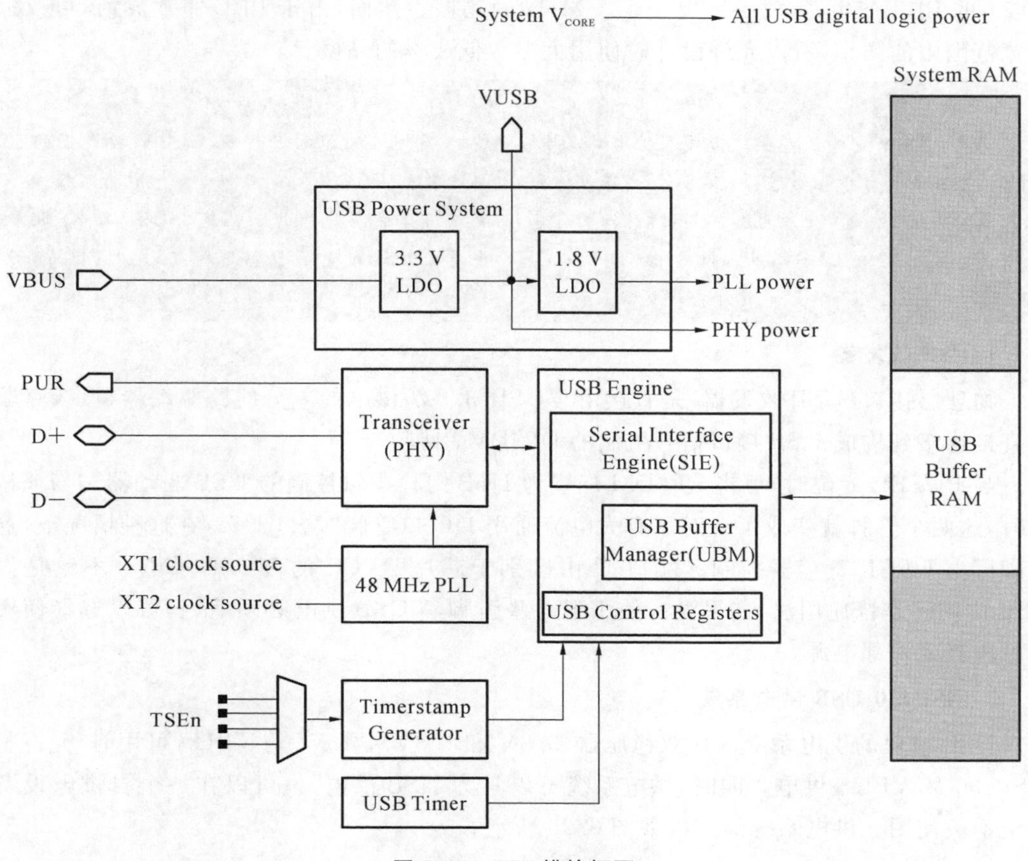

图9.24　USB模块框图

USB引擎完成USB模块所有相关的数据传输，它由USB串行接口引擎、USB缓冲管理器和USB控制寄存器组成。USB接收到的所有数据包被重新整理合并后放入接收缓存的RAM中，而在缓存中被标识准备就绪的数据被打包放入一系列的数据包后发送给USB主机。

USB引擎需要一个精确的48 MHz的时钟信号供采样输入数据流使用，该时钟信号由外部晶振源(XT1或XT2)产生的时钟信号通过锁相环后得到，但是要产生所需频率，要求锁相环的输入信号频率大于1.5 MHz。锁相环的输出频率可以在很宽的范围内，非常灵活，允许用户在设计中使用低成本的晶振电路。

USB缓存是USB接口和应用软件交换数据的地方，也是7个节点被调用的地方。缓存被设计成可被CPU或DMA以访问RAM的方式访问。

◆ 9.6.4　USB模块操作

USB模块是一个与USB 2.0规范兼容的全速USB设备。USB引擎协调所有与USB有关的规则(traffic)，主要包括USB SIE(串行接口引擎)、UBM(USB缓冲管理器)。USB接收路径上接收到的所有traffic，进行串行化以后放置于USB缓冲RAM区内的接收缓冲。缓冲RAM区内标记为“准备发送”的数据串行打包后发送给USB主机。为了对传入的数据流进行采样，USB 引擎需要一个精确的 48 MHz 时钟。该时钟由来自系统晶振（XT1 或 XT2）的 PLL 产生，需要一个大于 1.5 MHz 的晶振。然而，由于 PLL 非常灵活，可以适应较宽范围内的频率，所以允许设计时使用大多数低成本的晶振。

> **注意：**
> 有些芯片只支持低频操作模式下的 XT1，PLL 只支持高频率的输入时钟源，如高频模式下的 XT1(HF)或 XT2。对于此类芯片，只有 XT2 可以作为 USB 操作的 PLL 模块的输入，也支持高频模式下的 XT1 或 BYPASS 模式的 XT2。可用时钟源的信息，可参考具体的芯片数据手册。USB 接口和应用软件之间的数据交换在 USB 缓冲存储器进行。端点 1～7 也是在 USB 缓冲存储器进行定义。CPU 或 DMA 可以像访问 RAM 一样访问这个缓冲区。

1. USB 收发器

物理层接口（USB 收发器）是直接由 VUSB(3.3V)供电的差分线路驱动器，该线路驱动器直接连接到构成 USB 接口信号机制的 DP/DM 引脚。

当 PUSEL 置位时，可将 DP/DM 配置为 USB 内核逻辑控制的 USB 驱动器。当该位清零时，这两个管脚就变成了一对具有大电流通用 I/O 口管脚"端口 U"。在这种情况下，这些引脚可由 UPCR 寄存器控制。端口 U 由区别于芯片 DVCC 的 VUSB 供电。不论是作为 USB 使用还是普通用法，如果没有使用到这些引脚，VUSB 供电必须适当，可以选择使用内部稳压器或外部电源。

2. MSP430 USB 供电系统

USB 模块的供电系统内含双稳压器（3.3V 和 1.8V），当 5V 的 VBUS 可用时，允许整个 MSP430 从 VBUS 供电。同时，供电系统可以只为 USB 供电，也可以在一个自供电设备中完全不被使用。供电系统的结构如图 9.25 所示。

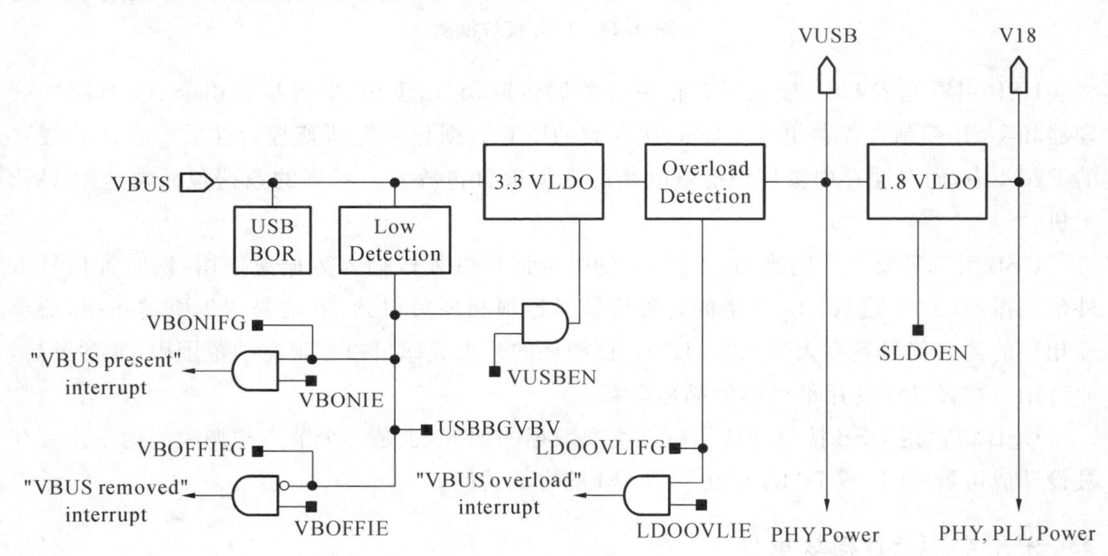

图 9.25　供电系统结构图

3. USB 锁相环（PLL）

PLL 锁相环模块为 USB 操作提供高精度、低抖动的时钟。外部的参考时钟通过 UPCS 位进行选择，允许使用两个外部晶振之一作为参考时钟源。一个受 UPQB 位控制的 4 位的预分频计数器允许对参考时钟进行分频，产生 PLL 的更新。UPMB 时钟位控制着反馈回路上的分频因子和 PLL 的倍频因子。

如果 USB 设备的操作是在总线供电的模式下，为了使 USB 的电流消耗小于 500 μA，有必要禁止 PLL 工作，通过 UPLLEN 位可使能或禁止 PLL。为了使能鉴相器，PFDEN 位必须置位。信号失锁、输入信号无效和超出正常工作频率会反映在对应的中断标志位 OOLIFG、LOSIFG 和 OORIFG 上。

修改分频器分频系数，在设置所需 PLL 频率时，更新 UPQB(DIVQ)和 UPMB(DIVM)值的动作必须同步进行，以避免寄生频率的残留。UPQB 和 UPMB 的值经计算后先写入缓冲寄存器，再通过写 UPLLDIVB 同时更新 UPQB 和 UPMB 的值。

选择需要的 PLL 频率时，为了避免产生虚假频率，必须同时更改 UPQB(DIVQ)和 UPMB(DIVM)的值。可以对 UPQB 和 UPMB 进行计算，并写入到它们的缓冲器。当写入 UPLLDIVB(UPQB)的高字节时，表示最终更新 UPQB 和 UPMB。

4. PLL 误差指示器

PLL 可以检测三种类型的误差。如果 4 个连续更新周期频率校正在同一方向(如上/下)进行，则用失锁(OOL)标明。如果 16 个连续更新周期频率校正在同一方向(如上/下)进行，则用信号丢失(LOS)。如果 PLL 不能锁定多于 32 个更新周期，则用超出范围(OOR)。如果产生错误，中断使能位置位时产生中断，OOL、LOS 和 OOR 触发它们各自的中断标志(USBOOLIFG、USBLOSIFG 和 USBOORIFG)。

5. PLL 启动顺序

为完成 PLL 的快速启动，推荐使用下面的启动顺序。

(1) 使能 VUSB 和 V18。

(2) 等待 2ms，使外部电容充电，VBUS 达到适当值(在此期间，可以初始化 USB 寄存器和缓冲器)。

(3) 激活 PLL，采用需要的分频值。

(4) 等待 2ms，检测 PLL。如果 PLL 处于锁定状态，则准备就绪。

6. USB 向量中断

USB 模块采用单一中断向量发生寄存器，处理多个 USB 中断。所有 USB 相关的中断源触发 USBVECINT 向量，该向量映射一个可以识别中断源的 6 位向量值。每个中断源产生一个不同的可读偏移量，当没有中断挂起时，中断向量返回 0。

读取中断向量寄存器将清除相应的中断标志，更新其值。优先级最高的中断返回 0002h，优先级最低的中断返回 003Eh。对该寄存器执行写操作，将清除所有的中断标志。

对于每个输入和输出端点，存在 USB 传输中断指示使能。为了定义中断是否将标识化，软件可能使该位置位。为了产生中断，必须置位相应的中断使能位和标志位。表 9-10 所示为 USB 中断功能列表。

表 9-10 USB 中断功能列表

USBVECINT 值	中断源	中断标志位	中断使能位	指示使能位
0000H	无中断	—	—	—
0002H	USB 过载	USBPWRCTL. VUOVLIFG	USBPWRCTL. VUOVLIE	—

续表

USBVECINT 值	中断源	中断标志位	中断使能位	指示使能位
0004H	PLL 锁定错误	USBPLLIR. USBPLLOOLIFG	USBPLLIR. USBPLLOOLIE	—
0006H	PLL 信号失效	USBPLLIR. USBPLLOSIFG	USBPLLIR. USBPLLLOSIE	—
0008H	PLL 范围错误	USBPLLIR. USBPLLOOIFG	USBPLLIR. USBPLLOORIE	—
000AH	VBUS 上电	USBPWRCTL. VBONIFG	USBPWRCTL. VBONIE	—
000CH	VBUS 掉电	USBPWRCTL. VBOFFIFG	USBPWRCTL. VBOFFIE	—
000EH	保留	—	—	—
0010H	USB 时间标识事件	USBMAINTL. UTIFG	USBMAINTL. UTIE	—
0012H	输入端点 0	USBIEPIFG. EP0	USBIEPIE. EP0	USBIEPCNFG_0. USBIIE
0014H	输出端点 0	USBOEPIFG. EP0	USBOEPIE. EP0	USBOEPCNFG_0. USBIIE
0016H	USB 复位	USBIFG. RSTRIFG	USBIE. RSTRIE	—
0018H	USB 挂起	USBIFG. SUSRIFG	USBIE. SUSRIE	—
001AH	USB 恢复	USBIFG. RESRIFG	USBIE. RESRIE	—
001CH	保留	—	—	—
001EH	保留	—	—	—
0020H	发起数据包接收	USBIFG. SETUPIFG	USBIE. SETUPIE	—
0022H	发起数据包覆盖	USBIFG. STPOWIFG	USBIE. STPOWIE	—
0024H	输入端点 1	USBIEPIFG. EP1	USBIEPIE. EP1	USBIEPCNF_1. USBIIE
0026H	输入端点 2	USBIEPIFG. EP2	USBIEPIE. EP2	USBIEPCNF_2. USBIIE
0028H	输入端点 3	USBIEPIFG. EP3	USBIEPIE. EP3	USBIEPCNF_3. USBIIE
002AH	输入端点 4	USBIEPIFG. EP4	USBIEPIE. EP4	USBIEPCNF_4. USBIIE
002CH	输入端点 5	USBIEPIFG. EP5	USBIEPIE. EP5	USBIEPCNF_5. USBIIE
002EH	输入端点 6	USBIEPIFG. EP6	USBIEPIE. EP6	USBIEPCNF_6. USBIIE
0030H	输入端点 7	USBIEPIFG. EP7	USBIEPIE. EP7	USBIEPCNF_7. USBIIE
0032H	输出端点 1	USBOEPIFG. EP1	USBOEPIE. EP1	USBOEPCNF_1. USBOIE
0034H	输出端点 2	USBOEPIFG. EP2	USBOEPIE. EP2	USBOEPCNF_2. USBOIE
0036H	输出端点 3	USBOEPIFG. EP3	USBOEPIE. EP3	USBOEPCNF_3. USBOIE
0038H	输出端点 4	USBOEPIFG. EP4	USBOEPIE. EP4	USBOEPCNF_4. USBOIE
003AH	输出端点 5	USBOEPIFG. EP5	USBOEPIE. EP5	USBOEPCNF_5. USBOIE
003CH	输出端点 6	USBOEPIFG. EP6	USBOEPIE. EP6	USBOEPCNF_6. USBOIE
003EH	输出端点 7	USBOEPIFG. EP7	USBOEPIE. EP7	USBOEPCNF_7. USBOIE

7. 功耗

USB功能的功耗比MSP430典型值大。由于大部分MSP430应用情况对电源比较敏感，应保证连接到允许VBUS供电的总线时只有重要的电源负载，这样MSP430 USB模块设计可以保护电池。

USB模块内消耗大部分电流的两个元件是接收器和PLL。发送时，接收器消耗大部分的功率，但是在不活动状态下，也就是不发送数据时，接收器实际上只消耗非常小的功耗，就是IIDLE所表示的量。这部分电流很小，以至于在由总线供电的应用中，在暂停模式期间保持接收器在活动状态而不出现问题。接收器在获取发送需要的电流时，总是可以访问VBUS。

PLL消耗很大部分的电流。然而当连接到主机时，它只需要保持活动状态即可，主机可以提供电源。当禁止PLL时（如USB暂停期间），USBCLK自动选择VLO作为时钟。

9.6.5 USB模块寄存器

USB模块寄存器空间可分为配置寄存器、控制寄存器和USB缓冲寄存器，如表9-11所示。配置和控制寄存器分布在外围存储器内的物理寄存器，缓冲寄存器则位于RAM内。这些寄存器组的基地址和详细的位定义请参考芯片的数据手册。

只有在使能USB模块时，可以对USB配置寄存器进行写操作。当禁止USB模块时，它不再使用RAM缓冲存储器。该存储器作为2KB的RAM块进行操作，可以被CPU和DMA没有任何限制地使用。

表9-11 USB模块寄存器

寄存器	缩写	寄存器类型	地址偏移	初始状态
USB控制器密钥和编码寄存器	USBKEYPID	读/写	00h	0000h
USB控制器配置寄存器	USBCNF	读/写	02h	0000h
USB-PHY控制寄存器	USBPHYCTL	读/写	04h	0000h
USB-PWR控制寄存器	USBPWRCTL	读/写	08h	1850h
USB-PLL控制寄存器	USBPLLCTL	读/写	10h	0000h
USB-PLL分频缓冲寄存器	USBPLLDIVB	读/写	12h	0000h
USB-PLL中断寄存器	USBPLLIR	读/写	14h	0000h

本章小结

作为嵌入式系统的开发者，必须要清楚模块与模块之间能够使用的通信手段和开销，这是构建一个大型嵌入式系统的基础。本章介绍了MSP430系列单片机中所具有的通信模块的基本知识和基本使用方法，以及一些通信协议，包括UART、SPI、I²C及USB。此外还给出一些应用实例代码，以供读者参考。

习题 9

1. USCI_Ax和USCI_Bx分别支持哪些通信模式？

2. 简述USCI模块工作在UART模式下的初始化步骤。

3. 编程实现：编写串口发送程序，向上位机(PC)发送8个字节的数据帧。要求数据帧第一字节前保留10bit以上的线路空闲时间，以便上位机识别数据帧的起始。

4. 编程实现：编写串口接收程序，如果出现奇偶校验错误，P1.3端口置为高电平；如果出现接收溢出错误，P1.4端口置为高电平。

5. 简述SPI通信中各线的含义，并说明SPI通信的原理。

6. 简述SPI的主机模式和从机模式的工作原理。

7. 简述I^2C数据通信协议。

8. MSP430系列单片机的I^2C具有哪些寻址方式？对其格式进行简要说明。

9. MSP430系列单片机的I^2C如何进行多机仲裁？

10. MSP430系列单片机的I^2C具有哪些工作模式？

11. MSP430系列单片机的I^2C具有哪些状态中断标志？并简述各状态中断标志产生的条件。

12. 什么是USB主机和USB设备？MSP430系列单片机能否作为USB主机使用？

13. 列举USB设备的枚举过程。

14. MSP430系列单片机的USB模块由哪些部件构成？

15. USB引擎部件在USB通信的过程中有哪些作用？

16. MSP430系列单片机的USB模块具有哪些通信传输方式？

17. 列举MSP430系列单片机USB的连接状态，并说明各连接状态之间的转移关系。

第10章　MSP430单片机比较器模块

比较器是工业仪表、手持式仪表等产品设计中的理想选择。MSP430F2xx系列之前的单片机仅有比较器A，MSP430 F5xx/F6xx系列单片机则升级为比较器B。

10.1　比较器B(Comp_B)的结构与特性

比较器B是为精确的比较测量而设计的，如电池电压监测、产生外部模拟信号、测量电流、电容和电阻，结合其他模块还可实现精确的A/D模数转换功能。

比较器B模块包含多达16个通道的比较功能，具有以下特性：① 正、负端均有输入多路选择器；② 通过软件选择比较器输出的RC滤波；③ 可输出到TA的捕获输入；④ 软件控制端口输入缓冲；⑤ 具有中断能力；⑥ 可选的参考电压发生器、电压磁滞发生器；⑦ 参考电压输入可选择共用参考电压；⑧ 超低功耗的比较模式；⑨ 低功耗模式支持中断驱动测量系统。

比较器B的结构如图10.1所示。

通过上图可知，比较器B由16个输入通道(CB0～CB15)、模拟电压比较器、参考电压发生器和一些控制单元组成。主要用来比较模拟电压"＋"输入端和"－"输入端的电压大小，然后设置输出信号CBOUT的值。如果"＋"输入端电压大于"－"端，则输出信号CBOUT为高电平，反之，CBOUT为低电平。CBON位可关闭或打开比较器B(具体方法见10.2节相关控制位的用法)。为降低功耗，在不使用比较器B时应关闭，此时输出CBOUT总是低电平。

1. 模拟输入开关

模拟输入开关通过CBIPSEL和CBIMSEL控制位配置比较器两个输入端选择哪一路模拟输入通道，每个输入通道都是相对独立的，且都可以引入比较器B的"＋"输入端或"－"输入端。通过CBSHORT控制位可以将比较器B的模拟信号输入短路。比较器B的输入端也可通过CBRSEL和CBEX控制位的配合引入内部基准电压生成器产生的参考电压。

通过相应寄存器的配置，比较器B可进行以下模拟电压信号的比较：① 两个外部输入电压信号的比较；② 每个外部输入电压信号与内部基准电压的比较

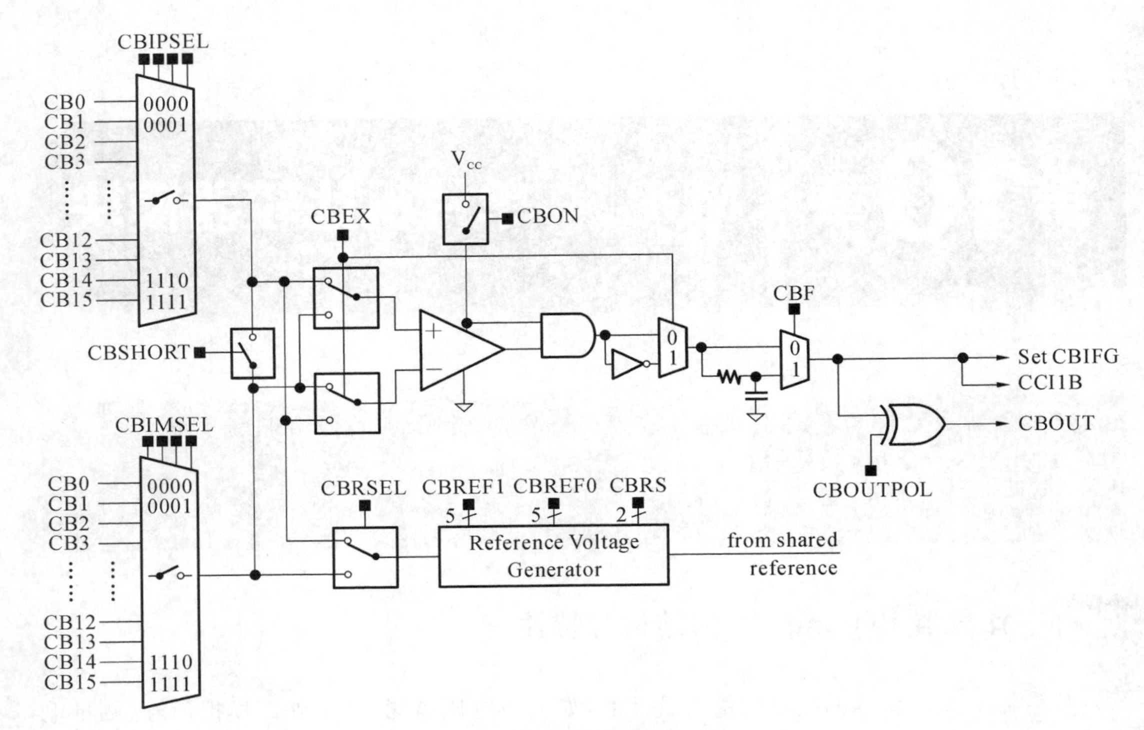

图 10.1 比较器 B 的结构原理

2. 参考电压发生器

比较器 B 的参考电压发生器的框图如图 10.2 所示。

参考电压发生器可产生比较器 B 任意输入端的参考电压 V_{REF}。CBREF1 和 CBREF0 控制位控制参考电压发生器的输出。结合图 6.2 可以看出，CBRS 控制位可选择内部梯形电阻电路参考电压的来源。当 CBRS=10 时，内部梯形电阻电路电压来自内部共用的参考电压，共用参考电压可通过 CBREFL 控制位产生 1.5V、2.0V 或 2.5V 电压。当 CBRS=01 时，内部梯形电阻电路电压来自 V_{CC}，当 CBRS=00 或 11 时，内部梯形电阻电路无电源可用，被禁止。当 CBOUT 为 1 时，参考电压发生器使用 V_{ref1}；CBOUT 为 0 时，参考电压发生器使用 V_{ref0}。如果外部信号用于比较器 B 两个输入端，应当关闭内部参考电压发生器，从而降低电流消耗。

3. 端口逻辑

当与比较器 B 通道复用的输入/输出端口引脚用作比较器 B 模拟通道输入管脚时，可通过 CBIPSEL 或 CBIMSEL 控制位禁止数字器件。输入多路选择器每次只能选择一个比较器 B 输入管脚作为比较器 B 的输入。

4. 比较器输出

CBF 控制位是缓慢变换的输入电压稳定性控制位，可以将 RC 低通滤波器切换到比较器的输出端，能消除比较输出信号的“毛刺”。最终输出信号的上升沿或下降沿可以设置为具有中断能力。如果不使用中断，可将输出信号送给内部其他模块，作为其他模块的一个输入信号；还可以由外部引脚引出。

5. 比较器 B 中断

中断标志 CBIFG，在比较器输出的上升沿或下降沿时都会置位，上升沿或下降沿由

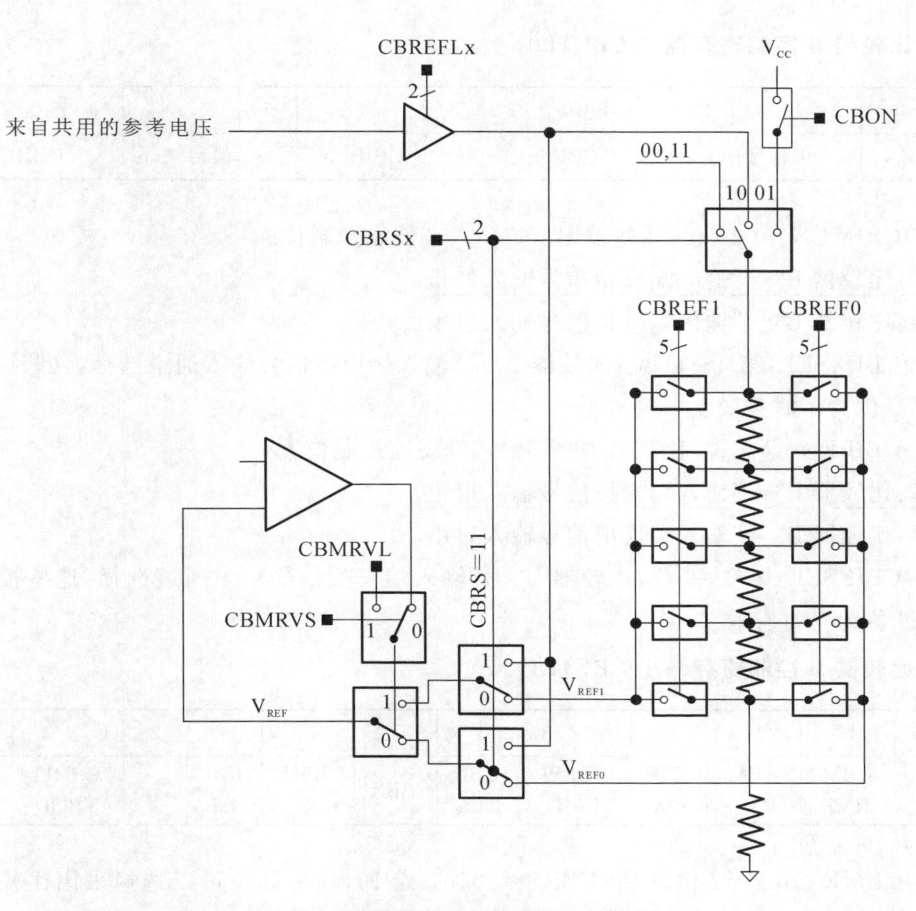

图 10.2　比较器 B 参考电压发生器框图

CBIES 位选择。如果 CBIE 及 GIE 位都置位，CBIFG 标志将产生中断请求。

10.2　比较器 B 相关寄存器

比较器 B 相关寄存器如表 10-1 所示。

表 10-1　比较器 B 寄存器列表

寄　存　器	简　　写	类　　型
比较器 B 控制寄存器 0	CBCTL0	读/写
比较器 B 控制寄存器 1	CBCTL1	读/写
比较器 B 控制寄存器 2	CBCTL2	读/写
比较器 B 控制寄存器 3	CBCTL3	读/写
比较器 B 中断控制寄存器	CBINT	读/写
比较器 B 中断向量寄存器	CBIV	读

注：以下具有下画线的配置为比较器 B 相关寄存器初始状态或复位后的默认配置。

1. 比较器 B 控制寄存器 0(CBCTL0)

15	14	13	12	11	10	9	8	7	6	5	4	3	2	1	0
CBIMEN	保留			CBIMSEL				CBIPEN	保留			CBIPSEL			

(1)CBIMEN:第 15 位,比较器 B“—”输入端使能控制位。

- 0:比较器 B“—”输入端模拟信号输入禁止。
- 1:比较器 B“—”输入端模拟信号输入启用。

(2)CBIMSEL:第 8~11 位,比较器 B“—”输入端模拟信号输入通道选择,这些控制位在 CBIMEN 位为 1 时有效。

(3)CBIPEN:第 7 位,比较器 B“+”输入端使能控制位。

- 0:比较器 B“+”输入端模拟信号输入禁止。
- 1:比较器 B“+”输入端模拟信号输入启用。

(4)CBIPSEL:第 0~3 位,比较器 B“+”输入端模拟信号输入通道选择,这些控制位在 CBIPEN 位为 1 时有效。

2. 比较器 B 控制寄存器 1(CBCTL1)

15~13	12	11	10	9	8	7	6	5	4	3	2	1	0
保留	CBMRVS	CBMRVL	CBON	CBPWRMD		CBFDLY		CBEX	CBSHORT	CBIES	CBF	CBOUTPOL	CBOUT

(1)CBMRVS:第 12 位,如果 CBRS=00、01 或 10,该控制位可以选择采用比较器输出或寄存器控制内部参考电压的来源。

- 0:利用比较器的输出状态选择 V_{REF0} 或 V_{REF1} 电压源作为内部参考电压参考的来源。
- 1:利用 CBMRVL 控制位选择 V_{REF0} 或 V_{REF1} 电压源作为内部参考电压参考的来源。

(2)CBMRVL:第 7 位,CBMRVS 控制位值 1 时,该位有效。

- 0:如果 CBRS=00、01 或 10,选择 V_{REF0}。
- 1:如果 CBRS=00、01 或 10,选择 V_{REF1}。

(3)CBON:第 10 位,比较器 B 开关,当比较器 B 关闭时,比较器 B 不耗电。

- 0:关闭。
- 1:打开。

(4)CBPWRMD:第 8~9 位,电源模式,不是所有的产品都支持所有的模式。详细信息可参考芯片数据手册。

- 00:高速模式(可选)。
- 01:正常模式(可选)。
- 10:超低功耗模式(可选)。
- 11:保留。

(5)CBFDLY:第 6~7 位,滤波延时。滤波延时可以在 4 个步骤中选择。详细信息请参考芯片数据手册。

- 00:450ns。

● 01:900ns典型滤波延时。

● 10:1800ns典型滤波延时。

● 11:3600ns典型滤波延时。

(6)CBEX:第5位,比较器B"+""-"输入端模拟信号输入交换选择控制位。当CBEX控制位发生转变,比较器B的"+""-"输入端模拟信号的输入发生对换。

(7)CBSHORT:第4位,输入短路控制位。该位将"+"输入端和"-"输入端短路。

● 0:输入不短路。

● 1:输入短路。

(8)CBIES:第3位,位CBIIFG和CBIFG选择中断沿。

● 0:CBIFG选择上升沿,CBIIFG选择下降沿。

● 1:CBIFG选择下升沿,CBIIFG选择上降沿。

(9)CBF:第2位,输出滤波控制位。

● 0:比较器B输出没有滤波。

● 1:比较器B输出滤波。

(10)CBOUTPOL:第1位,输出极性控制位。该位定义CBOUT极性。

● 0:没有反转。

● 1:反转。

(11)CBOUT:第0位,输出值。该位反映了比较器B的输出值。对该位写操作不影响比较器的输出。

3. 比较器B控制寄存器2(CBCTL2)

15	14	13	12	11	10	9	8	7	6	5	4	3	2	1	0
CBREFACC	CBREFL		CBREF1					CBRS		CBRSEL	CBREF0				

(1)CBREFACC:第15位,参考精度。只有CBREFL>0时才产生参考电压请求。

● 0:静止模式。

● 1:时钟模式(低功耗、低精度)。

(2)CBREFL:低13~14位,参考电压电平。

● 00:参考电压被禁止。

● 01:选择1.5V作为共享参考电压输入。

● 10:选择2.0V作为共享参考电压输入。

● 11:选择2.5V作为共享参考电压输入。

(3)CBREF1:第8~12位,V_{REF1}参考电压提醒电阻选择控制位。通过该控制位选择不同的电阻,进而对电压源进行分压产生参考电压V_{REF1}。

(4)CBRS:第6~7位,参考电压源选择控制位。该位定义参考电压选自V_{CC}还是精确共享参考电压。

● 00:无参考电源V_{CC}。

● 01:V_{CC}应用到梯形电阻电路。

● 10:将内部精确共享参考电压应用到梯形电阻电路。

● 11：将内部精确共享参考电压作为参考电压 V_{REF}，此时梯形电阻电路被关闭。

(5)CBRSEL：第5位，参考电压选择。参考电压选择控制位。

当 CBEX=0 时：

● 0：V_{REF} 引入到比较器"+"输入端。

● 1：V_{REF} 引入到比较器"－"输入端。

当 CBEX=1 时：

● 0：V_{REF} 引入到比较器"－"输入端。

● 1：V_{REF} 引入到比较器"+"输入端。

(6)CBREF0：第0～4位，V_{REF0} 参考电压梯形电阻选择控制位。通过该控制位可选择不同的电阻，进而对电压源进行分压产生参考电压 V_{REF0}。

4. 比较器 B 控制寄存器 3(CBCTL3)

15	14～2	1	0
CBPD15	～	CBPD1	CBPD0

CBPDx(x=0～15)：第0～15位，比较器B功能选择控制位。通过置位相应控制位可将相应引脚功能设为比较器功能。

● 0：禁用相应通道比较器B功能。

● 1：启用相应通道比较器B功能。

5. 比较器 B 中断控制寄存器(CBINT)

15	14	13	12	11	10	9	8	7	6	5	4	3	2	1	0
保留						CBIIE	CBIE	保留						CBIIFG	CBIFG

(1)CBIIE：第9位，比较器B输出反向极性中断使能控制位。

● 0：反向极性中断禁止。

● 1：反向极性中断使能。

(2)CBIE：第8位，比较器B输出中断使能控制位。

● 0：输出中断禁止。

● 1：输出中断使能。

(3)CBIIFG：第1位，比较器B反向极性中断标志位。利用CBIES控制位可设置产生CBIIFG中断标志位的条件。

● 0：没有反向极性中断请求产生。

● 1：产生反向极性中断请求。

(4)CBIFG：第0位，比较器B输出中断标志位。利用CBIES控制位可设置产生CBIFG中断标志位的条件。

● 0：没有输出中断请求。

● 1：产生输出中断请求。

6. 比较器 B 中断向量寄存器(CBIV)

15	14	13	12	11	10	9	8	7	6	5	4	3	2	1	0
CBIV															

CBIV:第 0~15 位,比较器 B 中断向量字寄存器。该向量寄存器只反映中断使能位置位的中断向量。读取 CBIV 寄存器将清除挂起的优先级最高的中断标志。CBIV 的内容及其相关描述如表 10-2 所示。

表 10-2　CBIV 的内容及其相关描述

CBIV 的内容	中断源	中断标志	中断优先级
00h	无中断挂起	—	—
02h	CBOUT 中断	CBIFG	最高
04h	CBOUT 中断反转极性	CBIIFG	最低

10.3 应用举例

例 10.1 使用 CompB,比较输入电压和内部参考电压大小,如果大于内部参考电压 2.0V,则 CBOUT 输出高电平,否则输出低电平,用 LED 亮灭来标识比较结果。

思路解析 参照比较器 B 控制寄存器 0~3 相关控制位的功能配置。

参考程序如下。

```
# include<msp430f6638.h>
void main(void)
{
  WDTCTL=WDTPW+WDTHOLD;      //关闭看门狗定时器
  P3DIR |=BIT0;                    //P3.0 输出方向
  P3SEL |=BIT0;                    //选择 P3.0/CBOUT 引脚为外设功能
//********* 配置比较器 B*********
  CBCTL0 |=CBIPEN+CBIPSEL_0;  //使能 V+,输入通道 CB0
  CBCTL1 |=CBPWRMD_1;          //正常电源模式
  CBCTL2 |=CBRSEL;              //VREF 应用到负端
  CBCTL2 |=CBRS_3+CBREFL_2;  //设置参考电压 VREF=1.5V (CBREFL_2)
  CBCTL3 |=BIT0;                //关闭输入缓冲 P6.0/CB0
  CBCTL1 |=CBON;              //打开 CompB
  __delay_cycles(75);              //延时,用于 comp 判断电压大小
  __bis_SR_register(LPM4_bits);     //进入 LPM4
  __no_operation();              //空操作,用于调试
}
```

例 10.2 利用 COMPB 中断处理能力:Vcompare 与内部参考电压 1.5V 比较,如果超过 1.5V,就置位 CBIFG,进入中断处理函数。

思路解析 参照比较器 B 控制寄存器 0~3 和中断向量寄存器相关控制位的功能进行配置。

参考程序如下。

```
# include<msp430f6638.h>
void main(void)
{
  WDTCTL=WDTPW+WDTHOLD;      //关闭看门狗定时器
  P1DIR |=BIT0;                            //P1.0/LED 设为输出方向
    //****** 配置比较器 B******
  CBCTL0 |=CBIPEN+CBIPSEL_0;   //使能 V+,输入 CB0 通道
  CBCTL1 |=CBPWRMD_1;        //正常电源模式
  CBCTL2 |=CBRSEL;             //VREF 应用到负端
  CBCTL2 |=CBRS_3+CBREFL_1;  //设置参考电压 Vcref=1.5V (CBREFL_2)
  CBCTL3 |=BIT0;               //关闭输入缓存 P6.0/CB0
  __delay_cycles(75);                //延时,用于 comp 判断电压大小
  CBINT &=~(CBIFG+CBIIFG);  //清除中断标志
  CBINT  |=CBIE;              //在 CBIFG (CBIES=0)上升沿使能 CompB 中断
  CBCTL1 |=CBON;               //使能 比较器 B
  __bis_SR_register(LPM4_bits+GIE);  //打开全局中断,进入 LMP4
  __no_operation();                      //空操作,用于调试
}
//*********  _B ISR-翻转 LED*********
# pragma vector=COMP_B_VECTOR
__interrupt void Comp_B_ISR (void)
{
  CBCTL1 ^=CBIES;               //翻转中断跳变沿
  CBINT &=~CBIFG;               //清除中断标志
  P1OUT ^=0x01;                 //翻转 P1.0
}
```

本章小结

本章讲述了比较器B的结构、特性及操作，详细给出了比较器B相关寄存器的控制位配置介绍，最后列举了两个应用举例，以帮助学者更好的理解比较器B的使用方法。

习 题 10

一、思考题

1. 简述比较器B的工作原理。
2. 比较器B的参考电压发生器能产生哪些参考电压?
3. 如何利用比较器B测量未知电阻?
4. 简述采用比较器B实现电容触摸按键的原理。

二、编程题

1. 编程实现：利用比较器B和定时器实现电容触摸按键的检测。

第11章 MSP430单片机的片内控制模块

片内控制模块是指MSP430单片机具有内部控制功能且不与外部器件直接相连的内部集成模块。本章将简单介绍Flash控制器、RAM控制器、DMA控制器及硬件乘法控制器的结构、原理及功能，并给出简单的程序例程。

11.1 Flash控制器

Flash存储器又称闪存，它结合了ROM和RAM的长处，不仅具备电子可编程(EEPROM)的性能，还可以快速读取数据(NVRAM的优势)，使数据不会因为断电而丢失。其主要优点有掉电后数据不丢失、数据存储速度快、电可擦除、容量大、在线可编程、足够多的擦写次数、价格低廉、可靠性高等。其主要特点有：① 1.8～3.6V工作电压，2.7～3.6V编程电压；② 擦除/编程次数可达100～100000次；③ 数据保持时间从10～100年不等；④ 60KB空间编程时间小于5秒；⑤ 保密熔丝烧断后不可恢复，不能再对JTAG进行任何访问；⑥ FLASH编程/擦除时间由内部硬件控制，无任何软件干预；⑦ 编程可以使用字节、字和长字操作；⑧ 可以通过JTAG、BSL和ISP进行编程；⑨ 100KB的擦除/编程周期。

11.1.1 Flash存储器结构

MSP430单片机的存储器采用冯·诺依曼架构，RAM和ROM(Flash)在同一寻址空间内统一编址，没有代码空间和数据空间之分。不同型号器件的Flash容量不同，所在的地址空间也不一样。MSP430单片机的Flash存储器是以段为基本结构进行存储的，都包含主存储器与信息存储器，有的型号单片机还包含BSL存储器。MSP430F6638单片机的Flash存储器由256KB的Flash主存储器、2KB的BSL和512B的信息存储器组成。其存储器的分段结构示意图如图11.1所示。

由图11.1可知，MSP430F6638单片机的Flash主存储器主要用于存储程序代码，被分成4个扇区，每个扇区128段，每段512B。Flash控制器可以以位、字节或者字的格式写入Flash主存储器，但Flash主存储器的最小擦除单位是段。BSL存储器为引导存储器，可用来存储引导加载程序，其分为4段，每段512B，并且每段可单独进行擦除。信息存储器主要

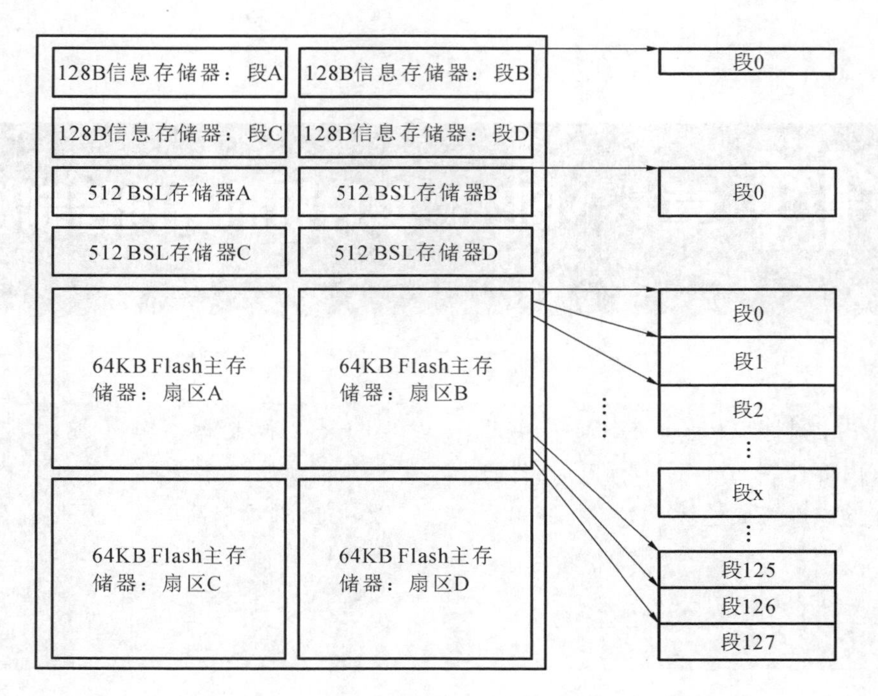

图 11.1　MSP430F6638 Flash 存储器分段结构示意图

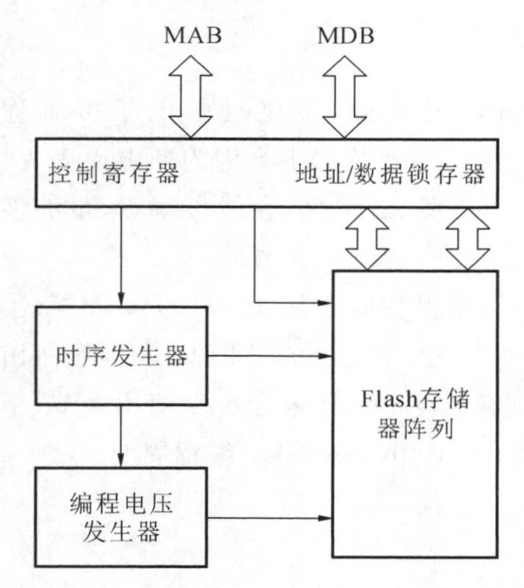

图 11.2　Flash 存储器和控制器结构图

是用来存储掉电后需要保存的重要数据，分为 A、B、C、D 四段，每段 128 字节，共 512 字节。Flash 控制器可以对该段区域内数据信息进行擦除、写入或读取操作。每段也可单独进行擦除。

Flash 控制器主要用来实现对 Flash 存储器的烧写程序、写入数据和擦除功能，可对 Flash 存储器进行字节/字/长字的寻址和编程。Flash 存储器和控制器的结构框图如图 11.2所示。

Flash 控制器的主要功能部件如下。

(1) 控制寄存器：控制 Flash 存储器的擦除与写入。

(2) Flash 存储器阵列：存储体。

(3) 地址/数据锁存器：擦除与编程时执行锁存操作。

(4) 编程电压发生器：产生编程电压。

(5) 时序发生器：产生擦除与编程所需所有时序控制信号。

11.1.2　Flash 存储器操作

对 Flash 模块的操作可分为 3 类：擦除、写入及读出，而擦除又可分为单段擦除和整个模块擦除；写入可分为字写入、字节写入、字连续写入和字节连续写入，同时也可分为通过 JTAG 接口的访问与用户程序的访问。

Flash 模块在 POR 信号之后，默认处于读模式，无需对控制位进行任何操作，就可读出其中数据。在读模式下，Flash存储器不能进行擦除或写操作，Flash时序发生器和电压发生器也将被关闭。对Flash存储器进行写操作时，可以以字节、字或长字为单位。

1. Flash存储器擦除操作

MSP430系列的Flash存储器是以段为单元进行划分的。对Flash存储器进行擦除操作时，必须以段为单位，即使要改变存储器中某个地址处的字节内容，也必须首先将该字节所在的段擦除，然后再将该地址的字节内容写入。擦除之后各位为1。Flash存储器有4个扇区，当对其中某一个扇区进行擦除时可以对其他扇区进行读取操作。Flash通过ERASE和MERAS控制位可选择3种擦除模式，具体配置见表11-1。

表11-1　擦除模式设置列表

MERAS	ERASE	擦除模式
0	0	没有擦除操作
0	1	段擦除
1	0	扇区擦除
1	1	块擦除(主存储器的4个扇区都被擦除，信息存储器A～D及BSL引导程序段A～D不被擦除)

擦除操作的顺序如下。

(1)选择适当的时钟源和分频因子，位时序发生器提供正确的时钟输入。

(2)如果LOCK=1，则将它复位。

(3)监视BUSY标志位，只有当BUSY=0时才可以执行下一步，否则一直监视BUSY。

(4)对Flash控制寄存器写入适当的控制位(配置ERASE和MERAS控制位)。

(5)对擦除的地址范围内任意位置作一次空写入，用于启动擦除操作。

注意：

擦除操作在满足这些条件时才能正确完成：①在擦除周期，选择的时钟源始终有效；②在擦除周期，不修改分频因子，如果时钟源改变或分频因子改变，容易引起Flash擦除时序的失控(擦除时序如图11.3所示)；③在BUSY=1期间，不再访问所操作的段，包括读取、写入和再一次的擦除，如果发生这些操作，会使KEYV置位，并产生NMI中断，在中断服务程序中作相应的处理；④电源电压应符合芯片的相应要求，只允许有较小的容差。电压的跌落容易使电压超出正常的范围，而不能完成操作。

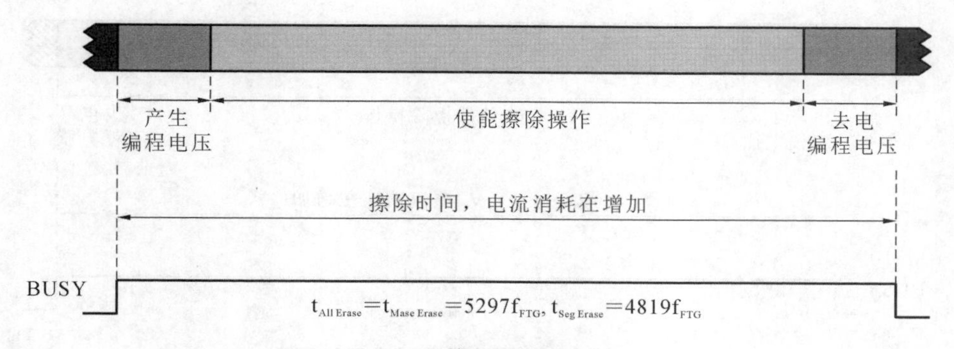

图11.3　擦除周期时序图

2. Flash 存储器写操作

Flash 存储器的写模式可通过 Flash 控制寄存器 1(FCTL1) 中的 WRT 和 BLKWRT 控制位进行选择，具体配置见表 11-2。

表 11-2　写模式配置列表

BLKWRT	WRT	写　模　式
0	0	保留
0	1	字节/字写入
1	0	长字写入
1	1	长字块写入

写操作的顺序如下。

(1)选择适当的时钟源和分频因子。

(2)如果 LOCK＝1，则将它复位。

(3)监视 BUSY 标志位，只有当 BUSY＝0 时才可以执行下一步。

(4)对 Flash 控制寄存器写入适当的控制位(配置 WRT 和 BLKWRT 控制位)。

(5)将数据写入选定地址时启动时序发生器，在时序发生器的控制下完成整个过程。

注意：

写操作在满足这些条件时才能正确完成：①在写周期，选择的时钟源始终有效；②在写周期，不修改分频因子；③在 BUSY＝1 期间不访问 Flash 存储器模块。

长字块写入可用于在 Flash 段中一个连续的存储区域写入一系列数据。一个块的长度为 64B。长字块写入模式不能从 Flash 存储器中启动，只能从 RAM 中启动。在整个块写入的过程中，BUSY 忙标志位置位。以一个长字(32 位)为单位写入，每个长字之间必须检查 WAIT 标志位，当 WAIT 标志位置位时，表示已完成前一个长字的写入，可以写入后一个长字。在当前块数据写完之后，BLKWRT 控制位必须清零，且在一个块的写入之前必须置位。当 BUSY 标志位清零后，表示当前块已完成写入操作，可以对下一块执行写入操作。

单字、单字节或长字写入与块写入的控制时序是不一样的，如图 11.4 和图 11.5 所示。

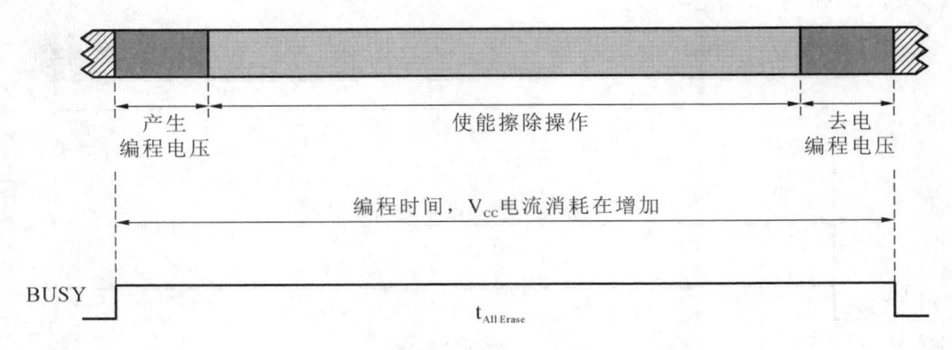

图 11.4　单字、单字节和长字写入周期

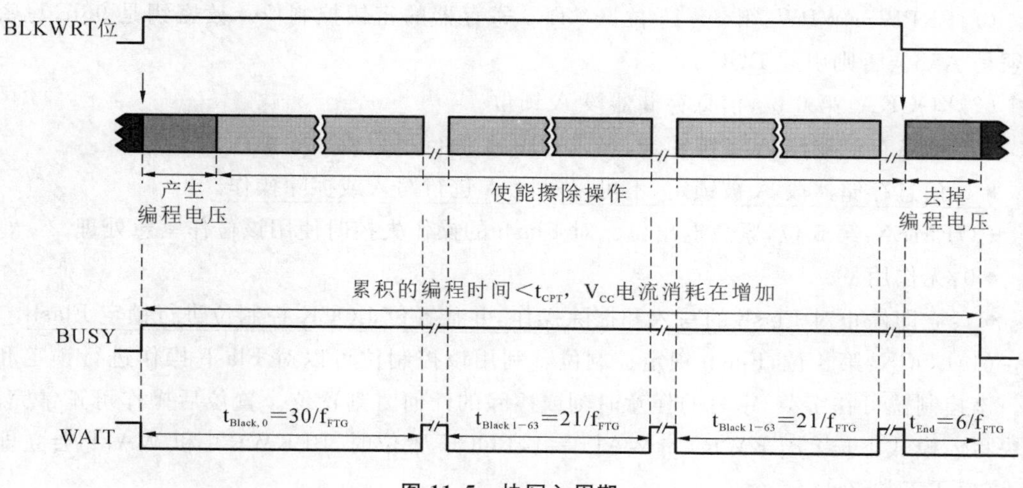

图 11.5 块写入周期

11.1.3 Flash 存储器寄存器

Flash 存储器控制寄存器主要有 3 个，分别是 Flash 控制寄存器 1(FCTL1)、Flash 控制寄存器 3(FCTL3) 和 Flash 控制寄存器 4(FCTL4)。它们均是一个 16 位具有密码保护功能的读/写寄存器。密码位位于每个控制字的高字节，读时为 96h，写时为 A5h。密码位出错将引起密钥错误，KEYV 标志将置位并产生一个 PUC 复位信号。

1. Flash 控制寄存器 1(FCTL1)

15～8	7	6	5	4	3	2	1	0
FRPW/FWPW：读密钥为 96h，写密钥必须为 A5h	BLKWRT	WRT	SWRT	保留		MERAS	ERASE	保留

(1)FRPW/FWPW：第 8～15 位，FCTL1 寄存器的密钥控制位。读结果是 96h，写时必须是 A5h，否则引起 PUC。

(2)BLKWRT 和 WRT：第 6～7 位，写操作模式控制位，具体配置见表 11-2。

(3)SWRT：第 5 位，智能写。假如该位置位，编程时间会缩短。编程质量必须由边沿读模式检查确认。

(4)MERAS 和 ERASE：第 1～2 位，擦除模式控制位，具体配置见表 11-1。

2. Flash 控制寄存器 3(FCTL3)

该寄存器主要用于控制 Flash 存储器操作，保存相应的状态标志和错误条件。对于该位控制寄存器的改变，没有条件限制。在 PUC 期间，它的控制位置位或者复位 WAIT；但是在 POR 期间，KEYV 被复位。注意：带下画线“____”的项为相应控制位的默认配置。各位定义如下。

15～8	7	6	5	4	3	2	1	0
FRPW/FWPW：读密钥为 96h，写密钥必须为 A5h	保留	LOCKA	EMEX	LOCK	WAIT	ACCVIFG	KEYV	BUSY

(1)FRPW/FWPW:第8~15位,FCTL3寄存器的密钥控制位。读密钥是96h,写密钥必须是A5h。否则引起PUC。

(2)LOCKA:第6位,信息存储器段A锁位。

- 0:信息存储器段A未被锁定,可以对段A进行写入或擦除操作。
- 1:信息存储器段A被锁定,不可以对段A进行写入或擦除操作。

(3)EMEX:第5位,紧急退出位。对Flash的操作失控时使用该位作紧急处理。

- 0:无作用。
- 1:立即停止对Flash的写入和擦除操作,并且置位LOCK控制位进行锁定Flash。

(4)LOCK:第4位,Flash锁定控制位。利用该控制位可以对Flash操作进行锁定和解锁。该控制位可在字节/字写的任意时刻或擦除的任何时刻置位。置位后操作可正常完成。在块写入模式下,当BLKWRT=WAIT=1,LOCK置位时,BLKWRT和WAIT会立即复位,该模式正常终止。

- 0:解锁。
- 1:锁定。

(5)WAIT:第3位,等待指示信号位。用来检测当前字/字节是否已经写完毕,确认是否可以启动下一个字/字节的写操作。

- 0:Flash没有准备好下写入下一个字/字节。
- 1:Flash准备好下写入下一个字/字节。

(6)ACCVIFG:第2位,非法访问中断标志位。

- 0:没有中断产生。
- 1:中断产生。

(7)KEYV:第1位,Flash控制寄存器FCTLn(n=1,3,4)密钥输入错误标志位。当一个不正确的密钥值被写入时,KEYV会置位,并触发PUC。KEYV一旦置位必须软件复位。

- 0:FCTLn密钥位写入正确。
- 1:FCTLn密钥位写入不正确。

(8)BUSY:第0位,忙标志位。该位指示Flash是否正忙于当前的擦除或者写入操作。

- 0:不忙。
- 1:忙。

3. Flash控制寄存器4(FCTL4)

该寄存器主要用来对进入时序发生器的时钟进行配置。各位的定义如下。

15~8	7	6	5	4	3	2	1	0
FRPW/FWPW:读密钥为96h,写密钥必须为A5h	LOCKINFO	保留	MRG1	MRG0	保留			VPE

(1)FRPW/FWPW:第8~15位,FCTL4寄存器的密钥控制位。读密钥是96h,写密钥必须是A5h,否则引起PUC。

(2)LOCKINFO:第7位,信息存储器锁定控制位。如果该控制位置位,信息存储器将不能被擦除或写入。

(3)MRG1:第5位,边沿读1模式使能控制位。仅仅当从 Flash 存储区读时,边沿读1才是有效的,在存取周期内,边沿模式自动关闭。如果 MRG1 和 MRG0 都置位,则 MRG1 有效,MRG0 被忽略。

- 0:边沿1读模式禁止。
- 1:边沿1读模式使能。

(4)MRG0:第4位,边沿读1模式使能控制位。仅仅当从 Flash 存储区读时,边沿读0才是有效的,在存取周期内,边沿模式自动关闭。如果 MRG1 和 MRG0 都置位,则 MRG1 有效,MRG0 被忽略。

- 0:边沿0读模式禁止。
- 1:边沿0读模式使能。

(5)VPE:第0位,编程期间电压波动故障标志位。该标志位由硬件自动置位,但只能通过软件进行清除。如果在编程期间 DVCC 电压波动显著,该位置位指示一个无效的结果。在置位 VPE 的同时,硬件将自动置位 ACCVIFG 标志位。

11.1.4 应用举例

例 11.1 实现对信息段 D 的擦除和写入数据操作。将 value 值写入信息段 D 的指定地址。

参考程序如下。

```
# include<msp430f6638.h>
void main(void)
{
unsigned long*Flash_ptrD=(unsigned long*) 0x1800;  //初始化 Flash 信息段 D 的指针
  unsigned long value=0x12345678;
  WDTCTL=WDTPW+WDTHOLD;
  P4DIR|=BIT2;                      //初始化连接指示灯的引脚方向为输出
  while(FCTL3 & BUSY);              //判断是否处于忙碌状态
  FCTL3=FWKEY;                  //清除 LOCK 标志
  FCTL1=FWKEY+ERASE;          //置位 ERASE 位,选择段擦除
  * Flash_ptrD=0;                   //空写操作,地址可以为段范围的任意值
  FCTL1=FWKEY+BLKWRT;      //写允许,长字
  * Flash_ptrD=value;               //写 Flash
  while(FCTL3 & BUSY);          //判断是否处于忙碌状态
  FCTL1=FWKEY;                 //清除 WRT 位
  FCTL3=FWKEY+LOCK;        //置位 LOCK 标志
while(1)
{
 P4OUT^=BIT2;                  //烧写完成,点亮指示灯
  __delay_cycles(1000000);
 }
}
```

11.2 DMA控制器

DMA(direct memory access)控制器模块能够将数据从一个地址搬到另外一个地址而不需要CPU的干预。例如,通过DMA控制器能直接将ADC转换存储器的内容传送到RAM单元。扩展的DMA控制器具有来自所有外设的触发器,不需要CPU干预即可提供最先进的可配置的数据传输能力,从而加速基于微控制器的信号处理进程。

11.2.1 DMA控制器的结构与特性

DMA控制器的结构图如图11.6所示。

DMA控制器包含以下功能模块。

- n个独立的传输通道:每个通道都有源地址寄存器、目的地址寄存器、传输数据长度寄存器和控制寄存器。每个通道的触发请求可以分别允许和禁止。
- 可配置的通道优先权:优先权裁决模式对同时有触发请求的通道进行优先级裁决,确定哪个通道的优先级最高,可以采用固定优先级和循环优先级。
- 程序命令控制模块:每个DMA通道开始传输之前,CPU要编程给定相关的命令和模式控制,以决定DMA通道传输的类型。
- 可配置的传送触发器:触发源可来自软件触发、外部触发、定时器A、定时器B、USCI、USB、硬件乘法器、DAC12、ADC12等片内外设,还具有触发源扩充能力。

DMA的特性包括以下几点。

- 最高可达8个独立的传输通道,不同系列的MSP430单片机所具有DMA传输通道不同,MSP430F6638单片机的DMA模块有6个传输通道。
- DMA具有来自所有外设的触发器,不需要CPU的干预。
- DMA传输的触发来源对CPU来说是完全透明的,DMA控制器可在内存与内部及外部硬件之间进行精确地传输控制。
- DMA消除了数据传输延迟时间以及各种开销,以便其将更多的时间用于处理数据(仅需2个MCLK时钟周期)。
- DMA在整个地址空间范围内传输数据。
- DMA自动处理数据,不需要CPU介入。
- DMA有助于降低功耗(不需要唤醒CPU)。
- 4种传输寻址模式:固定地址到固定地址、固定地址到块地址、块地址到固定地址以及块地址到块地址。
- 单个、块或突发块传输模式:每次触发DMA操作,可以根据需要传输不同规模的数据。
- 触发方式灵活(边沿和电平)。

11.2.2 DMA控制器寄存器

DMA控制器的寄存器如表11-3所示。

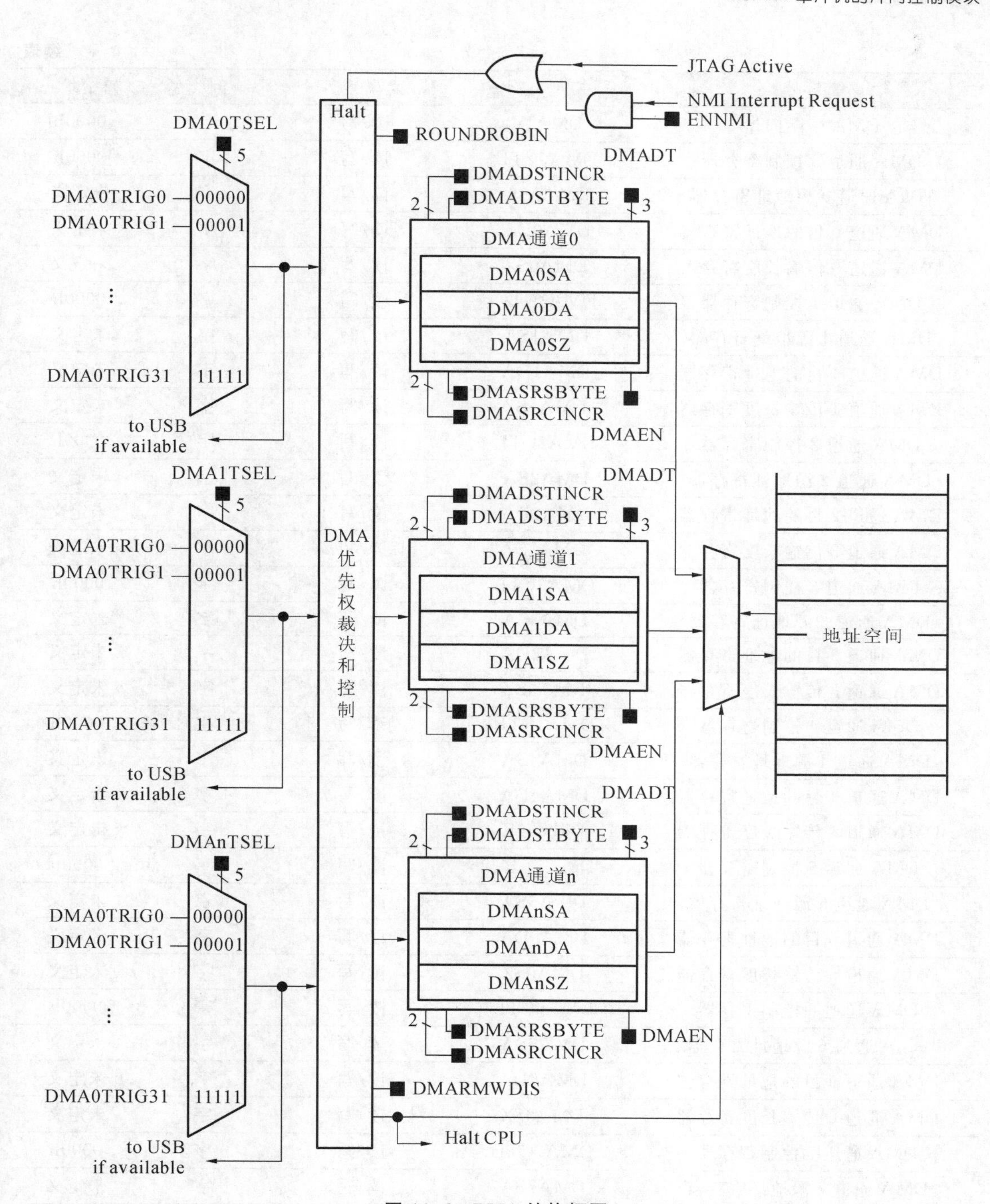

图 11.6　DMA 结构框图

表 11-3　DMA 控制器的寄存器

寄存器	缩　写	读写类型	访问类型	初始状态
DMA 控制寄存器 0	DMACTL0	读/写	字	0000h
DMA 控制寄存器 1	DMACTL1	读/写	字	0000h
DMA 控制寄存器 2	DMACTL2	读/写	字	0000h
DMA 控制寄存器 3	DMACTL3	读/写	字	0000h
DMA 控制寄存器 4	DMACTL4	读/写	字	0000h

续表

寄存器	缩　写	读写类型	访问类型	初始状态
DMA 中断向量	DMAIV	读/写	字	0000h
DMA 通道 0 控制寄存器	DMA0CTL	读/写	字	0000h
DMA 通道 0 源地址寄存器	DMA0SA	读/写	字	未定义
DMA 通道 0 目的地址寄存器	DMA0DA	读/写	字	未定义
DMA 通道 0 传输长度寄存器	DMA0SZ	读/写	字	未定义
DMA 通道 1 控制寄存器	DMA1CTL	读/写	字	0000h
DMA 通道 1 源地址寄存器	DMA1SA	读/写	字	未定义
DMA 通道 1 目的地址寄存器	DMA1DA	读/写	字	未定义
DMA 通道 1 传输长度寄存器	DMA1SZ	读/写	字	未定义
DMA 通道 2 控制寄存器	DMA2CTL	读/写	字	0000h
DMA 通道 2 源地址寄存器	DMA2SA	读/写	字	未定义
DMA 通道 2 目的地址寄存器	DMA2DA	读/写	字	未定义
DMA 通道 2 传输长度寄存器	DMA2SZ	读/写	字	未定义
DMA 通道 3 控制寄存器	DMA3CTL	读/写	字	0000h
DMA 通道 3 源地址寄存器	DMA3SA	读/写	字	未定义
DMA 通道 3 目的地址寄存器	DMA3DA	读/写	字	未定义
DMA 通道 3 传输长度寄存器	DMA3SZ	读/写	字	未定义
DMA 通道 4 控制寄存器	DMA4CTL	读/写	字	0000h
DMA 通道 4 源地址寄存器	DMA4SA	读/写	字	未定义
DMA 通道 4 目的地址寄存器	DMA4DA	读/写	字	未定义
DMA 通道 4 传输长度寄存器	DMA4SZ	读/写	字	未定义
DMA 通道 5 控制寄存器	DMA5CTL	读/写	字	0000h
DMA 通道 5 源地址寄存器	DMA5SA	读/写	字	未定义
DMA 通道 5 目的地址寄存器	DMA5DA	读/写	字	未定义
DMA 通道 5 传输长度寄存器	DMA5SZ	读/写	字	未定义
DMA 通道 6 控制寄存器	DMA6CTL	读/写	字	0000h
DMA 通道 6 源地址寄存器	DMA6SA	读/写	字	未定义
DMA 通道 6 目的地址寄存器	DMA6DA	读/写	字	未定义
DMA 通道 6 传输长度寄存器	DMA6SZ	读/写	字	未定义
DMA 通道 7 控制寄存器	DMA7CTL	读/写	字	0000h
DMA 通道 7 源地址寄存器	DMA7SA	读/写	字	未定义
DMA 通道 7 目的地址寄存器	DMA7DA	读/写	字	未定义
DMA 通道 7 传输长度寄存器	DMA7SZ	读/写	字	未定义

1. DMA 控制寄存器 0(DMACTL0)

15	14	13	12	11	10	9	8	7	6	5	4	3	2	1	0
保留			DMA1TSEL					保留			DMA0TSEL				

DMA1TSEL/DMA0TSEL：第8～12位/第0～4位，DMA通道1/0触发事件选择控制位。

两个控制位的配置见表11-4。

表11-4　DMA控制器的触发源

DMAxTSEL (x=0,1)	DMA触发源	含　义
00000	DMAREQ(软件触发)	置位DMAREQ触发DMA操作，DMA传输开始后该位自动清零
00001	TA0CCR0 CCIFG	TA0CCR0的CCIFG标志置位，触发DMA操作。DMA操作开始后，该标志自动复位。如果TA0CCR0的CCIE标志置位，TA0CCR0的CCIFG标志不会触发传输
00010	TA0CCR2 CCIFG	TA0CCR2的CCIFG标志置位，触发DMA操作。DMA操作开始后，该标志自动复位。如果TA0CCR2的CCIE标志置位，TA0CCR2的CCIFG标志不会触发传输
00011	TA1CCR0 CCIFG	TA1CCR0的CCIFG标志置位，触发DMA操作。DMA操作开始后，该标志自动复位。如果TA1CCR0的CCIE标志置位，TA1CCR0的CCIFG标志不会触发传输
00100	TA1CCR2 CCIFG	TA1CCR2的CCIFG标志置位，触发DMA操作。DMA操作开始后，该标志自动复位。如果TA1CCR2的CCIE标志置位，TA1CCR2的CCIFG标志不会触发传输
00101	TA2CCR0 CCIFG	TA2CCR0的CCIFG标志置位，触发DMA操作。DMA操作开始后，该标志自动复位。如果TA2CCR0的CCIE标志置位，TA2CCR0的CCIFG标志不会触发传输
00110	TA2CCR2 CCIFG	TA2CCR2的CCIFG标志置位，触发DMA操作。DMA操作开始后，该标志自动复位。如果TA2CCR2的CCIE标志置位，TA2CCR2的CCIFG标志不会触发传输
00111	TB0CCR0 CCIFG	TB0CCR0的CCIFG标志置位，触发DMA操作。DMA操作开始后，该标志自动复位。如果TB0CCR0的CCIE标志置位，TB0CCR0的CCIFG标志不会触发传输
01000	TB2CCR2 CCIFG	TB0CCR2的CCIFG标志置位，触发DMA操作。DMA操作开始后，该标志自动复位。如果TB0CCR2的CCIE标志置位，TB0CCR2的CCIFG标志不会触发传输
01001～01111	保留	
10000	UCA0RXIFG	USCI_A0接收到新数据时触发DMA传输。DMA传输开始时UCA0RXIFG自动复位。如果UCA0RXIE置位，UCA0RXIFG不会触发DMA传输
10001	UCA0TXIFG	USCI_A0准备好传输新数据时触发DMA传输。DMA传输开始时UCA0TXIFG自动复位。如果UCA0TXIE置位，UCA0TXIFG不会触发DMA传输
10010	UCB0RXIFG	USCI_B0接收到新数据时触发DMA传输。DMA传输开始时UCB0RXIFG自动复位。如果UCB0RXIE置位，UCB0RXIFG不会触发DMA传输
10011	UCB0TXIFG	USCI_B0准备好传输新数据时触发DMA传输。DMA传输开始时UCB0TXIFG自动复位。如果UCB0TXIE置位，UCB0TXIFG不会触发DMA传输
10100	UCA1RXIFG	USCI_A1接收到新数据时触发DMA传输。DMA传输开始时UCA1RXIFG自动复位。如果UCA1RXIE置位，UCA1RXIFG不会触发DMA传输
10101	UCA1TXIFG	USCI_A1准备好传输新数据时触发DMA传输。DMA传输开始时UCA1TXIFG自动复位。如果UCA1TXIE置位，UCA1TXIFG不会触发DMA传输

续表

DMAxTSEL (x=0,1)	DMA 触发源	含　义
10110	UCB1RXIFG	USCI_B1 接收到新数据时触发 DMA 传输。DMA 传输开始时 UCB1RXIFG 自动复位。如果 UCB1RXIE 置位，UCB1RXIFG 不会触发 DMA 传输
10111	UCB1TXIFG	USCI_B1 准备好传输新数据时触发 DMA 传输。DMA 传输开始时 UCB1TXIFG 自动复位。如果 UCB1TXIE 置位，UCB1TXIFG 不会触发 DMA 传输
11000	ADC12IFGx	置位 ADC12IFGx 标志将触发 DMA 操作。ADC12IFGx 标志由 ADC 模块自动选择。当 ADC12 在单通道上执行单次或者重复转换时，ADC12IFGx 标志置位表示转化结束继而触发 DMA 操作，当 ADC112 在序列通道上执行单次或者重复转换时，ADC12IFGx 标志置位表示最后转换完毕，继而触发 DMA 操作，所有的 ADC12IFGx 标志在 DMA 操作开始后都不是自动复位的，只要对应的 ADC12MEMx 被访问，该标志才可以自动清除。用软件置位 ADC12IFGx 不能触发 DMA 操作
11001	DAC12_0IFG	当 DAC12_0 的 DAC12IFG 标志置位时，DMA 操作被触发。DMA 操作开始后，该标志自动清除。如果 DAC12_0 的 DAC12IE 置位，DAC12_0 的 DAC12IFG 标志不能触发 DMA 操作
11010	DAC12_1IFG	当 DAC12_1 的 DAC12IFG 标志置位时，DMA 操作被触发。DMA 操作开始后，该标志自动清除。如果 DAC12_1 的 DAC12IE 置位，DAC12_1 的 DAC12IFG 标志不能触发 DMA 操作
11011	USB FNRXD	USB 端点接收到数据
11100	USB ready	USB 为新的操作做好准备
11101	MPY ready	硬件乘法器为新的操作做好准备
11110	DMAxIFG	DMA0IFG 触发 DMA 1，DMA1IFG 触发 DMA 2，DMA2IFG 触发 DMA 3，DMA3IFG 触发 DMA 4，DMA4IFG 触发 DMA 5，DMA5IFG 触发 DMA 0，当 DMA 操作开始后，DMAxIFG 标志不能自动复位
11111	DMAE0	外部触发标志 DMAE0

2. DMA 控制寄存器 1(DMACTL1)

15	14	13	12	11	10	9	8	7	6	5	4	3	2	1	0
保留			DMA3TSEL					保留			DMA2TSEL				

DMA3TSEL/DMA2TSEL：第 8～12 位/第 0～4 位，DMA 通道 3/2 触发事件选择控制位。其定义同 DMA1TSEL/DMA0TSEL。

3. DMA 控制寄存器 2(DMACTL2)

15	14	13	12	11	10	9	8	7	6	5	4	3	2	1	0
保留			DMA5TSEL					保留			DMA4TSEL				

DMA5TSEL/DMA4TSEL：第 8～12 位/第 0～4 位，DMA 通道 5/4 触发事件选择控制

位。其定义同 DMA1TSEL/DMA0TSEL。

4. DMA 控制寄存器 3(DMACTL3)

15	14	13	12	11	10	9	8	7	6	5	4	3	2	1	0
保留			DMA7TSEL					保留			DMA6TSEL				

DMA7TSEL/DMA6TSEL:第 8～12 位/第 0～4 位,DMA 通道 7/6 触发事件选择控制位。其定义同 DMA1TSEL/DMA0TSEL。

5. DMA 控制寄存器 4(DMACTL4)

15～3	2	1	0
0	DMARMWDIS	ROUNDROBIN	ENNMI

(1)DMARMWDIS:第 2 位,禁止读/写操作控制位。当该控制位置位时,禁止任何发生在 CPU 读/写操作时的 DMA 传输。

- 0:CPI 读/写操作时,允许发生 DMA 传输。
- 1:CPI 读/写操作时,禁止发生 DMA 传输。

(2)ROUNDROBIN:第 1 位,优先级:控制位。

- 0:固定优先级方式。
- 1:优先级循环方式。

(3)ENNMI:第 0 位,使能 NMI。此位使能由 NMI 中断引起的 DMA 传输中断。NMI 中断一次 DMA 传输时,当前的传输一般会正常完成,下一个传输将会被阻止,并且 DMAABORT 会置位。

- 0:NMI 中断,不会中断 DMA 传输。
- 1:NMI 中断,会中断 DMA 传输。

6. 通道 x(x=0～7) 的控制寄存器(DMAxCTL)

15	14	13	12	11	10	9	8	7	6	5	4	3	2	1	0
保留	DMADT			DMADSTINCR		DMASRCINCR		DMADSTBYTE	DMASRCBYTE	DMALEVEL	DMAEN	DMAIFG	DMAIE	DMAABORT	DMAREQ

(1)DMADT:第 12～14 位,DMA 传输模式选择位。

- 000:单字或者单字节传输方式。
- 001:块传输方式。
- 010、011:突发块传输方式。
- 100:重复的单字或者单字节传输方式。
- 101:重复的块传输方式。
- 110、111:重复的突发块传输方式。

(2)DMADSTINCR:第 10～11 位,DMA 传输目的地址增、减控制位。此位选择当一个字节/字传输完成后目标地址自动增加或者减小。地址增加或减小的数值受 DMADSTBYTE 控制位决定。当 DMADSTBYTE = 1 时,目标地址加/减 1;当

DMADSTBYTE=0时，目标地址加/减2。DMAxDA被复制到一个临时的寄存器中，该暂存寄存器将会加或者减，DMAxDA的值不会增加或者减小。

- 00：目的地址不变。
- 01：目的地址不变。
- 10：目的地址减小。
- 11：目的地址增大。

(3)DMASRCINCR：第8～9位，DMA传输源地址增、减控制位。此位选择当一个字节/字传输完成后源地址自动增加或者减小。地址增加或减小的数值受DMASRCBYTE控制位决定。当DMASRCBYTE=1时，目标地址加/减1；当DMASRCBYTE=0时，目标地址加/减2。DMAxSA被复制到一个临时的寄存器中，该暂存寄存器将会加或者减，DMAxSA的值不会增加或者减小。

- 00：目的地址不变。
- 01：目的地址不变。
- 10：源地址减小。
- 11：源地址增大。

(4)DMADSTBYTE：第7位，选择DMA目的单元的基本单位是字还是字节。

- 0：字。
- 1：字节。

(5)DMASRCBYTE：第6位，选择DMA源单元的基本单位是字还是字节。

- 0：字。
- 1：字节。

(6)DMALEVEL：第5位，选择DMA触发源的有效方式。

- 0：边沿触发。
- 1：电平触发。

(7)DMAEN：第4位，DMA模块使能。

- 0：禁用。
- 1：使能。

(8)DMAIFG：第3位，DMA中断标志位。

- 0：没有中断请求。
- 1：有中断请求。

(9)DMAIE：第2位，DMA中断允许。

- 0：禁止。
- 1：允许。

(10)DMAAVORT：第1位，DMA异常中断。该位表明DMA在传输过程中是否被NMI打断。

- 0：DMA传输过程中没有被打断。
- 1：DMA传输过程中有被打断过。

(11)DMAREQ：第0位，DMA请求位，通过该位可控制DMA启动。该位会自动复位。

- 0：没有启动DMA传输。

- 1:启动 DMA 传输。

7. DMA 通道 x(x=0～7)源地址寄存器(DMAxSA)

DMAxSA 寄存器用来存放 DAM 单次或者块传输的起始源地址。在块传输或突发块传输中,DMAxSA 的值不变。DMAxSA 寄存器有两个字,其中 20～31 位保留,其余位用来表示 DMA 传输源地址。

8. DMA 通道 x(x=0～7)目的地址寄存器(DMAxDA)

DMAxSA 寄存器用来存放 DAM 单次或者块传输的起始目标地址。在块传输或突发块传输中,DMAxDA 的值不变。DMAxDA 寄存器有两个字,其中 20～31 位保留,其余位用来表示 DMA 传输目标地址。

9. DMA 通道 x(x=0～7)传输长度寄存器(DMAxSZ)

DMAxSZ 寄存器定义了传输的字或字节以及每个块传输的基本单元个数,每次传送完一个字或者字节后,DMAxSZ 自动减 1。当 DMAxSZ 减到零时,能够被自动重新装入初始值。该寄存器为 16 位,最大可传输 65535 个字或字节。

10. DMA 中断向量寄存器(DMAIV)

15	14	13	12	11	10	9	8	7	6	5	4	3	2	1	0
DMAIV															

DMAIV:DMA 中断向量值。DMA 中断向量表见表 11-5。

表 11-5 DMA 中断向量表

DMAIV	中断源	中断标志位	中断优先级
00h	无中断源		
02h	DMA 通道 0	DMA0IFG	最高
04h	DMA 通道 1	DMA1IFG	
06h	DMA 通道 2	DMA2IFG	↓
08h	DMA 通道 3	DMA3IFG	
……	……	……	
10h	DMA 通道 7	DMA7IFG	最低

11.2.3 DMA 控制器的操作

DMA 控制器由用户软件配置。

1. 选择 DMA 触发源

每个 DMA 通道的初始化都是完全独立的,通过各自的 DMAxTSEL 来选择出发事件,DMA 控制器的触发源见表 11-4。当相应的触发源准备就绪时,会向 DMA 控制器发出 DMA 请求。DMAxTSEL 只有在寄存器 DMACTL 的控制位 DMAEN=0 时才能被修改。

2. 确定 DMA 触发信号方式

在单字或者单字节传输模式,每次 DMA 传输都需要单独的有效触发信号,在块传输或者突发块传输模式下，只需要一次触发信号就能进行块或者突发块传输。

MSP430 单片机的 DMA 控制器支持以下两种信号触发方式。

1）边沿触发方式

当 DMA 通道 x 的控制寄存器 DMAxCTL 中的 DMALEVEL 控制位复位时，触发信号的上升沿可以触发 DMA 操作。

2）电平触发方式

当 DMALEVEL 控制位置位时，为高电平触发方式。当控制位 DMALEVEL 和 DMAEN 被置位，并且触发信号源也为高电平时，才能触发 DMA 操作。在电平触发方式下，为了完成块或突发块传输，在传输过程中触发信号必须始终保持高电平。如果触发信号变低，DMA 控制器将停止传输并保持当前状态；当触发信号重新变高或者软件修改了 DMA 寄存器，DMA 控制器将从触发信号变低时的状态继续传输。当 DMALEVEL＝1 时，建议操作模式选择控制位 DMADTx＝{0,1,2,3}，因为在触发 DMA 操作后，DMAEN 位能够自动复位。

注意：

只有应用外部触发源 DMAE0 时，才需要采用电平触发方式，其余触发事件应采用边沿触发方式。

3. DMA 控制器的寻址

DMA 控制器有 4 种寻址模式，分别为固定地址到固定地址、固定地址到块地址、块地址到固定地址和块地址到块地址，如图 11.7 所示。对于每个 DMA 通道来说，其寻址模式都可独立配置。例如，通道 0 可以配置成在两个固定地址间传输，而通道 1 则可配置成在两个块地址间传输。寻址模式的配置可通过 DMASRCINCR 和 DMADSTINCR 控制位实现，DMASRCINCR 控制位可选择每次数据传输完成后源地址增大、减小或不变，DMADSTINCR 控制位可选择每次数据传输完成后目标地址增大、减少还是不变。具体配置请参见 DMAxCTL 寄存器。

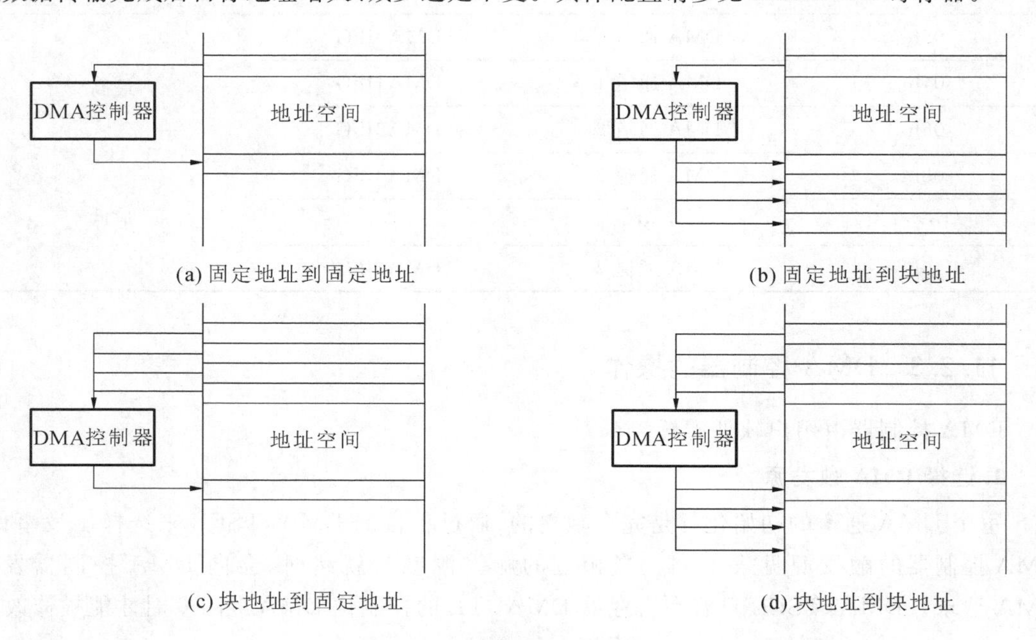

图 11.7 DMA 控制器的寻址模式

4. 选择 DMA 传输模式

DMA 控制器可通过 DMADT 控制位 6 种传输模式，具体配置如表 11-6 所示，每个通道都可独立配置其传输模式。DMA 传输模式和寻址方是分别定义的，任何寻址模式都可用于任何传输模式。

通过 DMAxCTL 控制寄存器的 DSTBYTE 和 SRCBYTE 控制位可以选择源地址和目标之间传输的数据类型：字、字节或字节和字组合。

表 11-6 DMA 传输模式列表

DMADT	传输模式	操 作
000	单字或者单字节传输	每次传输需要单独触发。DMAxSZ 规定的数量传输完毕，DMAEN 位可以自动清除
001	块传输	一次触发可以传输规定的整个数据块，块传输结束时，DMAEN 位可以自动清除
010、011	突发块传输	CPU 和块传输有规律地交互活动。在突发块传输结束时，DMAEN 位可以自动清除
100	重复单字或者单字节传输	每次传输需要一次触发，DMAEN 位保持有效
101	重复块传输	一次触发可以传输规定的数据块，触发可以传输规定的整个数据块
110、111	重复突发块传输	CPU 和块传输有规律地交互活动。DMAEN 位保持有效

1）单次传输

在单次传输模式中，每次都需要一个单独的触发。单次传输状态示意图如图 11.8 所示。DMAxSZ 寄存器用来定义每次传输的数目，如果 DMAxSZ＝0，则没有传输发生。DMASTINCR 和 DMASRCINCR 寄存器用来选择在传输结束后目标地址和源是否增加或者减少。

DMAxSA，DMAxDA 和 DMAxSZ 寄存器的值都会被复制到临时寄存器中。在每次传输结束后，DMAxSA 和 DMAxDA 对应的临时值会增加或者减少。而每次操作后，DMAxSZ 寄存器的值会减少，当减少至 0 时，将会从临时寄存器中重载，同时 DMAIFG 标志将会置位。当 DMADT＝0，即单次传输模式下，DMAEN 位被清零，如果要再次传输，则必须将 DMAEN 重新置位。

在单次重复传输模式中，DMAEN 控制位一直保持置位，每次触发伴随一次传输。

2）块传输模式

在块传输模式中，一个整块的数据将会在触发后传输。当 DMADT＝11 时，在一次块传输结束后 DMAEN 位将会被清除，并需要重新置位以便下一次块传输被触发。在一个块传输被触发后，在传输的过程中其他的触发将会被忽略。块传输状态如图 11.9 所示。

DMAxSZ 寄存器用来定义块的大小，DMADSTINCR 和 DMASRCINCR 控制位用来选择在每次块传输结束后目标地址和源地址是否增加或者减少。如果 DMAxSZ＝0，则没有块传输发生。DMAxSA、DMAxDA 和 DMAxSZ 都会被复制到临时寄存器中。在每次块传输结束后 DMAxSA 和 DMAxDA 的临时值都会增加或者减少。在每次块传输结束后 DMAxSZ 寄存器中的值会减少并且指示块中还剩余多少数据。当 DMAxSZ 寄存器的值减少至 0 时将会从临时寄存器中重载并且相应的 DMAIFG 标志将会置位。

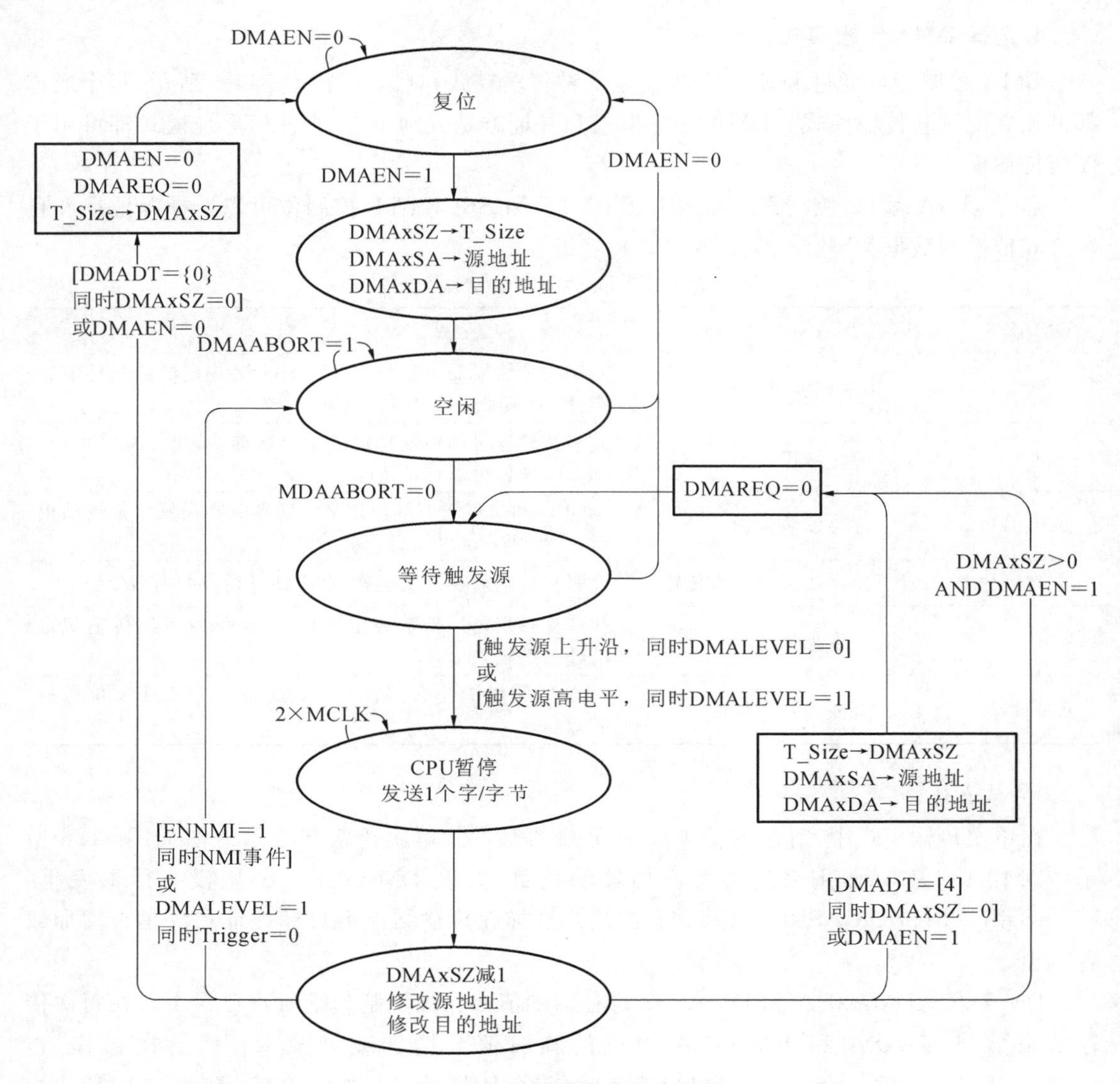

图 11.8　单次传输状态示意图

在一个块传输中,块传输完成前 CPU 将会停止。块传输将会在 2×MCLK×DMAxSZ 个时钟周期完成。在块传输结束后 CPU 将会以其先前的状态运行。在重复块传输模式中,在每个块传输结束后 DMAEN 位将保持置。一个重复块传输结束后的下一个触发信号将触发另一个块传输。

3) 突发块传输模式

在突发块传输模式中,传输是在 CPU 交叉存取下的块传输。在一个块中每传输四个字节/字,CPU 将运行 2 个 MCLK 时钟,如此导致了 20%的 CPU 运行容量。在突发块传输结束后,CPU 将会在 100%的容量下运行并且 DMAEN 位将被清除。DMAEN 位需要重新置位以便下一次块突发传输被触发。在一个突发块输出被触发后,在块传输的过程中其他的触发将会被忽略。突发块传输状态如图 11.10 所示。

DMAxSZ 寄存器用来定义块的大小,DMADSTINCR 和 DMASRCINCR 用来选择在每次块传输结束后目标地址和源是否增加或者减少。如果 DMAxSZ=0,就不会发生传输。

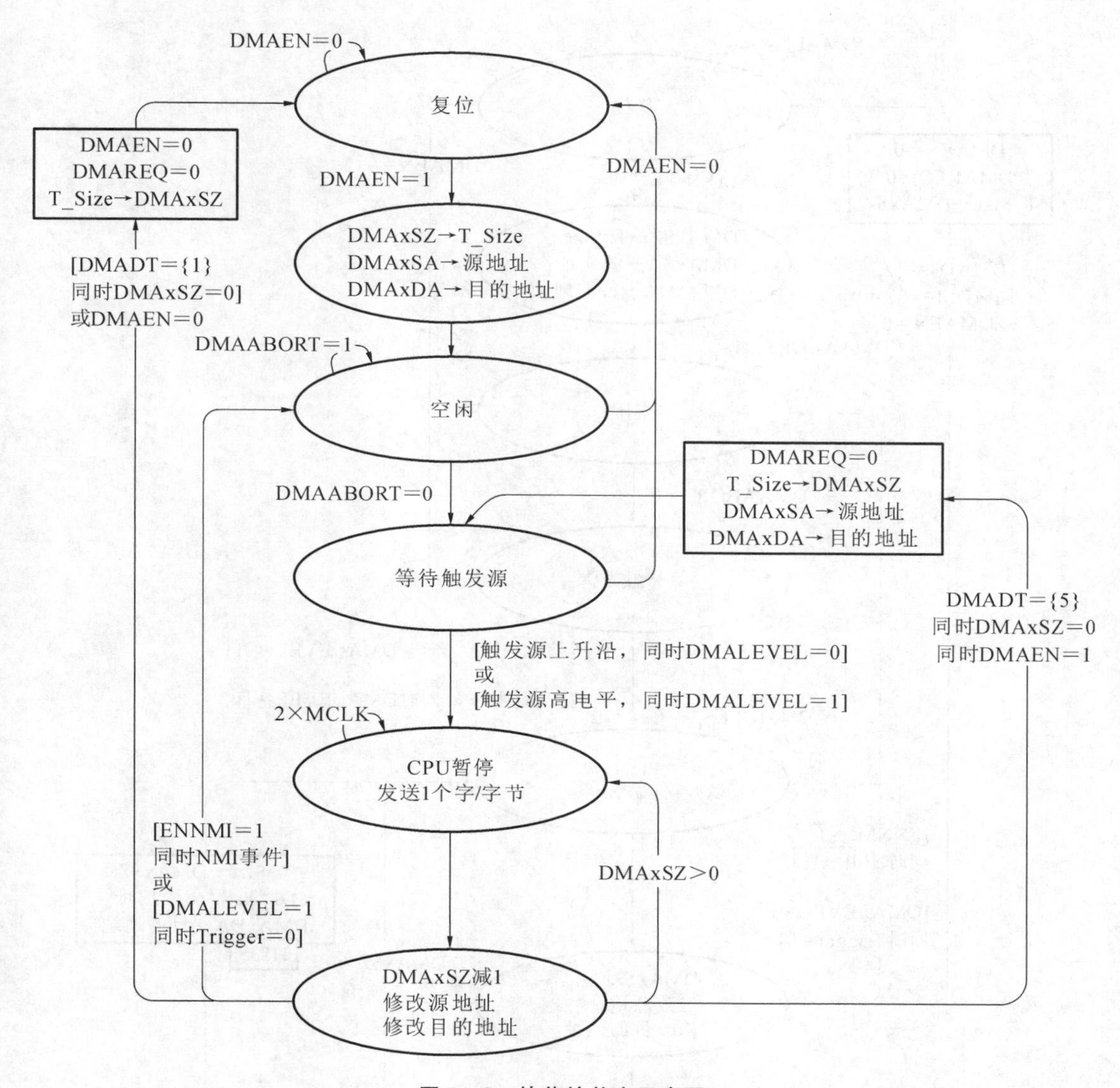

图 11.9　块传输状态示意图

DMAxSA、DMAxDA 和 DMAxSZ 都会被复制到临时寄存器中。在每次块传输结束后 DMAxSA 和 DMAxDA 的临时值都会增加或者减少。在每次块传输结束后 DMAxSZ 寄存器中的值会减少并且指示块中还剩余多数据。当 DMAxSZ 寄存器的值减少至 0 时将会从临时寄存器中重载并且相应的 DMAIFG 标志将会置位。

在重复突发块传输模式中每个突发块传输结束后 DMAEN 位将保持置位并且不再需要额外的触发信号来启动另一次突发块传输。另一次突发块传输将在前一个突发块传输结束后直接进行。如此,传输必须以通过清除 DMAEN 位或者不可屏蔽中断来停止。在重复突发块传输模式中 CPU 不断在 20%的容量运行直到重复突发块传输停止。

5. 停止 DMA 传输

有两种方法可以停止正在进行的 DMA 传输：①置位传输；①置位 ENNMI 控制位，通过不可屏蔽中断事件可以停止 DMA 传输；②通过清除 DMAEN 位来停止突发块传输模式。

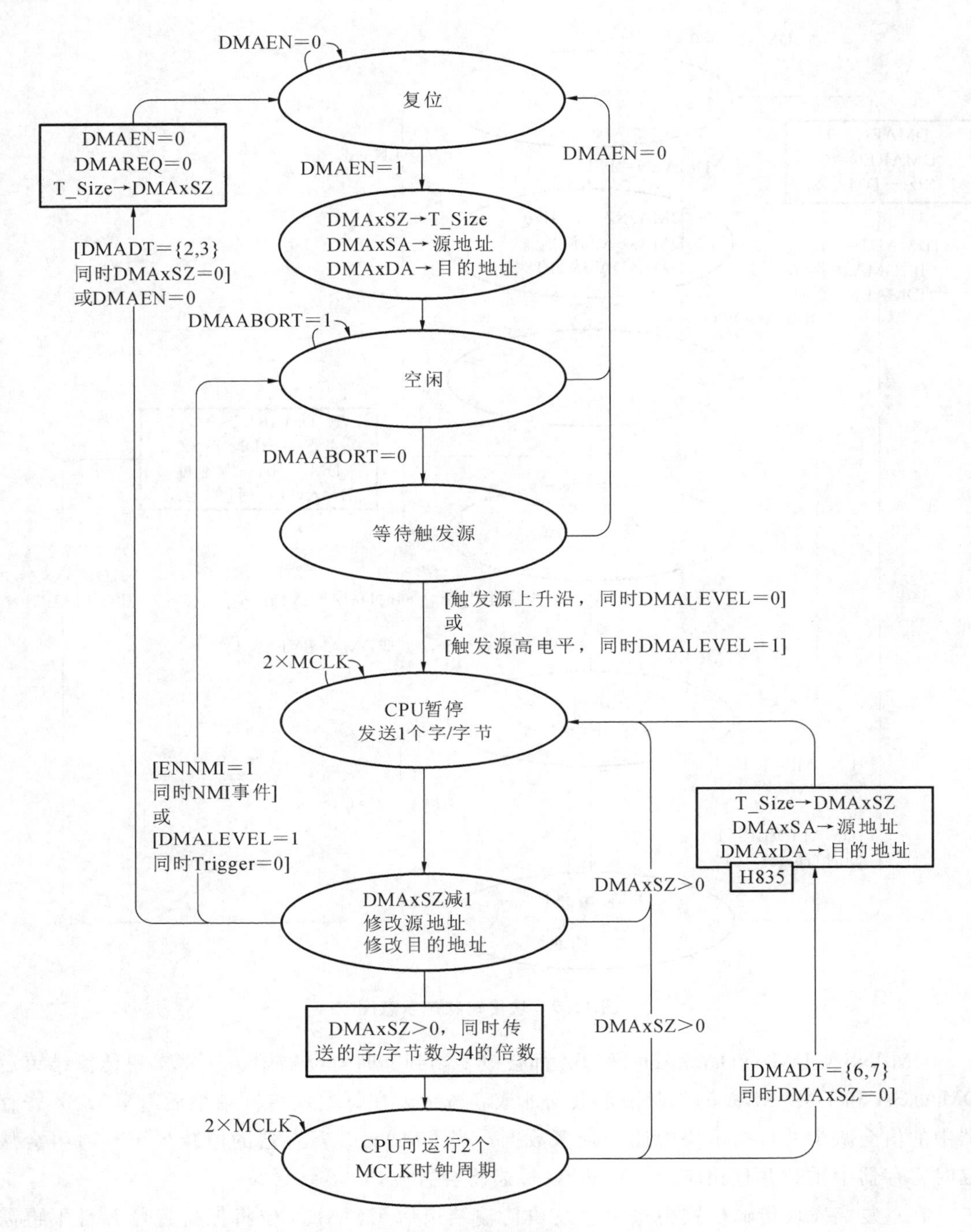

图 11.10　突发块传输模式状态示意图

6. DMA 通道优先级

DMA 控制器最多高达 8 个独立的通道，可能会出现 8 个 DMA 触发源同时请求 DMA 传输。

DMA 控制器有两种优先级管理方式：固定优先级和循环优先级。DMA 通道优先级可以通过 ROUNDROBIN 控制位来配置。

1）固定优先级

通道 0 的优先级最高，通道 7 的优先级最低，即优先级由高到低顺序为 DMA0

→DMA7。

当多个优先级通道同时有DMA请求时，首先响应优先级最高的通道，该通道执行完毕之后，才依次响应后续优先级的通道请求。DAM传输过程不能被打断，即使在传输过程中有更高级的通道请求，也要执行完正在传输的DMA通道，才能响应更高级的通道请求。

2）循环优先级

通道的优先级依次循环，正在进行传输的通道执行完毕之后，优先级降为最低，其他通道的优先级顺序保持不变，这样可以防止DMA控制器被某一个通道垄断。例如，当前DMA优先级为DMA0→DMA1→DMA2→…→DMA7，正在进行传输的通道为DMA1，则当DMA1通道传输完毕后，DMA新的优先级为DMA2→…→DMA7→DMA0→DMA1。

7. DMA传输周期

在各种DMA传输模式下，DMA开始传输之前都需要1个或2个MCLK时钟来实现同步，同步之后每个字节或的传输仅需要2个MCLK时钟周期，每次传输结束都要有1个周期的等待时间。因为DMA使用的是MCLK，所以DMA的周期决定于MSP430单片机的工作模式和系统时钟的设置。

如果MCLK时钟源处于活动状态，而CPU关闭，则DMA传输直接使用MCLK时钟源而无须重新激活CPU。如果MCLK时钟源也被关闭，那么DMA会临时用DCOCLK启动MCLK时钟源，传输结束后CPU仍处于关闭阶段，MCLK时钟源也将被关闭。在各种模式下，DMA传输最大周期如表11-7所示，其中额外的5 μs是启动所用的时间。

表11-7 DMA传输最大周期表

CPU工作模式	时钟源	DMA最大周期
活动模式	MCLK＝DCOCLK	4 MCLK周期
活动模式	MCLK＝LFXT1CLK	
低功耗模式0/1 LPM0/1	MCLK＝DCOCLK	5 MCLK周期
低功耗模式3/4 LPM3/4		5 MCLK周期＋5 μs
低功耗模式0/1 LPM0/1	MCLK＝LFXT1CLK	5 MCLK周期
低功耗模式3 LPM3		
低功耗模式4 LPM4		5 MCLK周期＋5 μs

8. DMA与中断

1）DMA与系统中断

系统中断不能打断DMA传输，系统中断直到DMA传输结束后才能被响应。如果ENNMI置位，NMI中断可以打断DMA传输。DMA事件可以打断中断处理程序。如果中断处理程序或其他程序不希望被中途打断，应该将DMA控制器关闭，这样才能得到优先响应。

2）DMA控制器中断

每个DMA通道都有自己的中断标志位DMAIFG。在任何传输模式下，只要DMAxSZ寄存器减计数到零，则相应通道的中断标志位就被置位。如果与之对应的DMAIE和GIE置位，则可以产生中断请求。

11.2.4 应用举例

例 11.2 利用 DMA0 通道采用重复块传输模式将大小为 16 字的数据块从 1C00h～1C1Fh 单元传输到 1C20h～1C3Fh。程序中每次传输时 P1.0 都为高电平，之后通过置位 DMAREQ 控制位启动 DMA 块传输，传输完毕后将 P1.0 设置为低电平，程序代码如下。

```
# include<msp430f6638.h>
void main(void)
{
WDTCTL=WDTPW+WDTHOLD;                     //关闭看门狗
P1DIR |=0x01;                                   //将 P1.0 设为输出
__data16_write_addr((unsigned short)&DMA0SA,(unsigned long)0x1C00);//设置源地址

__data16_write_addr((unsignedshort)&DMA0DA,(unsigned long)0x1C20);//设置目标地址

DMA0SZ=16;           //设置传输块大小
DMA0CTL=DMADT_5+DMASRCINCR_3+DMADSTINCR_3;
//重复块传输、源地址和目标地址自动增计数模式
DMA0CTL |=DMAEN;                          //使能 DMA 通道 0
while(1)
 {
 P1OUT |=0x01;                        //置位 P1.0
 DMA0CTL |=DMAREQ;//启动块传输
 P1OUT &=~0x01;                           //拉低 P1.0
 }
}
```

例 11.3 利用 DMA0 通道采用重复单次传输模式将 ADC12 的 A0 通道采样的数据保存到全局变量中。ADC12 采样触发信号由 TB0 定时器定时产生，ADC12IFG0 标志位触发 DMA 传输，程序代码如下。

```
# include<msp430f6638.h>
unsigned int DMA_DST;//定义全局变量用于存储 A0 采样结果
void main(void)
{
  WDTCTL=WDTPW+WDTHOLD;              //关闭看门狗
  P1DIR |=BIT0;                        //P1.0 设为输出
  P1OUT &=~BIT0;                       //P1.0 输出低电平
  P5SEL |=BIT7;                        //P5.7 设为定时器 TB 输出功能
  P5DIR |=BIT7;                        //P5.7 设为输出
  P6SEL |=BIT0;                        //使能 A0 输入通道
  TBCCR0=0xFFFE;
  TBCCR1=0x8000;
  TBCCTL1=OUTMOD_3;                  //CCR1 工作在置位/复位模式
```

```
  TBCTL=TBSSEL_2+MC_1+TBCLR;
//参考时钟为 SMCLK,TB 工作在增/减计数模式下
  ADC12CTL0=ADC12SHT0_15+ADC12MSC+ADC12ON;//打开 ADC,设置采样时间
  ADC12CTL1=ADC12SHS_3+ADC12CONSEQ_2;
//TBOUT 作为采样触发信号,单通道多次采样
  ADC12MCTL0=ADC12SREF_0+ADC12INCH_0;   //V+=AVcc,V-=AVss,
  ADC12CTL0 |=ADC12ENC;
  DMACTL0=DMA0TSEL_24;                  //DMA 触发事件选择 ADC12IFGx
  DMACTL4=DMARMWDIS;
  DMA0CTL &=~DMAIFG;
  DMA0CTL=DMADT_4+DMAEN+DMADSTINCR_3+DMAIE;
//DMA 工作在重复单次传输模式,使能 DMA 传输,目标地址自动增,使能 DMA 中断
  DMA0SZ=1;          //传输大小为 1 个字
  __data16_write_addr((unsigned short) &DMA0SA,(unsigned long) &ADC12MEM0);
                     //设置源地址
  __data16_write_addr((unsigned short) &DMA0DA,(unsigned long) &DMA_DST);
                  //设置目标地址
  __bis_SR_register(LPM0_bits+GIE);
}
# pragma vector=DMA_VECTOR                 //DMA 中断服务程序
__interrupt void DMA_ISR(void)
{
 switch(__even_in_range(DMAIV,16) )
  {
   case 0:break;
   case 2:                                   //DMA0IFG=DMA Channel 0
   P1OUT ^=BIT0;//可在此处设置断点,查看 ADC 采样的数据和 DMA_DST 变量的值
   break;
   case 4:break;                             //DMA1IFG=DMA Channel 1
   case 6: break;
   case 8: break;
   case 10: break;
   case 12: break;
   case 14: break;
   case 16: break;
    default:break;
   }
}
```

11.3 硬件乘法控制器

硬件乘法控制器是通过内部总线与 CPU 相连的外围模块,并不是 CPU 的一部分。硬

件乘法器在不影响 CPU 工作的情况下，仅需要 CPU 指令载入操作数，硬件乘法器就可以把运算结果存放到相应寄存器，再利用 CPU 指令读取寄存器中存储的运算结果，大大提高了 MSP430 单片机的数据处理能力。

目前 MSP430 单片机低档产品中集成的是 16 位硬件乘法控制器，如 MSP430x14/16/2x 等芯片，而 MSP430F5xx/6xx 系列单片机中集成的则是 32 位硬件乘法控制器。因此，本节以 32 位乘法器为例进行介绍。

11.3.1 硬件乘法器结构

32 位硬件乘法器的结构如图 11.11 所示。

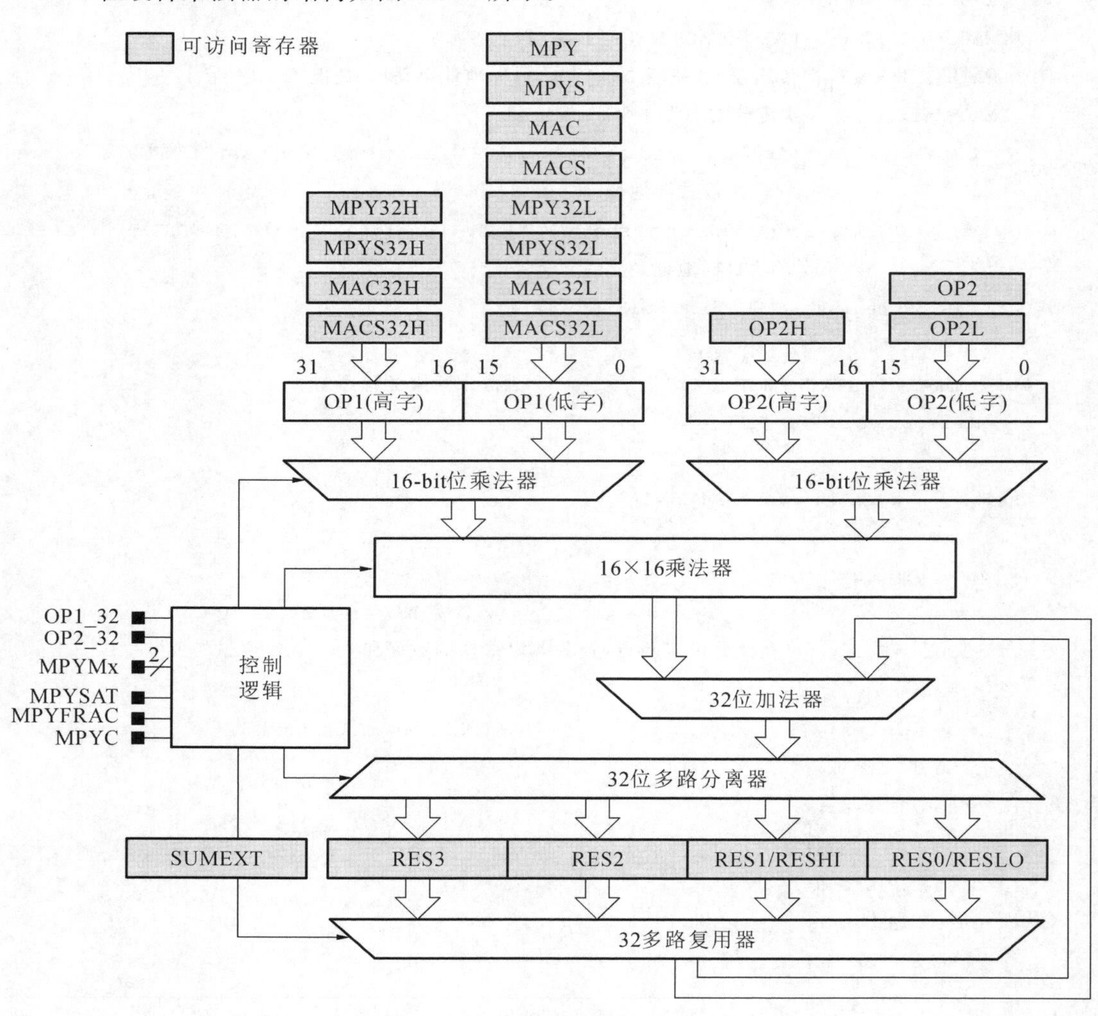

图 11.11 32 位硬件乘法器的结构框图

硬件乘法器支持：① 无符号乘法(MPY)；② 有符号乘法(MPYS)；③ 无符号乘加(MAC)；④ 有符号乘加(MACS)；⑤ 8 位、16 位、24 位、32 位运算；⑥ 饱和模式；⑦ 浮点数模式；⑧ 16×16 位、8×16 位、16×8 位、8×8 位；⑨ 与 16 位硬件乘法器兼容的 8 位和 16 位操作；⑩ 8 位和 24 位的乘法运算无须“标记扩展”指令。

◆ 11.3.2 硬件乘法控制器操作

硬件乘法器有2个32位操作数寄存器，操作数OP1和操作数OP2，以及1个64位结果寄存器，通过访问RES0～RES3寄存器获取。操作类型由第一操作数类型决定。为了兼容16×16的硬件乘法器，可以通过RESLO、RESHI和SUMEXT三个寄存器访问8位或者16位的运算结果。RESLO存储16×16结果的低字，RESHI存储高字，而SUMEXT则存储结果的有关信息。

1.操作数寄存器

操作数OP1内置12个寄存器(如表11-8所示)，将数据载入到乘法器并选择乘法器模式。对给定地址写入第一个操作数的低字时，就选择了乘法运算的类型，但并不开始任何操作。当向后缀为32H的高字寄存器写入第二个字时，乘法器就认为OP1是32位，否则就认为是16位。在写入OP2之前写入的最后一个地址定义了第一个操作数的长度。例如，先写MPY32L再写MPY32H，所有32位数据都将参加运算，OP1被认为是32位的。如果先写的是MPY32H后写MPY32L，那么乘法器就会忽略先写的MPY32H，认为OP1是16位的，并且只有写入MPY32L的数据参加运算。

如果操作数OP1值用于连续操作时，可以无须重载OP1而重复执行乘法操作。执行操作时没必要对OP1重新写入。

表11-8 操作数OP1寄存器

OP1寄存器	操　　作
MPY	无符号数乘法：操作数位0～15
MPYS	无符号数乘法：操作数位16～31
MAC	无符号数乘法：操作数位0～15
MACS	无符号数乘法：操作数位16～31
MPY32L	无符号数乘法：操作数位0～15
MPY32H	无符号数乘法：操作数位16～31
MPYS32H	有符号数乘法：操作数位16～31
MPYS32L	有符号数乘法：操作数位0～15
AC32L	无符号数乘加—操作数位0～15
AC32H	无符号数乘加—操作数位16～31
ACS32L	有符号数乘加—操作数位0～15
ACS32H	有符号数乘加—操作数位16～31

OP2寄存器代表第二个寄存器，当第二个寄存器写入完毕，将会启动乘法操作。OP2寄存器如表11-9所示。对OP2L的写操作将启动第二个16位操作数与存储在OP1内值的乘法运算。对OP2H的写操作将启动第二个32位操作数乘法运算，乘法器等待OP2H写入一个高字。没有写OP2L的情况下，将忽略对OP2H的写操作。

表 11-9　OP2 寄存器

OP2 寄存器名称	操　作
OP2	启动乘法操作和一个 16 位长度的操作数 2(OP2)（操作数位 0～15）
OP2L	启动乘法操作和一个 32 位长度的操作数 2(OP2)（操作数位 0～15）
OP2H	继续乘法操作和一个 32 位长度的操作数 2(OP2)（操作数位 16～31）

2. 结果寄存器

乘法操作的结果总是 64 位，存储在图 11-11 中 RES0～RES3 中。在 MACS 操作之前，结果寄存器载入初始值，那么用户必须保证写入结果寄存器的值是可以符号扩展到 64 位的。

除了 RES0～RES3，为了与 16×16 硬件乘法器兼容，8 位操作或 16 位操作的 32 位结果可以通过 RESLO、RESHI 和 SUMEXT 访问。在这种情况下，RESLO 寄存器保存计算结果的低 16 位，RESHI 寄存器保存高 16 位。在使用和访问计算结果方面，RES0、RES1 分别与 RESLO 和 RESHI 相同。

结果扩展寄存器 SUMEXT 的内容取决于乘法器的操作，如表 11-10 所列。如果操作数是 16 位或更短时，32 位结果决定符号和进位位。如果其中一个操作数大于 16 位，则结果为 64 位。MPYS 标志位反映了乘法器的进位，如果没有选择小数模式或饱和模式，则该位可以作为乘法运算结果的第 33 位或第 65 位，详细说明见表 11-10。

表 11-10　SUMEXT 及 MPYC 内容及含义列表

模式	SUMEXT	MPYC
MPY	SUMEXT 总是为 0000h	MPYC 总是 0
MPYS	0000h:运算结果为正或零	0:运算结果为正或零
	0FFFFh:运算结果为负	1:运算结果为负
MAC	0000h:运算结果没有进位	0:运算结果没有进位
	00001:运算结果有进位	1:运算结果有进位
MACS	0000h:运算结果为正或零	0:运算结果没有进位
	0FFFFh:运算结果为负	1:运算结果有进位

3. 小数部分

32 位乘法器支持定点信号处理功能。在定点信号处理过程中，小数通常用一个固定的十进制小数来表示。使用 Q 格式的表示方法来区分不同范围的小数。不同的 Q 格式表示不同的十进制小数点位置。图 11.12 表示有符号 Q15 数据的 16 位数据格式。小数点后的每一位，精度为 1/2，最高有效位是符号位。最大的负数为 08000h，最大的正数是 07FFFh。因此，16 位有符号的 Q15 格式可以表示从－1.0 到 0.999969482≈1.0 的数。

可以通过如图 11.13 所示右移小数点来增大表示的范围。16 位有符号的 Q14 格式可以表示从－2.0 到 1.999938965≈2.0 的数。

1) 小数模式

MPYFRAC＝0 和 MPYSAT＝0，采用默认乘法模式的两个小数相乘，其结果具有 2 位符号位。例如：两个 16 位 Q15 格式的数相乘，将得到一个 32 位 Q30 格式的结果。读取结

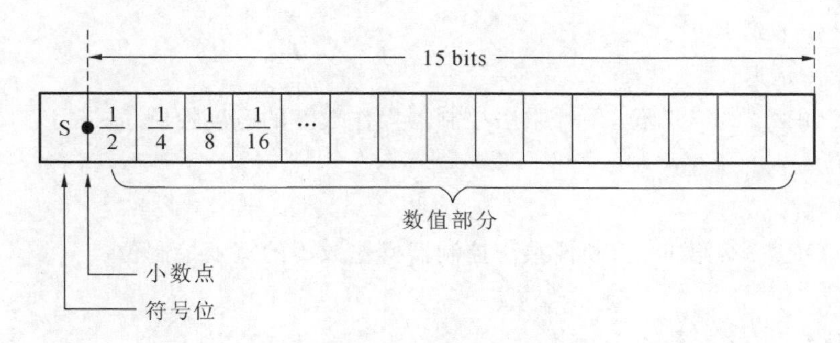

图 11.12　Q15 格式表示图

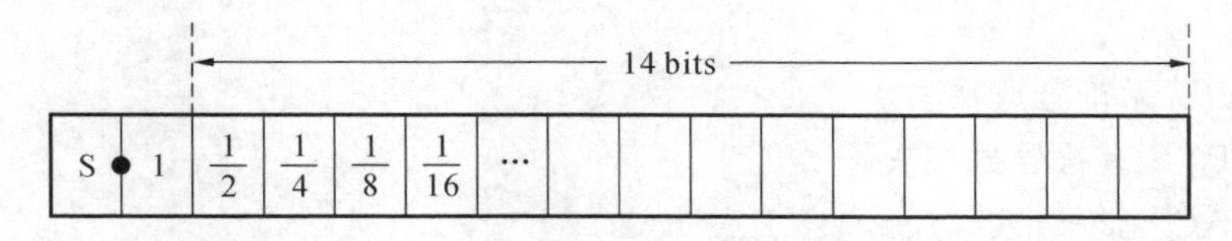

图 11.13　Q14 格式标示图

果寄存器 RES1，结果为 16 位 Q15 格式。两个 32 位 Q31 格式的数相乘，其结果可以通过读取寄存器 RES2 和 RES3 获得。当 MPYFRAC＝1 时，结果寄存器的实际值并没有改变。当通过软件访问这个结果时，计算结果左移一位，形成最终的 Q 格式结果。这样就允许用户通过软件选择读取移位的结果还是未移位的结果。小数模式只能在需要的时候使能，在使用完之后禁止。

2）饱和模式

当寄存器 MPY32CTL0 的 MPYSAT＝1 时，则使能饱和模式。在一般有符号数运算模式下，硬件乘法控制器不会自动检测上溢和下溢的发生。当两个负数的和产生正数范围内的结果时，发生下溢；当两个正数的和产生负数范围内的结果时，产生上溢。但是，在饱和模式下，硬件乘法控制器可以防止有符号数操作结果的上溢和下溢。如果发生上溢，运算结果将被设置成正的最大有效值；如果发生下溢，运算结果将被设置成负的最大有效值。

4. 硬件乘法控制器控制寄存器

硬件乘法控制器具有一个控制寄存器 MPY32CTL0，下面将详细介绍硬件乘法控制器控制寄存器各控制位的含义。注意：含下画线的配置为 MPY32CTL0 初始状态或复位后的默认配置。

15～10	9	8	7	6	5	4	3	2	1	0
保留	MPYDLY32	MPYDLYWRTEN	MPYOP2_32	MPYOP1_32	MPYMx		MPYSAT	MPYFRAC	保留	MPYC

（1）MPYDLY32：第 9 位，写操作延迟控制位。

- 0：写操作延迟直到 64 位运算结果（RES0～RES3）可用。
- 1：写操作延迟直到 32 位运算结果（RES0～RES1）可用。

（2）MPYDLYWRTEN：第 8 位，延迟写操作控制位。若该控制位置位，所有对 MPY32 寄存器的写操作都要延迟到 64 位（MPYDLY32＝0）或 32 位（MPYDLY32＝1）运算结果完成之后。

- 0:写操作不延迟。
- 1:写操作延迟。

(3)MPYOP2_32:第 7 位,硬件乘法控制器操作数 2 的宽度控制位。

- 0:16 位。
- 1:32 位。

(4)MPYOP1_32:第 6 位,硬件乘法控制器操作数 1 的宽度控制位。

- 0:16 位。
- 1:32 位。

(5)MPYMx:第 4～5 位,乘法器模式选择控制位,该控制位由操作数 OP1 寄存器决定,复位后不变。

- 00:MPY 无符号数乘法。
- 01:MPYS 有符号数乘法。
- 10:MAC 无符号数乘加。
- 11:MACS 有符号数乘加。

(6)MPYSAT:第 3 位,饱和模式使能控制位。

- 0:饱和模式禁止。
- 1:饱和模式使能。

(7)MPYFRAC:第 2 位,小数模式使能控制位。

- 0:小数模式禁止。
- 1:小数模式使能。

(8)MPYC:第 0 位,硬件乘法控制器进位标志位。如果未选择饱和模式或小数模式,该标志位可作为乘法运算结果的第 33 位或第 65 位,因为当切换到饱和模式或小数模式时该标志位不变化。该标志位置位表示运算结果有进位,清零则表示运算结果没有进位。

11.3.3 应用举例

例 11.4 利用硬件乘法器计算两个 16 位无符号整数的乘积:0x1234×0x5678。第二个操作数写入完毕,乘法运算就开始。结果存放在 RESLO,RESHI 中。ACLK=REFO=32.768 kHz,MCLK=SMCLK=默认 DCO。

参考程序如下。

```
# include<msp430f6638.h>
void main(void)
{
  WDTCTL=WDTPW+WDTHOLD;      //关闭看门狗定时器
  MPY=0x1234;                //载入第一个无符号整型操作数,表明是无符号乘法
  OP2=0x5678;                //载入第二个无符号整型操作数后,开始运算
  __bis_SR_register(LPM4_bits);              //进入 LPM4
    //调试用,验证结果是否正确,正确结果 RESLO==0x0060
    //RESHI==0x0626
  __no_operation();
}
```

例 11.5 利用硬件乘法器计算两个16位无符号整数的乘积：0x12341234×0x56785678。第二个操作数写入完毕，乘法运算就开始。结果存放在RES0，RES1，RES2，RES3中。ACLK＝REFO＝32.768 kHz，MCLK＝SMCLK＝默认DCO。

参考程序如下。

```
# include<msp430f6638.h>
void main(void)
{
  WDTCTL=WDTPW+WDTHOLD;   //关闭看门狗定时器
  MPYS32L=0x1234;      //载入第一个32位无符号整型操作数的低16位，表明是无符号乘法
  MPYS32H=0x1234;   //载入第一个32位无符号整型操作数的高16位
  OP2L=0x5678;        //载入第二个32位无符号整型操作数的低16位
  OP2H=0x5678;        //载入第二个32位无符号整型操作数的高16位，开始运算
  __delay_cycles(10);  //等待结果就绪
  __bis_SR_register(LPM4_bits);     //进入LPM4
                    //调试用，验证结果是否正确，正确结果RES0=0x0060
                    //RES1==0x06E6，RES2=0x0CAC，RES3=0x0626
  __no_operation();
}
```

例 11.6 利用硬件乘法器计算一组32位无符号整数的乘积，第二个操作数写入完毕，第一次乘法运算就自动开始。接下来执行第二次的乘加操作。结果存放在RES0、RES1、RES2和RES 3中。SUMEXT包含结果的扩展标志。ACLK＝REFO＝32.768 kHz，MCLK＝SMCLK＝默认DCO。

参考程序如下。

```
# include<msp430f6638.h>
void main(void)
{
WDTCTL=WDTPW+WDTHOLD;            //关闭看门狗定时器
    MPY32L=0x1234;  //载入第一个32位无符号整型操作数的低16位，表明是无符号乘法
    MPY32H=0x1234;  //载入第一个32位无符号整型操作数的高16位
    OP2L=0x5678;      //载入第二个32位无符号整型操作数的低16位
    OP2H=0x5678;      //载入第二个32位无符号整型操作数的高16位，开始运算
    MACS32L=0x1234;   //载入第三个32位无符号整型操作数的低16位
    MACS32H=0x1234;   //载入第三个32位无符号整型操作数的高16位
    OP2L=0x5678;            //载入第四个无符号整型操作数的低16位
    OP2H=0x5678;            //载入第四个无符号整型操作数的高16位
    __delay_cycles(10);          //等待结果就绪
    __bis_SR_register(LPM4_bits);         //进入LPM4
    __no_operation();       //调试用，结果为0xC4C19580DCC00C0
}
```

本章小结

本章详细讲解了 MSP430 单片机 Flash 控制器、DMA 控制器及硬件乘法控制器等片内控制模块的结构、原理及功能。

MSP430 单片机的 Flash 控制器主要用来实现对 Flash 存储器的烧写程序、写入数据和擦除功能，可对 Flash 存储器进行字节/字/长字(32 位)的寻址和编程。

MSP430 单片机的 DMA 控制器主要用来将数据从一个地址传输到另外一个地址而无须 CPU 的干预，这种方式可提高系统执行应用程序的效率。

MSP430 单片机的硬件乘法控制器可以在不影响 CPU 工作的情况下，仅需要 CPU 指令载入操作数，硬件乘法器就可以把运算结果存放到相应寄存器，再利用 CPU 指令读取寄存器中存储的运算结果，大大提高了 MSP430 单片机的数据处理能力。

习 题 11

一、简答题

1. 简述 Flash 控制器的作用。
2. 简述 Flash 控制器的分段结构。
3. Flash 存储器具有哪些操作？并对各操作进行简要说明。
4. DMA 控制器具有哪些特性及寻址方式？
5. DMA 控制器具有哪些传输模式？并对各传输模式进行描述。
6. 简述硬件乘法控制器的作用。
7. 硬件乘法控制器由哪几个部分组成？
8. 硬件乘法控制器有哪些操作数寄存器？支持哪几种乘法操作？
9. 硬件乘法控制器的小数模式如何表示？

二、编程题

1. 编程实现：首先将从 0 开始的递增数据写入从 0x10000 到 0x10100 的扇区 1 内，然后采用扇区擦除方式擦除扇区 1，在扇区擦除过程中，反转 P1.0 引脚电平状态。

2. 编程实现：首先擦除 D 段 Flash 空间，之后采用长字写入模式将一个 32 位的数据写入 0x1800 地址空间。

3. 编程实现：① 16×16 有符号数乘法运算；② 16×16 无符号数乘加运算；③ 16×16 有符号数乘加运算。

第12章 MSP430单片机软件工程基础及集成开发环境CCSv8

12.1 MSP430软件工程基础

12.1.1 MSP430单片机软件编程方法

最简单、最常见的MSP430单片机软件流程如图12.1所示。主监控程序首先进行系统初始化，包括初始化I/O端口、片内外设和变量等，之后进入低功耗休眠模式。当被中断唤醒后，通过查询标志位执行相应的任务。当查询结束后，再次进入低功耗休眠模式等待被中断唤醒。中断服务程序可以置位相应标志位或执行相应任务。用户可以选择在中断唤醒MSP430单片机后在主循环中通过查询标志位处理任务，也可以选择在中断服务程序中处理任务。可以将对定时要求不严格或实时性要求不高的任务放在主循环中，通过查询标志位来完成，如一秒一次的液晶显示任务等。将对定时要求严格或实时性要求较高的任务放在中断服务程序中完成，如ADC采样任务、按键处理任务等。

图12.1所示的流程图需处理3个任务：Flag_1、Flag_2和Flag_3，前两个任务是通过在主循环中查询标志位来完成的，后一个任务是在中断服务程序中直接完成的。当发生"Flag_1"或"Flag_2"任务时，MSP430单片机停止执行当前主监控程序，转而执行中断服务程序1或中断服务程序2。中断服务程序1或中断服务程序2首先置位相应标志位，之后退出低功耗休眠模式并唤醒MSP430单片机，最后从中断服务程序返回主监控程序。主监控程序再通过查询标志位来判断是否需要执行相应的任务。当任务执行完成后，MSP430单片机再次进入低功耗休眠模式。这种编程方式的问题是，当程序正在执行"Flag_1"任务时，发生了"Flag_2"任务，中断服务程序2置位标志位Flag_2，若"Flag_1"任务执行时间较长，程序将不能很快执行"Flag_2"任务，这样软件的实时性就受到影响。若想保证软件的实时性，任务可放在中断服务程序中直接执行，如图12.1中"Flag_3"任务。此时中断服务程序3没必要设置标识位或改变MSP430单片机运行状态。当中断服务程序3完成后，MSP430单片机仍然返回进入中断服务程序前的运行状态。

12.1.2 模块化编程介绍

举例 当你在一个项目小组做一个相对较复杂的工程时，就需要与小组中的其他成员分工合作，一起完成项目，这就要求小组成员各自负责一部分工程。例如，你可能只是负责通信或者显示这一块。这个时候，你就应该将自己的这一块程序写成一个模块，单独

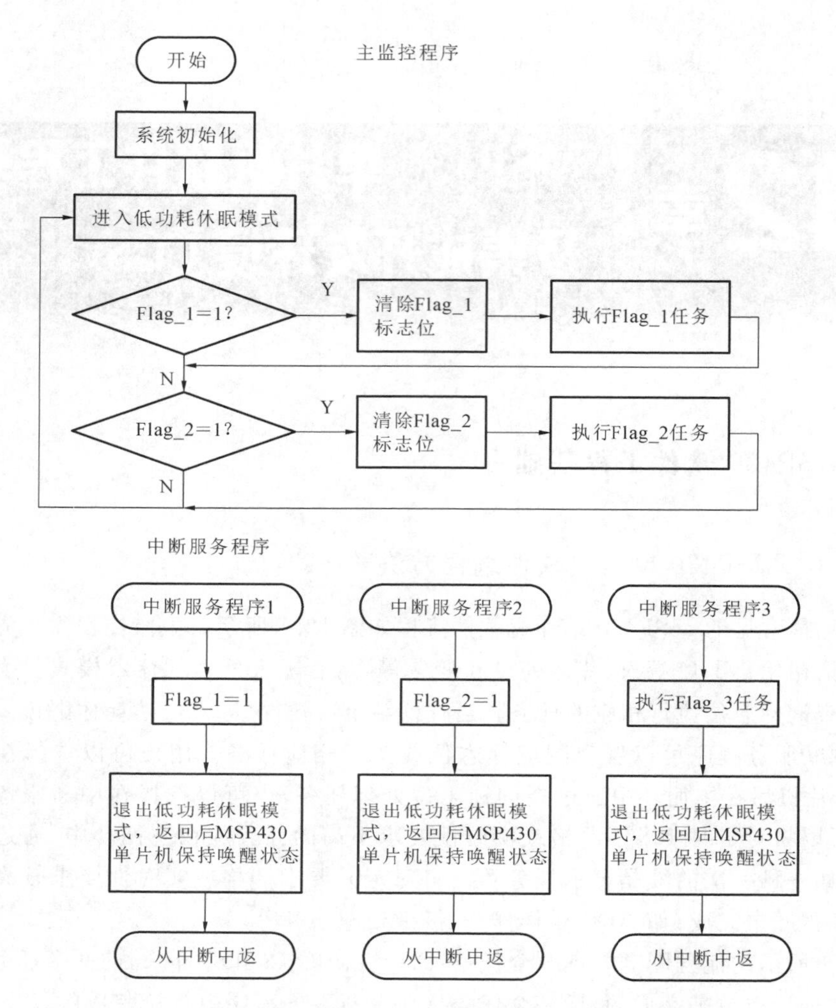

图 12.1　MSP430 单片机软件流产示意图

调试，留出接口供其他模块调用。当小组成员都将自己负责的模块写完并调试通过后，最后由项目组长进行组合调试，这就要求程序必须模块化。模块化的好处不仅仅在于方便分工，还有助于程序的调试，有利于程序结构的划分，还能增加程序的可读性和可移植性。

模块化程序设计需理解以下概念。

(1)模块是一个.c 文件和一个.h 文件的结合，头文件(.h)中是对该模块接口的声明。其概括了模块化的实现方法和实质：将一个功能模块的代码单独编写成一个.c 文件，然后把该模块的接口函数放在.h 文件中。例如：当要用到液晶显示时，那么可以写一个液晶驱动模块，以实现字符、汉字和图像的显示，命名为：lcd_device.c 和 lcd_device.h。

(2)某模块提供给其他模块调用的外部函数及变量需在.h 文件中冠以 extern 关键字声明。

① 外部函数的使用。假设之前创建的 lcd_device.c 提供了最基本的 LCD 驱动函数：

```
void Lcd_PutChar(char NewValue);                    //在当前位置输出一个字符
```

若想在另外一个文件中调用此函数，就需要将此函数设为外部函数。设置的方法是在.h 文件中声明该函数前加 extern 关键字，并在另外一个文件内包含该.h 头文件。

② 外部变量的使用。进行模块化编程的一个难点是外部变量的设定。初学者往往很难想通模块与模块之间变量的公用是如何实现的，常规的方法就是在.h头文件中声明该变量前加extern关键字，并在另外一个模块中包含该.h头文件，则就可以在同一片内存空间对相同的变量进行操作。

(3)模块内的函数和全局变量需在.c文件开头冠以static关键字声明。

这句话讲述了关键字static的作用。在模块内(但在函数体外)，一个被声明为静态的变量可以被模块内的所有函数访问，但不能被模块外的其他函数访问。它是一个本地的全局变量。在模块内，一个被声明为静态的函数只可被这一模块内的其他函数调用，不能被模块外的函数调用。

(4)永远不要在.h文件中定义变量。

一个变量只可定义一次，但是，可以声明多次。一个.h文件可以被其他任何一个文件所包含，如果在这个.h文件中定义了一个变量，那么在包含该.h文件的文件内将再次开辟空间定义这个变量，而它们对应于不同的存储空间。例如：

```
/*module1.h*/
int a=5;                          //在模块1的.h文件中定义int a
/*module1.c*/
# include"module1.h"              //在模块1中包含模块1的.h文件
/*module2.c*/
# include "module1.h"             //在模块2中包含模块1的.h文件
```

以上程序在模块1、2、3中都定义了整型变量a，a在不同的模块中对应不同的地址单元，这样的编程不合理。正确的做法是：

```
/*module1.h*/
extern int a;                     //在模块1的.h文件中定义int a
/*module1.c*/
# include "module1.h"             //在模块1中包含模块1的.h文件
int a=5;                          //在模块1的.c文件中定义int a
/* module2.c*/
# include"module1.h"              //在模块2中包含模块1的.h文件
```

这样，如果模块1、2、3操作a的话，对应的是同一个内存单元。

12.1.3 高质量的程序软件应具备的条件

程序软件质量是一个非常重要的概念，一个高质量的程序软件不仅能使系统无错误且正常运行，而且程序本身结构清晰，可读性强。高质量的程序软件应具备以下条件。

- 结果必须正确，功能必须实现，且在精度和其他各方面均满足要求。
- 便于检查、修正、移植和维护。
- 具有良好的结构、书写规范、逻辑清晰、可读性强。
- 运行时间尽可能短，同时尽可能合理地使用内存。

12.2 软件集成开发环境CCSv8

CCS(Code Composer Studio) 是一种集成开发环境（IDE），支持TI的微控制器和嵌入式处理器产品系列。Code Composer Studio 包含一整套用于开发和调试嵌入式应用的工具。它包含了用于优化的 C/C++编译器、源码编辑器、项目构建环境、调试器、描述器以及多种其他功能。它能够帮助用户在一个软件环境下完成编辑、编译、链接、调试和数据分析等工作。CCSv8 为 CCS 软件的最新版本，功能更强大、性能更稳定、可用性更高，是 MSP430 单片机软件开发的理想工具。

12.2.1 CCSv8 的下载及安装

1. CCSv8 的下载

TI 的官方网站可以下载 CCSv8 软件。

2. CCSv8 的安装步骤

(1) 运行下载的安装程序 ccs_setup_8.3.0.00009.exe，弹出如图 12.2 所示的界面，选中“I accept the terms of the license agreement”单选框。

(2) 单击“Next”按钮，弹出如图 12.3 所示所界面，选择安装的路径，不建议安装在 C 盘，建议自己新建一个文件夹保存 CCSv8 安装时建立的文件，以后要卸载或者重新安装的时候，可以方便管理。

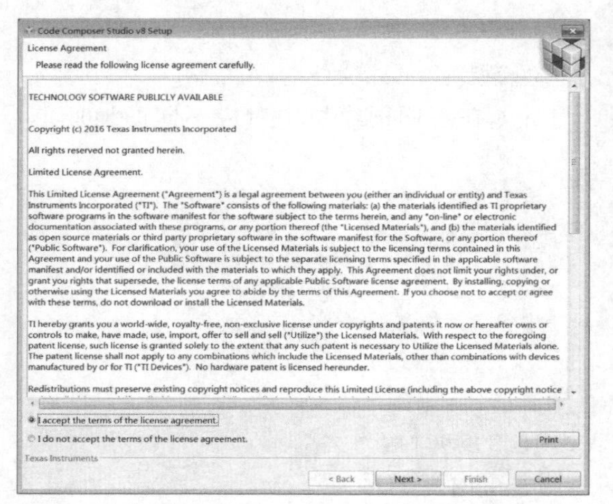

图 12.2 安装过程 1

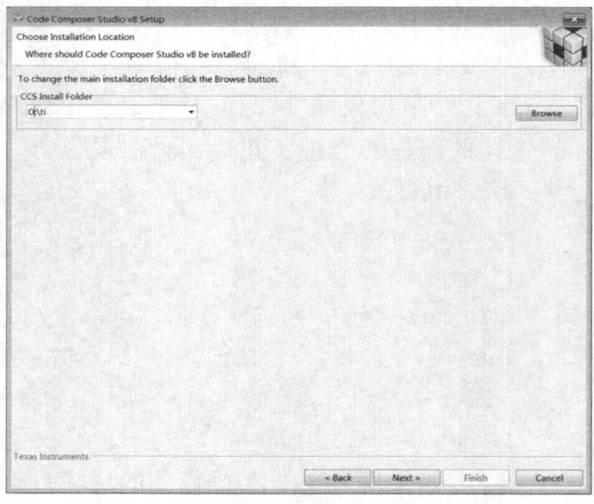

图 12.3 安装过程 2

(3) 再单击“Next”按钮，弹出如图 12.4 所示界面，可选择自身需要的 TI 的芯片，这里选择“MSP430 ultra-low power MCUS”。

(4) 单击“Next”按钮，弹出如图 12.5 所示界面，选择默认的仿真软件，单击“Next”按钮，继续安装。

(5) 软件在安装中的界面如图 12.6 所示，此过程需要花费几分钟的时间。

(6) 安装成功弹出如图 12.7 所示的界面，单击“Finish”按钮，运行程序。

(7) 运行 CCS，弹出如图 12.8(a) 所示的窗口。首先打开“我的电脑”，在某一磁盘下，创建工作区间文件夹路径“f:\MSP430\workspace_v8”(注意：路径中不能包含中文)，然后单击“Browse…”按钮，将工作区间链接到所建文件夹，不勾选“Use this as the default and do not ask again”选项，如图 12.8(b)所示。

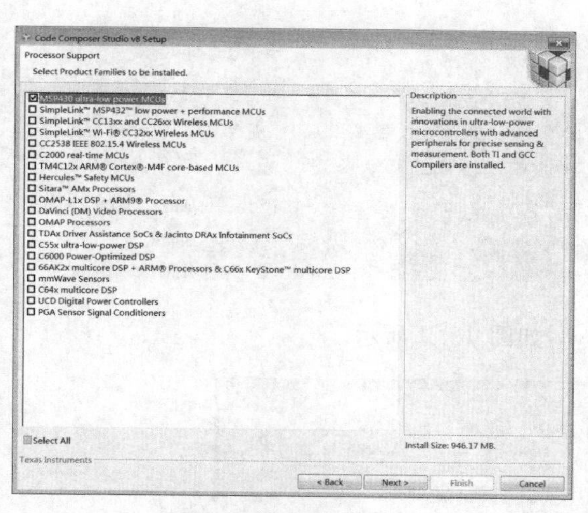

图 12.4 安装过程 3

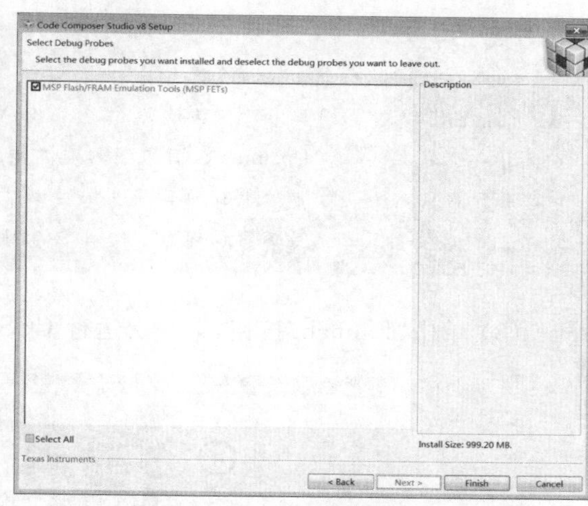

图 12.5 安装过程 4

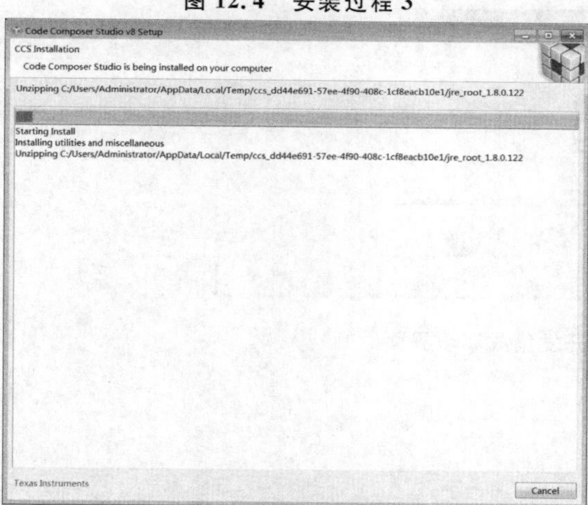

图 12.6 安装过程 5

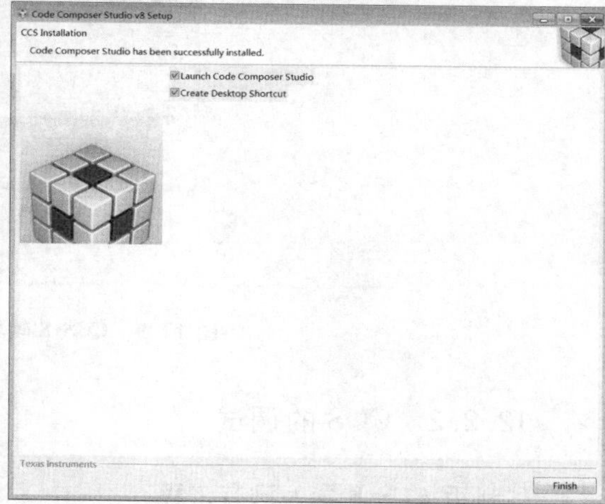

图 12.7 软件安装完成

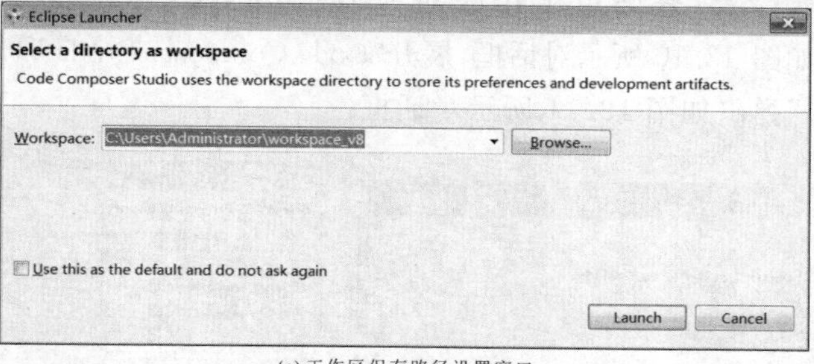

(a) 工作区保存路径设置窗口

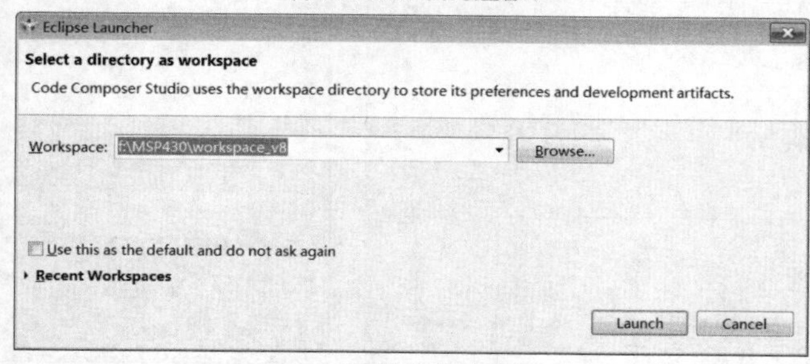

(b) 设置完成路径

图 12.8 workspace 选择窗口

注意：

CCS首先要求的是定义一个工作区，即用于保存开发过程中用到的所有元素（项目和指向项目的链接，可能还有源代码）的目录。默认情况下，会在C:\Users\＜用户＞\Documents或C:\Documents and Settings\＜用户＞\My Documents目录下创建工作区，但可以任意选择其位置。每次执行CCS都会要求工作区目录。如果计划对所有项目使用一个目录，只需选中“Use this as the default and do not ask again”（默认使用此目录且不再询问）选项。以后随时可以在CCS中更改工作区。

（8）单击“Launch”按钮，第一次运行CCSv8，如图12.9所示。

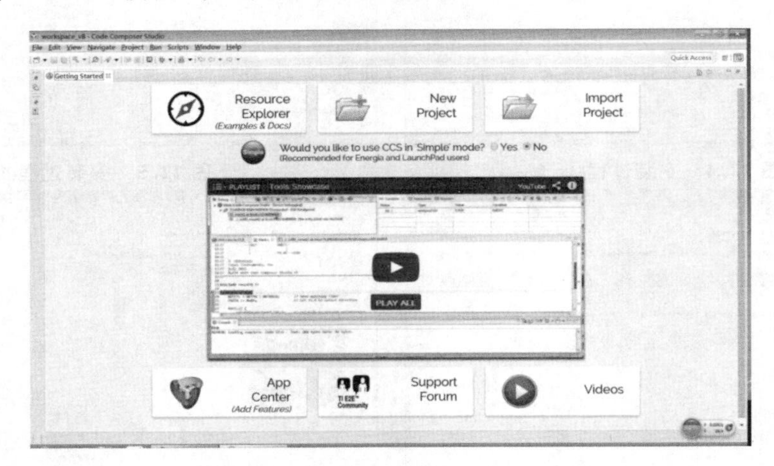

图12.9　CCSv8软件开发集成环境界面

12.2.2　CCS的调试

1. 利用CCSv8导入已有工程

（1）首先打开CCSv8，并确定工作区间为f:\MSP430\workspace_v8，选择“File”→“Import”命令，弹出如图12.10所示对话框，展开“Code Composer Studio”，选择“CCS Projects”。

（2）单击“Next”弹出如图12.11所示对话框。

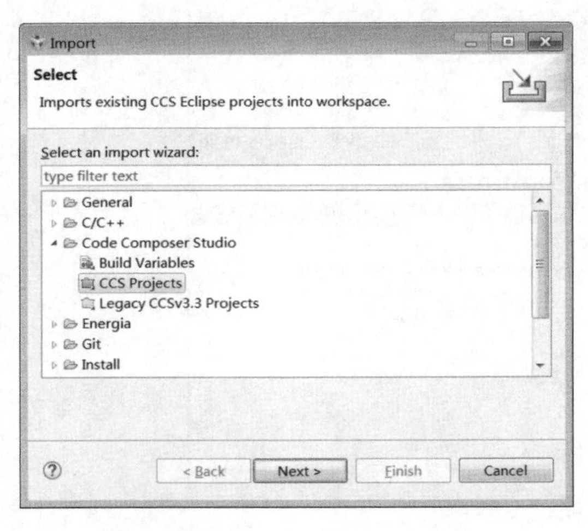

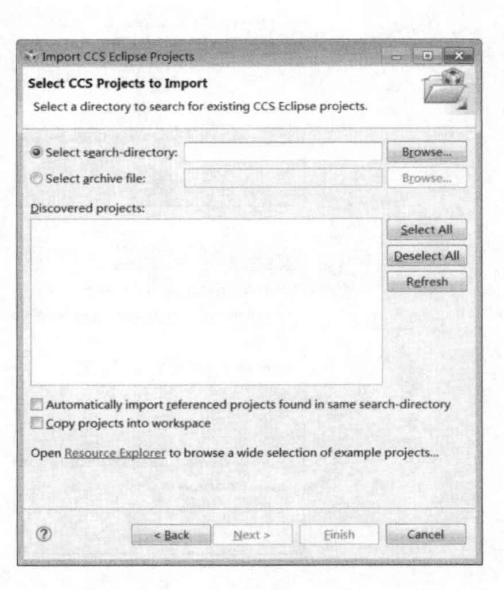

图12.10　导入工程文件　　　图12.11　选择导入工程目录

(3) 单击“Browse...”选择需导入的工程所在目录,将实验代码复制到工作区间下得到图 12.12。

(4) 单击“Finish”按钮,即可完成既有工程的导入。

(5) 此外也可以通过“Project”→“Import CCS Projects...”导入已有工程,如图 12.13 所示,其他步骤与步骤(2) 至步骤(4) 相同。

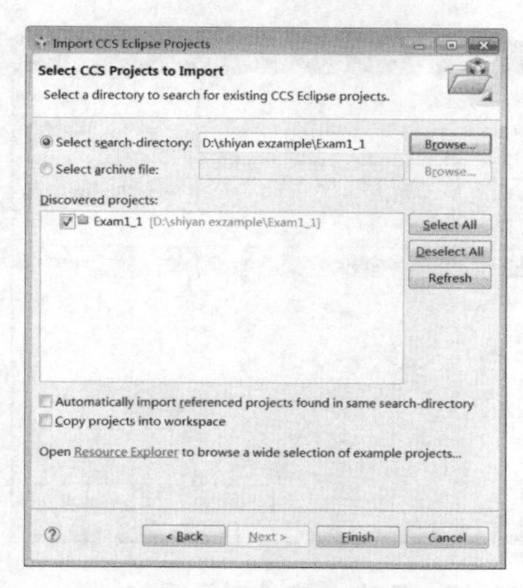

图 12.12　选择导入工程

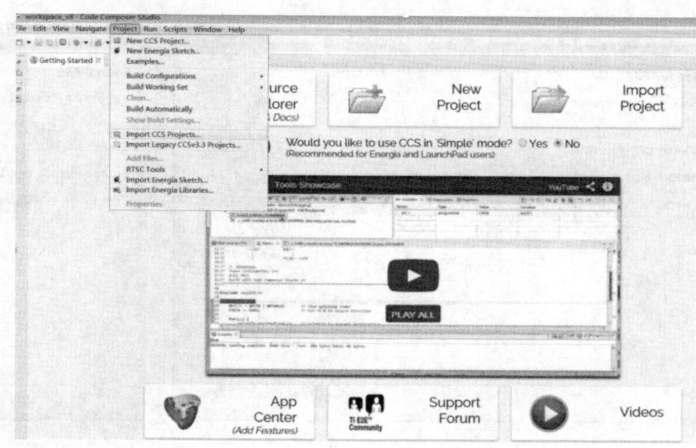

图 12.13　导入工程

2. 利用 CCSv8 新建工程

(1) 首先打开 CCSv8 并确定工作区间,然后选择“File”→“New”→“CCS Project”,弹出如图 12.14 所示的对话框。

(2) 在“Target”中选择“MSP430x6xx Family”,芯片选择“MSP430F6638”。

(3) 在“Project name”中输入新建工程的名称,在此输入“myccs1”,默认勾选“Use default location”复选框。

(4) 选择空工程,然后单击“Finish”完成新工程的创建。

(5) 创建的工程将显示在“Project Explorer”中,如图 12.15 所示。

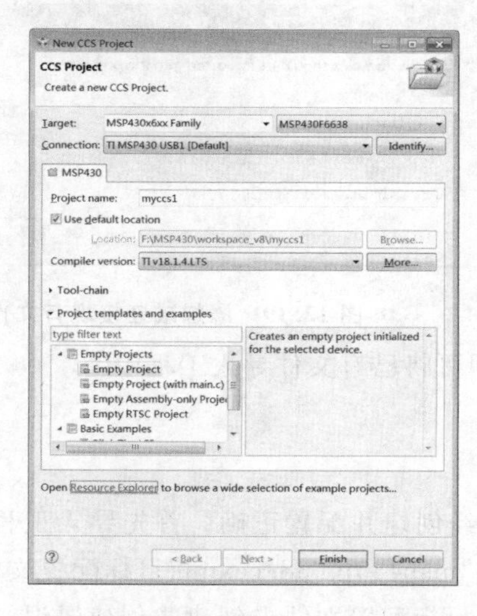

图 12.14　新建 CCS 工程对话框

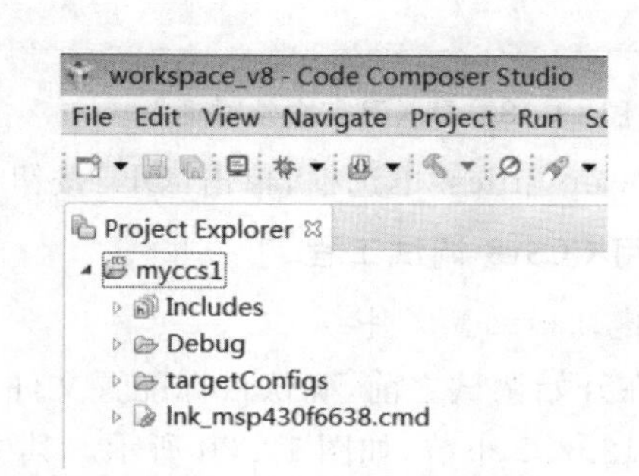

图 12.15　初步创建的新工程

特别提示 若要新建或导入已有.h或.c文件，具体步骤如下。

(1) 新建.h文件：右击工程名，选择“New”→“Header File”，得到图12.16所示对话框。在“Header file”文本框中输入头文件的名称，注意必须以.h结尾，在此输入“my01.h”。

(2) 新建.c文件：右击工程名，选择“New”→“Source file”，得到如图12.17所示的对话框。

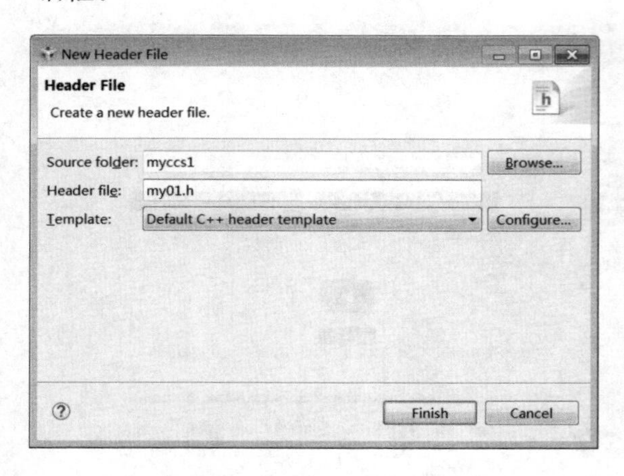

图12.16 新建.h文件对话框

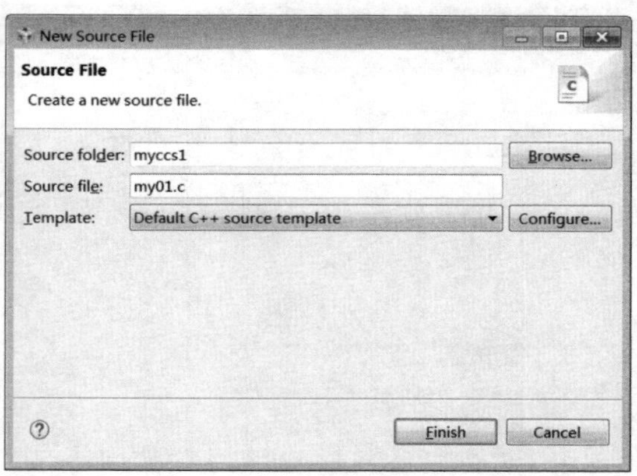

图12.17 新建.c文件对话框

在“Source file”中输入c文件的名称，注意必须以.c结尾，在此输入“my01.c”。

(3) 导入已有.h或.c文件：右击工程名，选择“Add Files”，得到如图12.18所示的对话框。

选中所需导入的文件位置，点击“打开(O)”按钮，得到如图12.19所示的对话框。

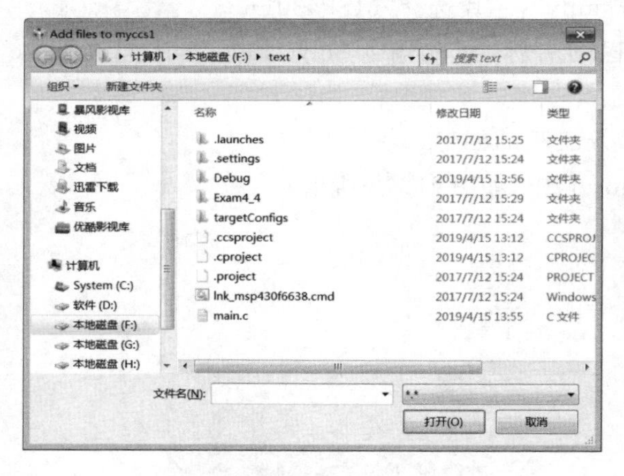

图12.18 导入已有文件对话框

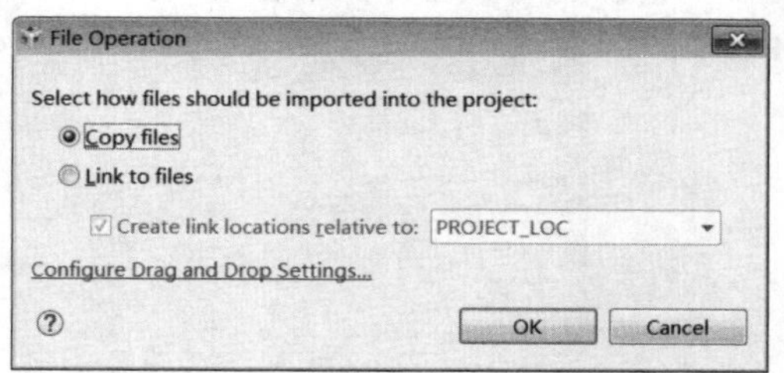

图12.19 添加或连接现有文件

选中“Copy files”单选框，单击“OK”按钮，即可将已有文件导入工程中。

3. 利用CCSv8调试工程

1)创建目标配置文件

(1) 在开始调试之前，确认目标配置文件已经创建并配置正确。首先导入工程，导入步骤请参考12.2.2小节，如图12.20所示。其中，“msp430f6638.ccxml”目标配置文件已经正确创建，即可以进行编译调试，无需重新创建；若目标配置文件未创建或创建错误，则需再次创建。

（2）创建目标配置文件步骤如下：右击项目名称，并选择“New”→“Target Configuration File”，如图 12.21 所示。

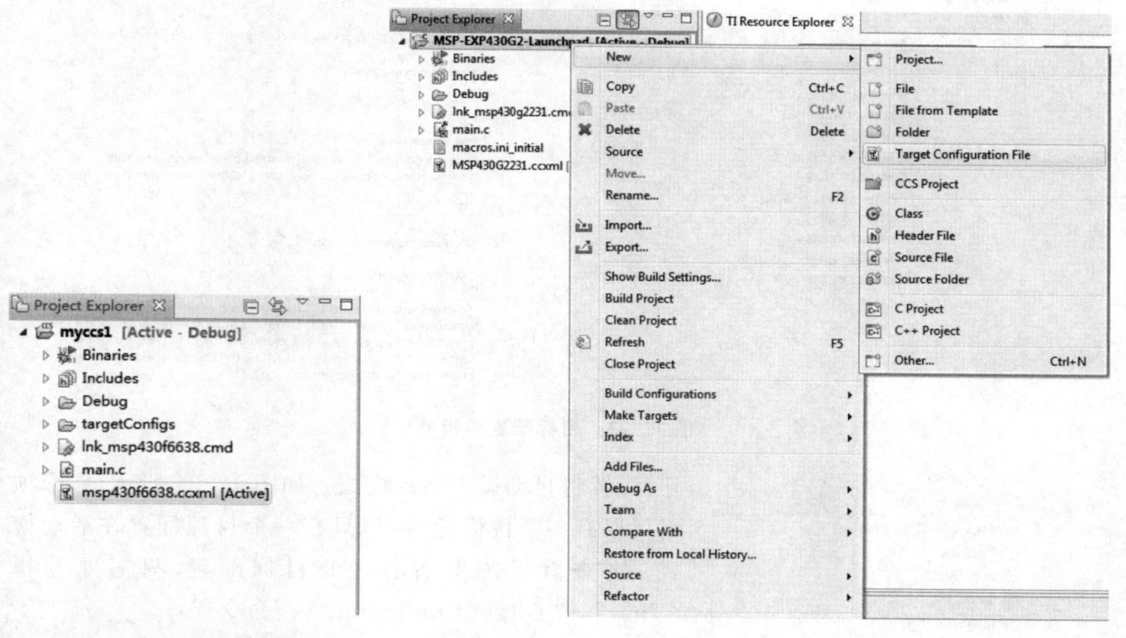

图 12.20　导入工程目标配置文件　　　　图 12.21　创建新的目标

（3）在“File name”中键入后缀为“.ccxml”的配置文件名，将配置文件命名为“msp430f6638.ccxml”，如图 12.22 所示。

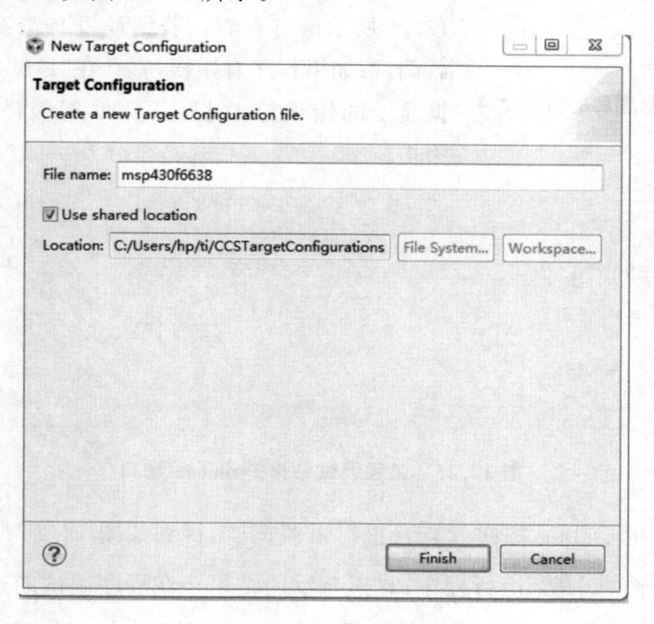

图 12.22　目标配置文件名

（4）单击“Finish”按钮，将打开目标配置编辑器，如图 12.23 所示。

（5）“Connection”选项选择默认选项：“TI MSP430 USB1 [Default]”，在“Board or Device”菜单中选择单片机型号，在此选择“MSP430F6638”。配置完成之后，单击“Save”按

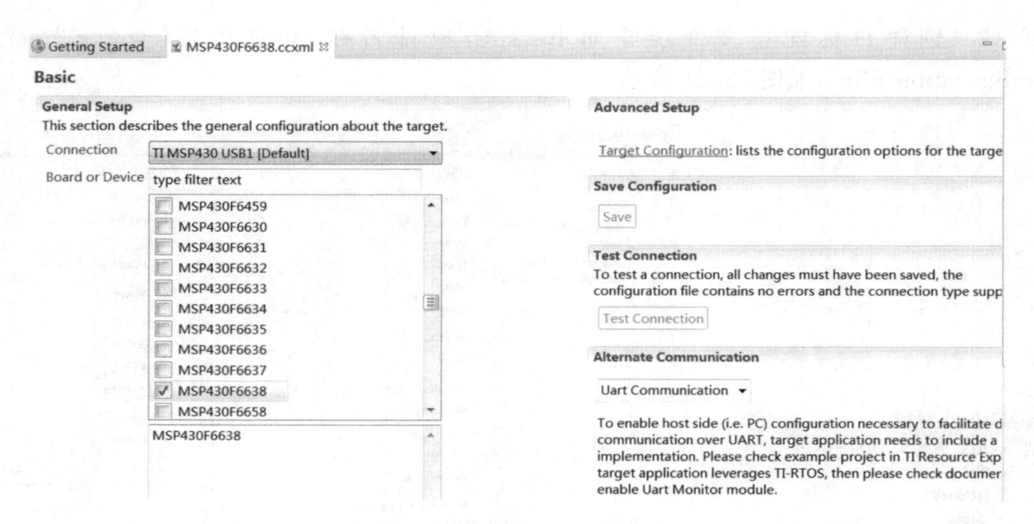

图 12.23　目标配置编辑器

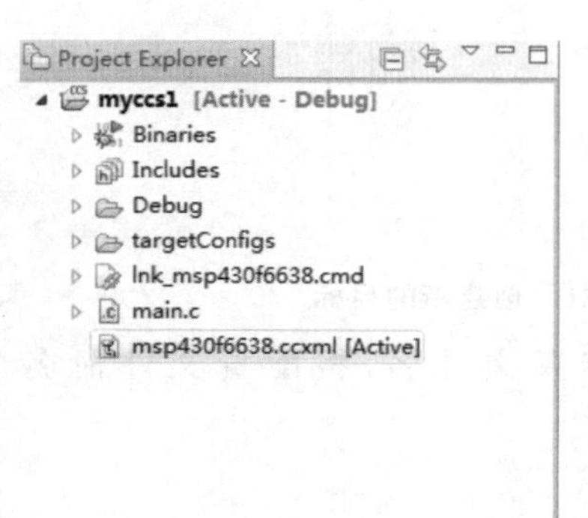

图 12.24　项目与配置后的目标文件

钮，配置将自动设为活动模式。如图 12.24 所示，一个项目可以有多个目标配置，但只有一个目标配置在活动模式。要查看系统上所有现有目标配置，只需要选择“View”→“Target Configurations”命令查看。

2）启动调试器

（1）首先将所需调试工程进行编译。选择“Project”→“Build Project”命令，编译目标工程。编译结果可通过图 12.25 所示窗口查看。若编译没有错误产生，可以进行下载调试；如果程序有错误，将会在“Problems”窗口显示。根据显示的错误修改程序，并重新编译，直到无错误提示为止。

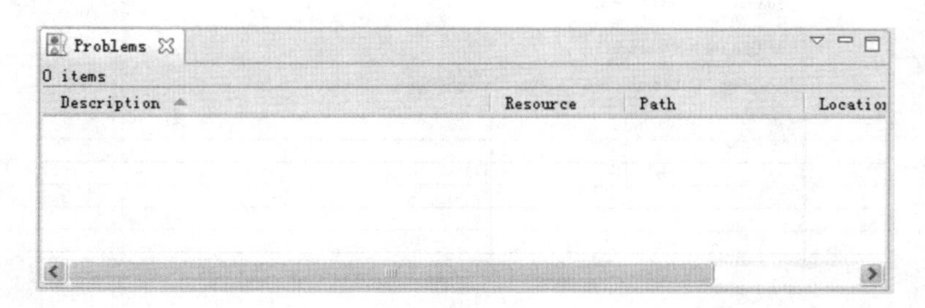

图 12.25　工程调试结果 Problems 窗口

（2）单击绿色的 Debug 按钮进行下载调试，得到如图 12.26 所示的界面。

（3）单击运行图标运行程序，观察显示的结果。在程序调试的过程中，可通过设置断点来调试程序。右击需要设置断点的位置并右击，选择“Breakpoints”命令，断点设置成功后将显示图标。可以通过双击该图标来取消该断点。程序运行的过程中可以通过单步调试按钮配合断点单步的调试程序，单击重新开始图标定位到main()函数，单击复位按钮复位，可通过中止按钮返回到编辑界面。

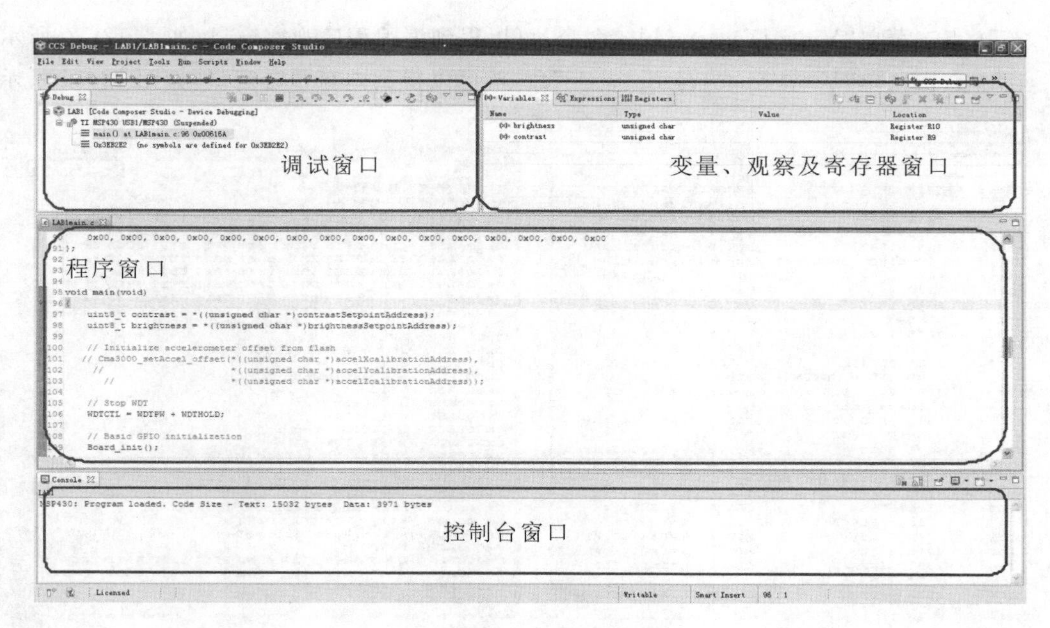

图 12.26 调试窗口界面

(4) 在程序调试的过程中,可以通过 CCSv8 查看变量、寄存器、汇编程序或 Memory 等的信息,观察程序运行的结果,与预期的结果进行比较,从而顺利地调试程序。例如,单击菜单"View Variables"命令,可以查看到变量的值,如图 12.27 所示。

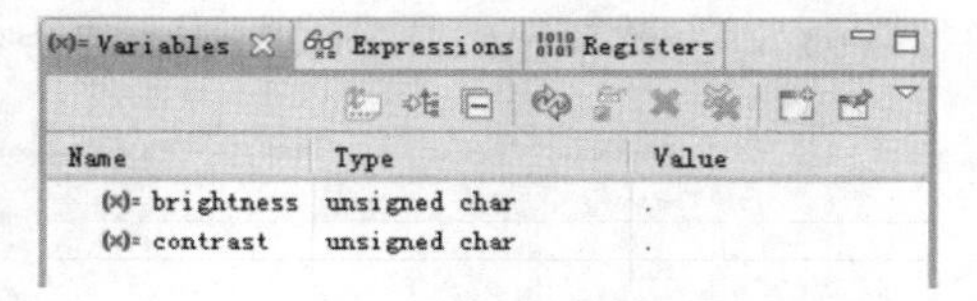

图 12.27 变量查看窗口

(5) 点击菜单"View Registers"命令,可以查看到寄存器的值,如图 12.28 所示。

(6) 点击菜单"View Expressions"命令,可以得到观察窗口,如图 12.29 所示。可以通过"Add new"添加观察变量,或者右击所需观察的变量,选择"Add Watch Expression"命令将此变量添加到观察窗口。

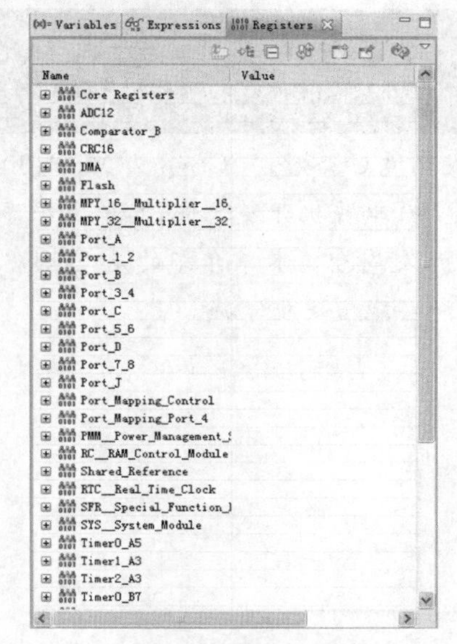

图 12.28 寄存器查看窗口

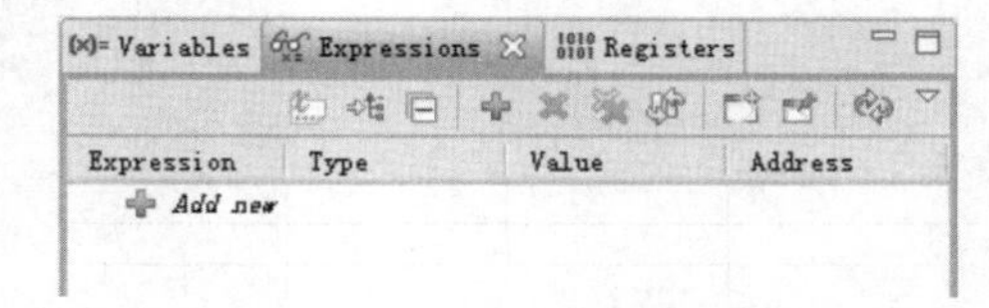

图 12.29 观察窗口

(7) 点击菜单"View Disassembly"命令,可以得到汇编程序观察窗口,如图 12.30 所示。

(8) 点击菜单"View Memory Browser"命令,可以得到内存查看窗口,如图 12.31 所示。

图 12.30 汇编程序观察窗口

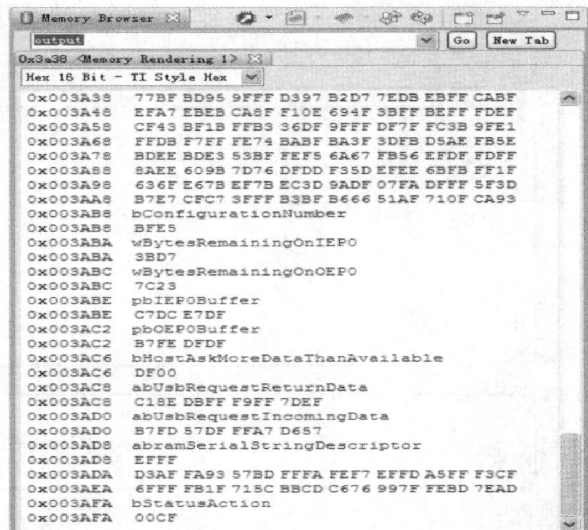

图 12.31 内存查看窗口

(9) 点击菜单"View Breakpoints"命令,可以得到断点查看窗口,如图 12.32 所示。

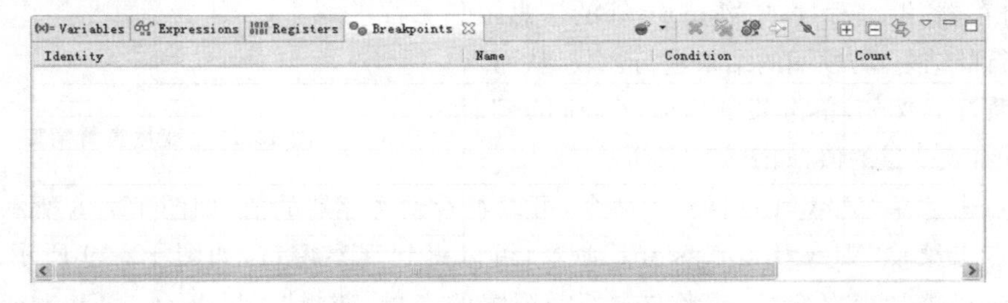

图 12.32 断点查看窗口

本章小结

本章详细介绍了 MSP430 单片机的软件开发集成环境 CCSv8。CCSv8 为 MSP430 单片机软件开发的理想工具,功能强大。学习最新的 MSP430 单片机开发软件,其中有很多有用的功能,能够最大限度地缩短 MSP430 单片机系统的开发周期。本章介绍的是 CCSv8 的基本操作,其他很多有用的功能还需读者在以后的学习和实践中逐步掌握。

第13章 MSP430F6638 实验板简介

MSP430F6638 是 MSP430F6xx 系列新一代集成 USB、LCD 等模块的超低功耗单片机，可以认为是 430 系列外设模块最多的芯片，很适合初学者使用以全面掌握 MSP430。该系统主要面向高等嵌入式系统、单片机、自动化、仪器仪表、物联网系统等课程的教学实验、培训，以及基于 MSP430 的科研开发。

13.1 DY-FFTB6638 实验板概述

DY-FFTB6638 全功能教学、开发实验系统由德州仪器半导体技术（上海）有限公司大学计划部、上海德研电子科技有限公司联合研发。系统使用最新的 MSP430F6638 微控制器，配备 TFT 真彩色液晶屏、6 位段式 LCD、8 位段式 LED 数码管、触摸按键、SD 卡存储器接口，同时该系统还配置了 CC1101（433 MHz）/CC2500（2.4GB）无线模块接口、CC2520/ZigBee 无线模块接口、CC3000Wi-Fi 无线模块接口（选配）及锂电池充电管理等模块。

1. MSP430F6638 微控制器特性

MSP430F6638 微控制具有以下特性。

(1)低工作电压：1.8～3.6V。

(2)超低功耗。

①激活模式(AM)。

所有系统时钟激活：在 8 MHz、3.0V 且闪存程序执行时为 270 μA/MHz。

②待机模式(LPM3)。

带有晶振的看门狗和电源监视器工作、完全 RAM 保持、快速唤醒：2.2V 时为 1.8 μA，3.0V 时为 2.1 μA(典型值)。

③关断 RTC 模式(LPM3.5)。

关断模式、采用晶振的有源实时时钟工作：3.0V 时为 1.1 μA(典型值)。

④关断模式(LPM4.5)。

3.0V 时为 0.3 μA(典型值)。

(3)从待机模式下唤醒时间在 3 μs 内(典型值)。

(4)16 位 RISC 结构，可拓展内存，高达 20 MHz 的系统时钟。

(5)灵活的电源管理系统。

①内置可编程的低压降稳压器(LDO)。

②电源电压监控、监视和临时限电。

(6)UCS统一时钟系统。

①针对频率稳定的锁相环(PLL)控制环路。

②低功耗低频内部时钟源(VLO)。

③低频修整内部基准源(REFO)。

④32 kHz低频晶振(XT1)。

⑤高达32 MHz高频晶振(XT2)。

(7)具有5个捕获/比较寄存器的16位定时器TA0,Timer_A。

(8)具有3个捕获/比较寄存器的16位定时器TA1,Timer_A。

(9)具有3个捕获/比较寄存器的16位定时器TA2,Timer_A。

(10)具有7个捕获/比较映射寄存器的16位定时器TB0,Timer_B。

(11)两个通用串行通信接口。

①USCI_A0和USCI_A1,均支持增强型UART、IrDA、同步SPI。

④USCI_B0和USCI_B1,均支持I^2C、同步SPI。

(12)全速USB。

①集成USB-PHY。

②集成3.3V/1.8V USB电源系统。

③集成USB-PLL。

④8输入、8输出端点。

(13)具有内部基准电压、采样和保持及自动扫描功能的12位ADC。

(14)电压比较器。

(15)具有高达160段对比度控制的集成LCD驱动器。

(16)支持32位运算的硬件乘法器。

(17)串行系统编程,无须添加外部编程电压。

(18)6通道内部DMA。

(19)具有实时时钟功能的基本定时器。

2. MSP430F6638引脚图及结构框图

MSP430F6638的引脚图及功能说明见附录,其结构框图如图13.1所示。

3. DY-FFTB6638实验板软硬件资源概述

DY-FFTB6638是MSP430F6638器件的开发平台,如图13.2所示,为最新一代的具有集成USB的MSP430F6638器件。开发板能帮助设计者快速使用MSP430F6638进行学习和开发,同时提供了业界最低工作功耗的集成USB、更大的内存和领先的集成技术。

DY-FFTB6638主要配置如下。

(1)MSP430系列超低功耗单片机MSP430F6638IPZ(100Pin)。

(2)同时配备TFT真彩色液晶屏、6位段式LCD、8位段式LED数码管。

(3)同时配备4×4键盘和5个触摸按键。

(4)SD卡存储器。

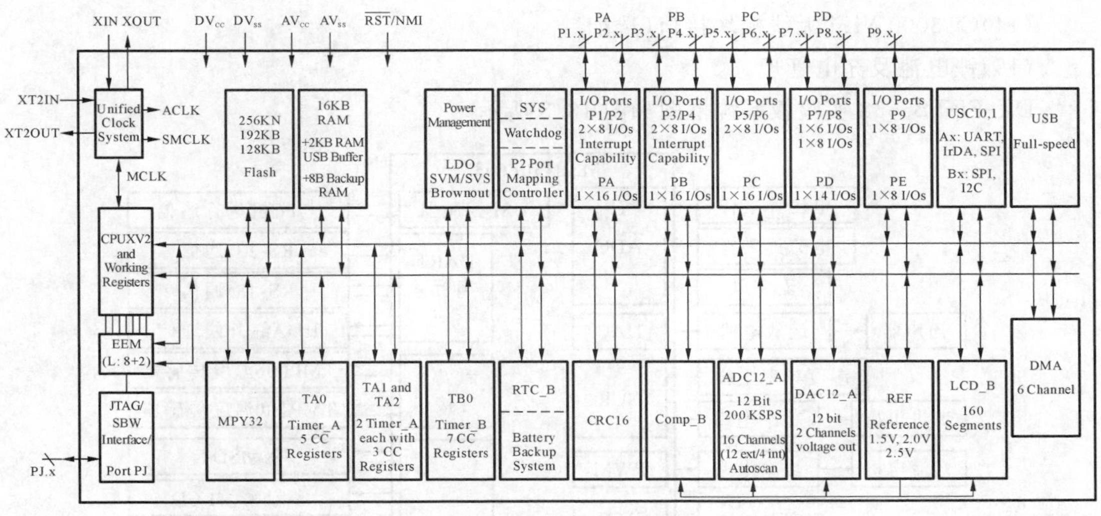

图 13.1 MSP430F6638 结构框图

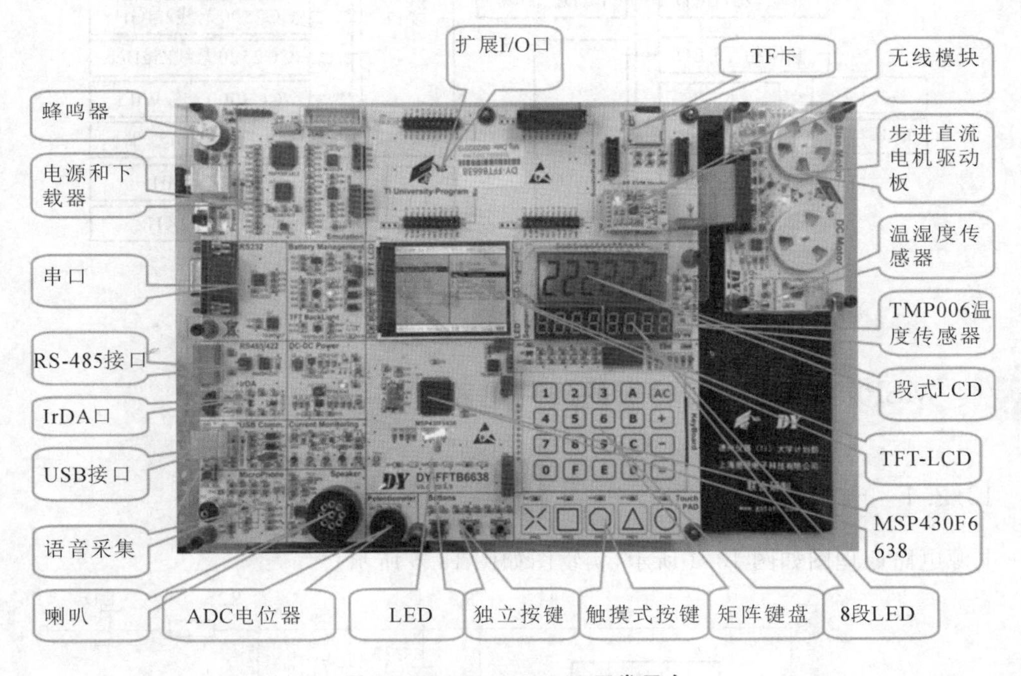

图 13.2 DY-FFTB6638 开发平台

(5)USB 数据通信口。

(6)RS-232、RS-485、红外通信口。

(7)板载话筒、喇叭。

(8)板载 USB 仿真器

(9)板载 ADC 电位器。

(10)ADC、DAC 接口。

(11)2 个 TI 兼容 BP 扩展插座。

(12)CC1101(433 MHz)/CC2500(2.4GB)无线模块接口。

(13)CC2520/ZigBee 无线模块接口。

(14)CC3000WiFi 无线模块接口(选配)。

(15)锂电池及充电管理。

DY-FFTB6638 实验板系统框图如图 13.3 所示。

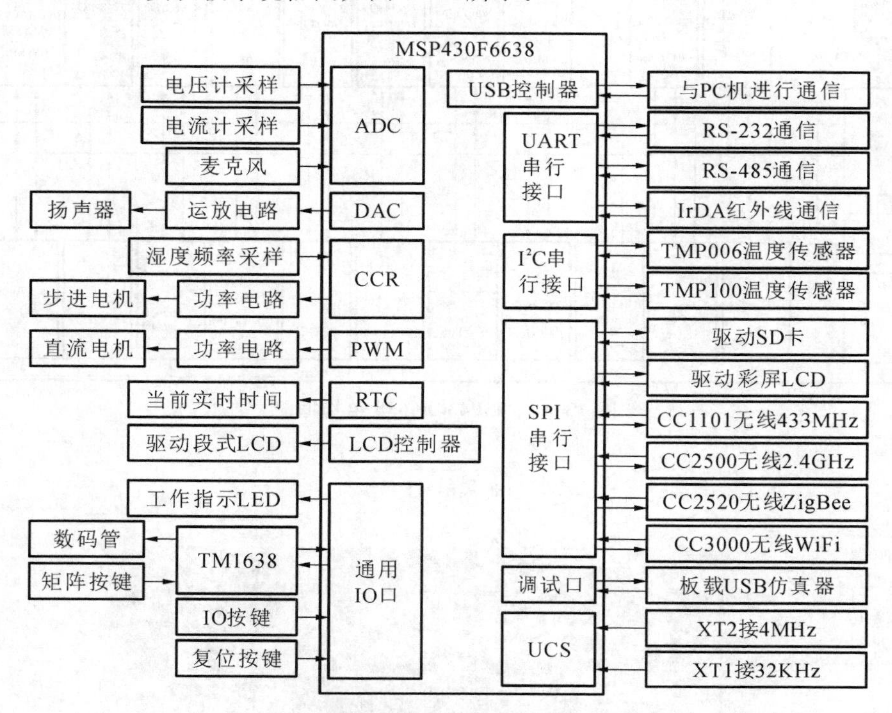

图 13.3 DY-FFTB6638 实验板系统框图

13.2 MSP430F6638 实验板的硬件电路

13.2.1 电源电路

电源电路原理图如图 13.4 所示,实物图如图 13.5 所示。

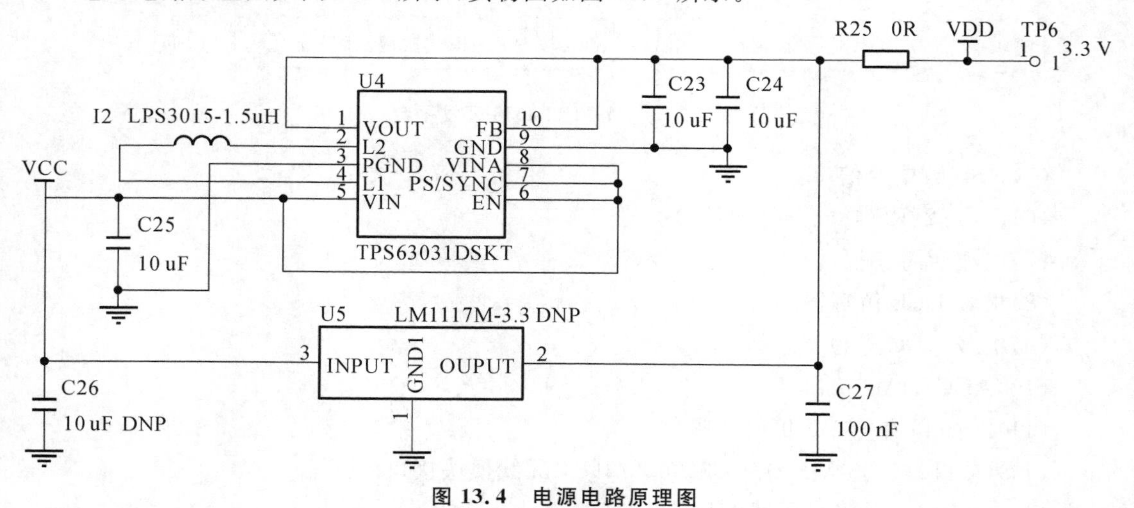

图 13.4 电源电路原理图

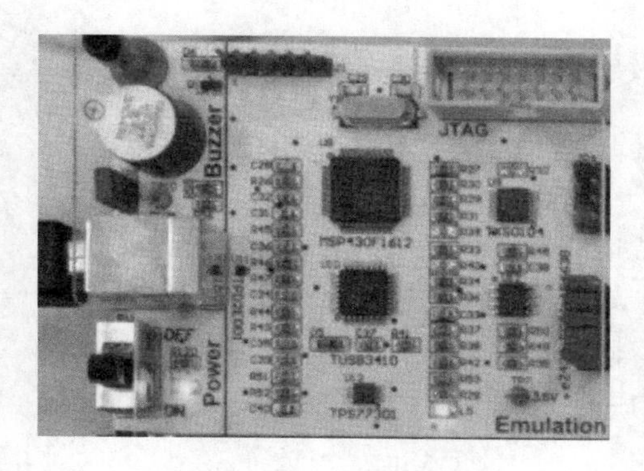

图 13.5 实物图

实验箱使用USB端口(板上USB2插座)供电,得到+5 V电源。电源接入后,通过LM1117M-3.3(U5)得到+3.3 V电压,为单片机和数字电路部分提供电源。

TPS63031DSKT(U4)是电池管理模块。当外部供电断开以后,实验箱可以通过后备电池供电。因为电池电压并不是稳定的,因此通过TPS63031DSKT进行管理,得到稳定的+3.3 V电压。

开关拨到下面是打开系统,拨到上面是关闭系统,给电池充电。

13.2.2 独立按键

按键电路原理图如图13.6所示,实物图如图13.7所示。

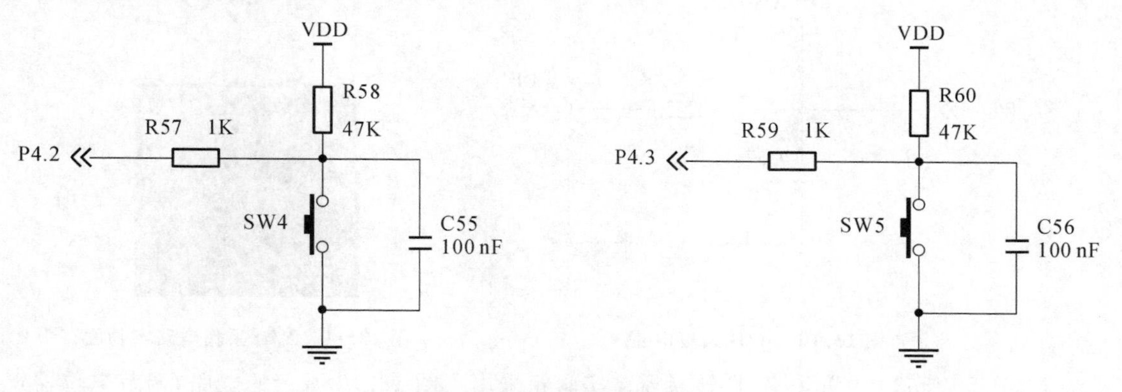

图 13.6 按键电路原理图

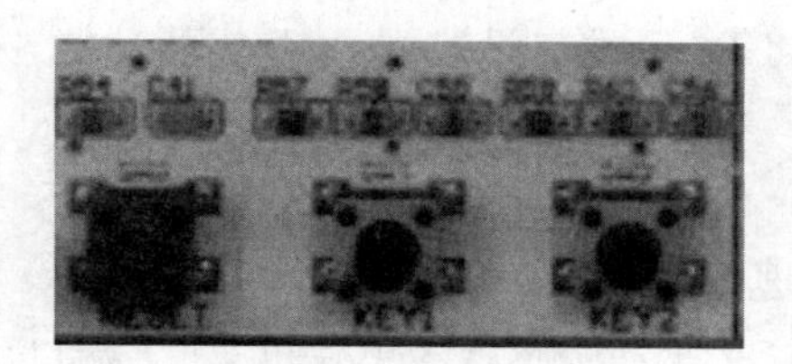

图 13.7 按键实物图

实验箱上有两个独立按键,分别接P4.2和P4.3端口。按键在释放时,对应的端口应该能读到"1";按键在被按下并稳定时,应该读到"0"。按键是机械装置,在使用时会有机械抖动产生,在编程时应采取措施避开抖动。

13.2.3 发光二极管

发光二极管电路如图 13.8 所示，实物图如图 13.9 所示。

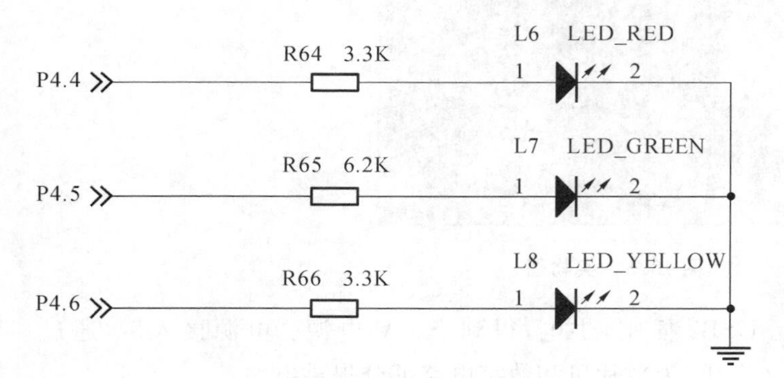

图 13.8 发光二极管电路

图 13.9 发光二极管电路实物图

实验箱上有三个发光二极管，分别是红、绿、黄三种颜色。它们由 P4.4、P4.5、P4.6 端口控制。这三个发光二极管采用共阴接法，在控制端口上输出高电平可以将它们点亮。

13.2.4 A/D 采样通道

A/D 采集电路如图 13.10 所示，实物图如图 13.11 所示。

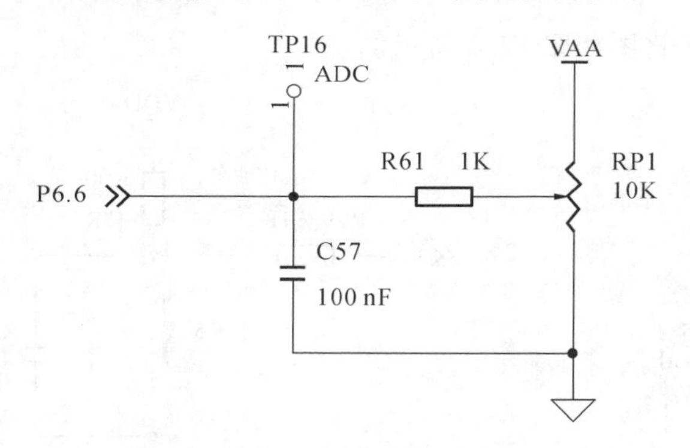

图 13.10 A/D 采集电路

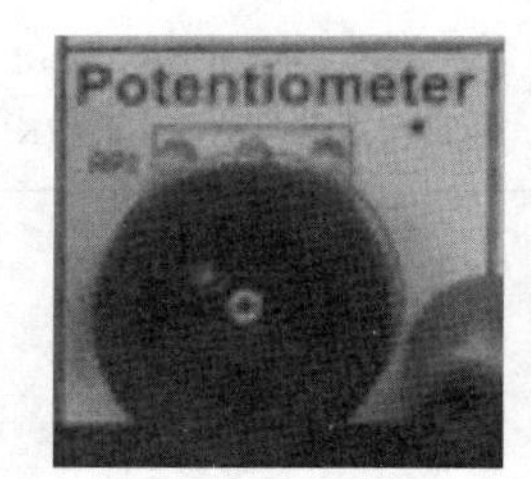

图 13.11 A/D 采集电路实物图

MSP430F6638 内置了 A/D 转换器。实验箱采用了图 13.10 所示的电路，调节电位器，可在电位器滑动端上得到一个连续变化的模拟电压信号，该信号通过电阻 R61 接到单片机的 P6.6 端口。在编程时须将 P6.6 端口设置成 A/D 转换功能，方能进行正确的转换。

13.2.5 蜂鸣器电路

蜂鸣器电路如图 13.12 所示，实物图如图 13.13 所示。

该电路用 NPN 型三极管来驱动蜂鸣器。单片机 P4.7 端口用来控制三极管。该端口输出高电平时，三极管导通，蜂鸣器鸣响；该端口输出低电平时，三极管截止，蜂鸣器不响。使用时须将 JP5 插座用短路器短路。

在使用中发现，该电路中的电阻 R55 和 R56 阻值取得过大，导致蜂鸣器音量过小。

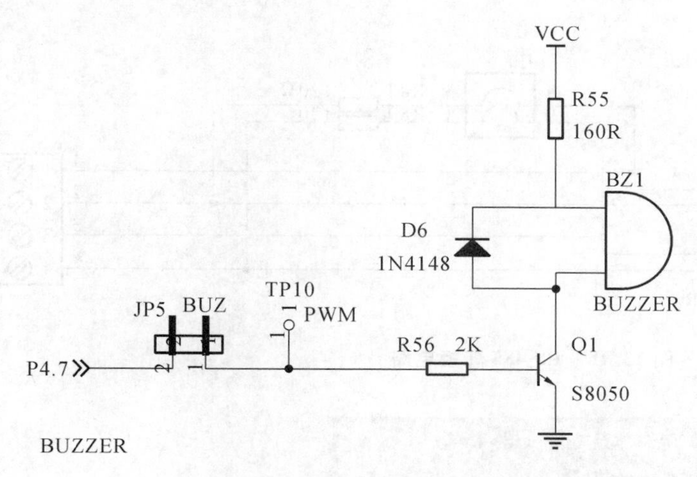

图 13.12 蜂鸣器电路

图 13.13 蜂鸣器电路实物图

13.2.6 RS-232 和 RS-485 转换电路

RS-232 转换电路如图 13.14 所示，实物图如图 13.15 所示。RS-485 转换电路如图 13.16 所示，实物图如图 13.17 所示。

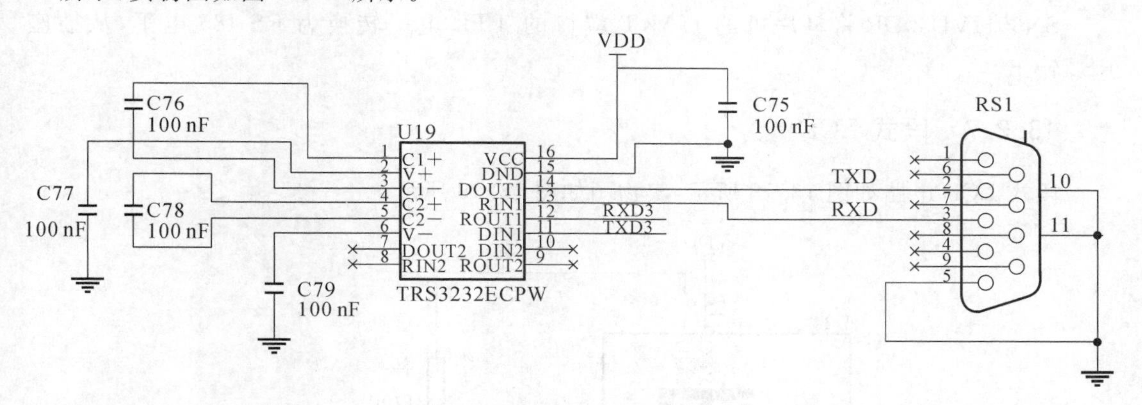

图 13.14 RS-232 转换电路

图 13.15 RS-232 转换电路实物图

TRS3232ECPW 将单片机的 UART 端口的 TTL 电平转换为 RS-232 电平，从九针 D 型插座输出，该插座可以直接与 PC 机连接。

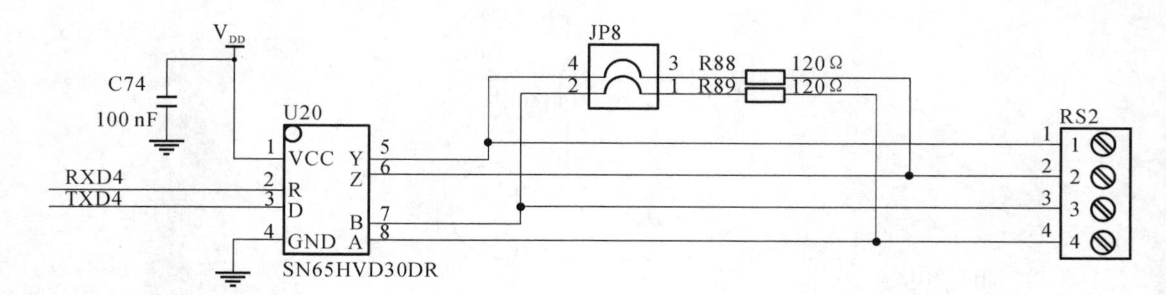

图 13.16　RS-485 转换电路

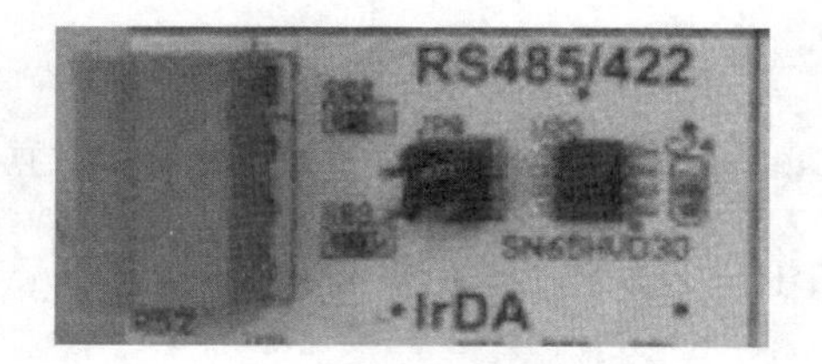

图 13.17　RS-485 转换电路实物图

SN65HVD30DR 将单片机的 UART 端口的 TTL 电平转换为 RS-485 电平，从插座 RS2 输出。

13.2.7　段式 LCD

段式 LCD 电路如图 13.18 所示，实物图如图 13.19 所示。

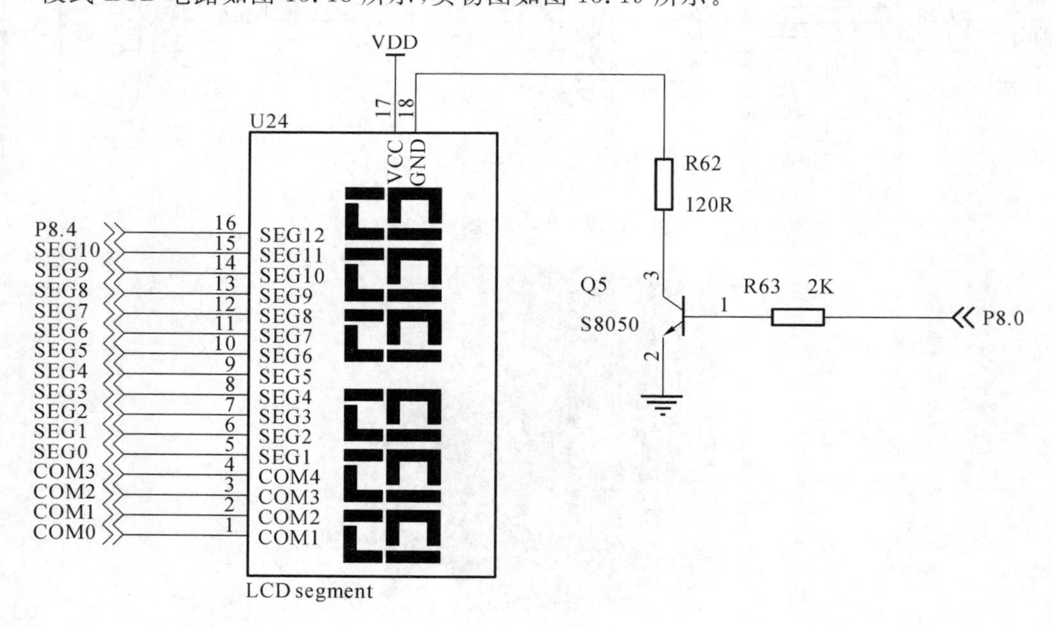

图 13.18　段式 LCD 电路

MSP430F6638 单片机内置有段式 LCD 驱动电路。在实际使用中，必须按照实体 LCD 的内部走线连接电路，不可盲目抄袭他人电路。

图13.19　段式LCD实物图

13.2.8　步进电机和直流电机控制电路

实验箱采用了DRV8833驱动电机。电机驱动芯片DRV8833特性介绍如下。

(1)双通道H桥电流控制电机驱动器能够驱动两个直流(DC)电机或一个双极性步进电机。低MOSFET导通电阻：HS+LS为360 mΩ。

(2)每个H桥输出电流的均方根(RMS)为1.5 A,峰-峰值可达2 A(在V_M=5 V和25 ℃条件下)。

(3)宽电源电压范围：2.7～10.8 V。

(4)PWM绕组电流调节/限制。

直流电机驱动电路如图13.20所示。

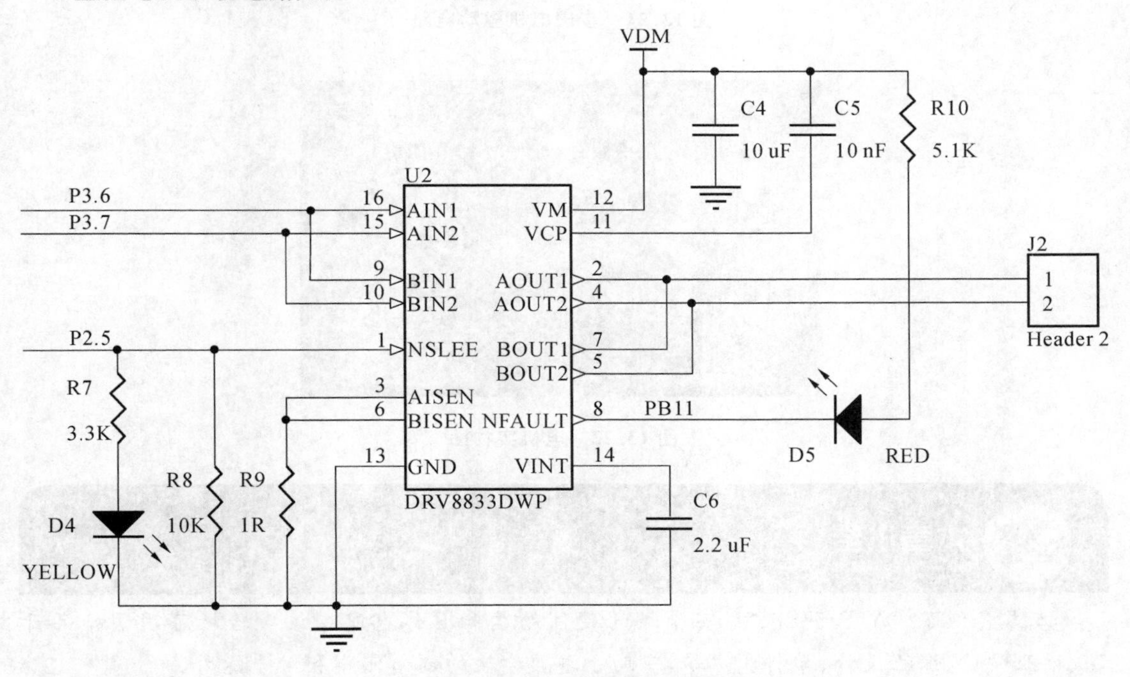

图13.20　直流电机驱动电路

步进电机驱动电路如图13.21所示。

电机实物图如图13.22所示。

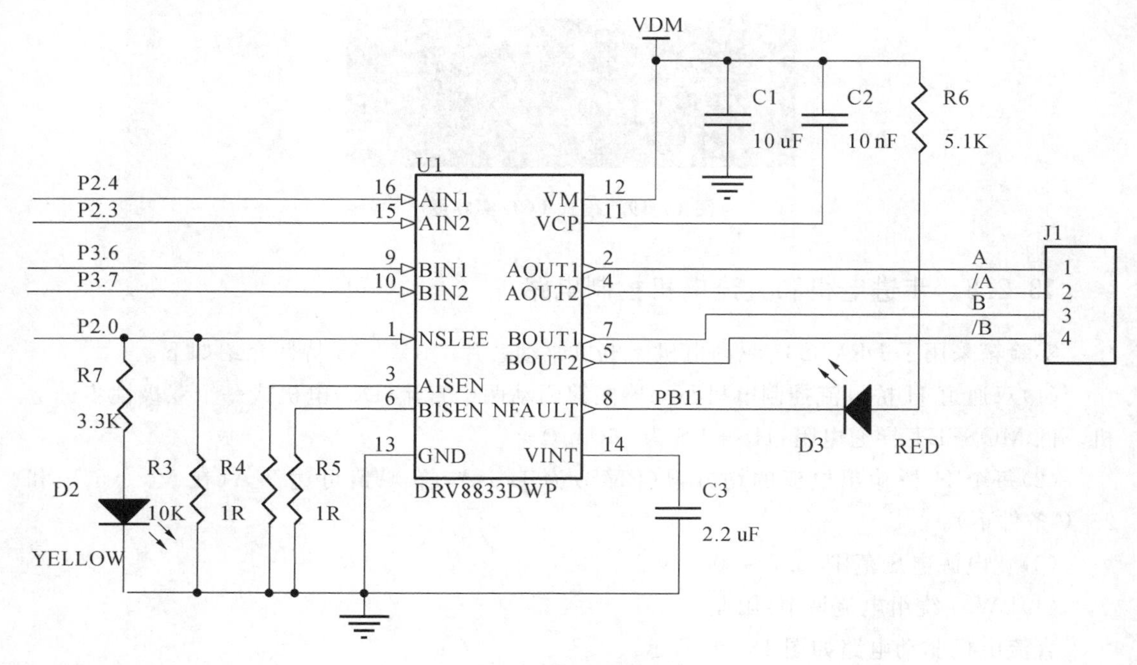

图 13.21 步进电机驱动电路

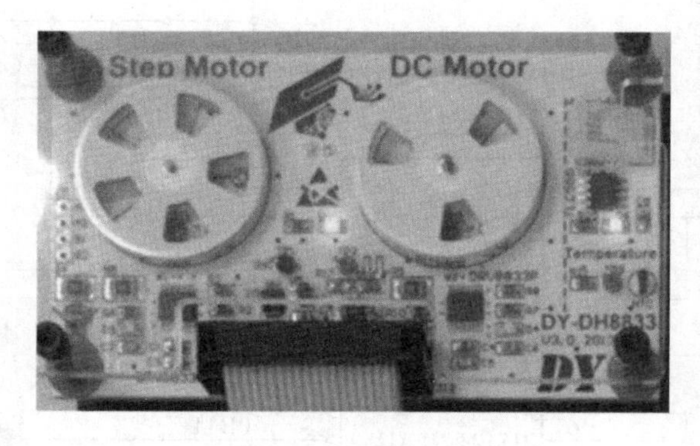

图 13.22 电机实物图

本章小结

本章介绍了DY-FFTB6638实验板的硬件结构和具体电路。该实验板可用于产品开发、毕业设计、课程设计、学科竞赛等,有助于培养学生的创新实践和动手能力。

第14章 MSP430系列单片机应用系统设计实例

前面几章系统讲解了MSP430单片机的编程语言、体系结构和开发环境，同时分模块给出了重点外设模块的操作原理和方法。本章将基于TI公司推出的DY-FFTB6638实验板，给出一些综合性较强的实例，为MSP430单片机的应用系统开发提供参考。

14.1 电位器LCD显示

14.1.1 项目介绍

在MSP430的实时控制和智能仪表等应用系统中，控制或测量对象的有关变量，往往是一些连续变化的模拟量，如温度、压力、流量、速度等物理量。利用传感器把各种物理信号测量出来，转换为电信号，经过模数转换（ADC）变成数字量，这样才能被MSP430处理和控制。

电位器是具有三个引出端、阻值可按某种变化规律调节的电阻元件。电位器通常由电阻体和可移动的电刷组成。当电刷沿电阻体移动时，在输出端即获得与位移量成一定关系的电阻值或电压。DY-FFTB6638实验板电位器的电路图和实物图分别如图13.10和13.11所示。其中，V_{AA}为3.3V，参考电压为3.3V。

结合图13.10可知，电位器旋钮在实际旋动过程中，输出端输出与位移量成一定关系的模拟电压通过P6.6(与A6模拟输入通道复用)送入MSP430F6638单片机ADC12模块进行AD转换。

14.1.2 电位器LCD显示原理

MSP430F6638单片机的ADC12模块共提供4种转换模式，分别是单通道单次转换、序列通道多次转换、单通道多次转换、序列通道多次转换。这4种方式可以根据需求灵活应用。结合案例实际，应采用单通道多次转换模式最为合适。

同时，ADC12模块的转换精度是12位的，AD转换的理想数值范围为0～4095。若想将结果在段式LCD上以十进制形式显示出来，需个位、十位、百位和千位共4个液晶位。通过第7章的学习，我们已经知道在段式LCD上显示相应内容的编程步骤一般分为5步：①初始化LCD，配置LCD_B段式液晶驱动模块的时钟源、分频系数、驱动模式及引脚功能等；②

▶电位器LCD显示

开启 LCD,置位 LCDBCTL0 寄存器中的 LCDON 控制位;③LCD 清屏,一般在改变显示数据之前,都需要清屏;④配置 TS3A5017DR 芯片,这一步是 MSP430F6638 开发板所特有的一步,受硬件布线所致;⑤写数据,本案例中只要将数值结果个位、十位、百位和千位数值对应的段码直接写入 LCD 寄存器 LCDMEM[ ]中即可,其中,[ ]中应该写的是要显示的位,该位是指数码管上面的位置,最左边的位称为第 0 位。具体初始化程序请参考例 7.1。DY-FFTB6638 实验板段式液晶电路图和实物图分别如图 13.18 和图 13.19 所示。

思考:

该如何提取 AD 转换结果的个位、十位、百位和千位上的数值呢?

14.1.3 参考程序

```
# include<msp430f6638.h>
# include "stdint.h"
/*  Private define-----------------------------* /
# define    NumOfResult       8
# define    Max_Volt        3.3
# define    Accu_Adc        4095
uint32_t  results[NumOfResult+1];
uint16_t  average;
uint16_t  index=0;
uint16_t    U=0;
# define XT2_PORT_SEL              P7SEL
# define XT2_ENABLE                (BIT2+BIT3)
//LCD segment definitions.
# define d     0x01
# define c     0x20
# define b     0x40
# define a     0x80
# define dp    0x10
# define g     0x04
# define f     0x08
# define e     0x02
uint8_t con[10],trans_v[10];
const char char_gen[]={                    //As used in 430 Day Watch Demo board
  a+b+c+d+e+f,                             //Displays "0"
  b+c,                                     //Displays "1"
  a+b+d+e+g,                               //Displays "2"
  a+b+c+d+g,                               //Displays "3"
  b+c+f+g,                                 //Displays "4"
  a+c+d+f+g,                               //Displays "5"
  a+c+d+e+f+g,                             //Displays "6"
  a+b+c,                                   //Displays "7"
```

```
    a+b+c+d+e+f+g,                         //Displays "8"
    a+b+c+d+f+g,                           //Displays "9"
    a+b+c+e+f+g,                           //Displays "A"
    c+d+e+f+g,                             //Displays "b"
    a+d+e+f,                               //Displays "c"
    b+c+d+e+g,                             //Displays "d"
    a+d+e+f+g,                             //Displays "E"
    a+e+f+g,                               //Displays "f"
    a+b+c+d+f+g,                           //Displays "g"
    c+e+f+g,                               //Displays "h"
    b+c,                                   //Displays "i"
    b+c+d,                                 //Displays "j"
    b+c+e+f+g,                             //Displays "k"
    d+e+f,                                 //Displays "L"
    a+b+c+e+f,                             //Displays "n"
    a+b+c+d+e+f+g+dp                       //Displays "full"
  };
  //******* 第一步:初始化 LCD 函数 Init_lcd(void) *******
  void Init_lcd(void){
    LCDBCTL0=LCDDIV_1+LCDPRE_1+LCDSSEL+LCDMX1+LCDMX0+LCDSON;
    LCDBPCTL0=LCDS11+LCDS10+LCDS9+LCDS8+LCDS7+LCDS6+LCDS5+LCDS4+LCDS3+LCDS2+LCDS1+
LCDS0;
      P5SEL=0xfe;
  }
  //******* 第二步:启动 LCD 函数 lcd_go(void) *******
  void lcd_go(void){
     LCDBCTL0|=LCDON;//启动 LCD
  }
  //******* 第三步:清屏函数 lcd_clear()*******
  void lcd_clear(void){
     unsigned char index;
     for(index=0;index< 6;index++)
         LCDMEM[index]=0;
  }
  //******* 第四步:TS3A5017DR 芯片*******
  void Init_TS3A5017DR(void)
  {
     P1DIR |=BIT6+BIT7;
     P1OUT &=~BIT7;
     P1OUT |=BIT6;
  }
  //******* V 主函数*******
  void main(void)
```

```
{
  WDTCTL=WDTPW+WDTHOLD;
  Init_lcd();                                   //初始化段式 LCD
  lcd_go();                                     //启动段式 LCD
  lcd_clear();                                  //清屏
  Init_TS3A5017DR();                            //初始换 TS3A5017DR 芯片
  P8DIR|=BIT0;
  P8OUT|=BIT0;          //打开背光
//******* ADC12 模块初始化*******
 P6SEL |=BIT6;                                  //使能 A6 通道
 ADC12CTL0=ADC12ON+ADC12SHT0_15+ADC12MSC;
                //打开 ADC12 转换内核，设置采样保持时间，并设置单通道多次转换仅首次启动
 ADC12CTL1=ADC12SHP+ADC12CONSEQ_2+ADC12SSEL_1;
                                    //ACLK 时钟源，单通道多次转换模式，利用定时器产生采样信号
  ADC12MCTL0 |=ADC12INCH_6;
  ADC12IE=ADC12IE0;                             //使能 ADC12IFG.0 中断
  ADC12CTL0 |=ADC12ENC;                         //允许转换
  ADC12CTL0 |=ADC12SC;                          //启动转换
  _BIS_SR(LPM4_bits+GIE);                       //使能总中断，并进入低功耗模式 4
 }
//******* 中断服务程序*******
# pragma vector=ADC12_VECTOR
__interrupt void ADC12ISR (void)
{
results[index++]=ADC12MEM0;         //转存结果
if(index ==NumOfResult)
{
  uint16_t i;
  average=0;
  for(i=0;i<NumOfResult;i++)  //计算采样 8 次的总和
    {
      average+=results[i];
      results[i]=0;
    }
 average>>=3;                                   //除以 8 求平均值
 index=0;
//******* 第五步：写数据*******
 LCDMEM[2]=char_gen[average/1000];       //千位
 LCDMEM[3]=char_gen[(average/100)% 10];//百位
 LCDMEM[4]=char_gen[(average/10)% 10];  //十位
 LCDMEM[5]=char_gen[average% 10];         //个位
 }
}
```

项目实践提高1：

若将AD转换结果以十六进制形式在段式LCD上显示出来，程序该如何修改？

项目实践提高2：

如何将AD采样的数值转换为电压显示呢？注意电压小数点的添加位置。

14.2 直流电机程序控制

14.2.1 项目介绍

直流电动机是将直流电能转换为机械能的电动机。因其良好的调速性能而在电力拖动中得到广泛应用。

本项目要求通过电位器旋钮的调节可以调节直流电机转速。电位器电路图及实物图分别如图13.10和图13.11所示。

14.2.2 直流电机控制原理

对于直流电机的控制，无非是控制其转向以及速度。转向的控制方法比较简单，只要改变电机的通电极性就可改变其旋转方向。在这里，我们重点讨论如何对其速度进行控制。直流电机转速的计算公式为：

$$n=\frac{U-I_a\cdot R_a}{C_e\cdot\phi}$$

式中：n为直流电机转速；U为电枢电压；I_a为电枢电路；R_a为电枢内阻；C_e为常数；ϕ为气隙磁通。因为电枢的内阻非常小，所以$I_a\cdot R_a\approx0$，$n=\frac{U}{C_e\cdot\phi}$，只要在气隙磁通ϕ恒定下调整电枢电压U，就可以调整直流电机的转速n。这种方法称为恒转矩调速。

随着电力电子技术的发展，出现了许多电枢电压的控制方法，其中最为常用的是PWM调速方法。采用PWM控制技术构成的调速系统，启停时对直流系统无冲击，并且具有启动功耗小、运行稳定的特点。

PWM的相关知识已在本书的6.3.5节中介绍过。PWM可以应用在许多方面，如电机调速、温度控制、压力控制等。在PWM驱动控制的调速系统中，通过改变直流电机电枢上电压的占空比ρ来改变平均电压的大小，从而控制电动机的转速。

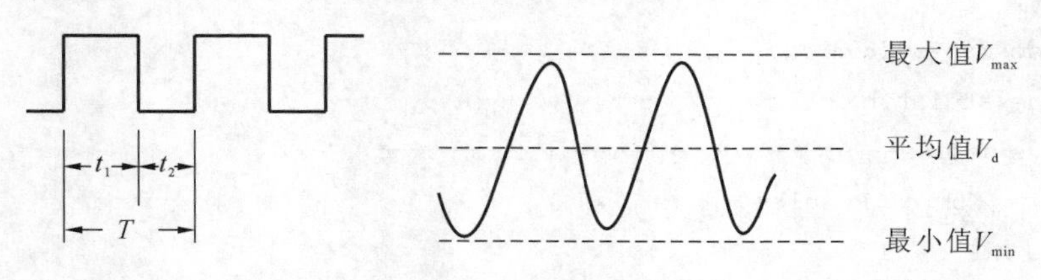

图14.1 PWM控制原理

占空比$\rho=\frac{t_1}{T}=\frac{t_1}{t_1+t_2}$，设电机始终接通电源，电机转速最大为$V_{max}$，则电机的平均转速为$n=V_{max}\times\rho$。

PWM信号的产生方法通常有两种，分别为软件方法和硬件方法。本文主要利用MSP430F6638单片机产生PWM信号，达到调速的目的，具体方法请参见本书的6.3.5节。

14.2.3 直流电机驱动

利用定时器A输出单元输出的PWM信号是不足以直接驱动直流电机转动的，因为IO口驱动能力有限，功率不够，这样就需要专用的驱动芯片来完成功率驱动，DY-FFTB6638实验板使用了TI的DRV8833DWP驱动芯片（芯片的原理参见数据手册）来驱动直流电机。其电路如图14.2所示。

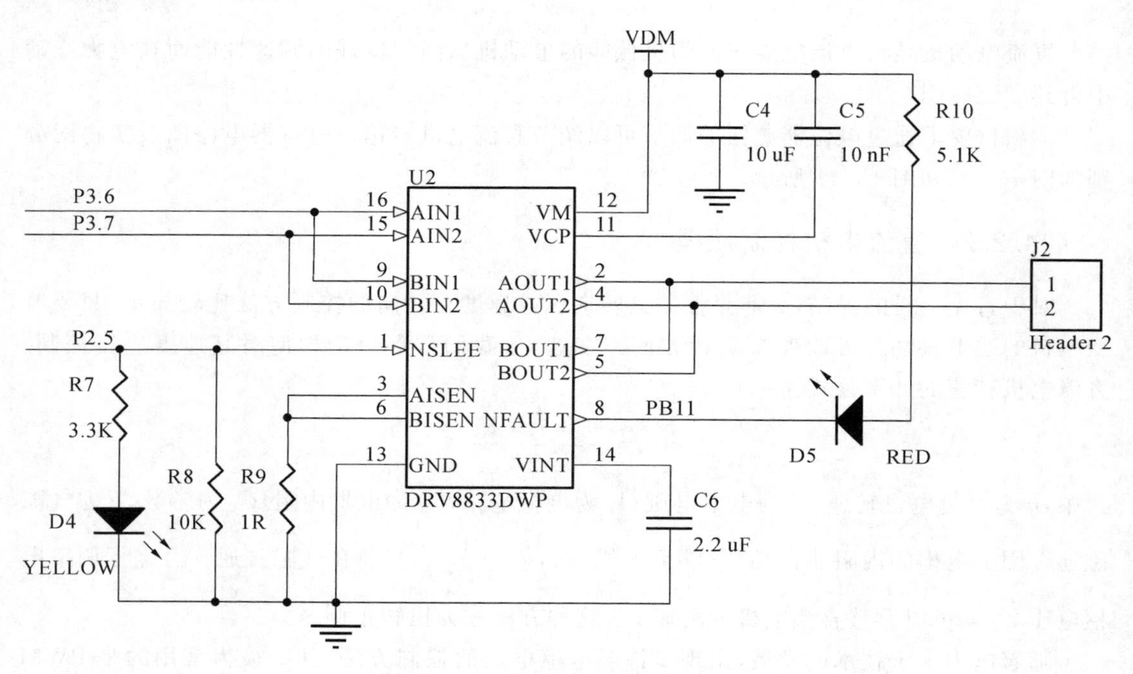

图14.2 DRV8833DWP驱动芯片电路图

其中，P3.6和P3.7分别是转速（输出PWM信号）和方向的控制口，P2.5时使能和休眠端口。

14.2.4 参考程序

```
# include<msp430f6638.h>
# include<stdint.h>
/*Private define-----------------------------------*/
# define   Num_of_Results   8
# define TMP     1
# define STEP_MOTOR  2
# define DC_MOTOR   3
/*Private variables--------------------------------*/
```

```
volatile unsigned int results[Num_of_Results];
uint8_t ADC_FLAG=0;
/*Private functions--------------------------------* /
/* !
* 函数功能:配置电位器的相关 ADC 通道
* 输入参数:无
* 返回值:无
* 硬件连接:P6.6
* /
void ADC_Init(void)
{
P6SEL |=BIT6;                                          //Enable A/D channel A1
ADC12CTL0=ADC12ON+ADC12SHT0_8+ADC12MSC; //Turn on ADC12,set sampling time
                                                       //set multiple sample conversion
  ADC12CTL1=ADC12SHP+ADC12CONSEQ_3;     //Use sampling timer,set mode
  ADC12MCTL6=ADC12INCH_6;
  ADC12IE=BIT6;                               //Enable ADC12IFG.1
  ADC12CTL0 |=ADC12ENC;                        //Enable conversions
  ADC12CTL0 |=ADC12SC;                        //Start conversion
}
/* !
* 函数功能:通道选择
* 输入参数:通道号
* 输出参数:无
* 返回值: 无
* /
void Chanel_Configure(uint8_t flag)
{
  switch(flag)
  {
      case TMP:
              P2OUT &=~(BIT0+BIT1);
              break;
      case STEP_MOTOR:
              P2OUT |=BIT0;
              P2OUT &=~BIT5;
              break;
      case DC_MOTOR:
              P2OUT &=~BIT0;
              P2OUT |=BIT5;
              break;
  }
}
```

```
/* !
* 函数功能:配置 IO 口
* 输入参数:无
* 输出参数:无
* 返回值: 无
* /
void AIN_Init(void)
{
  P2DIR |=BIT4+BIT3;
  P2OUT &=~(BIT4+BIT3);
}
/* !
* 函数功能:配置 IO 口
* 输入参数:无
* 输出参数:无
* 返回值: 无
* /
void BIN_Init(void)
{
  P3DIR |=BIT7;
  P3DIR |=BIT6;
  P3OUT &=~BIT7;
  P3OUT &=~BIT6;
}
/* !
* 函数功能:配置 DRV8833 使能 IO 端口
* 输入参数:无
* 输出参数:无
* 返回值: 无
* 硬件连接:
* P2.0---Step Motor Enable
* P2.5---DC Motor Enable
* /
void nSleep_Init(void)
{
P2DIR |=BIT0+BIT5;
}
/* !
* 函数功能:初始化控制 DRV8833 的相关 IO 口
* 输入参数:无
* 输出参数:无
* 返回值: 无
* 硬件连接:
```

```
* P2.4---AIN1
* P2.3---AIN2
* P3.6---BIN1
* P3.7---BIN2
* P2.0---Step Motor
* P2.5---DC Motor
* /
void DRV8833_Init(void)
{
AIN_Init();
BIN_Init();
nSleep_Init();
}
/* !
* 函数功能:直流电机 PWM 控制
* 输入参数:无
* 输出参数:无
* 返回值  :无
* 硬件连接:P3.6--AIN1 P3.7--AIN2
* /
void DC_Motor_PWM(void)
{
    P3DIR |=BIT6;                        //P3.6 output
    P3SEL |=BIT6;                        //P3.6 options select
    TA2CCR0=512-1;        //P3.6输出 PWM 应该配置哪个寄存器呢? PWM Period
    TA2CCTL1=OUTMOD_7;                   //CCR1 reset/set
    TA2CCR1=200;                         //CCR1 PWM duty cycle
    TA2CTL=TASSEL_2+MC_1+TACLR;          //SMCLK,up mode,clear TAR
}
int main(void)
{
  uint16_t Pot_ADC_Result=0;
  uint8_t m=0;
  WDTCTL=WDTPW+WDTHOLD; //Stop WDT
  ADC_Init();                          //初始化电位器
  DRV8833_Init();                      //初始化 DRV8833 的控制口 P3.6 和 P3.7 为输出口
  Chanel_Configure(DC_MOTOR);   //使能直流电机的驱动 DRV8833 芯片,休眠步进
                          //电机的驱动 DRV8833 芯片
  DC_Motor_PWM();                 //配置控制直流电机的 PWM 信号
__bis_SR_register(GIE);          //中断使能
while(1)
{
   if(ADC_FLAG==1)
```

```
    {
        for(m=0;m<8;m++)
        {
            Pot_ADC_Result+=results[m];
        }
        ADC_FLAG=0;
        Pot_ADC_Result=Pot_ADC_Result>>3;  //0～4096
        TA2CCR1=Pot_ADC_Result>>3;        //TA0CCR1 调节占空比
    }
   }
}
/* !
* 函数功能:ADC 中断服务函数
* 输入参数:无
* 输出参数:无
* 返回值:  无
* /
# pragma vector=ADC12_VECTOR
__interrupt void ADC12ISR (void)
{
  static unsigned char index=0;
  switch(__even_in_range(ADC12IV,34) )
  {
  case  0:break;                          //Vector  0:  No interrupt
  case  2:break;                          //Vector  2:  ADC overflow
  case  4:break;                          //Vector  4:  ADC timing overflow
  case  6:break;                          //Vector  6:  ADC12IFG0
  case  8:break;                          //Vector  8:  ADC12IFG1
  case 10:break;                          //Vector 10:  ADC12IFG2
  case 12:break;                          //Vector 12:  ADC12IFG3
  case 14:break;                          //Vector 14:  ADC12IFG4
  case 16:break;                          //Vector 16:  ADC12IFG5
  case 18:                                //Vector 18:  ADC12IFG6
  results[index]=ADC12MEM6;               //Move results
  index++;                   //Increment results index,modulo;Set Breakpoint1 here
  if (index==8)
  {
    index=0;
    ADC_FLAG=1;
  }
  break;
  case 20:break;                          //Vector 20:  ADC12IFG7
  case 22:break;                          //Vector 22:  ADC12IFG8
```

```
    case 24:break;                    //Vector 24:  ADC12IFG9
    case 26:break;                    //Vector 26:  ADC12IFG10
    case 28:break;                    //Vector 28:  ADC12IFG11
    case 30:break;                    //Vector 30:  ADC12IFG12
    case 32:break;                    //Vector 32:  ADC12IFG13
    case 34:break;                    //Vector 34:  ADC12IFG14
    default:break;
    }
}
```

项目实践提高 1：

结合按键电路图(如图13.6所示)，实现按一次SW4使得电机转向反转，按一次SW5电机停止，再按一次SW5电机启动。

项目实践提高 2：

DY-FFTB6638实验板的直流电机还配有红外测速装置，电路图如图14.3所示。

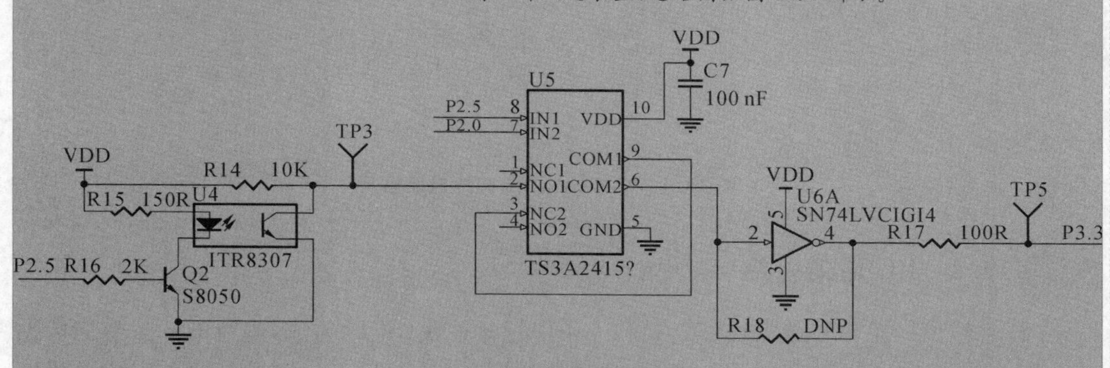

图14.3　红外测速装置电路图

其中，TS3A24157是模拟开关，通过P2.5和P2.0选择红外采集信号的传输，当选择直流电机驱动时同时就会配置测量直流电机的红外信号通过TS3A24157送到P3.3口进行采样计数。利用定时器A的捕获功能，配置定时器，通过P3.3口捕获功能测量电机的转速，将转速值显示在段式LCD上。段式LCD的电路图及实物图分别如图13.18和13.19所示。

14.3 基于I²C的温度采集显示系统

I²C总线是目前非常流行的一种串行总线，其特点是实现简单、可靠性好、低成本。现在很多外围芯片都采用了I²C接口，很多处理器中也集成了I²C接口模块。

14.3.1 项目介绍

本实验的测温芯片选用DY-FFTB6638实验板上的TI公司的TMP006测温芯片，该芯片集成了I²C接口，利用I²C总线与主控芯片通信。TMP006测温芯片电路图如图14.4所示。

主控芯片通过I²C接口与TMP006通信，温度传感芯片将采集到的温度通过I²C总线传送给主机，主机控制段式液晶显示屏实时显示当前温度。用户可用手触摸靠近TMP006，通过液晶屏所显示的数值可以明显看出温度的变化。

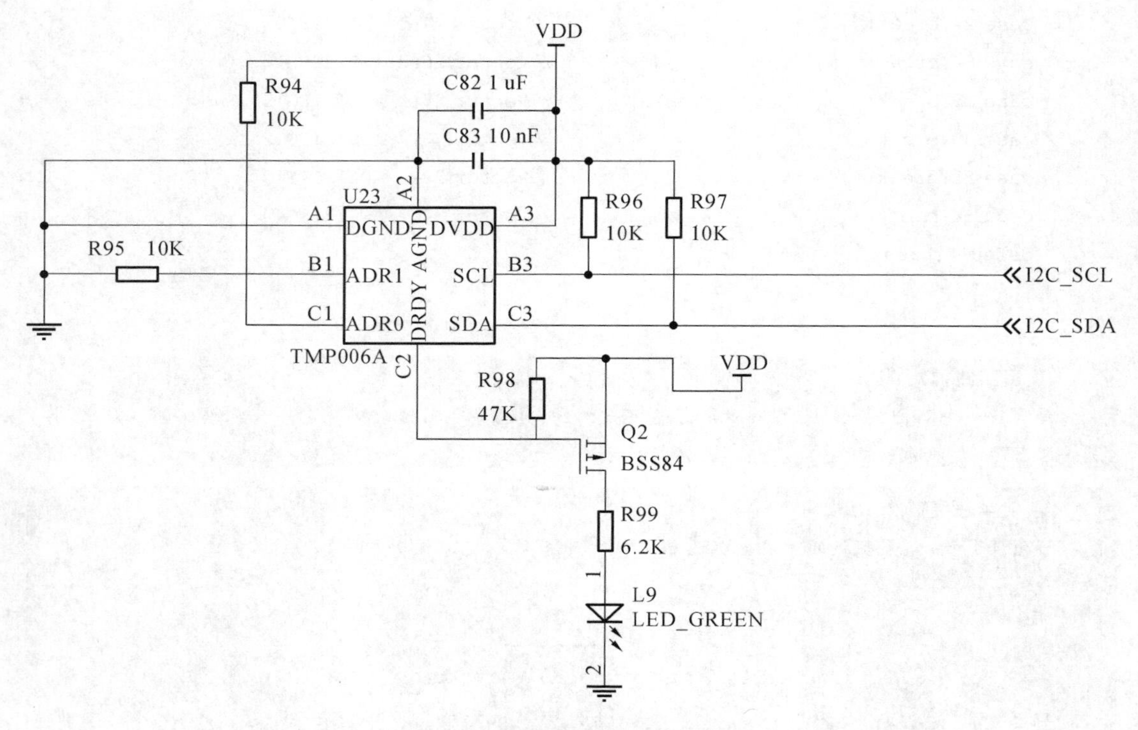

图 14.4　TMP006 测温芯片电路图

14.3.2　I²C 通信介绍

I²C 总线由一条串行数据线(SDA)和一条串行时钟线(SCL)组成，串行的 8 位双向数据传输位速率在标准模式下可达 100kbps，快速模式下可达 400kbps。每个从机都对应总线地址，连接到总线的器件都可以通过唯一的地址来标识。

下面介绍一下 I²C 传输时序。

- 起始位：SCL=1 时，SDA 上有下降沿。
- 停止位：SCL=1 时，SDA 上有上升沿。

起始位之后总线被认为忙，即有数据在传输。SCL 为高电平时，SDA 的数据必须保持稳定，否则由于起始位和停止位的电气边沿特性，SDA 上数据发生改变将被识别为起始位或者停止位。所以只有当 SCL 为低电平的时候才允许 SDA 上的数据改变。停止位之后总线被认为空闲，空闲状态时 SDA 和 SCL 都是高电平。当一个字节发送或接收完毕需要 CPU 干预的时候，SCL 一直保持为低。

起始位、停止位和数据位在 SDA 和 SCL 总线上的关系如图 14.5 所示。

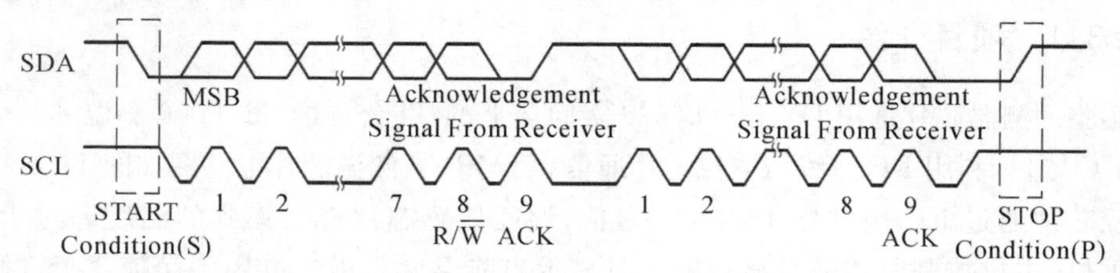

图 14.5　起始位、停止位和数据位在 SDA 和 SCL 总线上的关系图

14.3.3 TMP006 测温芯片介绍

TMP006 是德州仪器(TI)推出的业界首款单芯片无源红外线(IR)MEMS 温度传感器，采用热电堆吸收被测物体所发射的红外能量，并利用热电堆电压的对应变化来确定物体的温度，可在无需与物体接触的情况下测量物体的温度。该 TMP006 数字温度传感器可帮助智能电话、平板以及笔记本计算机等移动设备制造商使用 IR 技术准确测量设备外壳温度。下面以 TMP006 的两线时序图(如图 14.6 所示)为例，讲解数据顺序。

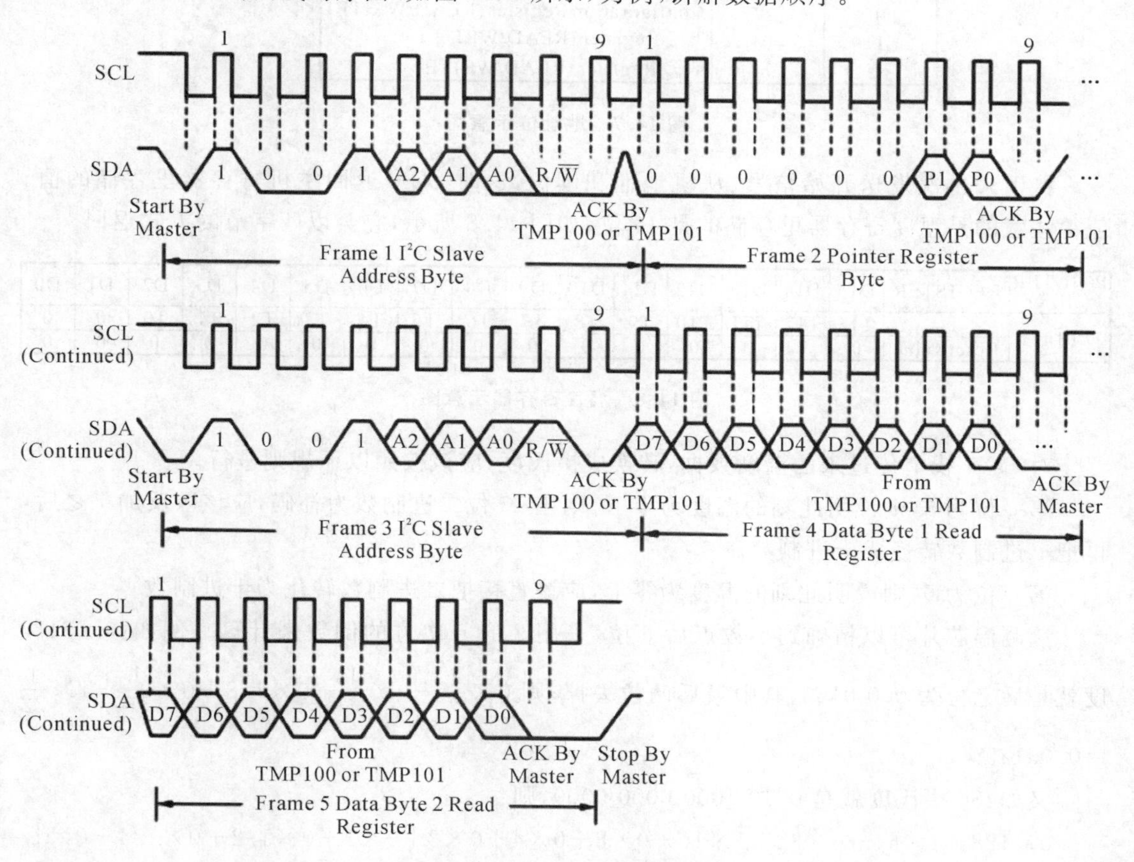

图 14.6 TMP006 测温芯片两线时序图

首先发送开始信号，紧接着发送从机地址。根据原理图，查表 14-1 可知从机地址为 0x41。

表 14-1 从机地址表

ACR1	ACR0	SMBus Address
0	0	1000000
0	1	1000001
0	SDA	1000010
0	SCL	1000011
1	0	1000100
1	1	1000101
1	SDA	1000110
1	SCL	1000111

如果是想访问温度寄存器中的值，则应在发送完 7 位地址位之后，发送写位。再确定要访问的寄存器对应的指针值，访问温度寄存器则应该发送 0000 0000。

P7	P6	P5	P4	P3	P2	P1	P0
0	0	0	0	0	0	Register Bits	

P1	P0	REGISTER
0	0	Temperature Register (READ Only)
0	1	Configuration Register (READ/WRITE)
1	0	T_{LOW} Register (READ/WRITE)
1	1	T_{HIGH} Register (READ/WRITE)

图 14.7　地址位示意图

接下来再次发送开始信号、从机地址和读位，这时 SDA 返回主机寄存器里存储的值。值得注意的是温度寄存器里存储的是 16 位，如图 14.8 所示，它会以两字节的方式返回。

POINTER (HEX)	REGISTER	D15	D14	D13	D12	D11	D10	D9	D8	D7	D6	D5	D4	D3	D2	D1	D0
01h	$T_{AMBIENT}$	T13	T12	T11	T10	T9	T8	T7	T6	T5	T4	T3	T2	T1	T0	0	0
	Reset value	0	0	0	0	0	0	0	0	0	0	0	0	0	0	0	0

图 14.8　温度寄存器示意图

对 SDA 线上传过来的温度数据，转换成摄氏度，应该按照以下规则进行。

第一位为 1，则说明此刻的温度为零下，则该 15 位二进制数为补码，应该取反加 1 之后，再把二进制数转换成十进制数。

第一位为 0，则说明此刻的温度为零上，应该直接把二进制数转化为十进制数。

该测温芯片可以精确到小数点后 5 位，采用 2 的 n 次方的倒数来计算。例如：0.03125 度就是后七位为 000 0100，其中最后两位去掉，则 $0\times\frac{1}{2}+0\times\frac{1}{4}+0\times1/8+0\times\frac{1}{16}+1\times\frac{1}{32}=0.03125$。

又如：80 摄氏度就是 0010 1000 0000 0000，则：

$0\times128+1\times64+0\times32+1\times16+0\times8+0\times4+0\times2+0\times1+0\times1/2+0\times1/4+0\times1/8+0\times1/16+0\times1/32=80$。

表 14-2　温度数据表

TEMPERATURE/℃	DIGITAL OUTPUT(BINARY)	SHIFTED HEX
150	0100 1011 0000 0000	12CO
125	0011 1110 1000 0000	0FA0
100	0011 0010 0000 0000	0C80
80	0010 1000 0000 0000	0A00
75	0010 0101 1000 0000	0960
50	0001 1001 0000 0000	0640
25	0000 1100 1000 0000	0320
0.03125	0000 0000 0000 0100	0001

续表

TEMPERATURE/℃	DIGITAL OUTPUT(BINARY)	SHIFTED HEX
0	0000 0000 0000 0000	0000
−0.03125	1111 1111 1111 1100	FFFC
−0.0625	1111 1111 1111 1000	FFF8
−25	1111 0011 0111 0000	F370
−40	1110 1011 1111 1100	EBFC
−55	1110 0100 0111 1100	E47C

14.3.4 参考程序

```
/* includes------------------------------* /
# include<stdint.h>
# include "msp430.h"
/* Private define------------------------------* /
# define  XT1_PORT_SEL   P5SEL
# define  XT1_ENABLE     (BIT4+BIT5)
# define  SLAVE_ADR       0x41                    //从机地址 41H
/* Pins from MSP430 connected to the TMP006------------* /
# define  I2C_SCK_B    BIT6
# define  I2C_SDA_B    BIT5
/* Pins from MSP430 connected to the TS3A5017DR------------* /
# define  IN1  BIT7
# define  IN2  BIT6
# define  IN1_IN2_DIR  P1DIR
# define  IN1_IN2_OUT  P1OUT
/* Port of I2C----------------------------------* /
# define  I2C_SEL   P8SEL
# define  I2C_DIR   P8DIR
# define  I2C_OUT  P8OUT
# define  I2C_REN  P8REN
/* 寄存器别名定义方便操作--------------------* /
# define  TXBUF    UCB1TXBUF
# define  RXBUF    UCB1RXBUF
# define  I2C_CTL0  UCB1CTL0
# define  I2C_CTL1  UCB1CTL1
# define  I2C_IE     UCB1IE
# define  I2C_IFG    UCB1IFG
# define  I2C_STT_IFG   UCSTTIFG
# define  I2C_STP_IFG   UCSTPIFG
# define  I2C_TX_IFG  UCTXIFG
```

```
# define   I2C_RX_IFG   UCRXIFG
# define   I2C_NACK_IFG   UCNACKIFG
# define   I2C_AL_IFG   UCALIFG
# define   START   UCTXSTT
# define   STOP    UCTXSTP
# define   NACK   UCTXNACK
volatile  uint16_t  RxTemp;                    //存放反馈的温度 16 位
/*  Private function prototypes-------------------------* /
void  I2C_init(void);
void  Read_word(uint8_t ptr);
void  Clk_init(void);
void  Convert_temp(uint16_t temp);
void  I2C_reset(void);
void  Init_lcd(void);                          //lcd 初始化
void  LcdGo(unsigned char doit);               //打开或关闭液晶
void  LcdBlink(unsigned char doit);            //显示或者消隐显示内容
void  LCD_Clear(void);                     //清屏
void  Init_TS3A5017DR(void);               //Configure TS3A5017DR IN1 and IN2
/* Private variables------------------------* /
//LCD segment definitions.
# define d 0x01
# define c 0x20
# define b 0x40
# define a 0x80
# define dp 0x10
# define g 0x04
# define f 0x08
# define e 0x02
const char char_gen[]={
a+b+c+d+e+f,//Displays "0"
b+c,//Displays "1"
a+b+d+e+g,//Displays "2"
a+b+c+d+g,//Displays "3"
b+c+f+g,//Displays "4"
a+c+d+f+g,//Displays "5"
a+c+d+e+f+g,//Displays "6"
a+b+c,//Displays "7"
a+b+c+d+e+f+g,//Displays "8"
a+b+c+d+f+g,//Displays "9"
};
/* lcd 初始化----------------------------* /
void Init_lcd(void)
{
```

```
 LCDBCTL0=LCDDIV0 +LCDPRE0 +LCDMX1 +LCDSSEL +LCDMX0 +LCD4MUX;
 LCDBPCTL0=LCDS0 +LCDS1 +LCDS2 +LCDS3 +LCDS4 +LCDS5 +LCDS6+
 LCDS7 +LCDS8+LCDS9 +LCDS10 +LCDS11;
 P5SEL=0xfc;                            //用作 LCD 驱动
}
/*****************
打开或关闭液晶
1:打开 0:关闭
***************** /
void LcdGo(unsigned char doit)
{
 if(doit==1)
  {
  LCDBCTL0 |=LCDON;              //打开液晶显示
  }
 else if(doit==0)
  {
  LCDBCTL0 &=~LCDON;             //关闭液晶显示
  }
}
/**********************************
显示或者消隐显示内容
doit:0:消隐 1:显示
********************************** /
void LcdBlink(unsigned char doit)
{
 if(doit==0)
  {
  LCDBCTL0 &=~LCDSON;
  }
 else if(doit==1)
  {
  LCDBCTL0 |=LCDSON;
  }
}
void LCD_Clear(void)            //清屏
{
  unsigned char index;
  for (index=0;index< 12;index++)
  {
  LCDMEM[index]=0;
  }
}
```

```
void Init_TS3A5017DR(void)  //多路复用器,选择"段式 LCD"
{
//Configure TS3A5017DR IN1 and IN2
  IN1_IN2_DIR |=IN1 +IN2;
  IN1_IN2_OUT &=~IN1;        //IN2=1;IN1=0 时,多路复用器,选择"段式 LCD"
  IN1_IN2_OUT |=IN2;
}
void main(void)
{
  WDTCTL=WDTPW +WDTHOLD;
  unsigned int iq0,iq1,iq2;
  Clk_init();                          //设定 DCO 为 12 MHz
  I2C_init();
  Read_word(1);                        //读温度值
  Init_TS3A5017DR();//Configure TS3A5017DR IN1 and IN2
  Init_lcd();                          //lcd 初始化
  LcdGo(1);                            //打开液晶模块
  LCD_Clear();                         //清屏
  Convert_temp(RxTemp);
  for (iq0=1000;iq0> 0;iq0--)
  for (iq1=1000;iq1> 0;iq1--)
  for (iq2=10000;iq2> 0;iq2--)
  ;
  WDTCTL=WDT_MRST_0_064;
}
void I2C_init(void)
{
  //Configure TS3A5017DR IN1 and IN2
  IN1_IN2_DIR |=IN1 +IN2;
  IN1_IN2_OUT &=~IN1;        //IN2=0;IN1=0 时,多路复用器,选择"IIC_B"
  IN1_IN2_OUT &=~IN2;
  //P8.5 and P8.6 选择第二功能
  I2C_SEL |=I2C_SCK_B +I2C_SDA_B;
  I2C_REN |=I2C_SCK_B +I2C_SDA_B;
  I2C_DIR |=I2C_SCK_B;
  UCB1CTL1 |=UCSWRST;     //Enable SW reset
  UCB1CTL0=UCMST +UCMODE_3 +UCSYNC;//I2C Master,synchronous mode
  UCB1CTL1=UCSSEL_2 +UCSWRST;//Use SMCLK,keep SW reset
  UCB1BR0=12;//fSCL=SMCLK/12=100 kHz
  UCB1BR1=0;
  UCB1I2CSA=SLAVE_ADR;//从机地址是 041h
  UCB1CTL1 &=~UCSWRST;//Clear SW reset,resume operation
}
```

```
void I2C_reset(void)
{
  IN1_IN2_DIR=0;
  IN1_IN2_OUT=0;
  I2C_SEL=0;
  I2C_REN=0;
  I2C_DIR=0;
  UCB1CTL1=UCSWRST;
  UCB1CTL0=UCSYNC;
  UCB1BR0=0;
  UCB1I2CSA=0;
}
void Read_word(uint8_t ptr)
{
  I2C_IFG &=~I2C_RX_IFG;
  while(I2C_CTL1 & STOP);   //等待总线空闲
  I2C_CTL1 |=START+UCTR;//发送模式
  TXBUF=ptr;              //发送字地址
  while(!(I2C_IFG & I2C_TX_IFG));//等待字地址发送完毕
  I2C_CTL1 &=~UCTR;//读模式
  while(I2C_CTL1 & STOP);
  I2C_CTL1 |=START;//发送 START
  while(!(I2C_IFG & I2C_RX_IFG));//等待从机返回数据
  RxTemp=RXBUF<<8;
  while(!(I2C_IFG & I2C_RX_IFG));//等待从机返回数据
  RxTemp +=RXBUF;
  UCB1CTL1 |=UCTXNACK;//发送停止位和 NACK 位
  UCB1CTL1 |=UCTXSTP;
}
void Clk_init(void)
{
  XT1_PORT_SEL |=XT1_ENABLE;   //选择 XT1
  UCSCTL3 |=SELREF_2;   //Set DCO FLL reference=REFO
  UCSCTL4 |=SELA_2;   //Set ACLK=REFO
  __bis_SR_register(SCG0);   //Disable the FLL control loop
  UCSCTL0=0x0000;   //Set lowest possible DCOx,MODx
  UCSCTL1=DCORSEL_5;   //Select DCO range 24 MHz operation
  UCSCTL2=FLLD_1 +374;   //Set DCO Multiplier for 12 MHz
  //(N+1) *  FLLRef=Fdco
  //(374+1) *  32768=12 MHz
  //Set FLL Div=fDCOCLK/2
  __bic_SR_register(SCG0);   //Enable the FLL control loop
  //Loop until XT1,XT2 & DCO fault flag is cleared
```

```
    do
    {
    UCSCTL7 &=~(XT2OFFG +XT1LFOFFG +DCOFFG);//清除 XT2,XT1,DCO 标志位
    SFRIFG1 &=~OFIFG;  //Clear fault flags
    } while (SFRIFG1&OFIFG);//Test oscillator fault flag
  }
  void Convert_temp(uint16_t temp)
  {
    /* TMP006 温度寄存器存放数据 16 位,第 15 位为符号,第 14-7 位为整数位,第 6-2 位为小数位,
  第 1-0 位为 00----------* /
    //uint16_t point=0,aint;
    uint16_t Decimal=0,Integer=0,point=0;
    temp=temp>>2;//应该右移 2 位去除没有用的位
    Decimal=temp&0x001f;//存放小数部分
    Integer=temp>>5;//存放整数部分
    LCDMEM[3]=char_gen[Integer/10];//显示整数部分十位
    LCDMEM[4]=char_gen[Integer% 10];//显示整数部分个位
    //显示小数后一位
    Decimal=Decimal>>2;
    if((Decimal&0x0008)==0x0008 )//小数部分二进制的第一位
    point=5;
    if((Decimal&0x0004)==0x0004) //小数部分二进制的第二位
    point +=2;
    if((Decimal&0x0002)==0x0002) //小数部分二进制的第三位
    point +=1;
    LCDMEM[5]=char_gen[point]+dp;//显示小数部分一位加上小数点
  }
```

项目实践提高 1:

void Convert_temp(uint16_t temp)函数是将温度寄存器的数据转换为十进制数显示的程序,实例中提供了显示一位小数的程序,TMP006 的测量精度为 0.03125 度,那么如果要显示小数点后两位该如何修改函数?

项目实践提高 2:

TMP006 可以测量零下温度,由于实验板测量的是环境温度,如果要测量零下的温度函数 void Convert_temp(uint16_t temp)应该如何添加针对零下的温度的处理程序?

本章小结

本章以 TI 公司推出的 DY-FFTB6638 实验板为项目实施平台,详细列举了电位器 LCD 显示、直流电机程序控制和基于 I^2C 的温度采集显示系统三个实践项目,对每一个实践项目的原理进行了详细的讲解。通过本章的学习,读者可以进一步深入理解 MSP430F6638 单片机的结构和片内外设,熟练掌握 MSP430F5xx/6xx 系列单片机的常用软件及相应硬件电路原理,为开发基于 MSP430F5xx/6xx 系列单片机的应用系统做必要的准备。

附录A MSP430F6638单片机引脚封装图

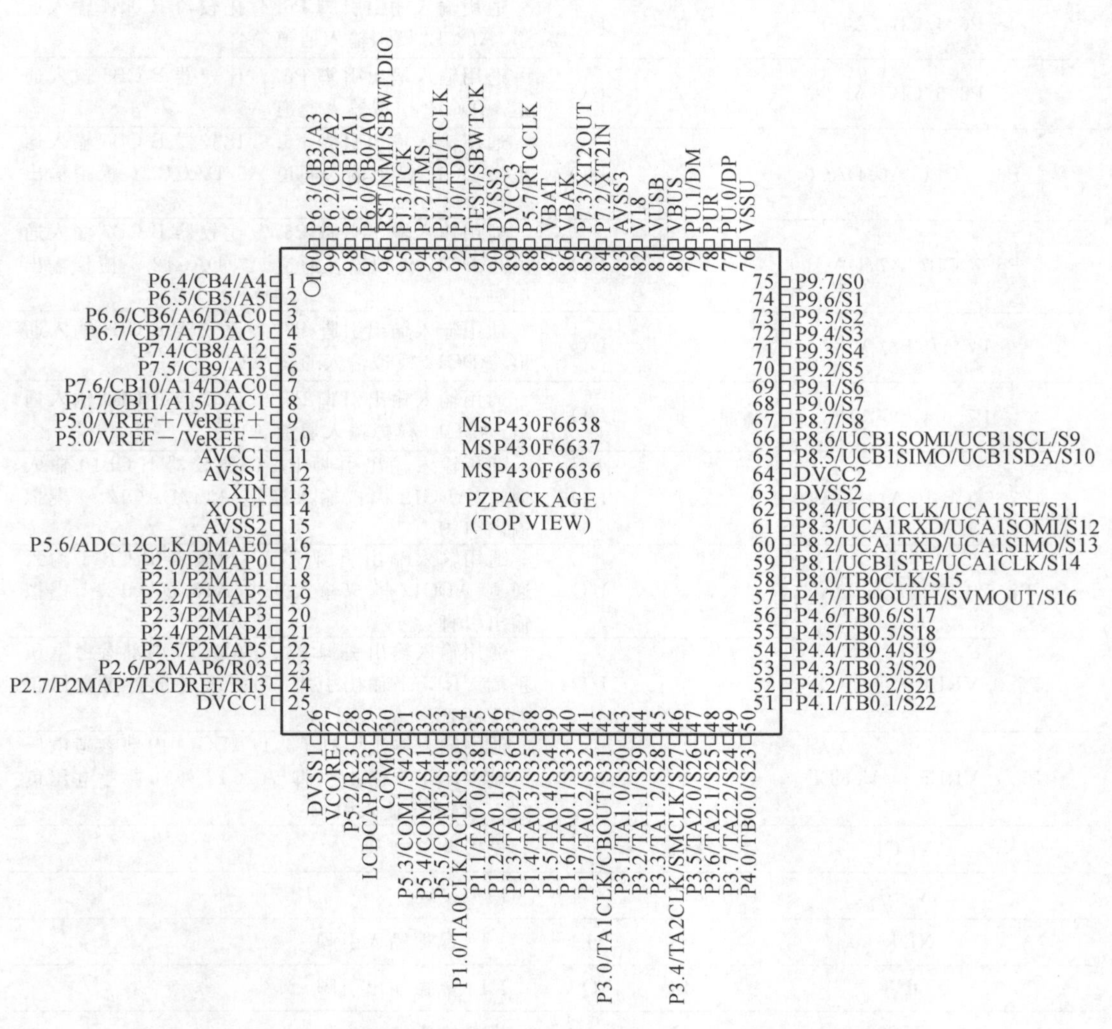

附图 A-1　MSP430F6638 单片机引脚图

附录B MSP430F6638单片机引脚说明

附表 B-1 MSP430F6638 单片机引脚说明

引脚名	引脚号	I/O	描述
P6.4/CB4/A4	1	I/O	通用输入输出引脚 P6.4/比较器 B CB4 输入通道/ADC12 模拟输入通道 A4
P6.5/CB5/A5	2	I/O	通用输入输出引脚 P6.5/比较器 B CB5 输入通道/ADC12 模拟输入通道 A5
P6.6/CB6/A6/DAC0	3	I/O	通用输入输出引脚 P6.6/比较器 B CB6 输入通道/ADC12 模拟输入通道 A6/DAC12.0 模拟输出引脚
P6.7/CB7/A7/DAC1	4	I/O	通用输入输出引脚 P6.7/比较器 B CB7 输入通道/ADC12 模拟输入通道 A7/DAC12.1 模拟输出引脚
P7.4/CB8/A12	5	I/O	通用输入输出引脚 P7.4/比较器 B CB8 输入通道/ADC12 模拟输入通道 A12
P7.5/CB9/A13	6	I/O	通用输入输出引脚 P7.5/比较器 B CB9 输入通道/ADC12 模拟输入通道 A13
P7.6/CB10/A14/DAC0	7	I/O	通用输入输出引脚 P7.6/比较器 B CB10 输入通道/ADC12 模拟输入通道 A14/DAC12.0 模拟输出引脚
P7.7/CB11/A15/DAC1	8	I/O	通用输入输出引脚 P7.7/比较器 B CB11 输入通道/ADC12 模拟输入通道 A15/DAC12.1 模拟输出引脚
P5.0/VREF+/VeREF+	9	I/O	通用输入输出引脚 P5.0/ADC12 内部参考电压正端 VREF+输出引脚/ADC12 外部参考电压正端 VeREF+输入引脚
P5.1/VREF-/VeREF-	10	I/O	通用输入输出引脚 P5.1/ADC12 内部参考电压负端 VREF-输出引脚/ADC12 外部参考电压负端 VeREF-输入引脚
AVCC1	11		模拟电源电压
AVSS1	12		模拟接地
XIN	13	I	XT1 晶振输入引脚
XOUT	14	O	XT1 晶振输出引脚
AVSS2	15		模拟接地
P5.6/ADC12CLK/DMAE0	16	I/O	通用输入输出引脚 P5.6/ADC12 转换时钟输出引脚/DMA 外部/DMA 外部触发输入

续表

引脚名	引脚号	I/O	描述
P2.0/P2MAP0	17	I/O	通用输入输出引脚 P2.0(具有端口中断和可映射辅助功能)/默认映射:USCI_B0 SPI 从机发送启用;USCI_A0 时钟输入/输出
P2.1/P2MAP1	18	I/O	通用输入输出引脚 P2.1(具有端口中断和可映射辅助功能)/默认映射:USCI_B0 SPI 从机接收/主机发送;USCI_B0 I2C 数据
P2.2/P2MAP2	19	I/O	通用输入输出引脚 P2.2(具有端口中断和可映射辅助功能)/默认映射:USCI_B0 SPI 从机发送/主机接收;USCI_B0 I2C 时钟
P2.3/P2MAP3	20	I/O	通用输入输出引脚 P2.3(具有端口中断和可映射辅助功能)/默认映射:USCI_A0 时钟输入/输出;USCI_A0 SPI 从机发送启用
P2.4/P2MAP4	21	I/O	通用输入输出引脚 P2.3(具有端口中断和可映射辅助功能)/默认映射:USCI_A0 UART 发送数据;USCI_A0 SPI 从机接收/主机发送
P2.5/P2MAP5	22	I/O	通用输入输出引脚 P2.5(具有端口中断和可映射辅助功能)/默认映射:USCI_A0 UART 接收数据;USCI_A0 SPI 从机发送/主机接收
P2.6/P2MAP6/R03	23	I/O	通用输入输出引脚 P2.6(具有端口中断和可映射辅助功能)/默认映射:无辅助功能/LCD 最低模拟电压的输入/输出端口(V5)
P2.7/P2MAP7/LCDREF/R13	24	I/O	通用输入输出引脚 P2.7(具有端口中断和可映射辅助功能)/默认映射:无辅助功能/调节 LCD 电压的外部参考电压输入/LCD 第三大模拟电压正端输入/输出端口(V3 或 V4)
DVCC1	25		数字电源
DVSS1	26		数字接地
VCORE	27		可调节核心电源(仅供内部使用,无外部电流负载)
P5.2/R23	28	I/O	通用输入输出引脚 P5.2/LCD 第二大模拟电压正端输入/输出端口(V2)
LCDCAP/R33	29	I/O	LCD 电容器连接/LCD 最大模拟电压正端输入/输出端口(V1) 注意:当该引脚未被用到时,必须接至 DV_{SS}
COM0	30	I/O	LCD 背板通用输出公共端 COM0
P5.3/COM1/S42	31	I/O	通用输入输出引脚 P5.3/LCD 背板通用输出公共端 COM1/LCD 段选线输出 S42
P5.4/COM2/S41	32	I/O	通用输入输出引脚 P5.4/LCD 背板通用输出公共端 COM2/LCD 段选线输出 S41
P5.5/COM3/S40	33	I/O	通用输入输出引脚 P5.5/LCD 背板通用输出公共端 COM3/LCD 段选线输出 S40
P1.0/TA0CLK/ACLK/S39	34	I/O	通用输入输出引脚 P1.0/TA0 定时器时钟信号 TACLK 输入/ACLK 输出/LCD 段选线输出 S39
P1.1/TA0.0/S38	35	I/O	通用输入输出引脚 P1.1/TA0 定时器捕获比较模块 0 捕获功能:CCI0A 捕获信号输入引脚;比较功能:Out0 输出 BSL 接收输入/LCD 段选线输出 S38

续表

引脚名	引脚号	I/O	描　述
P1.2/TA0.1/S37	36	I/O	通用输入输出引脚 P1.2/TA0 定时器捕获比较模块 1 捕获功能:CCI1A 捕获信号输入引脚;比较功能:Out1 输出 BSL 接收输入/LCD 段选线输出 S37
P1.3/TA0.2/S36	37	I/O	通用输入输出引脚 P1.3/TA0 定时器捕获比较模块 2 捕获功能:CCI2A 捕获信号输入引脚;比较功能:Out2 输出/LCD 段选线输出 S36
P1.4/TA0.3/S35	38	I/O	通用输入输出引脚 P1.4/TA0 定时器捕获比较模块 3 捕获功能:CCI3A 捕获信号输入引脚;比较功能:Out3 输出/LCD 段选线输出 S35
P1.5/TA0.4/S34	39	I/O	通用输入输出引脚 P1.5/TA0 定时器捕获比较模块 4 捕获功能:CCI4A 捕获信号输入引脚;比较功能:Out4 输出/LCD 段选线输出 S35
P1.6/TA0.1/S33	40	I/O	通用输入输出引脚 P1.6/TA0 定时器捕获比较模块 1 捕获功能:CCI1B 捕获信号输入引脚;比较功能:Out1 输出/LCD 段选线输出 S33
P1.7/TA0.2/S32	41	I/O	通用输入输出引脚 P1.7/TA0 定时器捕获比较模块 2 捕获功能:CCI2B 捕获信号输入引脚;比较功能:Out2 输出/LCD 段选线输出 S32
P3.0/TA1CLK/CBOUT/S31	42	I/O	通用输入输出引脚 P3.0/TA1 定时器时钟信号输入/比较器 B 输出/LCD 段选线输出 S31
P3.1/TA1.0/S30	43	I/O	通用输入输出引脚 P3.1/TA1 定时器捕获比较模块 0 捕获功能:CCI0A/CCI0B 捕获信号输入引脚;比较功能:Out0 输出/LCD 段选线输出 S30
P3.2/TA1.1/S29	44	I/O	通用输入输出引脚 P3.2/TA1 定时器捕获比较模块 1 捕获功能:CCI1A/CCI1B 捕获信号输入引脚;比较功能:Out1 输出/LCD 段选线输出 S29
P3.3/TA1.2/S28	45	I/O	通用输入输出引脚 P3.3/TA1 定时器捕获比较模块 2 捕获功能:CCI2A/CCI2B 捕获信号输入引脚;比较功能:Out2 输出/LCD 段选线输出 S28
P3.4/TA2CLK/SMCLK/S27	46	I/O	通用输入输出引脚 P3.4/TA2 定时器时钟信号输入/SMCLK 输出/LCD 段选线输出 S27
P3.5/TA2.0/S26	47	I/O	通用输入输出引脚 P3.5/TA2 定时器捕获比较模块 0 捕获功能:CCI0A/CCI0B 捕获信号输入引脚;比较功能:Out0 输出/LCD 段选线输出 S26
P3.6/TA2.1/S25	48	I/O	通用输入输出引脚 P3.6/TA2 定时器捕获比较模块 1 捕获功能:CCI1A/CCI1B 捕获信号输入引脚;比较功能:Out1 输出/LCD 段选线输出 S25
P3.7/TA2.2/S24	49	I/O	通用输入输出引脚 P3.7/TA2 定时器捕获比较模块 2 捕获功能:CCI2A/CCI2B 捕获信号输入引脚;比较功能:Out2 输出/LCD 段选线输出 S24
P4.0/TB0.0/S23	50	I/O	通用输入输出引脚 P4.0/TB0 定时器捕获比较模块 0 捕获功能:CCI0A/CCI0B 捕获信号输入引脚;比较功能:Out0 输出/LCD 段选线输出 S23

续表

引脚名	引脚号	I/O	描　　述
P4.1/TB0.1/S22	51	I/O	通用输入输出引脚 P4.1/TB0 定时器捕获比较模块 1 捕获功能:CCI1A/CCI1B 捕获信号输入引脚;比较功能:Out1 输出/LCD 段选线输出 S22
P4.2/TB0.2/S21	52	I/O	通用输入输出引脚 P4.2/TB0 定时器捕获比较模块 2 捕获功能:CCI2A/CCI2B 捕获信号输入引脚;比较功能:Out2 输出/LCD 段选线输出 S21
P4.3/TB0.3/S20	53	I/O	通用输入输出引脚 P4.3/TB0 定时器捕获比较模块 3 捕获功能:CCI3A/CCI3B 捕获信号输入引脚;比较功能:Out3 输出/LCD 段选线输出 S20
P4.4/TB0.4/S19	54	I/O	通用输入输出引脚 P4.4/TB0 定时器捕获比较模块 4 捕获功能:CCI4A/CCI4B 捕获信号输入引脚;比较功能:Out4 输出/LCD 段选线输出 S19
P4.5/TB0.5/S18	55	I/O	通用输入输出引脚 P4.5/TB0 定时器捕获比较模块 5 捕获功能:CCI5A/CCI5B 捕获信号输入引脚;比较功能:Out5 输出/LCD 段选线输出 S18
P4.6/TB0.6/S17	56	I/O	通用输入输出引脚 P4.6/TB0 定时器捕获比较模块 6 捕获功能:CCI6A/CCI6B 捕获信号输入引脚;比较功能:Out6 输出/LCD 段选线输出 S17
P4.7/TB0OUTH/SVMOUT/S16	57	I/O	通用输入输出引脚 P4.7/TB0 定时器切换所有 PWM 输出高阻抗/SVM 输出/LCD 段选线输出 S16
P8.0/TB0CLK/S15	58	I/O	通用输入输出引脚 P8.0/TB0 定时器时钟信号输入/LCD 段选线输出 S15
P8.1/UCB1STE/UCA1CLK/S14	59	I/O	通用输入输出引脚 P8.1/USCI_B1 SPI 从机发送启动/USCI_A1 时钟信号输入/输出/LCD 段选线输出 S14
P8.2/UCA1TXD/UCA1SIMO/S13	60	I/O	通用输入输出引脚 P8.1/USCI_A1 UART 发送数据/USCI_A1 SPI 从机接收/主机发送/LCD 段选线输出 S13
P8.3/UCA1RXD/UCA1SOM/S12	61	I/O	通用输入输出引脚 P8.3/USCI_A1 UART 接收数据/USCI_A1 SPI 从机发送/主机接收/LCD 段选线输出 S12
P8.4/UCB1CLK/UCA1STE/S11	62	I/O	通用输入输出引脚 P8.4/USCI_B1 时钟信号输入/输出/USCI_A1 SPI 从机发送启动/LCD 段选线输出 S11
DVSS2	63	I/O	数字接地
DVCC2	64	I/O	数字电源
P8.5/UCB1SIMO/UCB1SDA/S10	60	I/O	通用输入输出引脚 P8.5/USCI_B1 SPI 从机接收/主机发送/USCI_B1 I2C 数据/LCD 段选线输出 S10
P8.6/UCB1SOM/UCB1SCL/S9	66	I/O	通用输入输出引脚 P8.6/USCI_B1 SPI 从机发送/主机接收/USCI_B1 I2C 时序/LCD 段选线输出 S9
P8.7/S8	67	I/O	通用输入输出引脚 P8.7/LCD 段选线输出 S8
P9.0/S7	67	I/O	通用输入输出引脚 P9.0/LCD 段选线输出 S7

续表

引脚名	引脚号	I/O	描　述
P9.1/S6	69	I/O	通用输入输出引脚 P9.1/LCD 段选线输出 S6
P9.2/S5	70	I/O	通用输入输出引脚 P9.2/LCD 段选线输出 S5
P9.3/S4	71	I/O	通用输入输出引脚 P9.3/LCD 段选线输出 S4
P9.4/S3	72	I/O	通用输入输出引脚 P9.4/LCD 段选线输出 S3
P9.5/S2	73	I/O	通用输入输出引脚 P9.5/LCD 段选线输出 S25
P9.6/S1	74	I/O	通用输入输出引脚 P9.6/LCD 段选线输出 S1
P9.7/S0	75	I/O	通用输入输出引脚 P9.7/LCD 段选线输出 S0
VSSU	76	I/O	USB PHY 接地
PU.0/DP	77	I/O	USB 控制寄存器控制的通用数字 I/O/USB 数据终端 DM
PUR	78	I/O	USB 上拉电阻(开路)。该引脚电压电平被用于激活默认 USB BSL。建议 1 MΩ 接地。
PU.1/DM	79	I/O	USB 控制寄存器控制的通用数字 I/O/USB 数据终端 DM
VBUS	80		USB　LDO 输入
VUSB	81		USB　LDO 输出
V18	82		USB 调节电源
ACSS3	83		模拟接地
P7.2/XT2IN	84	I/O	通用输入输出引脚 P7.2/XT2 晶振输入
P7.3/XT2OUT	85	I/O	通用输入输出引脚 P7.3/XT2 晶振输出
VBAK	86		备用子系统的电容器。
VBAT	87		备用或辅助电源电压。如果没有提供备用电压,请从外部连接到 DVCC。
P5.7/RTCC;L	88	I/O	通用输入输出引脚 P7.2/RTC 时钟输出
DVCC3	89		数字电源
DVSS3	90		数字接地
TEST/SBWTCK	91	I	测试模式引脚:选择 JTAG 引脚上的数字 I/O/Spy-bi-wire 时钟输入
PJ.0/TDO	92	I/O	通用输入输出/测试数据输出端口
PJ.1/TDI/TCLK	93	I/O	通用输入输出/测试数据或测试时钟输入端口
PJ.2/TMS	94	I/O	通用输入输出/测试模式选择
PJ.3/TCK	95	I/O	通用输入输出/测试时钟
$\overline{RST}$/NMI/SVWTDIO	96	I/O	复位输入/不可屏蔽中断输入/Spy-bi-wire 数据输入\输出
P6.0/CB0/A0	97	I/O	通用输入输出引脚 P6.0/比较器 B CB0 输入通道/ADC12 模拟输入通道 A0
P6.1/CB1/A1	98	I/O	通用输入输出引脚 P6.1/比较器 B CB1 输入通道/ADC12 模拟输入通道 A1
P6.2/CB2/A2	99	I/O	通用输入输出引脚 P6.2/比较器 B CB2 输入通道/ADC12 模拟输入通道 A2
P6.3/CB3/A3	100	I/O	通用输入输出引脚 P6.3/比较器 B CB3 输入通道/ADC12 模拟输入通道 A3

[1] 沈建华,杨艳琴,王慈. MSP430 超低功耗单片机原理与应用 [M]. 3 版. 北京:清华大学出版社,2017.

[2] 任保宏,徐科军. MSP430 单片机原理与应用－MSP430F5xx/6xx 系列单片机入门、提高与开发[M]. 北京:电子工业出版社,2014.

[3] 郑煊. 微处理器技术－－SP430 单片机应用技术[M]. 北京:清华大学出版社,2014.

[4] 唐继贤,杨扬. MSP430 超低功耗 16 位单片机开发实例[M]. 北京:北京航空航天大学出版社,2014.

[5] 施保华,赵娟,田裕康. MSP430 单片机入门与提高——全国大学生电子设计竞赛实训教程[M]. 武汉:华中科技大学出版社,2013.

[6] Texas Instruments Inc. MSP430x5xx/MSP430x6xx Family User's Guide [Z].

[7] 高巍,姜楠,张丽秋. 新编大学计算机基础－－计算机科学概论[M]. 北京:科学出版社,2018.

[8] 刘小园,陈火荣. 计算机基础与应用[M]. 北京:电子工业出版社,2018.

[9] 张晞,王德银,张晨. MSP430 系列单片机实用 C 语言程序设计[M]. 北京:人民邮电出版社,2005.